Wireshark数据包分析实战（第3版）

PRACTICAL PACKET ANALYSIS 3RD EDITION

[美] 克里斯 · 桑德斯（Chris Sanders） 著　诸葛建伟　陆宇翔　曾皓辰　译

人民邮电出版社
北京

图书在版编目（CIP）数据

Wireshark数据包分析实战 : 第3版 / (美) 克里斯·桑德斯 (Chris Sanders) 著 ; 诸葛建伟, 陆宇翔, 曾皓辰译. -- 北京 : 人民邮电出版社, 2018.12
ISBN 978-7-115-49431-3

Ⅰ. ①W… Ⅱ. ①克… ②诸… ③陆… ④曾… Ⅲ. ①统计数据－统计分析－应用软件 Ⅳ. ①O212.1-39

中国版本图书馆CIP数据核字(2018)第219865号

版权声明

◆ 著　　　[美] 克里斯·桑德斯（Chris Sanders）
译　　　诸葛建伟　陆宇翔　曾皓辰
责任编辑　陈聪聪
责任印制　焦志炜

◆ 人民邮电出版社出版发行　　北京市丰台区成寿寺路 11 号
邮编　100164　　电子邮件　315@ptpress.com.cn
网址　http://www.ptpress.com.cn
北京捷迅佳彩印刷有限公司印刷

◆ 开本：800×1000　1/16
印张：22.25　　　　2018 年 12 月第 1 版
字数：448 千字　　　2024 年 9 月北京第 26 次印刷
著作权合同登记号　图字：01-2017-5043 号

定价：79.00 元

读者服务热线：(010) 81055410　印装质量热线：(010) 81055316
反盗版热线：(010) 81055315
广告经营许可证：京东市监广登字 20170147 号

内 容 提 要

Wireshark 是一款流行的网络嗅探软件，本书在上一版的基础上针对 Wireshark 2.0.5 和 IPv6 进行了更新，并通过大量真实的案例对 Wireshark 的使用进行了详细讲解，旨在帮助读者理解 Wireshark 捕获的 PCAP 格式的数据包，以便对网络中的问题进行排错。

本书共 13 章，从数据包分析与数据包嗅探器的基础知识开始，循序渐进地介绍 Wireshark 的基本使用方法及其数据包分析功能特性，同时还介绍了针对不同协议层与无线网络的具体实践技术与经验技巧。在此过程中，作者结合大量真实的案例，图文并茂地演示使用 Wireshark 进行数据包分析的技术方法，使读者能够顺着本书思路逐步掌握网络数据包嗅探与分析技能。附录部分列举了数据包分析工具，以及其他数据包分析的学习资源，并对数据包的表现形式展开讨论，介绍如何使用数据包结构图查看和表示数据包。

本书适合网络协议开发人员、网络管理与维护人员、“不怀好意的”的黑客、选修网络课程的高校学生阅读。

对本书的赞誉

本书内容丰富，设计巧妙又通俗易懂。老实说，这本数据包分析的图书让我倍感兴奋。

——TechRepublic

强烈建议初级网络分析师、软件开发人员和刚刚取得 CSE/CISSP 等认证的人员阅读本书。读完本书后，你们只需要卷起袖子，就可以动手排除网络（和安全）问题了。

——Gunter Ollmann，IOActive 前首席技术官

下一次再排查网络变慢的问题时，我将求助本书。对任何技术图书来说，这或许是我能给的最好的评价。

——Michael W. Lucas，*Absolute FreeBSD and Network Flow Analysis* 作者

无论你负责多大规模的网络管理，本书都必不可少。

——Linux Pro Magazine

本书写作精良、简单易用、格式良好，相当实用。

——ArsGeek.com

如果你想要熟练掌握数据包分析的基本知识，那么本书是一个不错的选择。

——State Of Security

本书内容丰富，紧扣“实战”主题。它向读者提供了进行数据包分析所需的信息，并借助于真实的实例演示了 Wirshark 的用途。

——LinuxSecurity.com

网络中有未知的主机之间在互相通信吗？ 我的机器正在与陌生的主机通信吗？ 你只需要一个数据包嗅探器就可以找到这些问题的答案，Wireshark 是完成这项工作的最佳工具之一，而本书是了解该工具的最佳方法之一。

——Free Software Magazine

本书是数据包分析初学者和进阶者的理想之选。

——Daemon News

“天赐恩宠！多么甜美的声音！

这挽救了像我这样的可怜人！

我曾经迷失过，但是现在我找到了方向；

我曾经盲目过，但是现在我看到了光明。”

致　　谢

对支持我和本书的所有人表示由衷的感谢。

Ellen，感谢你对我无条件的爱，在过去的这段时间里，我占用了你大量的休息时间。

妈妈，即使是在天堂，您树立的善良的榜样也将一直激励我。爸爸，我从您那里知道了什么是艰苦的工作，如果没有你，也就不会有这本书的诞生。

Jason Smith，你就像我的兄弟一样，我非常感谢你一直以来愿意给我提供宝贵的建议。

感谢我过去和现在的同事，能够与那些让我变得更聪明、更善良的人一起工作是我的荣幸。篇幅所限，我不能列举所有人的名字，但真诚地感谢Dustin、Alek、Martin、Patrick、Chris、Mike 和 Grady 支持我并提供了大量的帮助。

感谢担任本书技术主编的 Tyler Reguly。我有时会犯愚蠢的错误，是你帮助我避免了这些错误的发生。此外，感谢 David Vaughan 为本书所做的额外审读工作，感谢 Jeff Carrell 帮我编辑了 IPv6 的内容，感谢 Brad Duncan 提供了在安全章节中使用的捕获文件，并且感谢 QA Café 团队提供了 Cloudshark 许可证，我用它组织了本书中用到的那些捕获的数据包。

当然，我还要感谢 Gerald Combs 和 Wireshark 开发团队。这是 Gerald 和数

百名其他开发人员的奉献，他们使 Wireshark 成为了一个如此优秀的分析平台。如果没有他们的努力，信息技术和网络安全将无从谈起。

最后，感谢 Bill、Serena、Anna、Jan、Amanda、Alison 和 No Starch Press 的其他工作人员，感谢你们在编辑和制作本书的 3 个版本时所付出的努力。

前　言

本书从 2015 年底开始编写，在 2017 年早期完成，总计历时一年半。而在本书出版之日，距离本书第 2 版发布的时间已经有 6 年，距离第 1 版则长达 10 年之久。本书对内容进行了大量的更新，具有全新的网络捕获文件和场景，并新添了一章内容来讲解如何使用 TShark 和 Tcpdump 通过命令行进行数据包分析。如果你喜欢前两个版本，那么相信你也会喜欢这本书。它延续了之前的写作风格，以一种简单易懂的方式来分析解释。如果你因为缺少关于网络或 Wireshark 更新的最新信息而不愿意尝试之前的两个版本，那么你可以阅读本书，因为这里包含了新的网络协议扩展内容和关于 Wireshark 2.x 的更新信息。

为什么购买本书

你一定很想知道为什么应该买这本书，而不是关于数据包分析的其他书籍。答案在于本书的书名：《Wireshark 数据包分析实战》。让我们面对这样的现实——没有比实际经验更加重要的了。你可以通过真实场景中的实际案例来掌握书中的内容。

本书的前半部分介绍了理解数据包分析和 Wireshark 所需的知识，而后半部分则将重心放在了实践案例上，你在日常的网络管理中经常会遇到这些案例中出现的情况。

无论你是网络技术人员、网络管理员、首席信息官、桌面工程师，还是网络安全分析师，在理解并使用本书中讲解的数据包分析技术时，都会让你受益匪浅。

概念与方法

我是一个非常随意的人，所以，当我教授你一个概念时，我也会尝试用非常随意的方式来进行解释。而本书的语言也会同样随意，虽然晦涩的技术术语很容易让人迷失，但我已经尽我所能地保持行文的一致与清晰，让所有的定义更加明确、直白，没有任何繁文缛节。然而我终究是从伟大的肯塔基州来的，所以我不得不收起我们的一些夸张语气，但如果你在本书中看到一些粗野的乡村土话，请务必原谅我。

如果你真的想学习并精通数据包分析技术，你应该首先掌握本书前几章中介绍的概念，因为它们是理解本书其余部分的前提。本书的后半部分将是纯粹的实战内容，或许你在工作中并不会遇到完全相同的场景，但在学习本书后你应该可以应用所学到的概念与技术，来解决你所遇到的实际问题。

接下来让我们快速浏览本书各章的主要内容。

- 第 1 章“数据包分析与网络基础”。什么是数据包分析技术？这种技术的基本原理是什么样的？你该如何使用这项技术？本章将讲解这些网络通信与数据包分析的基础知识。
- 第 2 章“监听网络线路”。本章将介绍在网络中放置数据包嗅探器时可以使用的各种不同技术。
- 第 3 章“Wireshark 入门”。从本章起，我们将开始进入 Wireshark 软件的世界，介绍 Wireshark 软件的入门知识——从哪里下载，如何使用它，它完成什么功能，为什么它受到如此多的好评与关注，以及其他使用技巧。本章包含了有关使用配置文件自定义 Wireshark 的讨论。
- 第 4 章“玩转捕获数据包”。在你运行 Wireshark 软件之后，你需要知道如何与捕获的数据包进行交互，而这是你开始学习基础实践方法的起始点，包括关于数据包流和名称解析更详细的全新内容。

- 第 5 章“Wireshark 高级特性”。一旦掌握了 Wireshark 基础知识，就可以准备学习它的高级特性了。本章将深入钻研 Wireshark 的高级特性，带你揭开 Wireshark 的神秘面纱，来了解一些比较少见的操作。本章包括关于数据包流和名称解析更详细的全新内容。
- 第 6 章“用命令行分析数据包”。Wireshark 功能强大，但有时你需要离开图形界面，与命令行上的数据包进行交互。本章向你介绍了使用 TShark 和 Tcpdump 这两种命令行包分析工具的方法。
- 第 7 章“网络层协议”。本章通过解析 ARP、IPv4、IPv6 和 ICMP，来向你介绍数据包级别上常见的网络层通信。要在现实场景中对这些协议进行故障排除，首先需要了解它们的工作原理。
- 第 8 章“传输层协议”。本章讨论了两种常见的传输协议 TCP 和 UDP。大多数数据包都将使用这两种协议中的一种，因此了解它们在数据包级别的外观以及它们之间的差异非常重要。
- 第 9 章“常见高层网络协议”。本章继续讲解网络协议的相关内容，将从数据包的层次上带你了解 4 种常见的高层网络通信协议——HTTP、DNS、DHCP 与 SMTP。
- 第 10 章“基础的现实世界场景”。本章将包含一些常见的网络流量，以及最初的现实场景中的案例。每个案例都将以一种易于遵循的格式呈现，包括问题、分析和解决方法。这些基础场景案例仅仅涉及少量几台计算机，以及有限的分析——足以让你找到感觉，并将其运用到实践中。
- 第 11 章“让网络不再卡”。网络技术人员遇到的最普遍的网络问题之一便是网络性能缓慢这种情况，本章便是专门为解决这一问题而设计的。
- 第 12 章“安全领域的数据包分析”。网络安全是信息技术领域中最大的热点话题之一，本章将向你展示使用数据包分析技术解决安全相关问题的实际案例。
- 第 13 章“无线网络数据包分析”。本章是无线网络数据包分析技术启蒙，讨论了无线数据包分析与有线数据包分析技术的差异，并包含了一些无线网络流量分析的案例。
- 附录 A“延伸阅读”。本书附录 A 给出了其他一些参考工具和网站列表，你可能会发现这些工具和网站在你使用前面介绍的数据包分析技术时非常有用。

- 附录 B“分析数据包结构”。如果你想深入研究解释单个数据包，那么可以参考附录 B 的内容，它概述了数据包信息如何以二进制形式存储以及如何将二进制转换为十六进制表示法。然后，它将向你展示如何使用数据包结构图解析以十六进制表示法呈现的数据包。在你需要花费大量时间分析自定义协议或使用命令行分析工具的情况下，这会很方便。

如何使用本书

我期待本书按照如下两种方式进行使用。

- 作为一本教学书籍，你可以逐章阅读，特别注意后面的章节中涉及的实际场景，它们可以帮助你进一步理解和掌握数据包分析技术。
- 作为一本参考资料，有些 Wireshark 软件的特性是你不会经常使用的，所以你可能会忘记它们是如何工作的。当你需要快速重温如何使用 Wireshark 软件的某个特性时，可以从本书中获得参考。当你进行数据包分析时，可能会需要参考本书提供的这些图表和方法。

关于示例捕获文件

本书使用的所有捕获文件都可以在异步社区下载，为了将本书的价值最大化，强烈建议下载这些文件，并在学习每个真实案例时使用它们。

乡村科技基金会

在这里，我必须介绍一下由本书而衍生出的美好事物。在本书第 1 版出版后不久，我创办了一个 501(c)(3)的非营利性组织——乡村科技基金会（Rural Technology Fund）。

比起城市与市郊的学生们，乡村的学生即使拥有很优秀的成绩，仍然很少有机会能够接触到最新的科技。创办于 2008 年的乡村科技基金会（RTF）是我的终极理想。RTF 致力于能够减少乡村学生与城市同龄学生们之间的数字鸿沟，为此它有针对性地发起了奖学金项目、社区参与计划、教育技术资源捐赠，以及一些在乡村和贫困地区的科技推广和宣传项目。

2016 年，RTF 为美国乡村和贫困地区的 1 万多名学生提供了技术教育资源。我很高兴地宣布，本书作者的所有收入都直接交给 RTF 来支持这些目标。如果你想了解更多关于农村科技基金的信息或者想知道能为它做些什么，请访问我们的网站或者关注我们的 Twitter @RuralTechFund。

资源与支持

本书由异步社区出品，社区（https://www.epubit.com/）为您提供相关资源和后续服务。

配套资源

本书提供如下资源：

本书配套资源请到异步社区本书购买页处下载。

要获得以上配套资源，请在异步社区本书页面中点击 配套资源 ，跳转到下载界面，按提示进行操作即可。注意：为保证购书读者的权益，该操作会给出相关提示，要求输入提取码进行验证。

如果您是教师，希望获得教学配套资源，请在社区本书页面中直接联系本书的责任编辑。

提交勘误

作者和编辑尽最大努力来确保书中内容的准确性，但难免会存在疏漏。欢迎您将发现的问题反馈给我们，帮助我们提升图书的质量。

当您发现错误时，请登录异步社区，按书名搜索，进入本书页面，点击“提交勘误”，输入勘误信息，点击“提交”按钮即可。本书的作者和编辑会对您提交的勘误进行审核，确认并接受后，您将获赠异步社区的100积分。积分可用于在异步社区兑换优惠券、样书或奖品。

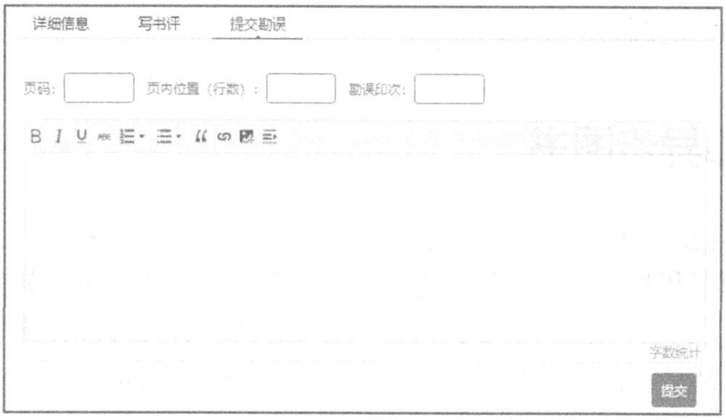

扫码关注本书

扫描下方二维码，您将会在异步社区微信服务号中看到本书信息及相关的服务提示。

与我们联系

我们的联系邮箱是 contact@epubit.com.cn。

如果您对本书有任何疑问或建议，请您发邮件给我们，并请在邮件标题中注明本书书名，以便我们更高效地做出反馈。

如果您有兴趣出版图书、录制教学视频，或者参与图书翻译、技术审校等工作，可以发邮件给我们；有意出版图书的作者也可以到异步社区在线提交投稿（直接访问 www.epubit.com/selfpublish/submission 即可）。

如果您是学校、培训机构或企业，想批量购买本书或异步社区出版的其他图书，也可以发邮件给我们。

如果您在网上发现有针对异步社区出品图书的各种形式的盗版行为，包括对图书全部或部分内容的非授权传播，请您将怀疑有侵权行为的链接发邮件给我们。您的这一举动是对作者权益的保护，也是我们持续为您提供有价值的内容的动力之源。

关于异步社区和异步图书

“异步社区”是人民邮电出版社旗下 IT 专业图书社区，致力于出版精品 IT 技术图书和相关学习产品，为作译者提供优质出版服务。异步社区创办于 2015 年 8 月，提供大量精品 IT 技术图书和电子书，以及高品质技术文章和视频课程。更多详情请访问异步社区官网 https://www.epubit.com。

“异步图书”是由异步社区编辑团队策划出版的精品 IT 专业图书的品牌，依托于人民邮电出版社近 30 年的计算机图书出版积累和专业编辑团队，相关图书在封面上印有异步图书的 LOGO。异步图书的出版领域包括软件开发、大数据、AI、测试、前端、网络技术等。

异步社区

微信服务号

目　　录

第1章

数据包分析技术与网络基础

在计算机网络中，每天都可能发生成千上万、各式各样的问题，从简单的间谍软件感染，到复杂的路由器配置错误，不一而定。我们永远也不可能立即解决所有问题，而只能期盼充分地准备好相关的知识和工具，从而能够快速地响应各种类型的错误。

为了真正地理解网络问题，我们需要进入数据包层次。所有的网络问题都源于数据包层次，即使是最漂亮的应用程序，它们也可能是“金玉其外”但“败絮其中”，有着混乱的设计与糟糕的实现；又或是看起来是可信的，但背地里在搞些恶意的行为。现在，没有任何东西能够逃出我们的视线范围——这里不再有那些令人误解的菜单栏、用来吸引眼球的动画，以及无法让人信赖的员工。在数据包层次上，就不再有真正的秘密（加密通信除外），在数据包层次上做得越多，那我们就能够对网络有更好的控制，就能够更好、更快地解决网络问题。这就是数据包分析的世界。

本书将带着你一起进入神奇的网络数据包世界，你将学到如何解决网络通信超慢的问题，识别出应用程序的性能瓶颈，甚至在真实世界的场景中追踪黑客。当读完这本书后，你应该能够应用先进的数据包分析技术，来帮助解决自己网络中的实际问题，即便它们看起来是那么的复杂与棘手。

在这一章中，我们将开始学习一些网络通信方面的基础知识，这样你可以获得阅读和学习后续章节所需的基础知识背景。

1.1 数据包分析与数据包嗅探器

数据包分析，通常也被称为数据包嗅探或协议分析，指的是捕获和解析网络上在线传输数据的过程，通常是为了能更好地了解在网络上正在发生的事情。数据包分析过程通常由数据包嗅探器来执行，而数据包嗅探器则是一种用来在网络媒介上捕获原始传输数据的工具。

数据包分析技术可以用来达到如下目标。

- 了解网络特征。
- 查看网络上的通信主体。
- 确认谁或是哪些应用在占用网络带宽。
- 识别网络使用高峰时间。
- 识别可能的攻击或恶意活动。
- 寻找不安全以及滥用网络资源的应用。

目前市面上有着多种类型的数据包嗅探器，包括免费的和商业的。每个软件的设计目标都会存在一些差异。流行的数据包分析软件包括 Tcpdump、OmniPeek 和 Wireshark（我们在这本书中只使用此款软件）。Tcpdump 是一个命令行程序，而 Wireshark 和 OmniPeek 都拥有图形用户界面（GUI）。

1.1.1 评估数据包嗅探器

当你选择一款数据包嗅探器时，需要考虑的因素很多，包括以下几点。

支持的协议：数据包嗅探器对协议解析的支持范围是各不相同的，大部分通常都能解析常见的网络协议（如 IPv4 和 ICMP）、传输层协议（如 TCP 和 UDP），甚至一些应用层协议（如 DNS 和 HTTP）。然而，它们可能并不支持一些非传统的或新的协议（如 IPv6、SMBv2、SIP 等）。在选择一款嗅探器时，需要确保它能够支持你所要用到的协议。

用户友好性：考虑数据包嗅探器的界面布局、安装的容易度，以及操作流程的通用性。你选择的嗅探器应该适合你的专业知识水平。如果你的数据包分析经验还很少的话，可能需要避免选择那些更高级命令行嗅探器，比如 Tcpdump；另一方面，如果你拥有丰富的经验，你可能会觉得这类命令行程序更具有吸引力。在逐步积累数据包分析经验时，你甚至会发现组合使用多种数据包嗅探器软件将更有助于适应不同的应用场景。

费用：数据包嗅探器最突出的优点是有着很多能够与任何商业产品相媲美的免费工具。商业产品与其他替代品之间的一个明显的区别是它们的报告引擎，商业产品通常包括各种形式的花哨的报告生成模块，而在免费软件中则通常缺乏。

技术支持：即使你已经掌握了嗅探软件的基本用法，但在遇到一些新问题时仍需要技术支持。在评估技术支持时，你可以寻找开发人员文档、公众论坛和邮件列表。虽然对于一些像 Wireshark 这样的免费软件可能缺乏一些开发人员文档，但使用这些应用软件的社区往往可以填补这些空白。使用者和贡献者社区会提供一些讨论区、维基、博客，来帮助你获得更多关于数据包嗅探器的使用方法。

操作系统支持：不幸的是，并不是全部数据包嗅探器都支持所有的操作系统平台。你需要选择一款嗅探器，能够支持所有你将要工作的操作系统。如果你是一位顾问，有时要在大多数操作系统平台上进行数据包捕获和分析，那么你就需要一款能够在大多数操作系统平台上运行的嗅探器。你还需要留意，有时你会在一台机器上捕获数据包，然后在另一台机器上分析它们。操作系统之间的差异，可能会迫使你在不同的设备上使用不同的嗅探器软件。

1.1.2 数据包嗅探器工作过程

数据包嗅探过程中涉及软件和硬件之间的协作。这个过程可以分为成 3 个步骤。

第一步：**收集**，数据包嗅探器从网络线缆上收集原始二进制数据。通常情况下，通过将选定的网卡设置成混杂模式来完成抓包。在这种模式下，网卡将抓取一个网段上的所有网络通信流量，而不仅是发往它的数据包。

第二步：**转换**，将捕获的二进制数据转换成可读形式。高级的命令行数据包嗅探器就支持到这一步骤。到这一步，网络上的数据包将以一种非常基础的解析方式进行显示，而将大部分的分析工作留给最终用户。

第三步（最后一步）：**分析**，对捕获和转换后的数据进行真正的深入分析。数据包嗅探器以捕获的网络数据作为输入，识别并验证它们的协议，然后开始分析每个协议的特定属性。

1.2 网络通信原理

为了充分理解数据包分析技术，你必须准确掌握计算机是如何通过网络进行相互通信的。在本节中，我们将研究网络协议、开放系统互连模型（OSI 模型）、网络数据帧的基础知识，以及支持网络通信的硬件知识。

1.2.1 协议

现代网络是由多种运行在不同平台上的异构系统所组成的。为了帮助它们之间相互通信，我们使用了一套共同的网络语言，并称之为协议。常见的网络协议包括传输控制协议（TCP）、互联网协议（IP）、地址解析协议（ARP）和动态主机配置协议（DHCP）。协议栈是由一组协同工作网络协议的逻辑组合而成的。

理解网络协议的最佳途径之一是将它们想象成人类口头或书面语言的使用规则。每一种语言都有规则，如动词应该如何结合、人们该如何问候，甚至该如何礼貌地致谢。网络协议大多也是以同样方式进行工作的，帮助我们定义如何路由数据包、如何发起一个连接，以及如何确认收到的数据。一个网络协议可能非常简单，也可能非常复杂，这取决于它的功能。虽然各种协议往往有着巨大的差异，但它们通常用来解决以下问题。

发起连接：是由客户端还是服务器发起连接？在真正通信之前必须要交换哪些信息？

协商连接参数：通信需要进行协议加密吗？加密密钥如何在通信双方进行传输？

数据格式：通信数据在数据包中如何排列？数据在接收设备时以什么样的顺序进行处理？

错误检测与校正：当数据包花费过长的时间才到达目的地时该如何处理？当客户端暂时无法和服务器建立通信时，该如何恢复连接？

连接终止：一台主机如何告知另一台主机通信已经结束？为了礼貌地终止通信，应该传送什么样的最终信息？

1.2.2 七层 OSI 参考模型

网络协议是基于它们在行业标准 OSI 参考模型中的职能进行分层的。OSI 模型将网络通信过程分为七个不同层次，如图 1-1 所示。这个分层模型使得我们更容易理解网络通信。

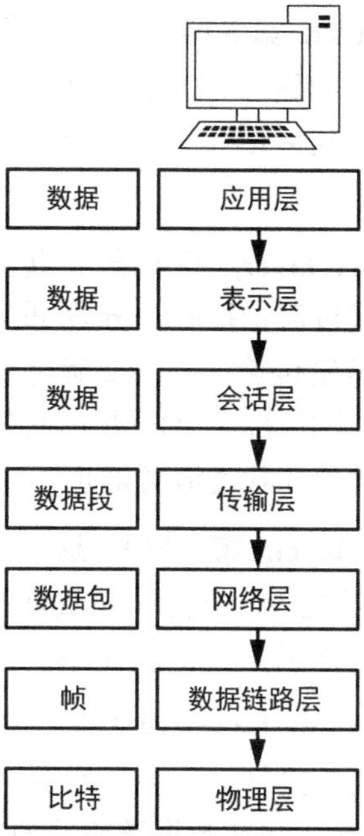

图 1-1 OSI 参考模型的七层协议视图

顶端的应用层表示用来访问网络资源的实际程序。底层则是物理层，通过它来进行实际的网络数据传播。每一层次上的网络协议共同合作，来确保通信数据在协议上层或下层中得到妥善处理。

注意 OSI 参考模型最初在 1983 年由国际标准化组织出版，标准号为 ISO 7498。OSI 参考模型只是一个行业建议标准，协议开发时并不需要严格地遵守它。OSI 参考模型也并不是现有唯一的网络模型，例如，有些人更推崇美国国防部（DoD）的网络模型，也被称为 TCP / IP 模型。

OSI 参考模型中的每层都具有特定功能，具体如下。

应用层（Application layer，第 7 层）：OSI 参考模型的最上层，为用户访问网络资源提供一种手段。这通常是唯一一层能够由最终用户看到的协议，因为它提供的接口，是最终用户所有网络活动的基础。

表示层（Presentation layer，第 6 层）：这一层将接收到的数据转换成应用层可以读取的格式。在表示层完成的数据编码与解码取决于发送与接收数据的应用层协议。表示层同时进行用来保护数据的加密与解密等操作。

会话层（Session layer，第 5 层）：这一层管理两台计算机之间的对话（会话），负责在所有通信设备之间建立、管理和终止会话连接。会话层还负责以全双工或者半双工的方式来创建会话连接，在通信主机间关闭连接，而不是粗暴地直接丢弃。

传输层（Transport layer，第 4 层）：传输层的主要目的是为较低层提供可靠的数据传输服务。通过流量控制、分段/重组、差错控制等机制，传输层确保网络数据端到端的无差错传输。因为要确保可靠的数据传输其过程极为烦琐，所以 OSI 参考模型将其作为完整的一层。传输层同时提供了面向连接和无连接的网络协议。某些防火墙和代理服务器也在这一层工作。

网络层（Network layer，第 3 层）：这一层负责数据在物理网络中的路由转发，是最复杂的 OSI 层之一。它除了负责网络主机的逻辑寻址（例如通过一个 IP 地址），还处理数据包分片和一些情况下的错误检测。路由器在这一层上工作。

数据链路层（Data link layer，第 2 层）：这一层提供了通过物理网络传输数据的方法，其主要目的是提供一个寻址方案，可用于确定物理设备（例如 MAC 地址）。网桥和交换机是工作在数据链路层的物理设备。

物理层（Physical layer，第 1 层）：OSI 参考模型的底层是传输网络数据的物理媒介。这一层定义了所有使用的网络硬件设备的物理和电气特性，包括电压、集线器、网络适配器、中继器和线缆规范等。

物理层建立和终止连接，并提供一种共享通信资源的方法，将数字信号转换成模拟信号传输，并反过来将接收模拟信号转换回数字信号。

注意 一个把 OSI 模型各个层次都记住的口诀是 Please Do Not Throw Sausage Pizza Away。从第一层开始，每个单词的首字母依次代表着 OSI 模型中的每一层。

表 1-1 列出了 OSI 参考模型各个层次上的一些常见网络协议。

表 1-1　OSI 参考模型各个层次上的典型网络协议

层次	协议
应用层	HTTP、SMTP、FTP、Telnet
表示层	ASCII、MPEG、JPEG、MIDI
会话层	NetBIOS、SAP、SDP、NWlink
传输层	TCP、UDP、SPX
网络层	IP、IPX
数据链路层	Ethernet、Token Ring、FDDI、AppleTalk

尽管 OSI 参考模型仅仅是一个建议标准，你还是应该将其牢记在心。阅读这本书时，你会发现，对不同层网络协议进行交互才能解决你所面对的网络问题。比如遇到路由器问题，你应该快速确认这是 “第 3 层上的问题”，而应用软件问题则被识别为“第 7 层上的问题”。

注意　在讨论我们的工作时，一位同事说他曾处理过一位用户的投诉，用户反映不能访问网络资源，而实际原因是用户输入的密码不正确。我的同事将这个案例标成了“第 8 层的问题”，第 8 层是对用户层的一种非官方说法，通常是由那些整天工作在数据包层次上的网络工程师们所使用。

1.2.3　OSI 参考模型中的数据流向

在网络上传输的初始数据首先从传输网络的应用层开始，沿着 OSI 参考模型的七层逐层向下，直到物理层。在这一层传输网络物理媒介会将数据发送到接收系统。接收系统从它的物理层获取到传输数据，然后向上逐层处理，直到最高的应用层。

OSI 模型中的每层都只能直接与它的上层或下层协议通信。比如第二层只能从第一层和第三层中发送或接收数据。

在 OSI 模型任意层上，由不同协议提供的服务都不是多余的。例如，如果某层上的一个网络协议提供了一种服务，那么其他任何层上的协议都不会提供与之完全相同的服务。在不同层次的协议可能有类似目标的功能，但它们会是以不同的方式来实现。

在对应层次上，发送和接收的网络协议是相互配合的。比如，发送系统在第 7 层的某个协议负责对传输数据进行编码封装，那么往往在接收系统的第 7

层有着相应的网络协议，负责对网络数据进行解码读取。

图 1-2 中连接了两个通信端，对 OSI 参考模型进行了图形化的说明。你可以看到通信数据会从一个通信端的顶部流向底部，然后当它到达另一通信端时，将反向从底部流向顶部。

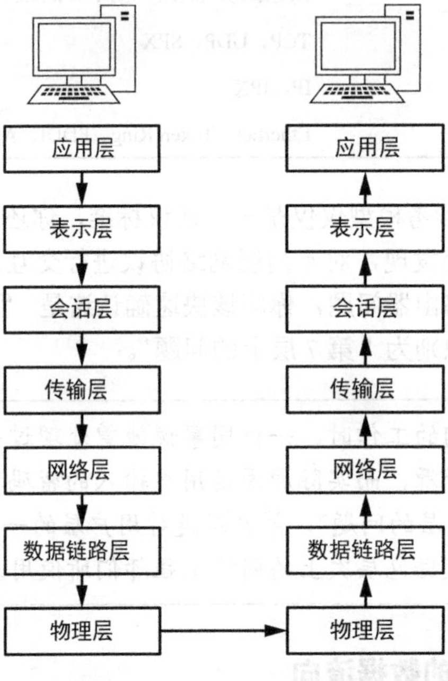

图 1-2 OSI 参考模型连接两个通信端的图形表示

1.2.4 数据封装

OSI 参考模型不同层次上的协议在数据封装的帮助下进行通信传输。协议栈中的每层协议都负责在传输数据上增加一个协议头部或尾部，其中包含了使协议栈之间能够进行通信的额外信息。例如，当传输层从会话层接收数据时，它会在将数据传递到下一层之前，附上自己的头部信息数据。

数据封装过程将创建一个协议数据单元（PDU），其中包括正在发送的网络数据，以及所有增加的头部与尾部协议信息。随着网络数据沿着 OSI 参考模型向下流动，PDU 逐渐变化、增长，各层协议均将其头部或尾部信息添加进去，直到物理层时达到其最终形式，并发送给目标计算机。接收计算机收到 PDU 后，沿着 OSI 参考模型往上处理时，逐层剥去协议头部和尾部，当 PDU 到达 OSI 参考模型的最上层时，将只剩下原始传输数据。

注意 OSI 参考模型使用特别的术语来描述每一层的数据。物理层叫比特，数据链路层叫帧，网络层叫数据包，传输层叫数据段。最上面的三层可以统称数据，但这些叫法实际上用得并不多，我们一般会使用报文来表示一个完整或部分PDU，该 PDU 从多个 OSI 参考层中包含了表头和表尾信息。

让我们通过一个实际的例子来理解数据的封装过程，这个例子描述了数据包是如何在 OSI 参考模型中被创建、传输和接收的。作为数据包分析师，你需要了解，我们经常会忽略掉会话层和表示层，所以它们将不会在这个例子中出现（包括本书的其余部分）。[1]

假设这样一个情形：我们试着在计算机上浏览 Google。在这个过程中，我们必须首先产生一个请求数据包，从客户端计算机传输到目标服务器上。这里我们假设 TCP/IP 通信会话已经被建立，图 1-3 则展示了此案例中的数据封装处理过程。

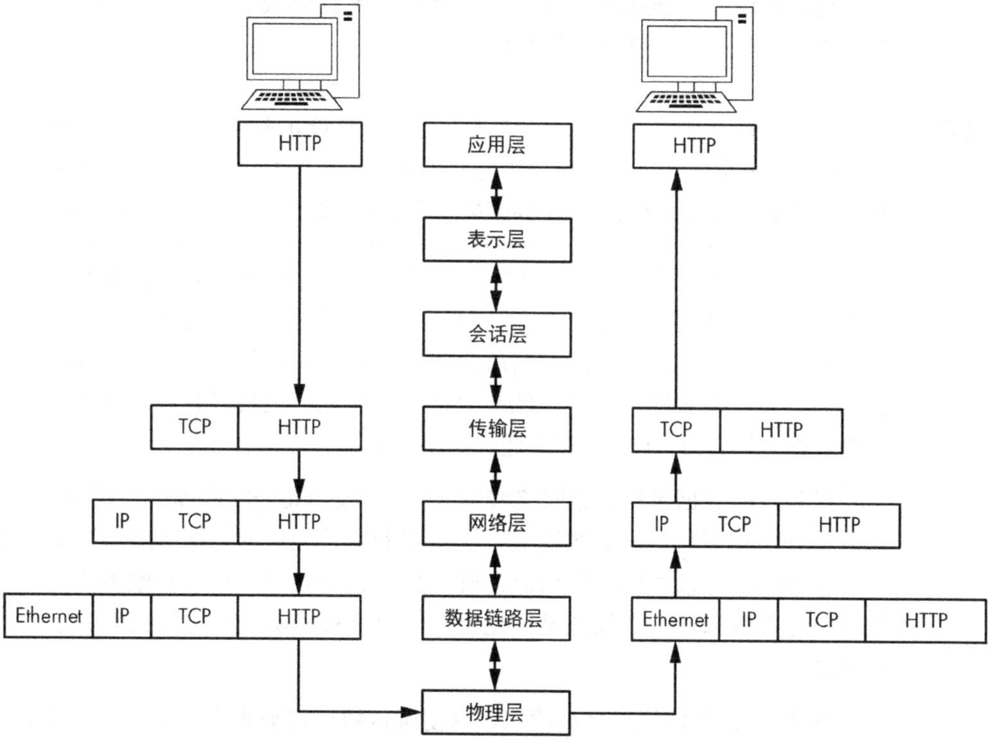

图 1-3 客户端和服务器之间数据封装过程图示

[1] TCP/IP 模型中并没有会话层和表示层，因此在实际的 TCP/IP 协议栈中，并没有单独设计会话层和表示层网络协议。——译者注

我们从客户端计算机的应用层开始，在我们浏览一个网站时，所使用的应用层协议是 HTTP，通过此协议发出请求命令，从 Google 下载 index.html 文件。

注意　在实践中，浏览器会向网站的根目录文件发出请求，通常使用正斜杠（/）来表示。当 Web 服务器接收到该请求时，它会根据服务器的网页根目录设定对浏览器重定向。根目录文件名通常是 index.html 或 index.php。我们会在第 9 章讨论更多有关 HTTP 的内容。

应用层协议发送出指令后，我们就开始关心数据包是如何被发送到目的地的。数据包中的应用层数据将沿着 OSI 参考模型的协议栈传递给传输层。HTTP 是一个使用 TCP（或在 TCP 协议之上）的应用层协议，因此传输层将使用 TCP 协议来确保数据包的可靠投递。一个包括序列号和其他数据的 TCP 协议头部将被创建，并添加到 PDU 中，如图 1-3 所示。该 TCP 表头包含了序列号和其他信息，以确保数据包能够被正确交付。

注意　我们常说一个协议在其他协议之上，是因为 OSI 参考模型的分层设计。例如 HTTP 等应用层协议提供了一个特定的服务，并依靠 TCP 协议来保证服务的可靠交付。正如你学习到的，DNS 协议架构于 UDP 之上，而 TCP 架构在 IP 之上。

在完成这项工作之后，TCP 协议将数据包交给 IP 协议，也就是在第 3 层上负责为数据包进行逻辑寻址的协议。IP 协议创建一个包含有逻辑寻址信息的头部，并将数据包传递给数据链路层上的以太网协议，然后以太网物理地址会被添加并存储在以太网帧头中。现在数据包已经完全组装好并传递给物理层，在这里数据包通过 0、1 信号完成通过网络的传输。

封装好的数据包将穿越网络线缆，最终到达 Google 的 Web 服务器。 Web 服务器开始从下往上读取数据包，这意味着它首先读取数据链路层，从中提取到所包含的物理以太网寻址信息，确定数据包是否是发往这台服务器的。一旦处理完这些信息，第 2 层头部与尾部的信息将被剥除，并进入到第 3 层的信息处理过程中。

第 3 层 IP 寻址信息会被读取，以便确认数据包被正确转发，以及数据包并未进行分片处理。这些信息也同样被剥除，并交到下一层进行处理。

第 4 层 TCP 协议信息现在被读取，以确保数据包是按序到达的。然后第 4 层报头信息被剥离，留下的只有应用层数据。这些数据会被传递到 Web 服务器应用程序。为了响应客户端发过来的这个数据包，服务器应该发回一个 TCP 确认数据包，使客户端知道它的请求已经被接收，并可以等待获取 index.html 文件内容了。

所有数据包都会以这个例子中描述的过程进行创建和处理，而无论使用的是哪种协议。

但同时，请牢记并非每个网络数据包都是从应用层协议产生的，所以你会进一步看到只包含第 2 层、第 3 层或第 4 层协议信息的数据包。

1.2.5 网络硬件

现在是时候来看一看网络硬件了，至此脏活累活都已经完成，接下来的内容都很简单了。我们将专注于几个较为常见的网络硬件：集线器、交换机和路由器。

1. 集线器

集线器一般是提供了多个 RJ-45 端口的机盒，图 1-4 所示为一个 NETGEAR 集线器。集线器从非常小的 4 端口的设备，到企业环境中安装机架设计的 48 端口机盒设备，变化很大。

图 1-4 一个典型的 4 端口以太网集线器

因为集线器产生很多不必要的网络流量，并仅在半双工模式下运行（不能在同一时间发送和接收数据），所以你通常不会在现代或高密度的网络中再看到它们的身影了（用交换机来代替）。然而，你应该知道集线器的工作机制，因为它们对于数据包分析技术非常重要，特别是在实施我们将于第 2 章介绍的"枢纽"技术时。

一个集线器无非就是工作在 OSI 参考模型物理层上的转发设备。它从一个端口接收到数据包，然后将数据包传输（中继）到设备的每个端口上。例如，如果一台计算机连接到一个 4 端口集线器的 1 号端口上，需要发送数据到连接在 2 号端口的计算机，那么集线器将会把数据发送给端口 2、3、4。连接到 3 号端口与 4 号端口上的客户端计算机通过检查以太网帧头字段中的目标媒体访问控制（MAC）地址，判断出这些数据包并不是给它们的，便丢弃这些数据包。

图 1-5 是一个从计算机 A 发送数据到计算机 B 的例子，当计算机 A 发送出数据时，所有连接到集线器的计算机都将接收到数据，但只有计算机 B 会实际将数据接收下来，而其他计算机则将丢弃它。

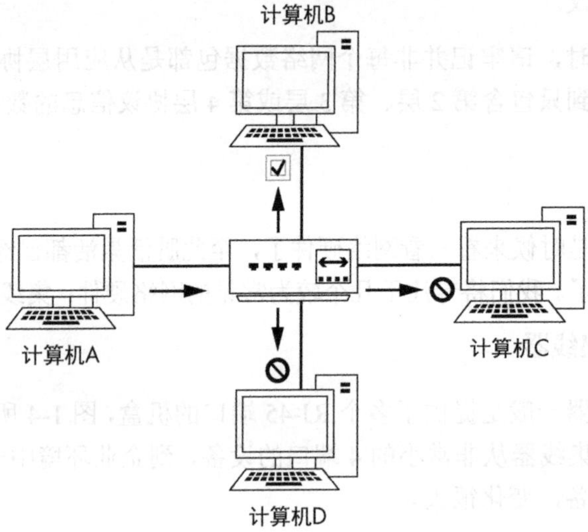

图 1-5　计算机 A 通过集线器传输数据到计算机 B 的通信流

作一个比喻，假设你发送一封主题为“所有的营销人员请注意”的电子邮件给贵公司所有雇员，而不是只有那些在营销部门工作的人。市场营销部门的员工会知道这封邮件是给他们的，他们很可能会打开它；而其他员工看到这封邮件并不是给他们的，则很可能会选择丢弃。可以看出这会导致很多不必要的通信和时间浪费，然而这正是集线器的工作原理。在高密度的实际网络中，集线器最好的替代产品是交换机，它们是支持全双工的设备，可以同步地发送和接收数据。

2. 交换机

与集线器相同，交换机也是用来转发数据包的。但与集线器不同的是，交换机并不是将数据广播到每一个端口，而是将数据发送到目的计算机所连接的端口上。如同你在如图 1-6 中看到的那样，交换机的外表与集线器十分相似。

市场上几个大牌公司的交换机，比如思科品牌的交换机，能够通过专业化的供应商特定软件或 Web 接口进行远程管理。这些交换机通常被称为管理型交换机。管理型交换机提供了多种在网络管理中非常有用的功能特性，包括启用或禁用特定端口、查看端口细节参数、远程修改配置、远程重启等。

图 1-6 一个机架式 48 端口以太网交换机

交换机在处理传输数据包时，经常会提供一些先进的功能。为了能够直接与一些特定设备进行通信，交换机必须能够通过 MAC 地址来唯一标识设备，这意味着它们必须工作在 OSI 参考模型的数据链路层上。

交换机将每个连接设备的 2 层地址都存储在一个 CAM（Content Addressable Memory：内容寻址寄存器）表中，CAM 表充当着一种类似交通警察的角色。当一个数据包被传输时，交换机读取数据包中的第 2 层协议头部信息，并使用 CAM 表作为参考，决定往哪个或哪些端口发送数据包。交换机仅仅将数据包发送到特定端口上，从而大大降低了网络流量。

图 1-7 说明了流量经过交换机进行传输的过程。在这个图示中，计算机 A 发送数据到唯一的目标：计算机 B，虽然同一时间里网络上可能有很多会话，但信息将会直接通过交换机和目标接收者进行传输，而不会被传递到交换机和所有连接计算机之间。

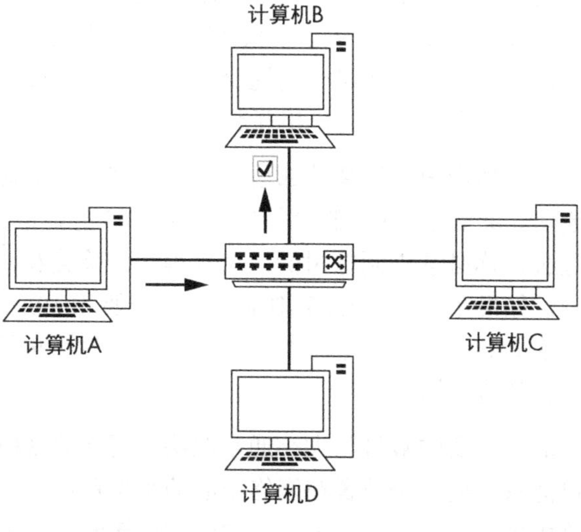

图 1-7 当计算机 A 通过交换机传输数据到计算机 B 时的通信流图示

3. 路由器

路由器是一种比交换机或集线器具有更高层次功能的先进网络设备。一个路由器可以有许多种不同的形状和外形，但大多数路由器在正前方的面板上会有几个 LED 指示灯，在背板上会有一些网络端口，个数则取决于网络的大小。图 1-8 显示了一款路由器的外形。

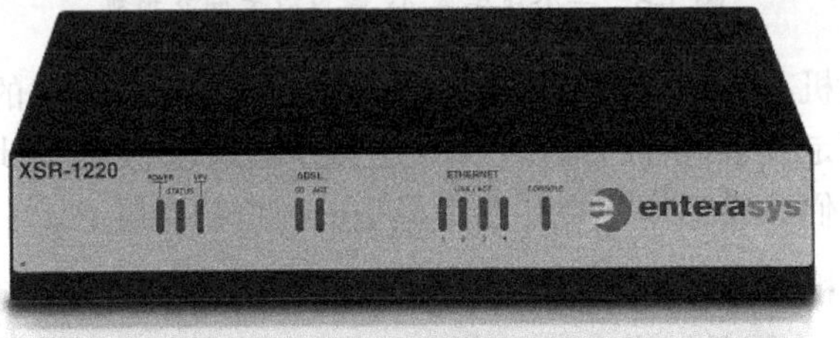

图 1-8　一款低端的 Enterasys 路由器，适合在一个中小型网络使用

路由器工作在 OSI 参考模型的第 3 层，它们负责在两个或多个网络之间转发数据包。路由器在网络间引导数据包的流向，这一过程被称为路由。几种不同类型的路由协议定义了不同目的的数据包如何被路由到其他网络。路由器通常使用第 3 层地址（如 IP 地址）来唯一标识网络上的设备。

为了更清楚地解释路由的概念，我们以一个拥有几条街道的街区进行类比。假设有一些房子，它们都有着自己的地址，就像网络上的计算机一样，而每条街道就如同网段，如图 1-9 所示。从你所在街道上的某个房子，你可以很容易地与同一街道中居住的邻居进行沟通交流，这类似于交换机的操作，能够允许在同一网段中的所有计算机进行相互通信。

然而，与其他街道上居住的邻居进行沟通交流，就像是与不同网段中的计算机进行通信。参照图 1-9，假设你住在藤街 503 号，需要到山茱萸巷 202 号。如果想要过去，你必须先到橡树街，然后再到山茱萸巷。现在请对应到跨越网段的场景中，如果在 192.168.0.3 地址的设备需要和 192.168.0.54 地址的设备进行通信，它必须经由路由器到 10.100.1.1 网络上，然后再经过连接目的网段的路由器，才可以到达目标网段。

网络上的路由器的数量与大小通常取决于网络的规模与功能。个人和家庭办公网络可能只需要一个放置在网络中心的小型路由器。而大型企业网络则可能有几个路由器分布在不同的部门，它们都连接到一个大型的中央路由器或三层交换机上（具有内置功能，可以充当一台路由器的先进型交换机）。

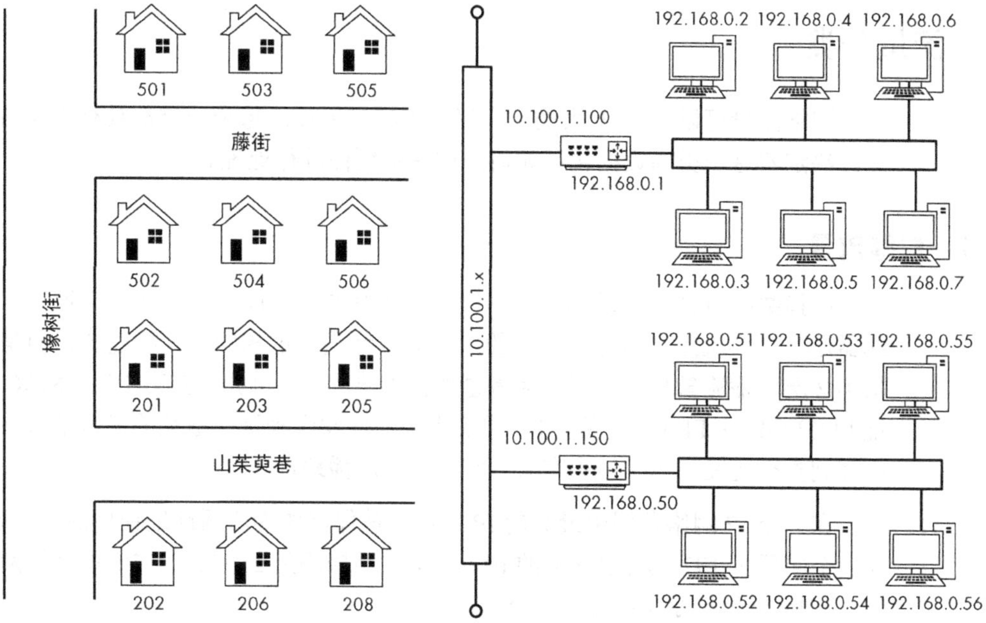

图 1-9　一个路由网络与街区的类比

当你开始查看越来越多的网络图时，就会更加了解网络数据流是如何流经这些不同类型的网络设备节点的，图 1-10 显示了路由网络中的一个很常见的布局形式。在这个例子中，两个单独的网络通过一个路由器进行连接。如果网络 A 上的计算机希望与网络 B 上计算机进行通信，则传输数据将必须通过路由器。

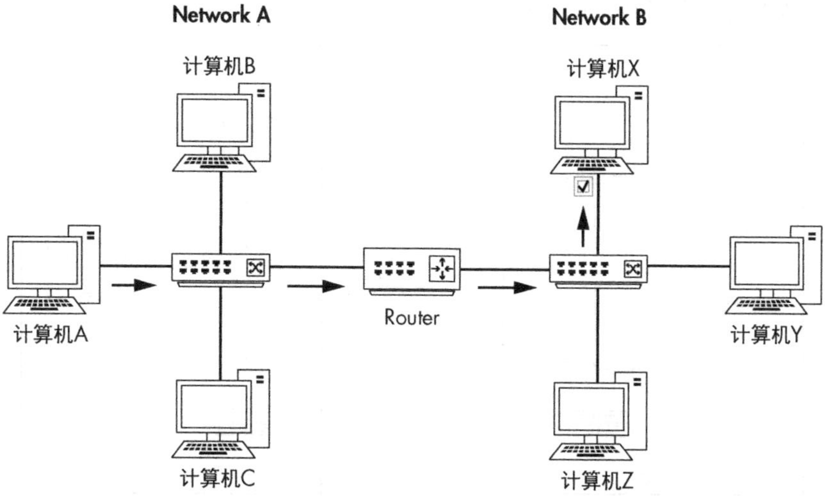

图 1-10　计算机 A 通过路由器将数据传送到计算机 X 的通信流图示

1.3 流量分类

网络流量可以分为 3 大类：广播、组播和单播。每个分类都具有不同的特点，决定着这一类的数据包该如何通过网络硬件进行处理。

1.3.1 广播流量

广播数据包会被发送到一个网段上的所有端口，而不管这些端口连接在集线器还是交换机上。但并非所有的广播流量都是通过相同方式构建的，而是包括第 2 层广播流量和第 3 层广播流量两种主要形式。例如，在第 2 层，MAC 地址 FF:FF:FF:FF:FF:FF 是保留的广播地址，任何发送到这一地址的流量都将会被广播到整个网段。第 3 层也有着一些特定的广播地址。

在一个 IP 网络范围中最大的 IP 地址是被保留作为广播地址使用的。例如，在一个配置了 192.168.0.XXX 的 IP 范围，子网掩码是 255.255.255.0 的地址网络中，广播 IP 地址是 192.168.0.255。

在通过多个集线器或交换机连接多种媒介的大型网络中，广播数据包将从一个交换机一直被中继到另一交换机上，从而传输到网络连接的所有网段上。广播数据包能够到达的区域被称为“广播域”，也就是任意计算机可以不用经由路由器即可和其他计算机进行直接传输的网段范围。图 1-11 显示了一个小型网络上存在两个广播域的例子。因为每个广播域会一直延伸到路由器，所以广播数据包只在它特定的广播域中流通。

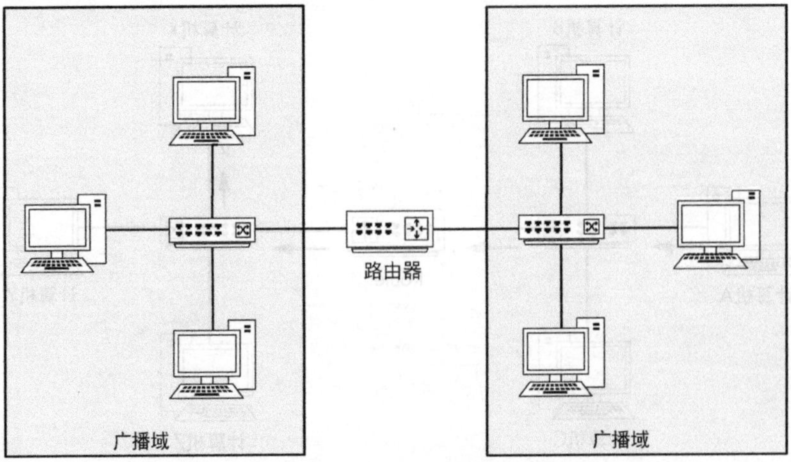

图 1-11 一个广播域一直延伸到路由器后面的网段

我们前面的类比也能很好地说明广播域是如何工作的。你可以将一个广播域想象成一条街道。如果你站在家门口叫喊，只有街道上的人才能够听到你的声音。而如果你想与不同街道上的人说话，那么你需要找到一种与他进行直接交流的方式，而不是在你的家门口大喊大叫（广播）。

1.3.2 组播流量

组播是一种将单一来源数据包同时传输给多个目标的通信方式。组播的目的是简化这个过程，并使用尽可能少的网络带宽。组播流量通过避免数据包的大量复制来达到优化效果，而对组播流量的处置方式则高度依赖于不同网络协议的实现细节。

实施组播的主要方法是通过一种将数据包接收者加入组播组的编址方案实现的，这也是 IP 组播的工作原理。这种编址方案确保数据包不会被传送到未预期的目的地。事实上 IP 协议将一整段的地址都用于组播，如果你在网络上看到 224.0.0.0～239.255.255.255 的 IP 地址，那么它很有可能就是组播流量。

1.3.3 单播流量

单播数据包会从一台计算机直接传输到另一台计算机。单播机制的具体实现方式取决于使用的协议。例如，一台设备希望与一个 Web 服务器进行通信，这便是一个端到端的连接，所以通信过程将由客户端设备发送数据包到这台 Web 服务器开始。这种类型的通信就是单播流量的典型例子。

1.4 小结

本章涵盖了学习数据包分析技术所必须掌握的基础知识。在开始解决网络故障问题之前，你必须明白网络通信到底是怎么回事。在第 2 章中，我们将基于这些概念，来讨论更高级的网络通信准则。

第2章 监听网络线路

进行高效的数据包分析的一个关键决策是在哪里放置数据包嗅探器，以恰当地捕捉网络数据。数据包分析师通常把这个过程称为监听网络线路。简而言之，这是将数据包嗅探器安置在网络上恰当物理位置的过程。

然而不幸的是，嗅探数据包并不像是将一台笔记本电脑连入网络那么简单。事实上，有些时候，在网络布线系统上放置一个数据包嗅探器，要比实际分析数据包更难一些。

安置嗅探器的挑战是要考虑到种类繁多的用来连接网络的硬件设备。图 2-1 显示了一种典型的情况。由于网络上主要的 3 种设备（集线器、交换机、路由器）对网络流量的处理方式都不相同，因此你必须非常清楚你所分析网络使用的是哪些硬件设备。

本章的目标是帮助你理解如何在各种不同网络拓扑结构中安置数据包嗅探器。

首先，让我们来看一看，我们实际上是如何捕获网络线路上所有传递的数据包的。

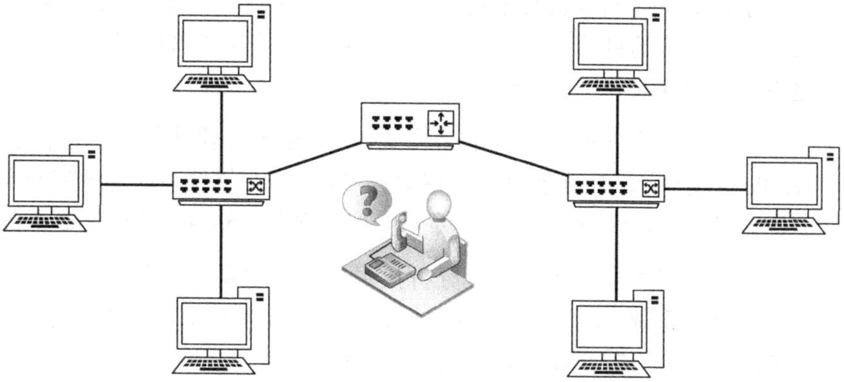

图 2-1 将嗅探器安置在你的网络上，有时是你面对的最大挑战

2.1 混杂模式

你需要一个支持混杂模式驱动的网卡，才可能在网络上嗅探数据包。混杂模式是什么呢？实际上它是一种允许网卡能够查看到所有流经网络线路数据包的驱动模式。

正如你在第 1 章了解到的那样，由于在网络上有一类广播流量，因此对于客户端来说，接收到并非以它们的地址作为目标的数据包是很常见的。用来对给定 IP 地址解析对应 MAC 地址的 ARP 协议（在任何网络上都是一个关键组成部分）便是一个很好的例子，它能够说明有些网络流量并非是发送到指定的目标地址。为了找到对应的 MAC 地址，ARP 协议会发送一个广播包发出到广播域中的每个设备，然后期望正确的客户端将做出回应。

一个广播域（也就是一个网络段，其中任何一台计算机都可以无须经过路由器，直接传送数据到另一台计算机）是由几台计算机组成的，但广播域中仅仅只有一台客户端应该对传输的 ARP 广播请求包感兴趣。而一旦网络上的每台计算机都处理和回应 ARP 广播包的话，那么网络的性能将变得非常的糟糕。

因此，其他网络设备上的网卡驱动会识别出这个数据包对于它们来说没有任何用处，于是选择将数据包丢弃，而不是传递给 CPU 进行处理。将目标不是这台接收主机的数据包进行丢弃可以显著地提高网络处理性能，但这对数据包分析师来说并不是个好消息。作为分析师，我们通常需要看到线路上传输的每一个数据包，这样我们才不用担心会丢失掉任何关键的信息。

我们可以使用网卡的混杂模式来确保能够捕获所有的网络流量。一旦工作在混杂模式下，网卡将会把每一个它所看到的数据包都传递给主机的处理器，而无论数据包的目的地址是什么。一旦数据包到达 CPU，它就可以被一个数据包嗅探软件捕获并进行分析。

现在的网卡一般都支持混杂模式，Wireshark 软件包中也包含了 libpcap / WinPcap 驱动，这让你能够很方便地在 Wireshark 软件界面上就将网卡直接切换到混杂模式上。（我们将在第 3 章里介绍更多的 libpcap / WinPcap 的内容。）

为了学习本书中的数据包分析技术，你必须要有一个支持使用混杂模式的网卡与操作系统。在你只想看到发往你运行嗅探软件主机 MAC 地址的网络数据包的时候，就不需要以混杂模式来进行嗅探了。

注意 在大多数操作系统（包括 Windows）上，要想使用一个混杂模式的网卡，你就必须要提升用户权限到管理员级别。如果你不能在一个系统上合法地获得这些权限，那就不应该在这台系统上对所在网络进行任何方式的数据包嗅探。

2.2 在集线器连接网络中嗅探

在使用集线器连接的网络中进行嗅探，对于任何数据包分析师来说，都是一个梦想。正如你在第 1 章中了解到的那样，流经集线器的所有网络数据包都会被发送到每一个集线器连接的端口。因此，要想分析一台连接到集线器上的计算机的网络通信，你所需要做的所有事情就是将数据包嗅探器连接到集线器的任意一个空闲端口上。这样你就能看到所有从那台计算机流入流出的网络通信，以及其他接入集线器的所有计算机之间的通信。

如图 2-2 所示，当你的嗅探器连接到一个集线器网络时，你对本地网络的可视范围是不受限制的。

注意 可视范围，这个术语将在整本书的很多图示中显示，表示你在数据包嗅探器中能够看到通信流量的主机范围。

然而对我们来说不幸的消息是，集线器网络已经是非常罕见的了，因为它们曾经给网络管理员们带来了很大的困扰，而且已经被基本淘汰了。因为在集线器网络中，在任意时刻里，只有一个设备可以通信。因此，通过集线器连接

的设备必须与其他设备进行竞争，才能取得带宽来进行通信，当两个或多个设备同时通信时，数据包就会产生冲突碰撞，如图 2-3 所示。结果可能是丢包，然后通信设备需要承受重新传输数据包所带来的性能损失，而这又增加了网络拥塞和碰撞。当通信流量水平和碰撞概率增加时，设备需要传输每个数据包 3 次甚至 4 次，这大大降低了网络性能。因此很容易理解为什么现在各种规模的网络都已经转而使用交换机了。虽然在现代网络中你很难再碰到集线器了，但在一些支持老旧或特殊设备的网络里，比如工业控制系统（ICS）网络中，你仍有可能遇到它们。

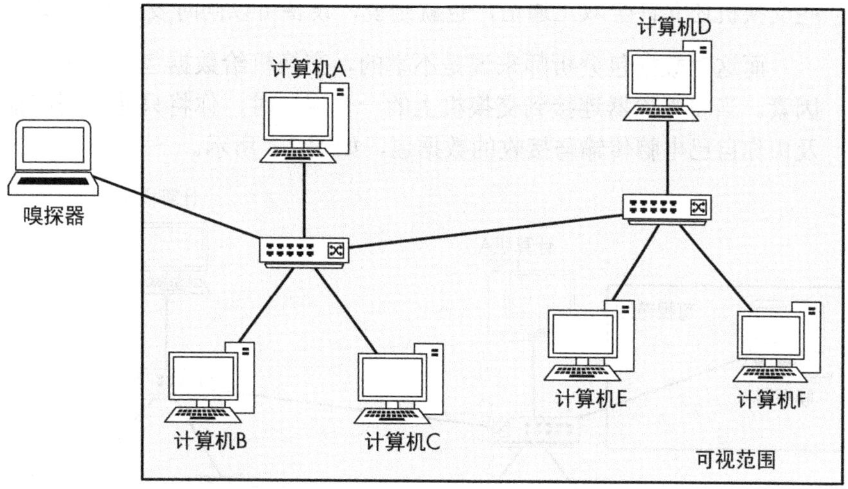

图 2-2　在集线器网络中嗅探将提供一个不受限制的可视范围

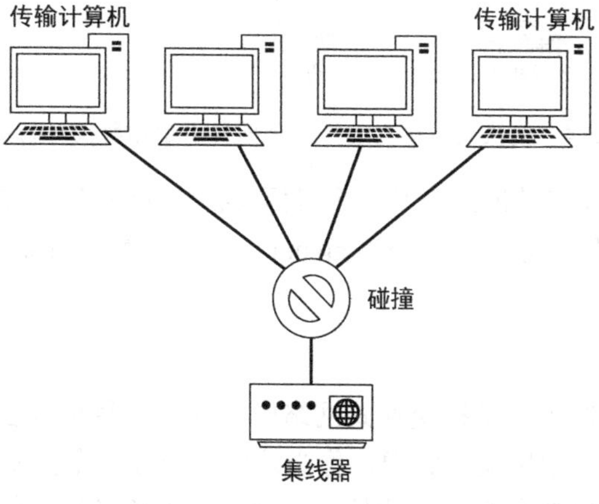

图 2-3　当集线器网络上两个设备在同一时间通信时产生的碰撞

要辨别一个网络中是否有集线器，一个简单的方法就是去机房观察网络机柜。当你认不出来的时候，只需在服务器机框最黑暗的角落寻找网络硬件，并且上面有一些积灰。

2.3 在交换式网络中进行嗅探

正如第 1 章中所讨论的，交换机是现在网络环境中一种常见的连接设备类型。它们为通过广播、单播与组播方式传输数据提供了高效的方法。另外，一些交换机还允许全双工通信，也就是说，设备可以同时发送和接收数据。

而这对数据包分析师来说是不幸的，交换机给数据包嗅探带来了一些复杂因素。当将嗅探器连接到交换机上的一个端口时，你将只能看到广播数据包，及由你自己电脑传输与接收的数据包，如图 2-4 所示。

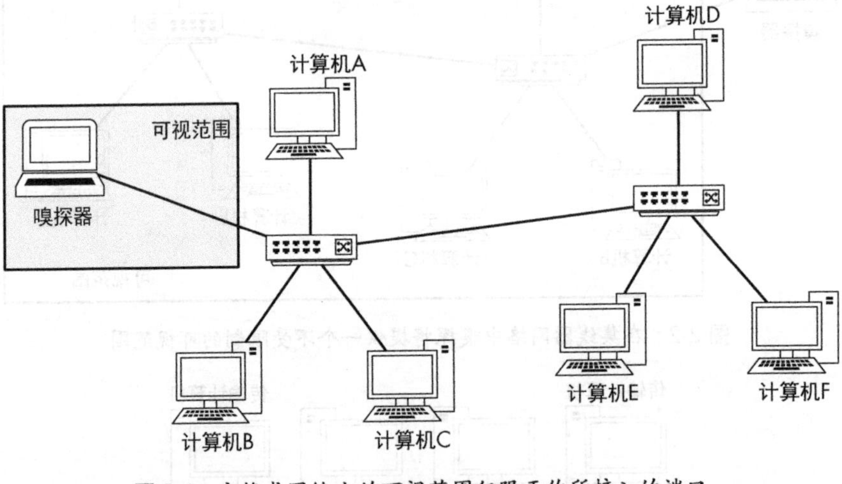

图 2-4　交换式网络上的可视范围仅限于你所接入的端口

在一个交换式网络中从一个目标设备捕获网络流量的基本方法有如下 4 种：端口镜像、集线器接出（hubbing out）、使用网络分流器和 ARP 缓存污染攻击。

2.3.1 端口镜像

端口镜像也许是在交换式网络中捕获一个目标设备所有网络通信最简单的方法了。为了使用端口镜像，你必须能够通过命令行或 Web 管理界面来访问目标设备所连接的交换机。此外，这个交换机还必须支持端口镜像的功能，并且有一个空闲的端口，让你可以插入你的嗅探器。

要启用端口镜像，你需要发出一个命令，来强制交换机将一个端口上的所有通信都镜像到另一端口上。例如，为了捕获交换机 3 号端口连接的一台设备发出的所有流量，你只需要简单地将你的嗅探分析器接入 4 号端口，然后将 3 号端口镜像复制到 4 号端口，这就可以让你看到目标设备所传输与接收的所有网络流量了。图 2-5 显示了端口镜像的原理。

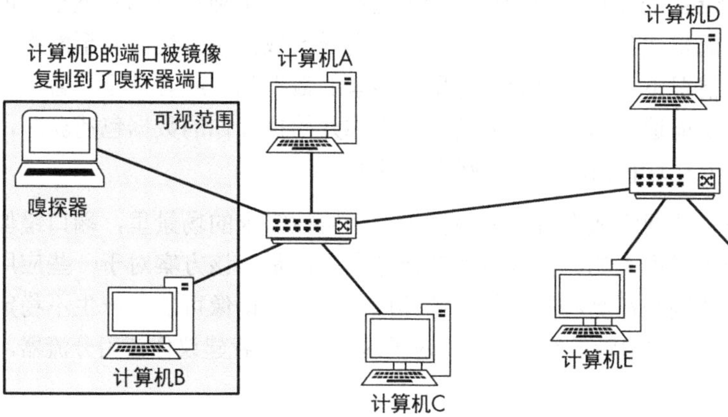

图 2-5 端口镜像可以让你在交换式网络上扩大可视范围

设置端口镜像的具体方法取决于不同的交换机制造商。对于大多数的交换机，你需要登录到命令行界面，然后输入端口镜像命令。你可以在表 2-1 中找到一些通用的端口镜像命令。

表 2-1 用于启用端口镜像的命令

制造商	命令
思科	set span <source port> <destination port>
凯创	set port mirroring create <source port> <destination port>
北电	port-mirroring mode mirror-port <source port> monitor-port <destination port>

注意 某些交换机提供基于 Web 的图形用户管理界面，并提供端口镜像作为一个选项，但这种配置方式不像命令行那么普遍和标准。但是，如果你的交换机提供了一种图形化界面，可以高效配置端口镜像的方法，那么你也可以使用。除此之外，越来越多的小型办公和家庭办公（SOHO）交换机开始提供端口镜像功能，并且这些功能通常可以在图形化界面里设置。

在进行端口镜像时，需要留意被镜像端口的流量负载。有些交换机厂商允许你将多个端口的流量镜像到一个单独端口上，这在分析一个交换机上两个或多个设备的网络通信时，可能是非常有用的。然而，这是我们使用一些简单的算术来考虑会发生什么事情。比如你有一个 24 端口交换机，你将 23 个全双工的 100Mbit/s 端口流量都镜像到一个端口上，那么在这个端口上可能会有 4600Mbit/s 的流量。由于这将会远远超出一个单独端口的物理承受能力，因此在网络流量达到一定级别后，将可能会导致数据包丢失，甚至网络速度变慢。在这种情况下，交换机会丢弃所有多余的数据包，或者甚至"暂停"内部交换电路，从而造成通信中断的情况。当你开始执行你的数据包捕获时，请务必小心，不要让这种情况在你的网络中发生。

在企业网络或有持续网络流量安全监控需求的场景里，端口镜像功能看起来是一个吸引人的、低成本的解决方案。但是，该方案对于一些应用通常并不靠谱。特别是在高吞吐量级别的环境下，端口镜像可能会产生不稳定的结果，并且造成无法追踪的数据丢失。对于这种情况，我建议你使用分流器，详见 2.3.3 小节。

2.3.2 集线器输出

另一种在交换式网络中捕获目标设备通信流量的方式是集线器输出。使用这种技巧，你需要将目标设备和分析系统分段到同一网络段中，然后把它们直接插入到一个集线器上。

许多人认为集线器输出根本就是一种作弊方法，不过，它在你不能进行端口镜像但仍对目标设备接入的交换机有着物理访问的时候，真的是一个完美的解决方案。为了进行集线器输出，你所需要的就是一个集线器和几根网线。在你找齐了硬件之后，就可以按照如下操作步骤进行连接了。

（1）找到目标设备所连接的交换机，并将目标设备连接网线从交换机上拔掉。

（2）将目标设备的网线插入到你的集线器上。

（3）使用另一根网线，将你的嗅探分析器也连接到集线器上。

（4）从你的集线器连接一根网线到交换机上，将集线器连接到网络上。

现在你已经将目标设备和你的嗅探分析器连接到了同一个广播域中，所有从你的目标设备流入流出的网络流量都将在集线器中广播，从而让你的嗅探分析器可以捕获到这些数据包，如图 2-6 所示。

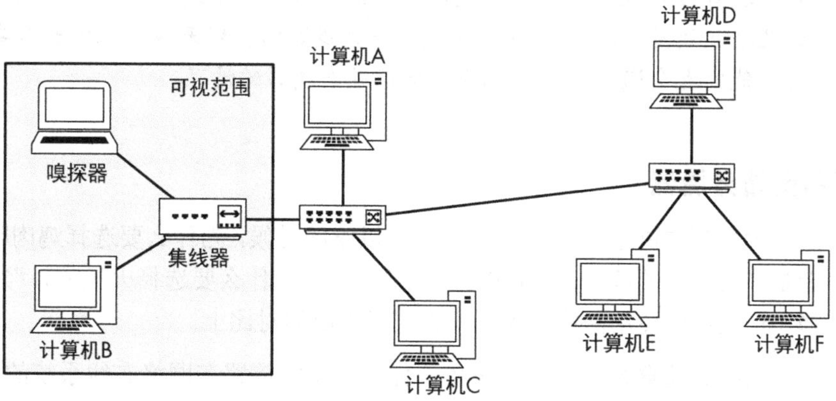

图 2-6 将你的目标设备通过集线器输出，与嗅探分析器连接在一起

在大多数情况下，集线器输出会将目标设备的全双工变成半双工。尽管这种方法并不是进行网络线路监听最彻底的方法，但在交换机不支持端口镜像时它可能是你唯一的选择。但是，请记住的是，你的集线器同样需要一个电源线连接，而某些情况下你却很难找到。

注意 作为友情提示，在拔掉用户的设备时，你应该事先给他一个善意的提醒，否则如果碰巧这位用户是公司 CEO，你就惨了。

找到“真正的”集线器

当进行集线器输出时，你需要确保你使用的设备是一个真正的集线器，而不是虚假标记的交换机。有几家网络硬件厂商有着营销的坏习惯，会把一些低级别的交换机当作集线器进行出售。如果你使用的并不是一个可信的经过测试的集线器，那么你将只会看到你自己的流量，而不是目标设备的流量。

当你找到一个集线器时，需要对它进行测试，来确保它确实是一个集线器。如果是的话，它绝对是值得你收藏的了！确定一个设备是否真的是集线器的最好方法，就是连上两台电脑，然后看这两台电脑是否能嗅探对方与网络其他设备之间的网络通信。如果能监听到的话，那它就是一款真正的集线器了。

由于集线器已经是老古董了，因此它们早就不再被大规模生产了。你几乎不可能从市面上买到真正的集线器了。所以你需要发挥点创意来找到一个。一个很好的来源往往是在当地学校的二手交易市场。公立学校在处理老旧设备之前，都必须尝试进行二手拍卖交易，而他们经常有一些很古老的硬件设备。我曾经见过有人从二手交易市场上仅仅花了不到一顿快餐的钱就买到了好几个集线器。此外，eBay 也是一个集线器的良好来源，但你也需要留意，有可能你也会遇到将交换机错误标识成集线器的情况。

2.3.3 使用网络分流器

大家都知道这句谚语:“有牛排可以吃的时候，为什么要选择鸡肉呢？”(或者是美国南方的谚语，“有炸腊肠吃的时候，为什么要选择火腿呢？”)。这种选择，也适用于使用网络分流器与集线器输出的对比上。

网络分流器是一个硬件设备，你可以将它放置在网络布线系统的两个端点之间，来捕获这两个端点之间的数据包。与集线器输出类似，在网络上放置一个硬件，就可以捕获你所需要的数据包。所不同的是，这次你并不是使用集线器，而是使用一个专门为了网络分析而设计的特殊硬件。

网络分流器又分为 2 种基本类型：聚合的和非聚合的。这两种分流器都是安置在两个设备之间，来嗅探所有流经的网络通信的。他们之间根本的区别在于：非聚合的网络分流器有 4 个端口，如图 2-7 所示，而聚合分流器则只有 3 个端口。

图 2-7　一款 Barracuda 的非聚合网络分流器

网络分流器通常还需要一个电源连接，但也有一些是带电池的，它们不需要插入电源插座就可以进行短暂的数据包嗅探。

1. 聚合的网络分流器

聚合的网络分流器的使用方法是较简单的。它只有一个物理的流量监听口，来对双向通信进行嗅探。

为了使用聚合的网络分流器来捕获接入交换机的单台计算机的所有流量，你只需要按照如下步骤进行操作。

（1）从交换机上拔下目标计算机的网线。

（2）将连接目标计算机网线的另一端插入到网络分流器的“in”端口中。

（3）将另一根网线的一端插入到网络分流器的“out”端口，并将另一端插入到网络交换机。

（4）将最后一根网线的一端插入网络分流器的“Monitor”端口，并将另一端插入到你作为嗅探器使用的电脑上。

聚合网络分流器的连接应该如图 2-8 所示的那样，一旦连好之后，你的嗅探器就能够捕获到你接入网络分流器的所有网络流量。

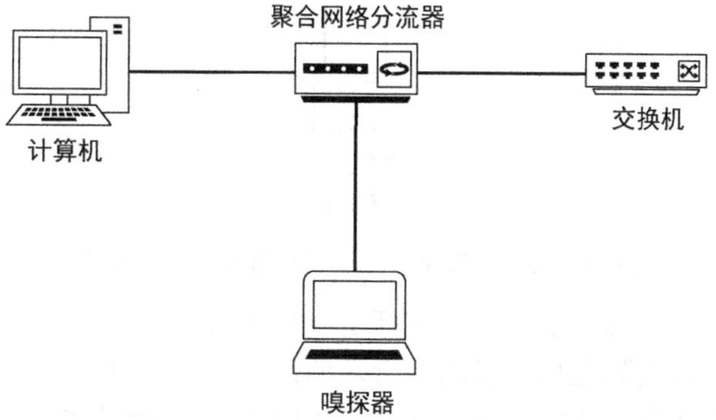

图 2-8　使用聚合的网络分流器来嗅探网络流量

2. 非聚合的网络分流器

非聚合的网络分流器比起聚合的稍微复杂一些，但它在进行流量捕获时有着更好的灵活性。与聚合网络分流器仅仅只有一个监听端口来嗅探双向通信流量不同的是，非聚合的网络分流器有着两个监听端口。一个监听端口用来嗅探流出方向的网络流量（从电脑连接到分流器的方向），另一个监听端口用来嗅探流入方向的网络流量（从分流器端口到电脑的方向）。

为了捕获连接交换机的计算机的所有网络流量，你则需要按照如下步骤进行配置。

（1）从交换机上拔下计算机连接网线。

（2）将网线的一端插入计算机，另一端插入到网络分流器的“in”端口上。

（3）将另一根网线的一端插入到网络分流器的“out”端口，然后将另一端插入到网络交换机上。

（4）将第三根网线插入到网络分流器的“Monitor A”端口，并将另一端插入到你作为嗅探器使用电脑的一块网卡接口上。

（5）将最后一根网线插入到网络分流器的“Monitor B”端口，并将另一端插入到你作为嗅探器使用电脑的第二块网卡接口上。

非聚合网络分流器的连接方式如图 2-9 所示。

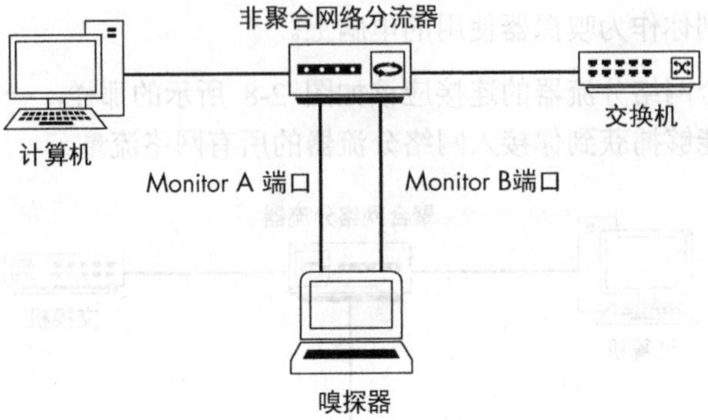

图 2-9　使用非聚合的网络分流器来嗅探网络流量

虽然以上的例子容易让你产生一种错觉，就好像你只能使用分流器监听一台设备，但实际上你可以通过合理的规划，把分流器放置在合适的位置，将其用来捕获多台设备的流量。例如，如果想在因特网上监听两个网络之间的流量，你需要将集线器串联在所有设备相连的交换机和网络上层路由器之间。这样的放置方式可以让你收集到所有你想要的流量。这种策略常常在安全监控中用到。

3. 选择一款网络分流器

网络分流器拥有两种不同的类型，那么哪种会更好一些呢？在大多数情况下，聚合的网络分流器是首选，因为它们需要较少的网线，同时在嗅探器计算机上也不需要两块网卡。然而，在你需要捕获高带宽的流量，或是只需要关注一个方向上的流量时，非聚合的网络分流器会更加适用。

你可以购买到各种规格的网络分流器，从简单的大概 150 美元左右就能买到的以太网分流器，到需要数万美元的企业级光纤分流器。我曾经使用过 Net Optics 和 Barracuda 网络的网络分流器，觉得它们的产品都非常不错。我敢肯定，市面上还有很多其他非常不错的选择。

2.3.4 ARP 缓存污染

进行网络线路监听时我最喜欢的技术，就是 ARP 缓存污染。我们将在第 6 章中详细介绍 ARP 协议，但在这里会进行一个简要的解释，以帮助了解这种技术是如何工作的。

1. ARP 查询过程

在第 1 章里，我们介绍了 OSI 参考模型中在第 2 层与第 3 层上数据包寻址的两种主要方式。这些第 2 层地址，或称为 MAC 地址，无论你在使用哪种第 3

层寻址方案，都会与之协同工作。

在本书中，按照行业标准术语，我们将第3层寻址方案称为IP寻址系统。网络上的所有设备相互通信时在第3层上均使用IP地址。由于交换机在OSI模型的第2层上工作，它们只识别第2层上的MAC地址，因此网络设备必须在它们创建的数据包中包含这些信息。当这些设备在不知道通信对方的MAC地址时，必须要通过已知的第3层IP地址来进行查询，这样才可能通过交换机将流量传递给相应的设备。

这些翻译过程就是通过第2层上的ARP协议来实施的。连接到以太网网络上计算机的ARP查询过程，是从一台计算机想要与另一台进行通信时开始的。发起通信的计算机首先检查自己的ARP缓存，查看它是否已经有对方IP地址对应的MAC地址。

如果不存在，它将往数据链路层广播地址FF:FF:FF:FF:FF发送一个ARP广播请求包，作为一个广播数据包，它会被这个特定的以太网广播域上的每台计算机接收，这个请求包问道："某某IP地址的MAC地址是什么？"

没有匹配到目标IP地址的计算机会简单地选择丢弃这个请求包。而目标计算机则选择答复这个数据包，通过ARP应答告知它的MAC地址。此时，发起通信的计算机就获取到了数据链路层的寻址信息，便可以利用它与远端计算机进行通信，同时将这些信息保存在ARP缓存中，来加速以后的网络访问。

2. ARP缓存污染是如何工作的

ARP缓存污染，有时也被称为ARP欺骗，是一种在交换网络中监听流量的高级方法。这种方法通过发送包含虚假MAC地址（第二层）的ARP消息，来劫持其他计算机的流量。图2-10显示了ARP缓存污染的具体过程。

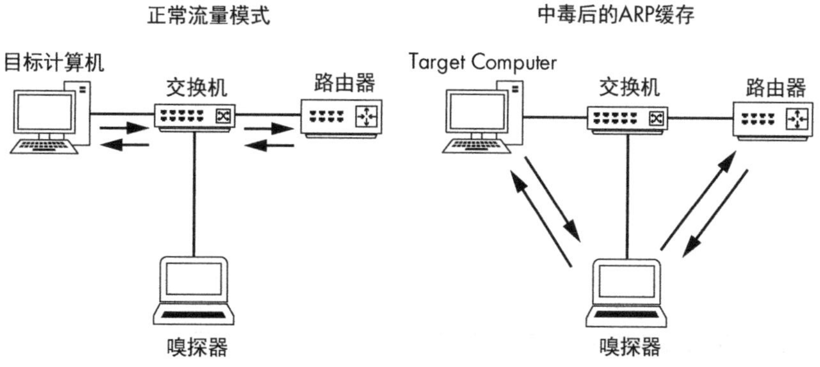

图2-10 ARP缓存污染允许你拦截目标计算机的流量

ARP 缓存污染是一种在交换式网络中进行监听的高级技术。它通常由攻击者使用，向客户端系统发送虚假地址的数据包，来截获特定的网络流量，或者对目标进行拒绝服务攻击（DoS）。然而，它也可以是一种在交换式网络中捕获目标系统数据包的方法。

3. 使用 Cain & Abel 软件

当试图进行 ARP 缓存污染时，第一步你需要获得一些必要的工具来搜集相关信息。在我们的演示中，我们将使用一款流行的安全工具 Cain & Abel，可以从 oxid.it 下载获得。这款软件也支持 Windows 系统。你可以根据网站上的指引，来下载和安装这款软件。

注意 当你试图去下载这款软件的时候，计算机的杀毒软件或浏览器有可能会把 Cain & Abel 误报为恶意或黑客工具。该工具有多种用途，包括一些可能被认为是邪恶的。但在这里，这款工具对你的系统没有威胁。

在使用 Cain & Abel 软件之前，你需要收集某些信息，包括嗅探分析器系统的 IP 地址，你所希望嗅探网络流量的远程计算机的 IP 地址，以及远程计算机所连接的上游路由器。

当第一次打开 Cain & Abel 软件时，你会发现在软件窗口的顶端有着一系列的标签页（ARP 缓存污染攻击只是强大的 Cain & Abel 软件的其中一个功能）。为了演示例子，我们将切换到“嗅探器”选项页上。当单击此选项卡时，你应该会看到一个空表，如图 2-11 所示。

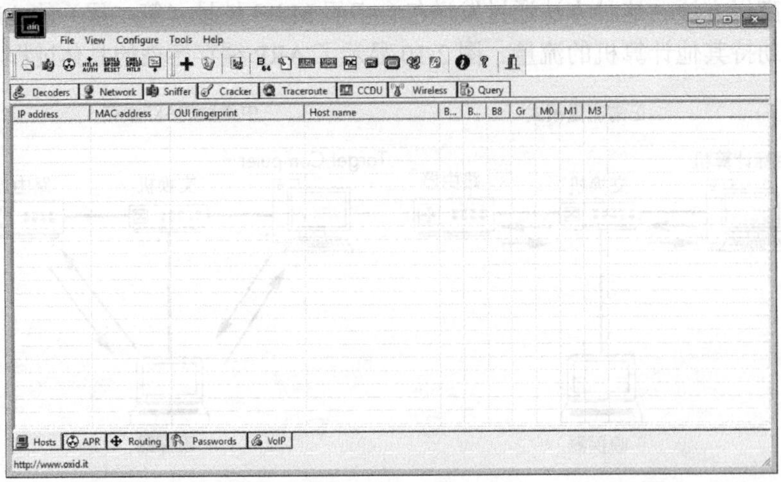

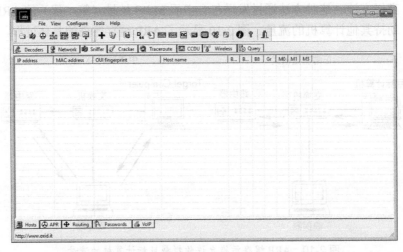

图 2-11 Cain & Abel 软件主窗口中的“嗅探器”选项卡

要完成此表，你需要激活这款软件的内置嗅探器，扫描你的网络并找出活跃主机。请按以下步骤进行操作以完成上述目标。

（1）单击工具栏上左起第二个图标，类似网卡形状的那个。

（2）你会被要求选择你希望进行嗅探的网络接口。这个接口应该连接到你所希望进行 ARP 缓存污染的网络。选择这个网络接口，然后点击 OK 按钮。（要确保按下这个按钮，以激活 Cain & Abel 软件内置的嗅探器。）

（3）要建立在你的网络上可用主机的列表，单击加号（+）图标。MAC 地址扫描器对话框将会出现，如图 2-12 所示。请选择“All hosts in my subnet” 圆形按钮（或者选择特定的地址范围），单击 OK 继续。

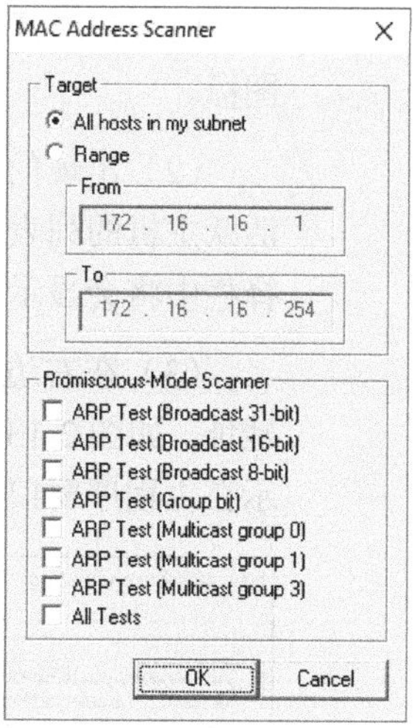

图 2-12　Cain & Abel 网络发现工具

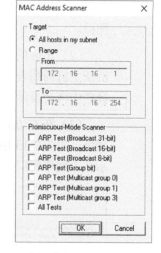

一些 Windows 10 用户报告 Cain & Abel 无法确定他们的网络接口的 IP 地址，因此无法完成这个过程。如果您有这个问题，那么在配置网络接口时，您将看到接口的 IP 地址是 0.0.0.0。

为此，采取以下步骤解决。

（1）如果 Cain & Abel 是打开的，请关闭它。

（2）在桌面搜索栏输入 ncpa.cpl，打开网络连接对话框。

（3）右键单击要嗅探的网络界面，并单击 Properties。

（4）双击 Internet Protocol Version 4（TCP/IPv4）。

（5）单击 Advanced 按钮并选择 DNS 选项卡。

（6）选择 Use this connection’ s DNS suffix in DNS registration 旁边的复选框来激活它。

（7）单击 OK 退出打开的对话框，重新启动 Cain & Abel。

现在表格中应该填满了你所在网络中的所有主机的信息，包括它们的 MAC 地址、IP 地址和供应商信息等。这是你开始进行 ARP 缓存污染的目标主机列表。

在程序窗口的底部，你应该会看到另一组选项卡，选择它们将带你到嗅探器标题下的其他窗口。现在，你已经创建了主机列表，接下来可以单击 ARP 选项卡切换至 ARP 窗口中。

在 ARP 窗口中，你会看到两个空的表格。当你完成下面的操作步骤之后，上方的表格中将显示出你的 ARP 缓存污染过程涉及的设备列表，而下方表格则会显示出在你进行中毒攻击的计算机之间的所有通信内容。

进行 ARP 缓存污染攻击，请按照下列步骤进行操作。

（1）在屏幕上方的空白区域中单击，然后单击程序标准工具栏中的加号（+）图标。

（2）出现的单窗口中会有两个选择栏。在左侧，你可以看到网络上的所有活跃主机的列表。单击你希望进行网络流量嗅探的目标系统 IP 地址，右边的选择栏中将会显示出网络中的所有主机列表，除了你所选择的目标主机 IP 地址。

（3）在右边的选择栏中，单击目标计算机的直接上游路由器（即网关）IP 地址，如图 2-13 所示，然后单击“OK”。这两个设备的 IP 地址现在应该会被显示在主程序窗口上方的表格中。

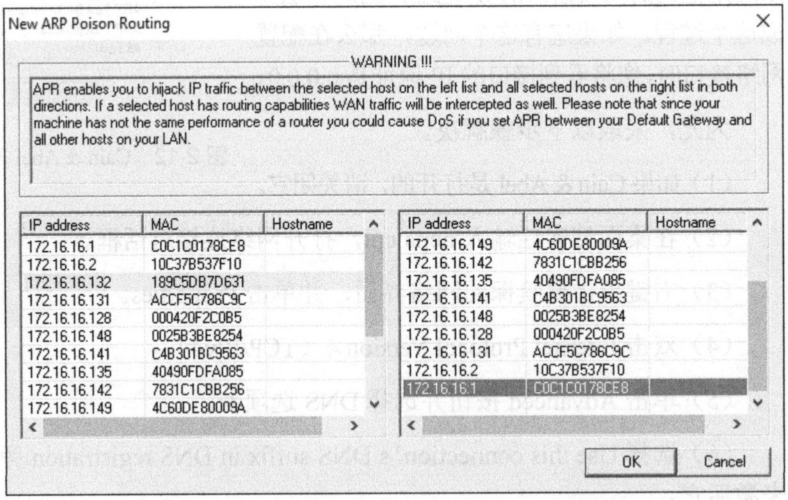

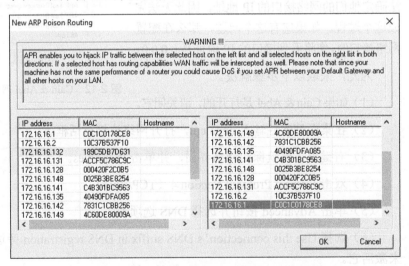

图 2-13　选择你要启用 ARP 缓存污染的目标系统

（4）完成这个过程的最后一步，单击标准工具栏中黄黑相间的辐射符号，这个操作将激活 Cain & Abel 软件的 ARP 缓存污染功能。让你的嗅探分析器作为从目标系统到它的上游路由器之间所有通信的中间人。

你现在应该就能启动你的数据包嗅探器，并开始分析过程了。当你完成流量捕获之后，只需再次单击黄黑相间的辐射图标，便可以停止 ARP 缓存污染过程。

4. 关于 ARP 缓存污染的警示

作为 ARP 缓存污染过程的最后警示，你必须要非常清楚实施这个过程中每个系统的角色与作用。在目标设备拥有很高的网络利用流量时，比如说一台有着 1Gbit/s 联网线路的文件服务器，不要使用这项技术（尤其当你的嗅探分析系统只提供了一条 100Mbit/s 的链路）。

当你使用这个例子中演示的这项技术对网络流量进行重路由时，所有目标系统发送和接收的流量都必须先通过你的嗅探分析系统，因此，你的嗅探分析系统可能成为整个通信过程中的瓶颈。这种流量重路由会对你进行分析的系统造成一种拒绝服务攻击式的影响，将导致网络性能下降以及分析数据不完备。

注意 你可以使用一个被称为非对称路由的功能，来避免所有的网络流量经过你的嗅探分析器。对于这种技术的更多信息，请参阅 oxid.it 用户手册。

2.4 在路由网络环境中进行嗅探

所有在交换式网络中用来监听网络线路的技术在路由网络环境中都同样适用。面对路由网络环境时，唯一需要重点考虑的问题是，当你调试一个涉及多个网络分段的故障时，如何安装你的嗅探器？正如你所学到的，一个设备的广播域一直延伸，直到到达一个路由器，在这个点上，网络流量将会被转发给上游路由器。

在网络数据必须经过多个路由器的情况下，在各个路由器上分析网络流量是非常重要的。举例来说，考虑你很可能会遇到的一个场景，在网络中由几个路由器将几个网络分段连接在一起。在这个网络中，每个网段与上游网段进行通信，来获取和存储数据。

如图 2-14 所示，我们要解决的一个故障问题：一个下游子网 D，无法与网络 A 中的任何设备进行通信。

如果在存在故障问题的网络 D 中嗅探流量，你可以清楚地看到数据包被传输到了其他网段，但你可能看不到回来的数据包所说的“一会儿回来”。如果你重新考虑你的嗅探器部署位置，在网络 D 的直接上游网段（网络 B）中开始嗅探，那么你将会有一个关于故障更清晰的视图。

此时，你可能会发现，来自网络 D 的流量被丢弃了，或是被网络 B 的路由器错误地路由了。

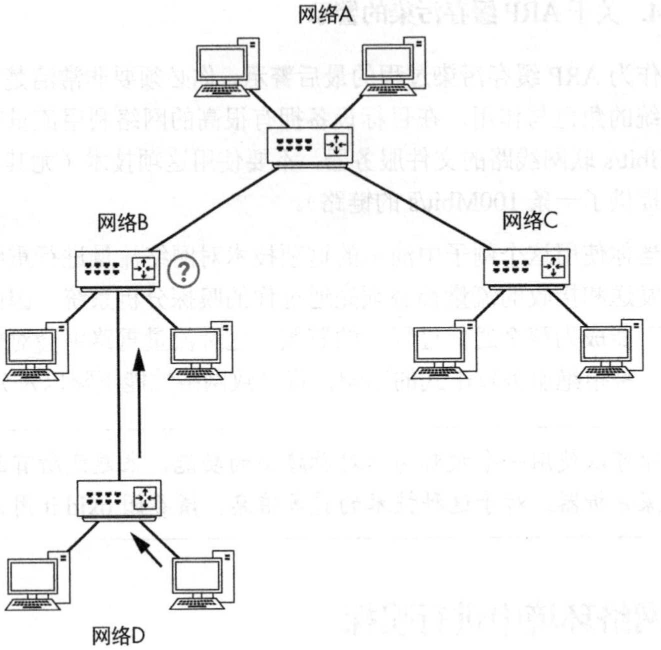

图 2-14 网络 D 中的计算机不能与网络 A 中的计算机进行通信

最终，这会导致路由器配置问题，如果得到纠正，那么便会解决掉你的大麻烦。虽然这个场景有点宽泛，但其中的精髓是，在处理涉及多个网段与路由器的问题时，可能需要将你的嗅探器移动到不同的位置上，才能获得一个完整的网络画面。

这是一个很好的例子，它说明了为什么往往需要在不同的网段中对多个设备流量进行嗅探，才能很快地诊断出故障的根本原因。

"网络地图"

在关于网络布局的讨论中，我们已经研究了好几种不同的"网络地图"。"网络地图"，或称为网络拓扑图，是一个显示了网络中所有技术资源以及它们之间连接关系的图形表示。

在决定你的数据包嗅探器安置位置时，没有比拿着一张"网络地图"来进行分析更好的办法了。如果你有一张"网络地图"，请把它保留在手边，它在故障排除和分析过程中，都会是一份宝贵的资产。建议对你自己的网络画出一份详细的"网络地图"。请记住在大多数时候，排除故障一半以上的工作，都集中在收集正确的网络数据上。

2.5 部署嗅探器的实践指南

我们已经介绍了在交换式网络中捕获网络流量的 4 种不同方法。我们可以再增加一种方式，适用于我们仅仅在单个系统上安装嗅探器软件并监听这台系统流入流出的流量。在某个特定场景中，你可能不太容易确定应该用上述这 5 种方法中的哪种才是最合适的。表 2-2 提供了每种部署方法的通用准则。

作为分析师，我们需要尽可能地隐蔽。最理想的境界是，我们采集需要的数据，而不留下任何的脚印。这就像是法医在调查时不想对犯罪现场造成任何破坏。我们也不希望破坏捕获的网络流量。

表 2-2　在交换式网络环境中进行数据包嗅探的指导准则

技术	指导准则
端口镜像	• 通常是首选的，因为它不会留下网络脚印痕迹，也不会因此而产生额外的数据包。 • 可以在不让客户端脱机下线的情况下进行配置，非常便于镜像路由器或者服务器端口。
集线器输出	• 当你不需要考虑主机暂时下线带来的后果时适用。 • 当你必须捕获多台主机的流量时是低效率的，因为碰撞和丢包会导致性能低下。 • 可能会导致现代的 100/1000Mbit/s 主机丢失数据包，因为大多数真正的集线器都只是 10Mbit/s 的。
使用网络分流器	• 当你不需要考虑主机暂时下线带来的后果时适用。 • 当你需要嗅探光纤通信时，这是唯一选项。 • 由于网络分流器就是为了网络监听嗅探而设计的，而且能够跟上现代网络速度，因此这种方法比起集线器输出要更优一些。 • 在预算紧张时，这种方法的成本会过于高昂。
ARP 缓存污染	• 这会被认为是非常草率的，因为它涉及网络上注入数据包，并通过重路由网络流量流经你的嗅探器。 • 在你需要一个暂时性快速实施的方法，能够将一个设备的网络流量进行捕获，而又不用将其下线，同时端口镜像又不被支持的时候，这种方法会是一个高效的选择。
直接安装	• 一般不建议，因为如果一台主机存在故障和问题，这个问题可能会导致数据包被丢弃，或是被配置成它们无法被准确展示的样子。 • 主机的网卡不需要设置在混杂模式。 • 在进行环境测试、评估和审查性能，或是检查在其他地方捕获的数据包文件时，这是最佳方案。

当在后面章节中逐步面对一些实际场景时，我们将会对逐个案例进行详细分析，来讨论捕获数据最好的方式。目前来说，我们在图 2-15 中给出的流程图应该能够帮助你决定用来捕获流量的最佳方法。请记住，这个流程图只是一个简单的通用参考，并不涵盖所有用来监听网络线路的可能方法。

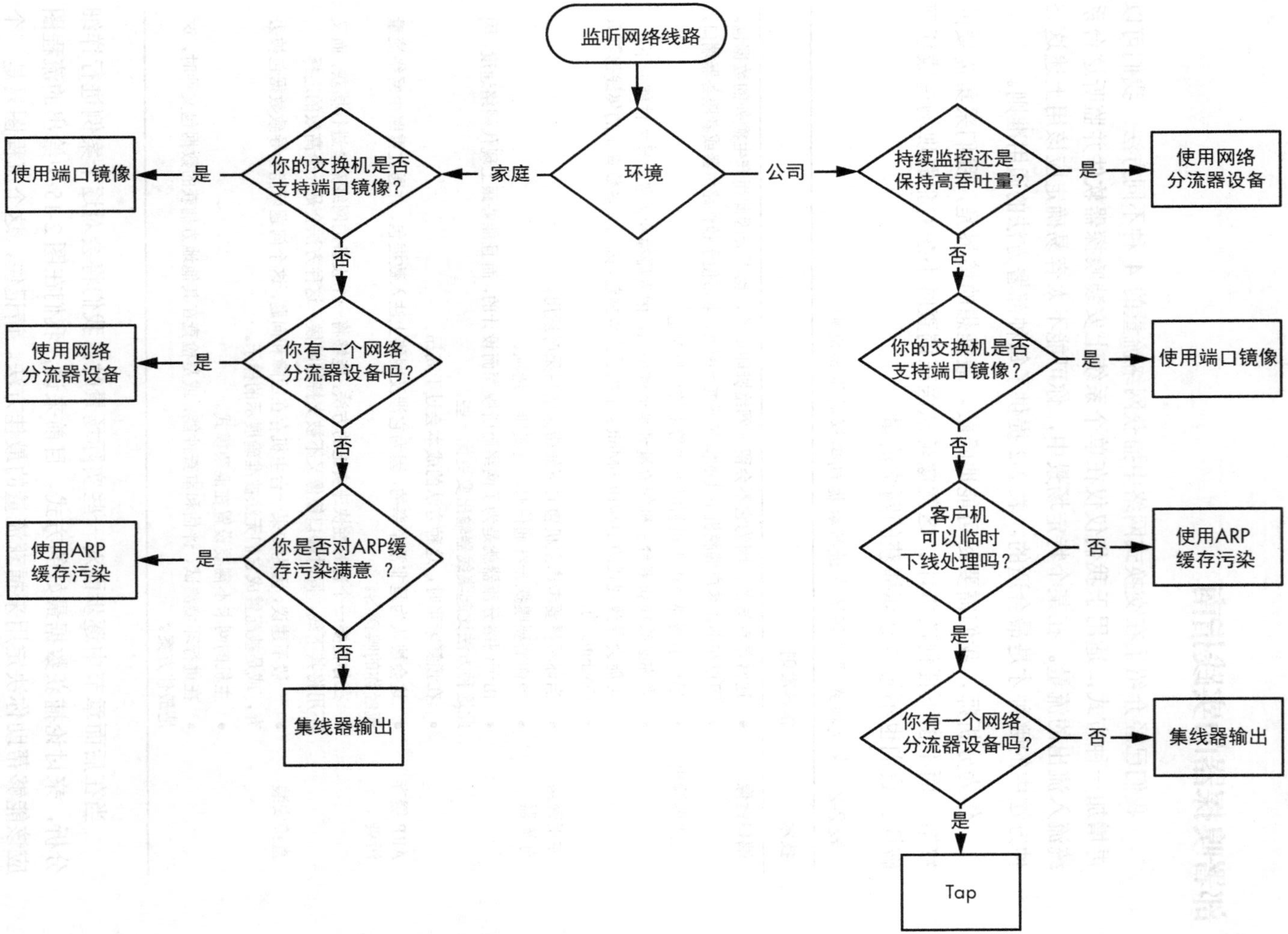

图 2-15　帮助确定哪种是最适用网络监听方法的流程图

第3章

Wireshark 入门

在第 1 章中，我们介绍了几种可以进行网络分析的数据包嗅探工具软件，但在这本书中我们将只使用 Wireshark，并在此章进行简要的介绍。

3.1 Wireshark 简史

Wireshark 的历史相当久远丰富，其最初的版本叫作 Ethereal，由毕业于密苏里大学堪萨斯城分校计算机科学专业的 Gerald Combs 出于项目需要而开发，并于 1998 年以 GNU Public Licence(GPL)开源许可证发布。

在 Ethereal 发布八年之后，Combs 辞职并另谋高就，但是在那个时候他的雇主公司掌握着 Ethereal 的商标权，而 Combs 也没能和其雇主就取得 Ethereal 商标达成协议。于是 Combs 和整个开发团队在 2006 年年中的时候将这个项目重新冠名为 Wireshark。

Wireshark 随后迅速地取得了大众的青睐，而其合作开发团队也壮大到 500 人以上，然而 Ethereal 项目却再没有前进过一步。

3.2 Wireshark 的优点

Wireshark 在日常应用中具有许多优点，无论你是初学者还是数据包分析专家，Wireshark 都能通过丰富的功能来满足你的需要。在第 1 章中，我们为挑选数据包嗅探工具提出过一些重要的判断特征，让我们来检查一下 Wireshark 是否具有这些特征。

支持的协议：Wireshark 在支持协议的数量方面是出类拔萃的——于本书截稿时 Wireshark 已提供了超过 1000 种协议的支持。这些协议从最基础的 IP 协议和 DHCP 协议到高级的专用协议，比如 DNP3 和 BitTorrent 等。由于 Wireshark 是在开源模式下进行开发的，因此每次更新都会增加一些对新协议的支持。

注意 在一些特殊情况下，如果 Wireshark 并不支持你所需要的协议，那么你还可以自己编写代码提供相应的支持，并提供给 Wirshark 的开发者，以便他们考虑是否将之包含在以后的版本中。你可以在 Wireshark 的项目网站上找到更多的相应信息。

用户友好度：Wireshark 的界面是数据包嗅探工具中一种很容易理解的界面。它基于 GUI，并提供了清晰的菜单栏和简明的布局。为了增强实用性，它还提供了类似于不同协议的彩色高亮，以及通过图形展示原始数据细节等不同功能。与类似于 Tcpdump 使用复杂命令行的那些数据包嗅探工具相比，Wireshark 的图形化界面对于那些数据包分析的初学者而言，是十分方便的。

价格：由于 Wireshark 是开源的，因此它在价格上面是无以匹敌的。Wireshark 是遵循 GPL 协议发布的自由软件，任何人无论出于私人还是商业目的，都可以下载并且使用。

注意　虽然 Wireshark 是免费的，但是仍然会有一些人不小心去“付费”购买它。如果在 eBay 搜索“数据包嗅探”，你会惊讶地发现会有如此多的人想以$39.95 的跳楼价向你出售 Wireshark 的“专业企业级许可证”。显而易见，这些都是骗人的把戏。但是如果你执意想要购买这些所谓的“许可证”，不如给我打个电话，我正好有些肯塔基的海边别墅要以跳楼价出售。[1]

软件支持：一个软件的成败取决于其后期支持的好坏。虽然像 Wireshark 这样自由分发的软件很少会有官方正式的支持，它依赖于开源社区的用户群提供帮助。但幸运的是，Wireshark 社区是最活跃的开源项目社区之一。Wireshark 网站上给出了很多种软件帮助的相关链接，包括在线文档、支持与开发 wiki、FAQ。很多顶尖的开发者也都注册并关注着 Wireshark 的邮件列表。Riverbed Technology 也提供了对 Wireshark 的付费支持。

源码访问：因为 Wireshark 是开源软件，所以你可以在任何时间访问到其源码。这对查找程序的 Bug、理解协议解释器的工作原理或自己贡献代码都有很大帮助。

支持的操作系统：Wireshark 对主流的操作系统都提供了支持，其中包括 Windows、Mac OS X 以及基于 Linux 的系统。你可以在 Wireshark 的主页上查询所有 Wireshark 支持的操作系统列表。

3.3 安装 Wireshark

Wireshark 的安装过程极其简单，但在安装之前要确保你的机器满足如下要求。

- 任意新型的 32 位或 64 位 CPU。
- 至少 400MB 可用内存（主要为了大型流量文件）。
- 至少 300MB 的可用存储空间（不包括捕获的流量文件）。
- 支持混杂模式的网卡。
- WinPcap 或 libpcap 驱动。

WinPcap 驱动是 Windows 对于 pcap 数据包捕获的通用程序接口（API）的实现，简单来说就是这个驱动能够通过操作系统捕捉原始数据包、应用过滤器，并能够让网卡切入或切出混杂模式。

[1] 肯塔基州是美国的一个内陆州。——译者注

虽然你也可以单独下载安装 WinPcap，但一般最好使用 Wireshark 安装包中的 WinPcap。因为这个版本的 WinPcap 经过测试，能够和 Wireshark 一起工作。

3.3.1 在微软 Windows 系统中安装

通过测试的当前 Wireshark 版本，能够在微软仍维护的 Windows 操作系统上运行，于本书截稿时包括 Windows Vista、Windows 7、Windows 8、Windows 10 和 Windows Servers 2003/2008/2012。虽然 Wireshark 也可以在一些其他版本的 Windows 中运行（比如 Windows XP），但这些版本不被官方支持。

在 Windows 中安装 Wireshark 的第一步就是在 Wireshark 的官方网站上找到 Download 页面，并选择一个镜像站点下载最新版的安装包。在下载好安装包之后，遵照如下步骤实装。

（1）双击.exe 文件开始进行安装，在介绍页面上单击 Next。

（2）阅读许可证条款，如果同意接受此条款，单击 I Agree。

（3）选择你希望安装的 Wireshark 组件，如图 3-1 所示。在本书中接受默认设置即可，然后单击 Next。

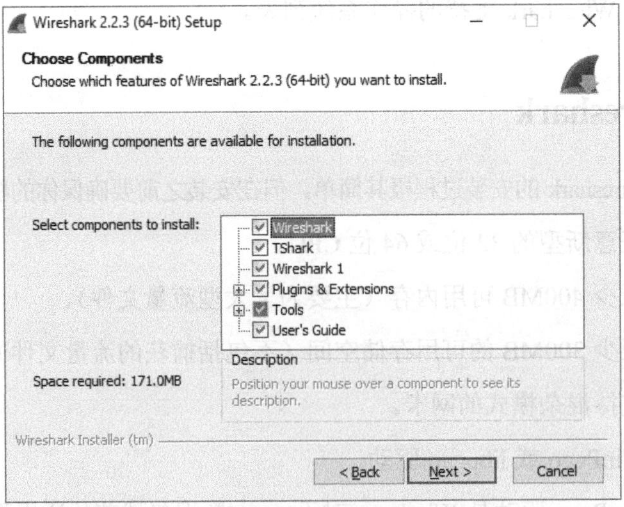

图 3-1 选择你想要安装的 Wireshark 组件

（4）在 Aditional Tasks 窗口中单击 Next。

（5）选择 Wireshark 的安装位置并单击 Next。

（6）当弹出是否需要安装 WinPcap 的对话框时，务必确保 Install WinPcap 选项已被勾选，如图 3-2 所示，然后单击 Install。安装过程便会随即开始。

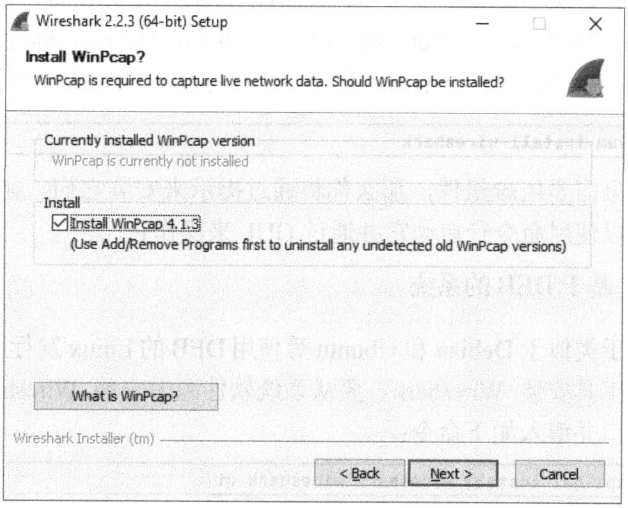

图 3-2　将安装 WinPcap 驱动的选项选中

（7）Wireshark 的安装过程进行了大约一半的时候，会开始安装 WinPcap。在介绍页面单击 Next 之后，请阅读许可协议并单击 I Agree。

（8）你将选择是否安装 USBPcap 选项。这是一个从 USB 设备中收集数据的工具。勾选你想要的复选框并单击 Next。

（9）WinPcap 和 USBPcap（如果你在上一步勾选了的话）应该已经安装到你的计算机上了，在安装完成之后，单击 Finish。

（10）Wireshark 应该已经安装到你的计算机上了，在安装完成之后，单击 Finish。

（11）在安装确认界面中，单击 Finish。

3.3.2　在 Linux 系统中安装

Wireshark 可以在大部分基于 UNIX 的系统中运行。你可以通过系统包管理器下载，并安装针对你的系统所适用的发行版本。我们在这里只介绍几个常见的 Linux 发行版本的安装步骤。

一般来说，如果作为系统软件安装，你需要具有 root 权限；但如果你通过编译源代码安装成为本地软件，那么通常就不需要 root 权限了。

1. 基于 RPM 的系统

对于类似红帽 Linux(Red Hat Linux)等使用 RPM 的 Linux 发行版，比如 CentOS，很可能系统默认安装了 Yum 包管理器。如果是这样的话，你可以从发行版本的软件源中获取并快速安装 Wireshark。你需要做的是打开一个控制台窗口，并输入以下命令：

```
$ sudo yum install wireshark
```

如果需要依赖组件，那么你将通过提示来安装它们。如果一切成功执行，你将可以使用命令行启动它并通过 GUI 来操作它。

2. 基于 DEB 的系统

对于类似于 Debian 和 Ubuntu 等使用 DEB 的 Linux 发行版，你可以使用 APT 包管理工具安装 Wireshark。要从系统软件源中安装 Wireshark，可打开一个控制台窗口并键入如下命令：

```
$ sudo apt-get install wireshark wireshark-qt
```

如果需要依赖组件，那么你将通过提示来安装它们。

3. 使用源代码编译

因为操作系统架构和 Wireshark 功能的改变，所以从源码安装的方法可能也会随之变化，这也是建议从系统包管理器安装的一个原因。然而，如果你的 Linux 发行版没有自动安装包管理工具，那么安装 Wireshark 的一种高效的方法就是使用源代码编译。下面的步骤给出了安装方法。

（1）从 Wireshark 网站下载源代码包。

（2）键入下面的命令将压缩包解压（将文件名替换成你所下载的源代码包的名称）：

```
$ tar -jxvf <file_name_here>.tar.bz2
```

（3）在安装和设置 Wireshark 之前，可能需要安装一些依赖组件。比如，Ubuntu 14.04 需要一些额外的软件包才能让 Wireshark 工作。这些依赖组件可以用以下的命令进行安装（你可能需要使用 root 权限，你可以在命令前面添加 sudo）：

```
$ sudo apt-get install pkg-config bison flex qt5-default libgtk-3-dev
libpcap-dev qttools5-dev-tools
```

（4）进入解压缩后创建的文件夹。

（5）root 级别的用户使用./configure 命令配置源代码以便于其能正常编译。如果你不想使用默认的设置，那么你可以在这时指定安装选项；如果缺少相关软件支持，那么你应该会得到相关错误信息；如果安装成功了，那么你应该可以得到成功提示，如图 3-3 所示。

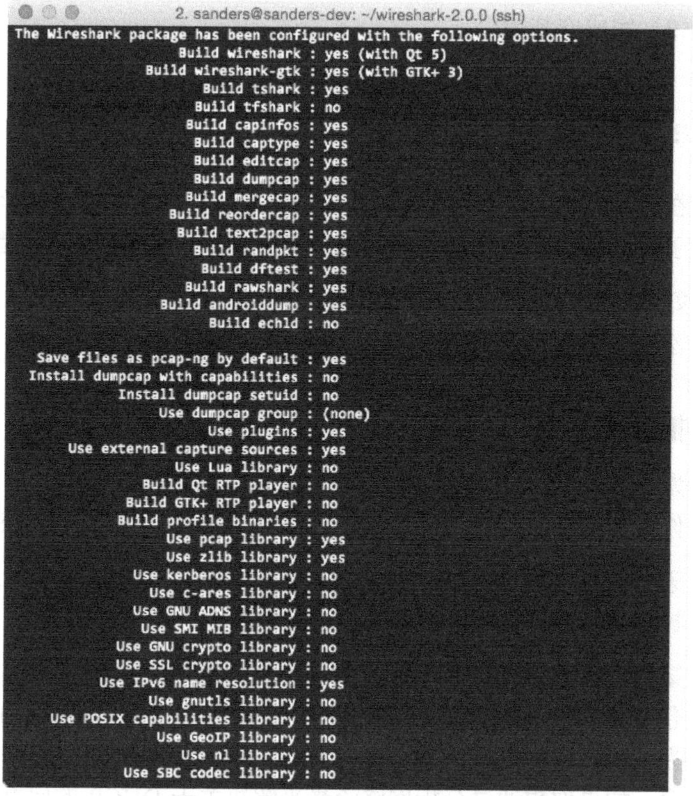

图 3-3　由./configure 命令得到的成功输出

（6）键入 make 命令将源代码编译成二进制文件。

（7）使用 sudo make install 命令完成最后的安装。

（8）运行 sudo/sbin/ldconfig 来结束安装。

注意　　如果你按照以上步骤操作时出现了错误，那么你可能需要安装额外的软件包。

3.3.3 在 Mac OS X 系统中安装

在 OS X 系统中安装 Wireshark，请依照以下步骤操作。

（1）从 Wireshark 网站上下载针对 Mac OS X 系统的软件包。

（2）运行安装程序并按照指导依次安装。只有接受了用户使用许可规定，你才能继续安装。

（3）完成安装指引。

3.4 Wireshark 初步入门

在成功地在系统中装好了 Wireshark 之后，你就可以开始学习使用它了。当你终于打开了这个功能强大的数据包嗅探器时，会发现你什么都看不见！

好吧，Wireshark 在刚打开的时候确实不太好玩，只有在拿到一些数据之后事情才会变得有趣起来。

3.4.1 第一次捕获数据包

为了能让 Wireshark 得到一些数据包，你可以开始第一次数据包捕获实验了。你可能会想："当网络什么问题也没有的时候，怎么能捕获数据包呢？"

第一，网络总是有问题的。如果你不相信，那么请给你网络上所有的用户发一封邮件，告诉他们一切都工作得非常好。

第二，数据包分析并不一定要等到有问题的时候再做。事实上，大多数的数据包分析员在分析没有问题的网络流量上花费的时间要比解决问题的时间多。为了能高效地解决网络问题，你也同样需要得到一个基准来与之对比。举例来说，如果你想通过分析网络流量来解决关于 DHCP 的问题，那么你至少需要知道 DHCP 在正常工作时的数据流是什么样子的。

更广泛地讲，为了能够发现日常网络活动的异常，你必须对日常网络活动的情况有所掌握。当你的网络正常运行时，以此作为基准，就能知道网络流量在正常情况下的样子。

闲言少叙，让我们来捕获一些数据包吧！

（1）打开 Wireshark。

（2）从主下拉菜单中选择 Capture，然后是 Interface。

这时你应该可以看到一个对话框，里面列出了你可以用来捕获数据包的各种设备，以及它们的 IP 地址。

（3）选择你想要使用的设备，如图 3-4 所示，然后单击 Start，或者直接单击欢迎画面中 Interface List 下的某一个设备。随后数据就会在窗口中呈现出来。

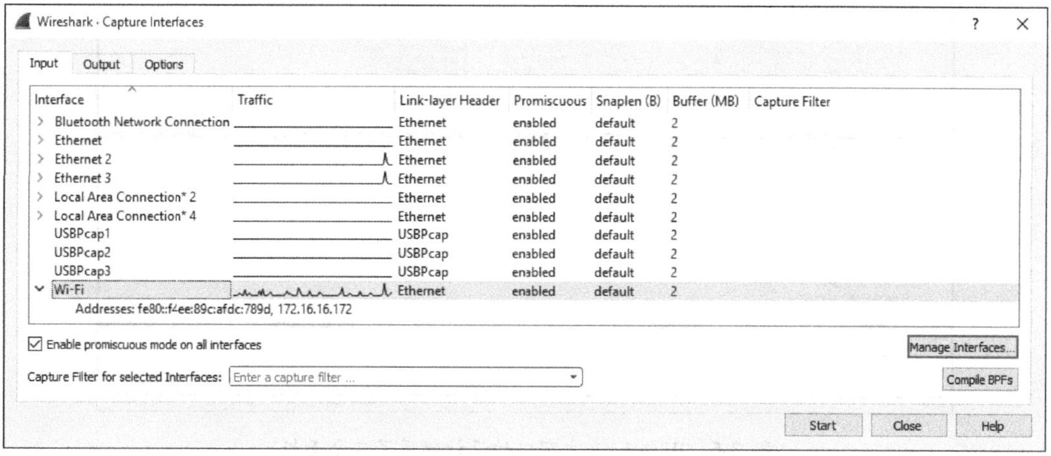

图 3-4　选择你想要进行数据包捕获的端口

（4）等上 1 min 左右，当你打算停止捕获并查看你的数据的时候，在 Capture 的下拉菜单中单击 Stop 按钮即可。

当你做完了以上步骤并完成了数据包的捕获时，Wireshark 的主窗口中应该已经呈现了相应的数据，但此时你可能对于那些数据的规模感到头疼，这也就是我们把 Wireshark 一整块的主窗口进行拆分的原因。

3.4.2 Wireshark 主窗口

Wireshark 的主窗口将你所捕获的数据包拆分并以更容易使人理解的方式呈现出来，它也将是你花费时间较多的地方。我们使用刚刚捕获的数据包来介绍一下 Wireshark 的主窗口，如图 3-5 所示。

主窗口的 3 个面板之间有着互相的联系。如果希望在 Packet Details 面板中查看一个单独的数据包的具体内容，那么你必须在 Packet List 面板中单击选中那个数据包。在选中了数据包之后，你可以在 Packet Details 面板中选中数据包的某个字段，从而在 Packet Bytes 面板中查看相应字段的字节信息。

注意　图 3-5 中的 Packet List 面板中列出了几种不同的协议，但这里并没有使用不同的层次来对不同的协议进行视觉上的区分，所有的数据包都是按照其在链路上接收到的顺序排列的。

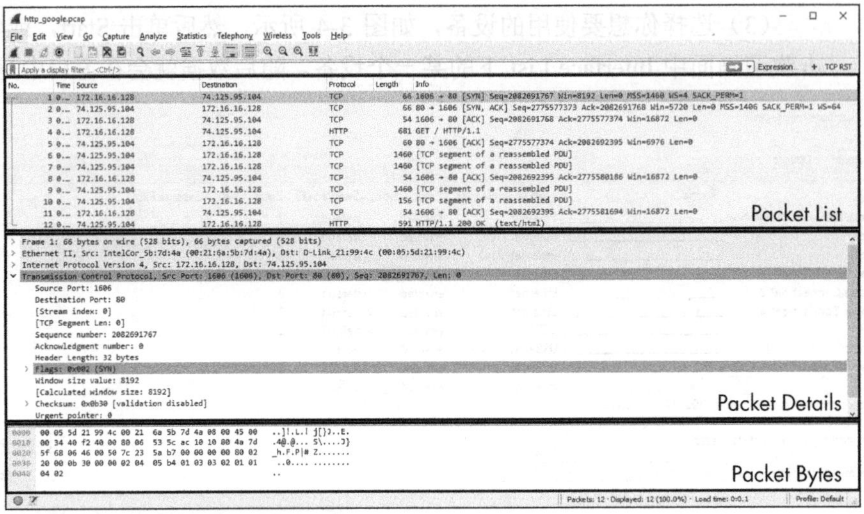

图 3-5　Wireshark 主窗口的设计使用了 3 个面板

下面介绍了每个面板的内容。

Packet List（数据包列表）：这个最上面的面板用表格显示了当前捕获文件中的所有数据包，其中包括了数据包序号、数据包被捕获时的相对时间、数据包的源地址和目标地址、数据包的协议以及在数据包中找到的概况信息等列。

注意　当文中提到流量的时候，我通常是指 Packet List 面板中所有呈现出来的数据包，而当特别地提到 DNS 流量时，我指的是 Packet List 面板中 DNS 协议的数据包。

Packet Details（数据包细节）：这个中间的面板分层次地显示了一个数据包中的内容，并且可以通过展开或是收缩来显示这个数据包中所捕获到的全部内容。

Packet Bytes（数据包字节）：这个最下面的面板可能是最令人困惑的，因为它显示了一个数据包未经处理的原始样子，也就是其在链路上传播时的样子。这些原始数据看上去一点都不舒服而且不容易理解。

3.4.3 Wireshark 首选项

Wireshark 提供一些首选项设定可以让你根据需要进行定制。如果需要设定 Wireshark 首选项，那么需要在主下拉菜单中选择 Edit 并单击 Preferences，然后你便可以看到一个首选项的对话框，里面有一些可以定制的选项，如图 3-6 所示。

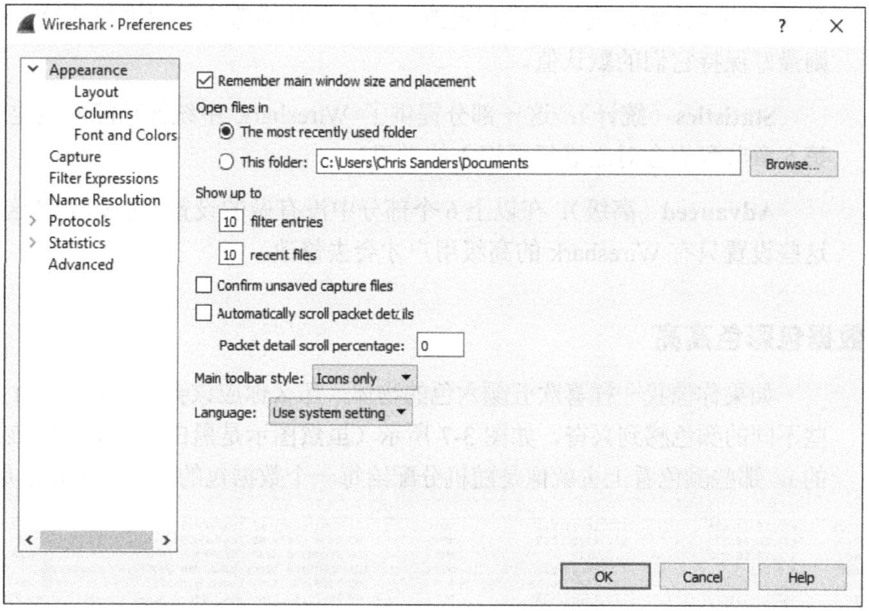

图 3-6　你可以使用 Preferences 对话框中的选项自定义 Wireshark 的配置

Wireshark 首选项分为 6 个主要部分，外加 1 个高级选项。

Appearance（外观）：这些选项决定了 Wireshark 将如何显示数据。你可以根据个人喜好对大多数选项进行调整，比如是否保存窗口位置、3 个主要窗口的布局、滚动条的摆放、Packet List 面板中列的摆放、显示捕获数据的字体、前景色和背景色等。

Capture（捕获）：这些选项可以让你对于自己捕获数据包的方式进行特殊设定，比如你默认使用的设备、是否默认使用混杂模式、是否实时更新 Packet List 面板等。

Filter Expressions（过滤器表达式）：在之后的章节里我们将探讨 Wireshark 是如何让你基于设定标准去过滤流量的。这个部分中的选项可以让你生成和管理这些过滤器。

Name Resolutions（名称解析）：通过这些设定，你可以开启 Wireshark 将地址（包括 MAC、网络以及传输名称解析）解析成更加容易分辨的名字这一功能，并且可以设定并发处理名称解析请求的最大数目。

Protocols（协议）：这个部分中的选项可以让你调整关于捕捉和显示各种 Wireshark 解码数据包的功能。虽然并不是针对每一个协议都可以进行调整，但是有一些协议的选项可以进行更改。除非你有特殊的原因去修改这些选项，否则最好保持它们的默认值。

Statistics（统计）：这一部分提供了 Wireshark 中统计功能的设定选项。在第 5 章节我们会对之进行更深入的学习。

Advanced（高级）：在以上 6 个部分中没有做的设置会被归类到这里。通常这些设置只有 Wireshark 的高级用户才会去修改。

3.4.4 数据包彩色高亮

如果你像我一样喜欢五颜六色的物体，那么你应该会对 Packet List 面板中那些不同的颜色感到兴奋。如图 3-7 所示（虽然图示是黑白的，但你应该可以理解的），那些颜色看上去就像是随机分配给每一个数据包的，但其实并不是这样的。

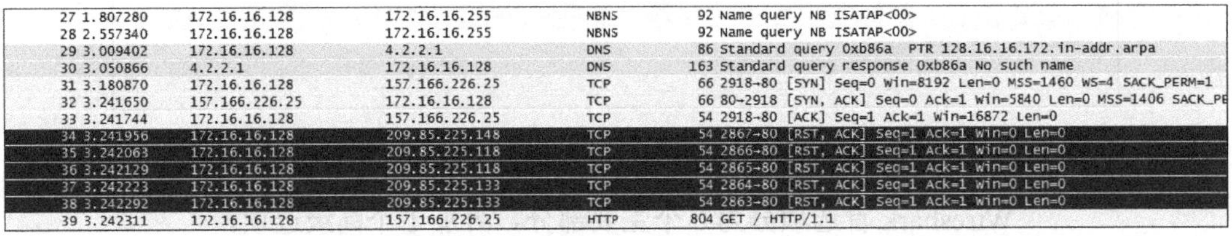

27	1.807280	172.16.16.128	172.16.16.255	NBNS	92 Name query NB ISATAP<00>
28	2.557340	172.16.16.128	172.16.16.255	NBNS	92 Name query NB ISATAP<00>
29	3.009402	172.16.16.128	4.2.2.1	DNS	86 Standard query 0xb86a PTR 128.16.16.172.in-addr.arpa
30	3.050866	4.2.2.1	172.16.16.128	DNS	163 Standard query response 0xb86a No such name
31	3.180870	172.16.16.128	157.166.226.25	TCP	66 2918→80 [SYN] Seq=0 Win=8192 Len=0 MSS=1460 WS=4 SACK_PERM=1
32	3.241650	157.166.226.25	172.16.16.128	TCP	66 80→2918 [SYN, ACK] Seq=0 Ack=1 Win=5840 Len=0 MSS=1406 SACK_PE
33	3.241744	172.16.16.128	157.166.226.25	TCP	54 2918→80 [ACK] Seq=1 Ack=1 Win=16872 Len=0
34	3.241956	172.16.16.128	209.85.225.148	TCP	54 2867→80 [RST, ACK] Seq=1 Ack=1 Win=0 Len=0
35	3.242063	172.16.16.128	209.85.225.118	TCP	54 2866→80 [RST, ACK] Seq=1 Ack=1 Win=0 Len=0
36	3.242129	172.16.16.128	209.85.225.118	TCP	54 2865→80 [RST, ACK] Seq=1 Ack=1 Win=0 Len=0
37	3.242223	172.16.16.128	209.85.225.133	TCP	54 2864→80 [RST, ACK] Seq=1 Ack=1 Win=0 Len=0
38	3.242292	172.16.16.128	209.85.225.133	TCP	54 2863→80 [RST, ACK] Seq=1 Ack=1 Win=0 Len=0
39	3.242311	172.16.16.128	157.166.226.25	HTTP	804 GET / HTTP/1.1

图 3-7 Wireshark 的彩色高亮有助于快速标识协议

每一个数据包的颜色都是有讲究的，这些颜色对应着数据包使用的协议。举例来说，所有的 DNS 流量都是蓝色的，而 HTTP 流量都是绿色的。将数据包进行彩色高亮，可以让你迅速将不同协议的数据包分开，而不需要查看每个数据包的 Packet List 面板中的协议列。你会发现这样做在浏览较大的捕获文件时，可以极大地节省时间。

如图 3-8 所示，Wireshark 通过 Coloring Rules（着色规则）窗口可以轻松地查看每个协议所对应的颜色。如果想要打开这个窗口，那么可以在主下拉菜单中选择 View 并单击 Coloring Rules。

你可以创建你自己的着色规则，或者修改已有设置。举例来说，使用下列步骤可以将 HTTP 流量绿色的默认背景改成淡紫色。

（1）打开 Wireshark，并且打开 Coloring Rules 窗口（View->Coloring Rules）。

（2）在着色规则的列表中找到 HTTP 着色规则并单击选中。

（3）单击 Edit 按钮，你会看到一个 Edit Color Filter 窗口，如图 3-9 所示。

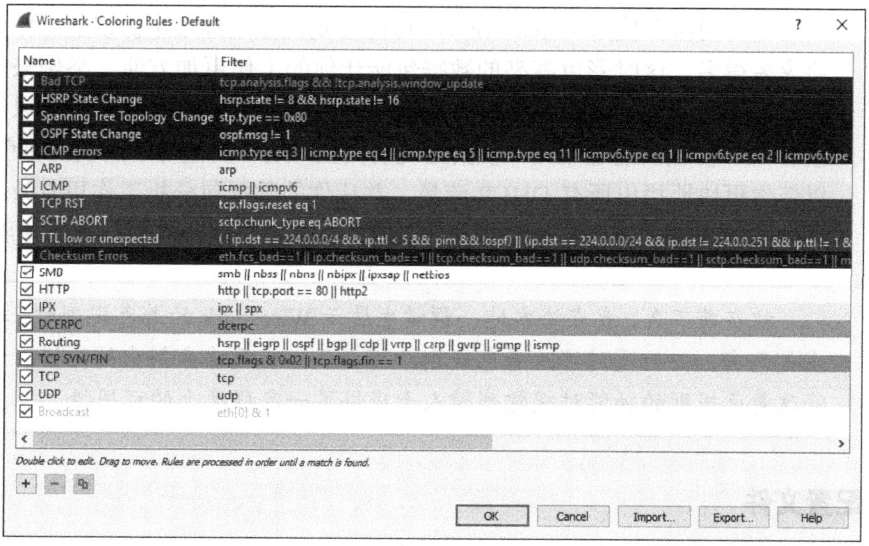

图 3-8 你可以在 Coloring Rules 窗口中查看并更改数据包的着色

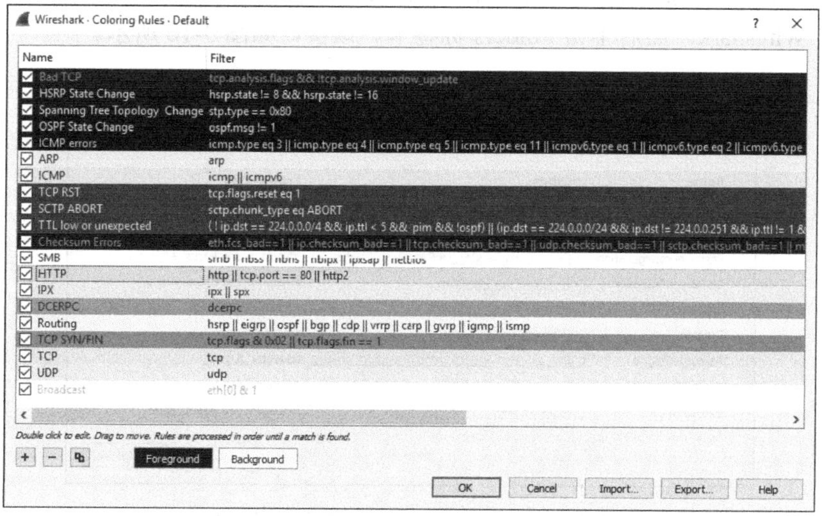

图 3-9 在编辑着色过滤器时，前景色和背景色都可以进行更改

（4）单击 Background Color 按钮。

（5）使用颜色滚轮选择一个你希望使用的颜色，然后单击 OK。

（6）再次单击 OK 来应用改变，并回到主窗口。主窗口此时应该已经重载，并使用了更改过的颜色样式。

当在网络上使用 Wireshark 时，可能会发现你处理某个协议的工作要比其他协议多得多。这时彩色高亮的数据包能让你的工作更加方便。举例来说，如果你觉得你的网络上有一个恶意的 DHCP 服务器在分发 IP，那么你可以简单地修改 DHCP 协议的着色规则，使其呈现明黄色（或者其他易于辨认的颜色）。这可以使你更快地找出所有 DHCP 流量，并让你的数据包分析工作更具效率。你还可以通过基于定制的过滤器创建着色规则，来扩展这些着色规则的使用。

注意 就在前不久，我在给本地一群学生展示 Wireshark 的着色规则时，有一名学生是色盲，但他通过修改着色规则分辨出了以前无法分辨出的协议。这说明了修改着色规则的功能对视觉残障人士提供了一定程度上的可用性。

3.4.5 配置文件

当我们想直接修改设置时，明确 Wireshark 在哪里储存配置文件是很有帮助的。要想找到该文件，你可以在主下拉菜单中单击 Help 并选择 About Wireshark，然后单击 Folders 标签卡。该窗口如图 3-10 所示。

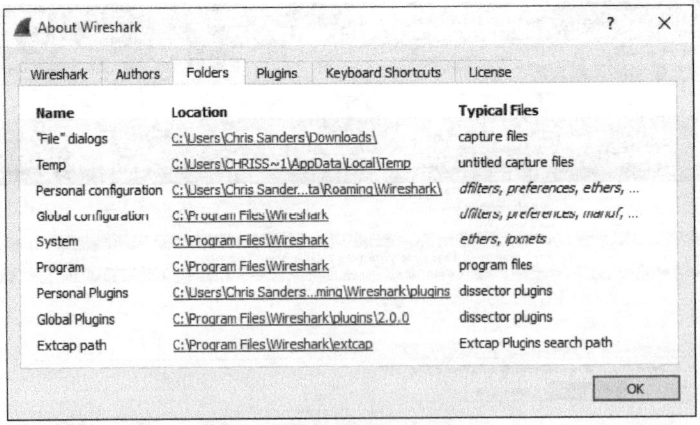

图 3-10　定位 Wireshark 配置文件的位置

Wireshark 个性化设置最重要的两个位置是个人和全局设置目录。全局设置目录包含着所有默认的配置选项。个人设置目录只包含了针对你账户的配置选项。任何你所做的新配置都将会使用你提供的名字并储存在个人配置文件夹的子目录里。

全局和个人配置目录的区别是重要的，因为任何有关全局设置的改变都将会影响到每一个在该系统中使用 Wireshark 的用户。

3.4.6 配置方案

学习了 Wireshark 的参数配置后，有些时候会发现你在使用一种配置方案但很快又要切换到另一种配置方案的应用场景。其实我们没必要每次都重新手动设置这些选项，Wireshark 引入了个性化配置方案，让用户可以保存一组配置。

一个配置方案储存了下面的设置。

- Preferences 参数选项。
- Capture filters 捕获过滤器。
- Display filters 显示过滤器。
- Coloring rules 着色规则。
- Disabled protocols 已禁用的协议。
- Forced decodes 强制解码。
- Recent settings 最近设置，比如窗格大小、菜单设置和列宽。
- Protocol-specific tables 针对特定协议的表格，例如 SNMP 用户和自定义 HTTP 头。

要查看配置方案列表，可以在主下拉菜单单击 Edit，并选择 Configuration Profiles 选项。另一种办法是在屏幕的右下角单击右键并选择 Manage Profiles 选项。当处在配置方案的那个窗口时，你将会看到 Wireshark 的预设配置方案，它包含了如图 3-11 所示的“缺省”、“蓝牙”和“经典”方案。其中“Latency Investigation”方案是我自定义的方案，它被显示为正体，而其他系统全局或默认的方案被显示为斜体。

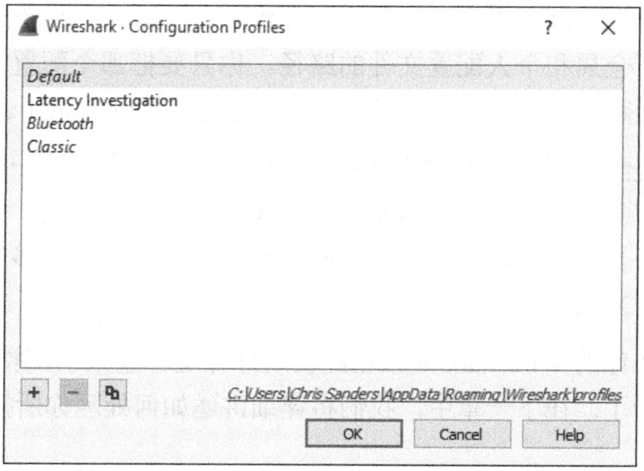

图 3-11 查看配置方案

配置方案窗口可以让你创建、复制、删除和应用配置方案。创建一个新的配置方案是非常简单的。

（1）把 Wireshark 设置成你想要储存的配置。

（2）在主下拉菜单单击 Edit，并选择 Configuration Profiles 选项，以调出配置方案窗口。

（3）单击加号（+）按钮并且给该方案取名。

（4）单击 OK。

当你想切换配置方案时，在配置方案窗口下选择方案名，然后单击 OK 即可。有一种更快的方法，就是在屏幕的右下角单击配置文件，然后直接选择你想要的那个方案，如图 3-12 所示。

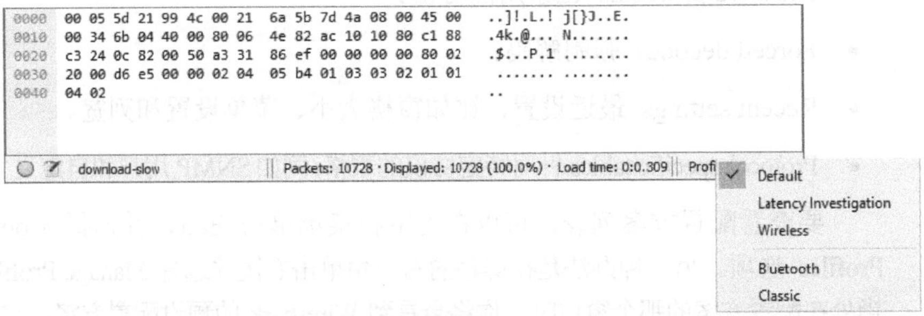

图 3-12 快速转换配置方案

其中一个特别有用的特性就是，每个配置方案都会储存在单独的目录中，这意味着你可以方便地备份和共享给其他人。在图 3-10 所示的 folders 标签卡下提供了全局和个人配置文件的路径。你只要把那个配置方案的整个目录复制到相同的路径下，就可以把当前配置共享给其他计算机了。

当继续往下读这本书的时候，你也许会需要去创建一些特别的配置方案，来解决常见问题、查找网络延迟的源头和调查安全问题。别被频繁切换配置方案吓着。恰恰相反，这可是很省时间的技巧。我知道很多高手有一堆不同的配置方案用来应对不同的场景。

现在你的 Wireshark 应该已经安装好并运行起来了，你已经准备好进行数据包的分析了。在下一章中，我们将详细讲述如何处理你所捕获的数据包。

第4章

玩转捕获数据包

现在你已经了解了 Wireshark，并且也准备好进行数据包的捕获和分析。在这一章中，你将会学习如何使用捕获文件、分析数据包以及时间显示格式。我们也会介绍更多捕获数据包所用到的高级选项，并进入过滤器的世界。

4.1 使用捕获文件

当进行数据包分析的时候，你会发现很大一部分分析工作是在捕获数据包之后进行的。通常情况下，你会在不同时间进行多次捕获，将结果保存下来，然后一起进行分析，所以 Wireshark 允许你保存捕获文件，以便之后分析，你也可以将多个捕获文件进行合并。

4.1.1 保存和导出捕获文件

如果想要保存数据包的捕获，那么可以选择 File->Save As，之后你应该能看见 Save File As 对话框，如图 4-1 所示。对话框会询问你想要保存的数据包捕获的位置，以及你希望保存的格式。如果你不选择一个文件格式，那么 Wireshark 会默认使用.pcapng 文件格式。

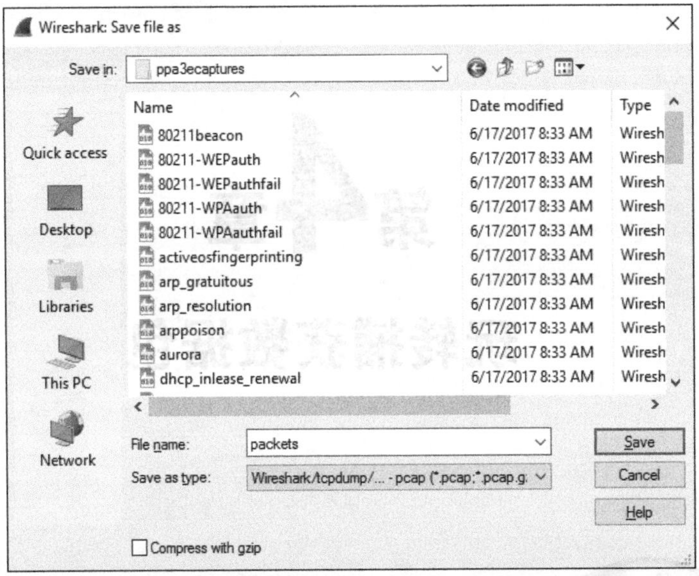

图 4-1 Save File As 对话框可以让你保存你的数据包捕获

Save File As 对话框的一个更强大的功能是你可以指定需要保存的数据包范围，选择 File->Export Specified Packets，如图 4-2 所示。这是一个让“胖”捕获文件变“瘦”的好方法。你可以选择只保存一定序号范围内的数据包、标记了的数据包，或者经过过滤器筛选后显示出来的数据包等（标记的数据包和过滤器会在这一章后面进行讨论）。

你可以将你的 Wireshark 捕获数据导出到几种不同格式的文件中，以便于在其他媒体中查看，或是导入到其他的数据包分析工具中。这些格式包括文本文件、PostScript、逗号分隔值（CSV）和 XML。如果想要导出你的数据包捕获，那么可以选择 File->Export Packet Dissections，并选择你想要导出的文件格式。你将会看到一个包含着相应文件格式选项的 Save As 对话框。

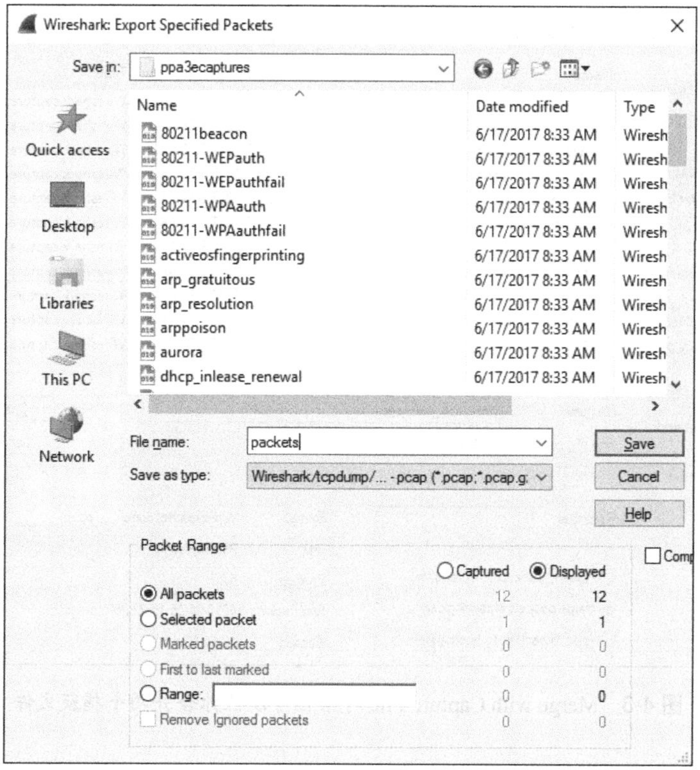

图 4-2　Export Specified Packets 对话框让你针对要保存的流量包有更多的粒度控制

4.1.2　合并捕获文件

某些类型的分析工作需要合并多个捕获文件，一般在比较两个数据流或者组合单独捕获的流量时比较常见。

如果想要合并捕获文件，那么应先打开一个你想要合并的文件，然后选择 File->Merge，这时便会弹出 Merge with Capture File 的对话框，如图 4-3 所示。选择一个你希望合并到当前文件的新文件，然后选择你希望进行合并的方式。你可以将选中的文件添加到当前打开的文件中，也可以按照它们时间戳的先后进行合并。

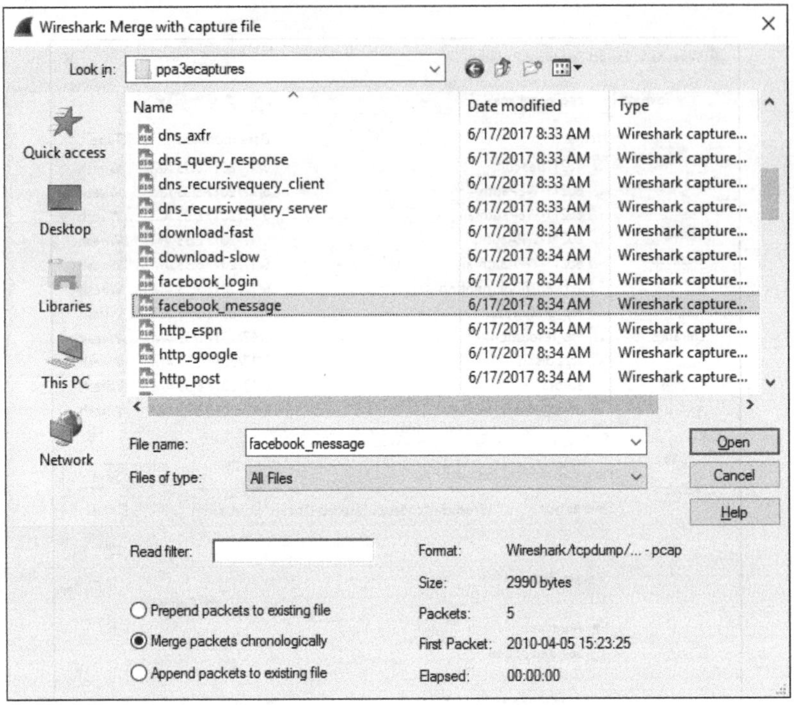

图 4-3　Merge with Capture File 对话框可以让你合并两个捕获文件

4.2　分析数据包

你最终将会遇到处理大量数据包的情形。当这些数据包的数量达到上千甚至上万时，你需要更高效地在这些数据包中进行查找。出于这个目的，Wireshark 允许你对符合一定条件的数据包进行标记，或者打印数据包以供参考。

4.2.1　保存和导出捕获文件

如果想要找到符合特定条件的数据包，那么可以按 Ctrl-F 组合键打开 Find Packet 条形框，如图 4-4 方框内所示。这个条形框应该在过滤框和包列表窗口之间。

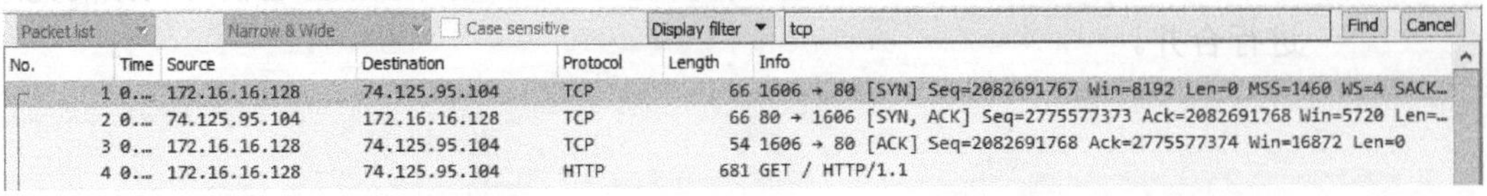
Packet list
Narrow & Wide
Case sensitive
Display filter
tcp
Find
Cancel
No.
Time
Source
Destination
Protocol
Length
Info
1 0.… 172.16.16.128 74.125.95.104 TCP 66 1606 → 80 [SYN] Seq=2082691767 Win=8192 Len=0 MSS=1460 WS=4 SACK…
2 0.… 74.125.95.104 172.16.16.128 TCP 66 80 → 1606 [SYN, ACK] Seq=2775577373 Ack=2082691768 Win=5720 Len=…
3 0.… 172.16.16.128 74.125.95.104 TCP 54 1606 → 80 [ACK] Seq=2082691768 Ack=2775577374 Win=16872 Len=0
4 0.… 172.16.16.128 74.125.95.104 HTTP 681 GET / HTTP/1.1

图 4-4　在 Wireshark 中根据条件查找数据包——在这个案例中，只有数据包符合表达式 TCP 才会被显示出来

这个对话框为查找数据包提供了 3 个选项。

- Display filter 选项允许你通过输入表达式进行筛选，并只找出那些满足该表达式的数据包，就像在图 4-4 中所使用的那样。
- Hex Value 选项使用你所输入的十六进制数，对数据包进行搜索。
- String 选项使用你所输入的字符串，对数据包进行搜索。你可以在搜索面板上设置是否区分大小写和其他的格式。

表 4-1 给出了上述几种搜索类型的例子。

表 4-1　用来查找数据包的搜索类型

搜索类型	例子
Display Filter	not ip
	ip.addr==192.168.0.1
	arp
Hex value	00:ff
	ff:ff
	00:AB:B1:f0
String	Workstation1
	User8
	Domain

在确定选项并在文本框中输入搜索关键词之后，单击 Find，就会找到满足该关键词的第一个数据包。如果想要找到下一个匹配的数据包，则按 Ctrl-N 组合键；想要找到前一个，则按 Ctrl-B 组合键。

4.2.2 标记数据包

在找到那些符合搜索条件的数据包之后，你可以根据需要进行标记。举例来说，可能你希望将那些需要分开保存的数据包标记出来，或者根据颜色快速地查找它们。如图 4-5 所示，被标记的数据包会以黑底白字显示（你也可以仅仅将标记了的数据包选择出来，然后将其作为数据包捕获保存下来）。

图 4-5　被标记的数据包将在你的屏幕上高亮显示。在这个例子中，第二个数据包被标记并且显示为深色

如果你想要标记一个数据包，那么可以右击 Packet List 面板，并在弹出的菜

单中选择 Mark Packet，或者在 Packet List 面板中选中一个数据包，然后按 Ctrl-M 组合键；如果想取消对一个数据包的标记，那么再按一次 Ctrl-M 组合键；就可以将其取消。在一次捕获中，你想标记多少个数据包都可以；如果你想要在标记的数据包间前后切换，那么分别按 Shift-Ctrl-N 和 Shift-Ctrl-B 组合键即可。

4.2.3 打印数据包

虽然大多数分析都会在电脑屏幕前进行，但你可能仍然需要将捕获结果打印出来。我经常将数据包打印出来，并贴在我的桌子上，这样我在做其他分析的时候，就可以快速地参考这些内容了。特别是在做报告的时候，将数据包打印成一个 PDF 文件将是非常方便的。

如果需要打印捕获的数据包，那么可以在主菜单中选择 File->Print 打开 Print 对话框。你可以在图 4-6 中看到 Print 对话框的样子。

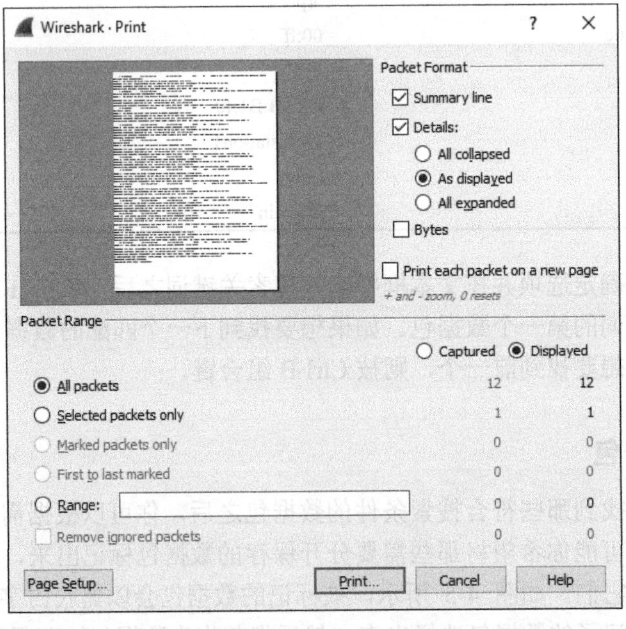

图 4-6　Print 对话框可以让你打印指定的数据包

在这个例子中，与 Export Specified Packets 对话框相似，你可以按一定范围打印数据包，比如被标记的数据包，或者作为过滤器筛选结果显示出来的数据包。对于每一个数据包，你也可以在 Wireshark 的 3 个主面板中选择打印对象。在你做好了这些选择之后，单击 Print。

4.3 设定时间显示格式和相对参考

时间在数据包的分析中格外重要。所有在网络上发生的事情都是与时间息息相关的，并且你几乎需要在每一个捕获文件中检查时间规律以及网络延迟。Wireshark 意识到时间的重要性，并提供了一些相关的选项以供设定。在本节中，我们将介绍时间的显示格式和相对参考。

4.3.1 时间显示格式

Wireshark 所捕获的每一个数据包都会由操作系统给予一个时间戳。Wireshark 可以显示这个数据被捕获时的绝对时间戳，也可以是与上一个被捕获的数据包或是捕获开始及结束相关的相对时间戳。

与时间显示相关的选项可以在主菜单的 View 菜单中找到，如图 4-7 所示，可以让你设置时间的精度。

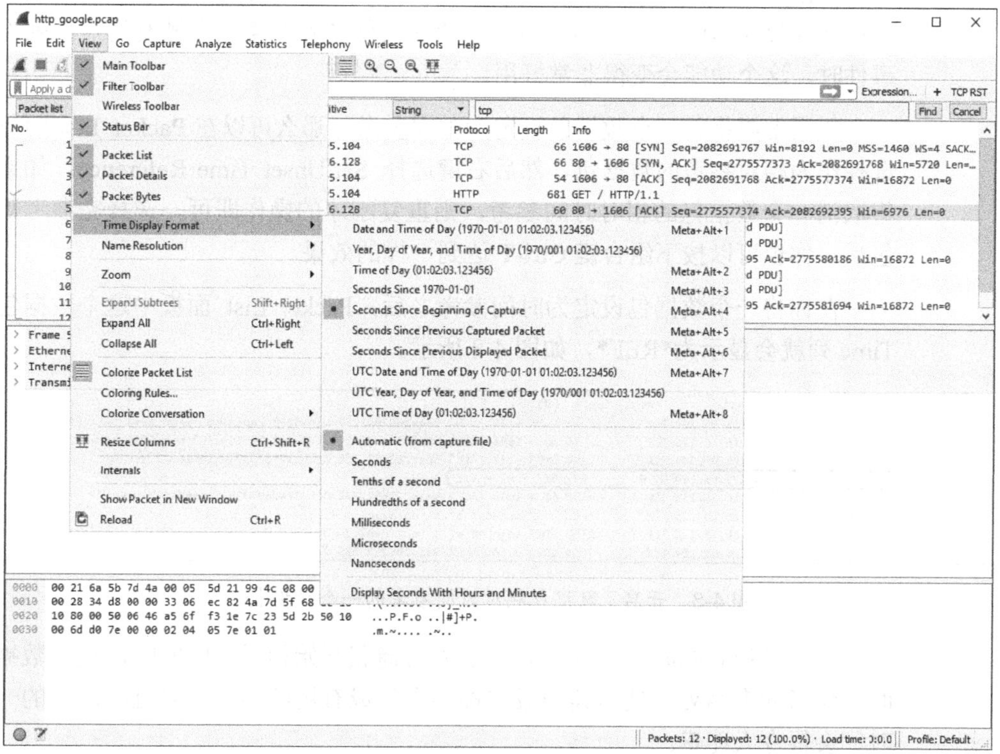

图 4-7　多种可用的时间显示格式

时间表示格式选项可以让你根据时间显示方式调整不同的设置。这包含了日期和时间、UTC 日期和时间、自 UNIX 纪元起的秒数、自第一个包起的秒数（默认）、自上一个包起的秒数等。

格式选项允许你选择不同的格式，而精度选项允许你将精度设定为自动或者手动，比如秒、毫秒、微秒等。在本书后面，我们将调整这些设置，所以你现在就需要熟悉它。

注意 从多个设备中比较包数据，一定要确认这些设备之间的时间是同步的，特别是当你做取证分析和检查问题时。你可以使用网络时间协议（NTP）来确保网络设备的时间是同步的。当包数据来自不同时区的设备时，请考虑使用统一的 UTC 时间来避免干扰。

4.3.2 数据包的相对时间参考

数据包的相对时间参考，允许你以一个数据包作为基准，而之后的数据包都以此计算相对时间戳。当你检查在捕获文件之外的某个点触发的一系列连续事件时，这个功能会变得非常好用。

如果希望将某一个数据包设定为时间参考，那么可以在 Packet List 面板中选择作为相对参考的数据包，然后右键选择 Set/Unset Time Reference。如果希望取消一个数据包的相对时间参考，则重复刚才的操作即可。选择完参考数据包后，你也可以按下组合键 Ctrl-T 达到一样的效果。

在你将一个数据包设定为时间参考之后，Packet List 面板中这个数据包的 Time 列就会显示为*REF*，如图 4-8 所示。

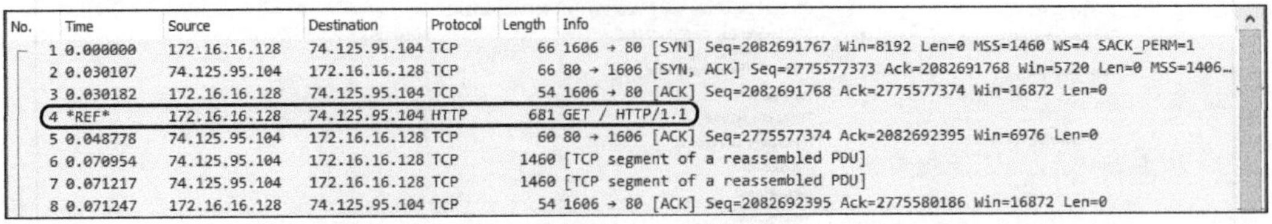

No. Time Source Destination Protocol Length Info
1 0.000000 172.16.16.128 74.125.95.104 TCP 66 1606 → 80 [SYN] Seq=2082691767 Win=8192 Len=0 MSS=1460 WS=4 SACK_PERM=1
2 0.030107 74.125.95.104 172.16.16.128 TCP 66 80 → 1606 [SYN, ACK] Seq=2775577373 Ack=2082691768 Win=5720 Len=0 MSS=1406…
3 0.030182 172.16.16.128 74.125.95.104 TCP 54 1606 → 80 [ACK] Seq=2082691768 Ack=2775577374 Win=16872 Len=0
4 *REF* 172.16.16.128 74.125.95.104 HTTP 681 GET / HTTP/1.1
5 0.048778 74.125.95.104 172.16.16.128 TCP 60 80 → 1606 [ACK] Seq=2775577374 Ack=2082692395 Win=6976 Len=0
6 0.070954 74.125.95.104 172.16.16.128 TCP 1460 [TCP segment of a reassembled PDU]
7 0.071217 74.125.95.104 172.16.16.128 TCP 1460 [TCP segment of a reassembled PDU]
8 0.071247 172.16.16.128 74.125.95.104 TCP 54 1606 → 80 [ACK] Seq=2082692395 Ack=2775580186 Win=16872 Len=0

图 4-8 开启了数据包相对时间参考的一个数据包

只有当捕获的时间显示格式设定为与捕获开始相对的时间时，设定数据包时间参考才有用处。使用其他设定都不会生成有用的结果，并且其产生的一堆时间会很令人迷惑。

4.3.3 时间偏移

有些时候你也许会遇到来自不同源的包数据，它们之间的时间是不同步的。当我们调查从不同地方捕获的相同流量时，这种情况尤为多见。虽然大多数的管理员都会尽可能地保持网络上每一个设备的时间都是同步的，但例外情况时有发生。Wireshark 提供了一项时间偏移的功能，它通过把包的时间戳整体偏移调整，来减轻在分析中可能遇到的麻烦。

要对一个或多个包的时间戳进行偏移调整，只需选择 Edit->Time Shift 或者按下组合键 Ctrl-Shift-T。时间偏移窗口打开后，你就可以设定一个时间区间，来对所有包的时间进行调整，或者针对一个包设置时间戳了。在图 4-9 所示的例子当中，我选择把所有包的时间戳都加上 2min5s。

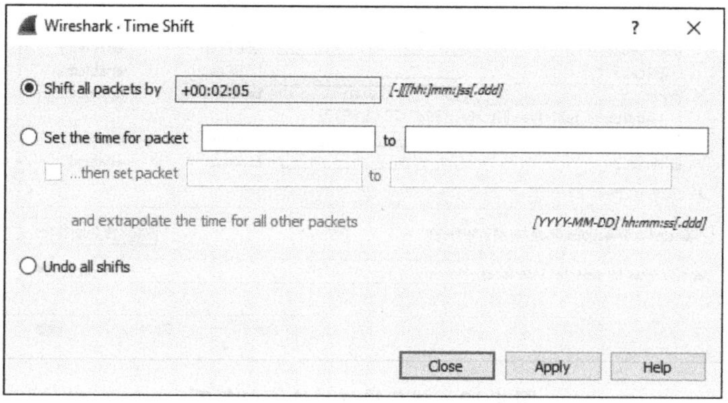

图 4-9 时间偏移窗口

4.4 设定捕获选项

在第 3 章中我们进行了一次非常基础的数据包捕获。Wireshark 在 Capture Options 对话框中，提供了一些额外的捕获选项。要查看这些选项，只需选择 Capture->Options。

Capture Options 对话框提供了各种意想不到的选项，为的就是能在进行数据包捕获时给予你更多的灵活性。这些选项分为 3 个标签页：输入、输出和选项。下面将逐个予以说明。

4.4.1 输入标签页

输入标签页的主要目的就是显示所有可以抓包的硬件接口和有关这些接口

的基本信息。这些信息包括系统提供的接口名字、一个显示该接口吞吐量的流量图，以及一些例如混杂模式状态和缓冲区大小的额外选项（见图 4-10）。在最右列有一个捕获过滤器，我们会在后面的 4.5.1 小节讲到这个工具。

在输入标签页区域，你可以直接双击来修改接口的大多数设置。例如，如果你想禁用一个接口的混杂模式，那么只需要在那一行接口的混杂模式下拉菜单中选择 disabled 即可。

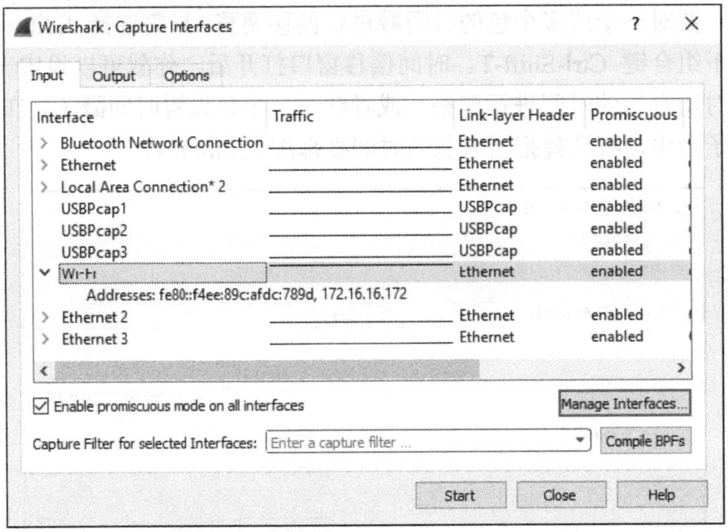

图 4-10　捕获接口的输入标签页

4.4.2　输出标签页

与传统的先抓流量再存文件的方式不同的是，输出标签页（见图 4-11）允许你把所抓的流量包存成一个文件。这样做可以使管理捕获流量包的存储方式更具灵活性。你可以选择把流量包都存成一个文件、文件集或使用环状缓冲（我们待会儿就会讲到）来控制创建文件的个数。要开启这项功能，可以在文件文本框内输入一个完整的绝对路径和名字，你也可以通过使用 Browse 按钮来选择一个目录并给文件起名。

当你要捕获一个大流量或者进行长时间抓包时，文件集合是你的得力帮手。文件集合就是按照特定的条件组成的多个文件的分组。要保存成文件集合，请单击 Create a new file automatically after... 选项。

Wireshark 使用多个不同的基于时间或文件大小的触发器，来管理保存为文件集合。要想开启其中的一个触发器，可以选中该触发器，用小箭头按钮调节比率大小并选择单位。如图 4-12 所示，你可以把触发器设置为每抓取 1MB 的流量就新存一个文件，或者每过 1min 就新存一个文件。

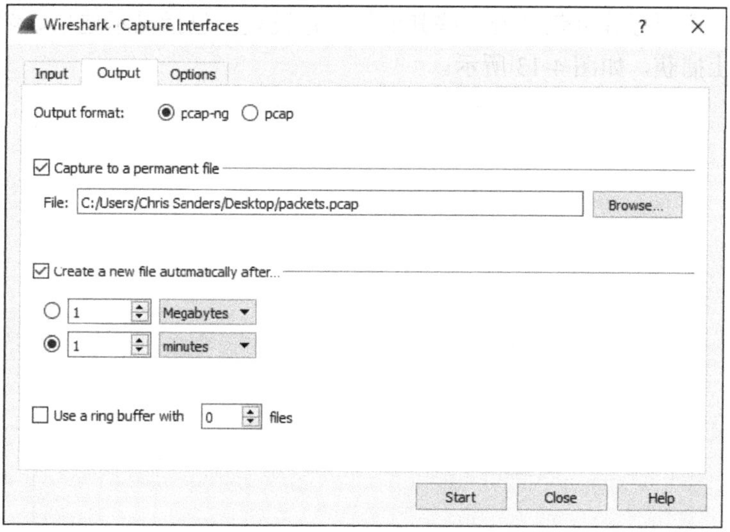

图 4-11　捕获接口的输出标签页

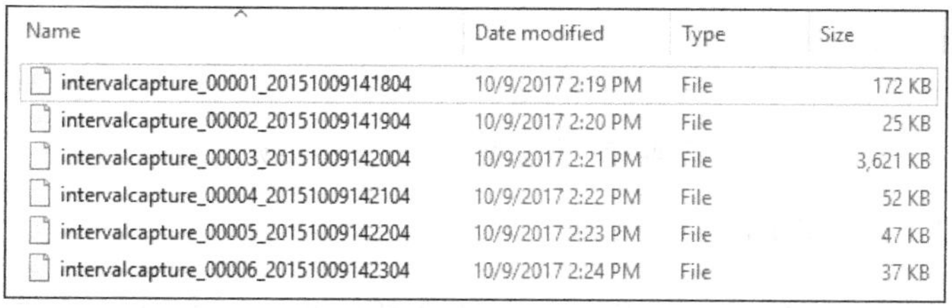
Name
Date modified
Type
Size
intervalcapture_00001_20151009141804
10/9/2017 2:19 PM
File
172 KB
intervalcapture_00002_20151009141904
10/9/2017 2:20 PM
File
25 KB
intervalcapture_00003_20151009142004
10/9/2017 2:21 PM
File
3,621 KB
intervalcapture_00004_20151009142104
10/9/2017 2:22 PM
File
52 KB
intervalcapture_00005_20151009142204
10/9/2017 2:23 PM
File
47 KB
intervalcapture_00006_20151009142304
10/9/2017 2:24 PM
File
37 KB

图 4-12　Wireshark 每隔 1min 建立的文件集合

使用 ring buffer（环状缓冲）允许你指定一个特定的文件数量，一旦超过了这个数量，Wireshark 就会用新数据覆盖最老的数据。虽然环状缓冲有多重含义，但在这里指的是一旦最后的文件被写满了，则第一个文件就会被覆盖。换句话说，这实现了一个先进先出（FIFO）的写入数据到文件的方式。你可以选中这个功能，然后设置一个你想要回写的文件的最大数量。举例来说，如果你选择使用文件集合并且每隔 1h 创建一个新文件，并且你设置了环状缓冲值为 6。一旦第 6 个文件被生成，则环状缓冲将循环返回并覆盖第一个文件，而不是新建第七个文件。这个机制保证了在不断有新文件写入的同时又不会持续增加文件的数量。

在输出标签页上你也可以设定最终文件保存的格式是否使用.pcapng。如果你有对该格式不兼容的第三方工具的话，则可以选择.pcap 格式。

4.4.3 选项标签页

选项标签页包含着一些其他的抓包设置，包括显示选项、解析名称和自动停止捕获，如图 4-13 所示。

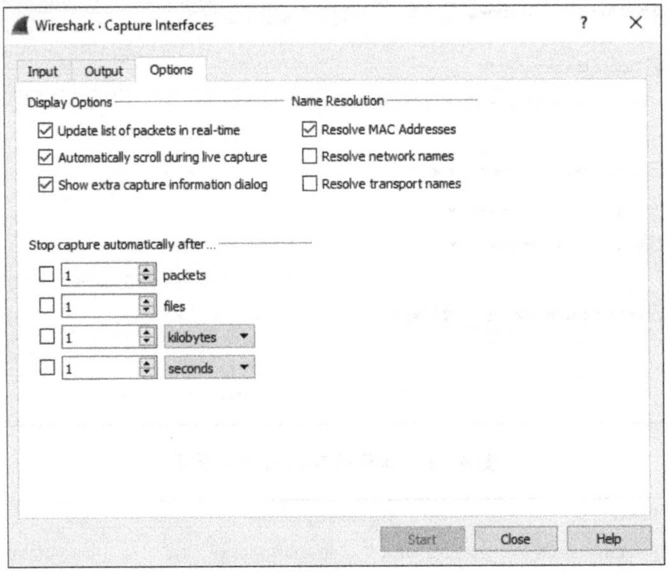

图 4-13　捕获接口的选项标签页

1. 显示选项

Display 选项部分用来控制捕获的数据包如何进行显示。Update list of packets in real time 选项的名字就一目了然了，并且它可以和 Automatic scrolling in live capture 一同使用。[1]。在这两个选项启用之后，所有捕获的数据包都会显示在屏幕上，并且新捕获的数据包会立刻显示出来。

警告　当 Update list of packets in real time 和 Automatic scrolling in live capture 选项都被选中并且捕获一定数量的数据包时，将会对处理器产生相当的负担。除非你必须要实时查看数据包，否则最好将这两个选项都取消掉。

[1] Update list of packets in real time：实时更新数据包列表；Automatic scrolling in live capture：在当前捕获中进行自动滚动。——译者注

Show extra capture info dialog 选项允许你启用或屏蔽掉根据协议显示数据包数量和比率的小窗口。我喜欢打开这一选项把，因为我通常不喜欢在捕获流量的时候满屏滚动着数据包。

2. 名称解析选项

Name Resolution 选项允许你在捕获中，启用自动的数据链路层（第 2 层）、网络层（第 3 层）和传输层（第 4 层）的名称解析。我们将在第 5 章深入地讨论 Wireshark 的名称解析及其不足。

3. 停止捕获选项

Stop capture 选项允许你在满足一定的触发条件时停止正在进行的捕获。与多文件集中的情形类似，你可以使用文件大小、时间间隔或者数据包的数目作为触发条件。这些选项可以与之前介绍的多文件捕获一起使用。

4.5 过滤器

过滤器允许你找出所希望进行分析的数据包。简单来说，一个过滤器就是定义了一定的条件，用来包含或者排除满足自定义条件的数据包的表达式。如果你不希望看到一些数据包，则可以写一个过滤器来屏蔽它们；如果你希望只看到某些数据包，则可以写一个过滤器来只显示出这些数据包。

Wireshark 主要提供两种主要的过滤器。

- 捕获过滤器：当进行数据包捕获时，只有那些满足给定的包含/排除表达式的数据包会被捕获。
- 显示过滤器：该过滤器根据指定的表达式用于一个已捕获的数据包集合，它将隐藏不想显示的数据包，或者只显示那些需要的数据包。

我们先看一下捕获过滤器。

4.5.1 捕获过滤器

捕获过滤器用于进行数据包捕获的实际场合，使用它的一个主要原因就是性能。如果你并不需要分析某个类型的流量，则可以简单地使用捕获过滤器过滤掉它，从而节省那些会被用来捕获这些数据包的处理器资源。

当处理大量数据的时候，创建自定义的捕获过滤器是相当好用的。它可以让你专注于那些与你手头事情有关的数据包，从而加速分析过程。

举一个简单的例子，你在一台有多种角色的服务器上捕获流量时很可能会用到捕获过滤器，假设你正在解决一个运行于 262 端口网络服务的问题，如果你正在分析的那台服务器在许多端口运行了各种不同的网络服务，那么找到并分析只运行于 262 端口的流量本身可能就具有一定的工作量。你可以通过本章前面讨论过的 Capture Options 对话框到达目的，步骤如下所示。

（1）选择 Capture -> Options 按钮打开捕获接口对话框。

（2）选择你想进行数据包捕获的设备，然后在最右列选中捕获过滤器。

（3）你可以单击该列以输入一个表达式来应用捕获过滤器。我们希望过滤器只显示出 262 端口的出站和入站流量，所以如图 4-14 所示，输入 port 262（我们将在下一区段中仔细地讨论关于过滤表达式的问题）。如果你输入的表达式合法，那么方格里的字颜色应该会变绿；否则会变红色。

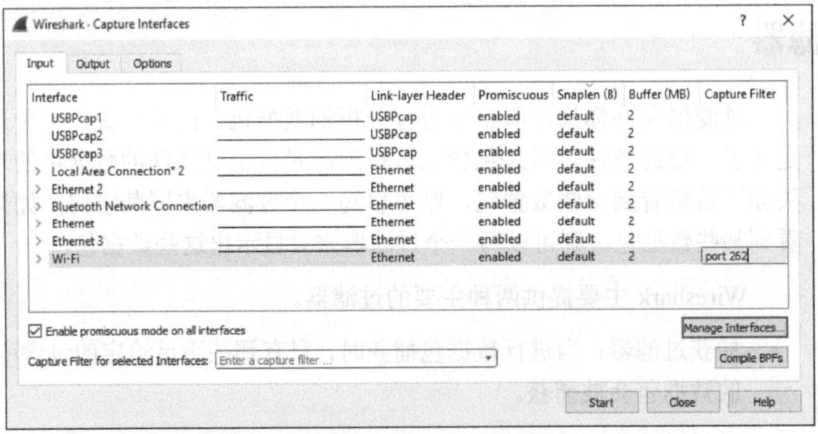

图 4-14　在 Capture Options 对话框中创建一个捕获过滤器

（4）当你设定好过滤器之后，单击 Start 开始捕获。

当收集到足够多的样本之后，你应该只看见了端口 262 的流量，这样就能更有效率地分析这些数据了。

1. 捕获过滤器的 BPF 语法

捕获过滤器应用于 libpcap/WinPcap，并使用 Berkeley Packet Filter(BPF)语法。这个语法被广泛用于多种数据包嗅探软件，主要因为大部分数据包嗅探软件都依赖于使用 BPF 的 libpcap/WinPcap 库。掌握 BPF 语法对你在数据包级别更深入地探索网络来说，非常关键。

使用 BPF 语法创建的过滤器被称为 expression（表达式），并且每个表达式包含一个或多个 primitives（原语）。每个原语包含一个或多个 qualifiers（限定词），然后跟着一个 ID 名字或者数字（见表 4-2），如图 4-15 所示。

表 4-2 BPF 限定词

限定词	说明	例子
Type	指出名字或数字所代表的意义	host、net、port
Dir	指明传输方向是前往还是来自名字或数字	src、dst
Proto	限定所要匹配的协议	Ether、ip、tcp、udp、http、ftp

图 4-15 一个捕获过滤器样例

在给定表达式的组成部分中，一个 src 限定词和 192.168.0.10 组成了一个原语。这个原语本身就是表达式，可以用它只捕获那些源 IP 地址是 192.168.0.10 的流量。

你可以使用以下 3 种逻辑运算符，对原语进行组合，从而创建更高级的表达式：

- 连接运算符 与（&&）
- 选择运算符 或（||）
- 否定运算符 非（！）

举例来说，下面的这个表达式只对源地址是 192.168.0.10 和源端口或目标端口是 80 的流量进行捕获。

```
src host 192.168.0.10 && port 80
```

2. 主机名和地址过滤器

你所创建的大多数过滤器都会关注于一个或一些特定的网络设备。根据这种情况，你可以根据设备的 MAC 地址、IPv4 地址、IPv6 地址或者 DNS 主机名配置过滤规则。

举例来说，假设你对一个正在和你网络中某个服务器进行交互的主机所产生的流量感兴趣，那么你可以在这台服务器上创建一个使用 host 限定词的过滤器，来捕获所有和那台主机 IPv4 地址相关的流量：

```
host 172.16.16.149
```

如果你在使用一个 IPv6 网络，则可能需要使用基于 IPv6 地址的 host 限定词，如下所示：

```
host 2001:db8:85a3:8a2e:370:7334
```

你同样可以使用基于一台设备的主机名 host 限定词，就像这样：

```
host testserver2
```

或者，如果你考虑到一台主机的 IP 地址可能会变化，则可以通过加入 ether 协议限定词，对它的 MAC 地址进行过滤：

```
ether host 00-1a-a0-52-e2-a0
```

传输方向限定词通常会和前面例子演示的那些过滤器一起使用，来捕获流向或者流出某台主机的流量。举例来说，如果想捕获来自某台主机的流量，则可以加入 src 限定词：

```
src host 172.16.16.149
```

如果只想捕获发往 172.16.16.149 服务器的流量，则可以使用 dst 限定词：

```
dst host 172.16.16.149
```

如果你在一个原语中没有指定一种类型限定符（host、net 或者 port），host 限定词将作为默认选择。所以上面的那个例子也可以写成没有类型限定符的样子：

```
dst 172.16.16.149
```

3. 端口过滤器

不仅仅可以基于主机过滤，你还可以对基于每个数据包的端口进行过滤。端口过滤通常被用来过滤使用已知端口的服务和应用。举例来说，下面是一个只对 8080 端口进行流量捕获的简单过滤器的例子：

```
port 8080
```

如果想要捕获除 8080 端口外的所有流量，则如下所示：

```
!port 8080
```

端口过滤器可以和传输方向限定符一起使用。举例来说，如果希望只捕获访问标准 HTTP80 端口的 Web 服务器，则可以使用 dst 限定符：

```
dst port 80
```

4. 协议过滤器

协议过滤器允许你基于特定协议进行数据包过滤。这通常被用于那些非应用层的不能简单地使用特定端口进行定义的协议。所以如果你只想看一看 ICMP 流量，则可以使用下面这个过滤器：

```
icmp
```

如果你想看除了 IPv6 之外的所有流量，则下面这个方式能够满足要求。

```
!ip6
```

5. 协议域过滤器

BPF 语法提供给我们的一项强大的功能，就是可以通过检查协议头中的每一个字节来创建基于那些数据的特殊过滤器。在本节中我们将要讨论的这些高级的过滤器，通过它们你可以匹配一个数据包中从某一个特定位置开始的一定数量的字节。

举例来说，假设我们想要基于 ICMP 过滤器的类型域进行过滤，而类型域位于数据包的最开头也就是偏移量为 0 的位置，那么我们可以通过在协议限定符后输入由方括号括起的字节偏移量，在这个例子中就是 icmp[0]，来指定我们想在一个数据包内进行检查的位置。这样将返回一个 1 字节的整型值用于比较。如果只想要得到代表目标不可达（类型 3）信息的 ICMP 数据包，则我们可在过滤器表达式中令其等于 3，如下所示：

```
icmp[0]==3
```

如果只想要检查代表 echo 请求（类型 8）或 echo 回复（类型 0）的 ICMP 数据包，则可以使用带有 OR 运算符的两个原语：

```
icmp[0]==8||icmp[0]==0
```

虽然这些过滤器很好用，但是它们只能基于数据包头部的 1 个字节进行过滤。当然，你也可以在方括号中偏移值的后面以冒号分隔加上一个字节长度，来指定你希望返回给过滤器表达式的数据长度。

举例来说，假设我们要创建一个过滤器，该过滤器捕获所有 ICMP 目标——不可访问、主机不可达的数据包（类型 3，代码 1）。这些是 1 字节的字段，它们与偏移量为 0 的数据包头部相邻。为此，我们创建了一个过滤器，它检查从数据包头部的偏移量 0 处开始的 2 字节数据，并与十六进制值 0301（类型 3，代码 1）进行比较，如下所示：

```
icmp[0:2]==0x0301
```

一个常用的场景就是只捕获带有 RST 标志的 TCP 数据包。我们将在第 8 章深入讲述 TCP 的相关内容，而现在你只需要知道 TCP 数据包的标志位在偏移为 13 字节的地方。有趣的是，虽然整个标志位加在一起是 1 字节，但是这个字节中每一比特位都是一个标志。在一个 TCP 数据包中，多个标志可以被同时设置，因此多个值可能都代表 RST 位被设置，我们不能只通过一个 tcp[13]的值来进行有效过滤。我们必须通过在当前的原语中加入一个单一的&符号，来指定我们希望在这个字节中检查的比特位置。在这个字节中 RST 标志所在的比特位代表数字 4，也就是说这个比特位被设置成 4，就代表这个标志被设置了。过滤器看上去是这个样子的：

```
tcp[13]&4==4
```

如果希望看到所有被设置了 PSH 标志（比特位代表数字 8）的数据包，那么我们的过滤器应该会将其相应位置替换成这样：

```
tcp[13]&8==8
```

6. 捕获过滤器表达式样例

你将会发现分析的成败很多时候取决于你能否编写出恰当的过滤器。表 4-3 给出了一些我经常使用的捕获过滤器。

表 4-3 常用捕获过滤器

过滤器	说明
tcp[13]&32==32	设置了 URG 位的 TCP 数据包
tcp[13]&16==16	设置了 ACK 位的 TCP 数据包
tcp[13]&8==8	设置了 PSH 位的 TCP 数据包
tcp[13]&4==4	设置了 RST 位的 TCP 数据包

续表

过滤器	说明
tcp[13]&2==2	设置了 SYN 位的 TCP 数据包
tcp[13]&1==1	设置了 FIN 位的 TCP 数据包
tcp[13]==18	TCP SYN-ACK 数据包
ether host 00:00:00:00:00:00（替换为你的 MAC）	流入或流出你 MAC 地址的流量
!ether host 00:00:00:00:00:00（替换为你的 MAC）	不流入或流出你 MAC 地址的流量
broadcast	仅广播流量
icmp	ICMP 流量
icmp[0:2]	ICMP 目标不可达、主机不可达
ip	仅 IPv4 流量
ip6	仅 IPv6 流量
udp	仅 UDP 流量

4.5.2 显示过滤器

显示过滤器应用于捕获文件，用来告诉 Wireshark 只显示那些符合过滤条件的数据包。你可以在 Packet List 面板上方的 Filter 文本框中，输入一个显示过滤器。

显示过滤器比捕获过滤器更加常用，因为它可以让你对数据包进行过滤，却并不省略掉捕获文件中的其他数据。也就是说如果你想回到原先的捕获文件，则仅仅需要清空显示过滤表达式。

在有些时候，你可能会需要使用显示过滤器，来清理过滤文件中不相关的广播流量，比如清理掉 Packet List 面板中与当前的分析问题并没有什么联系的 ARP 广播，但是那些 ARP 广播之后可能会有用，所以最好是把他们暂时过滤掉，而不是删除它们。

如果想要过滤掉捕获窗口中所有的 ARP 数据包，那么将你的鼠标放到 Packet List 面板上方的 Filter 文本框中，然后输入!arp，就可以从 Packet List 面板中去掉所有的 ARP 数据包了，如图 4-16 所示。如果想要删除过滤器，则可单击 X 按钮；如果想要保存过滤器的话，则可单击（+）按钮。

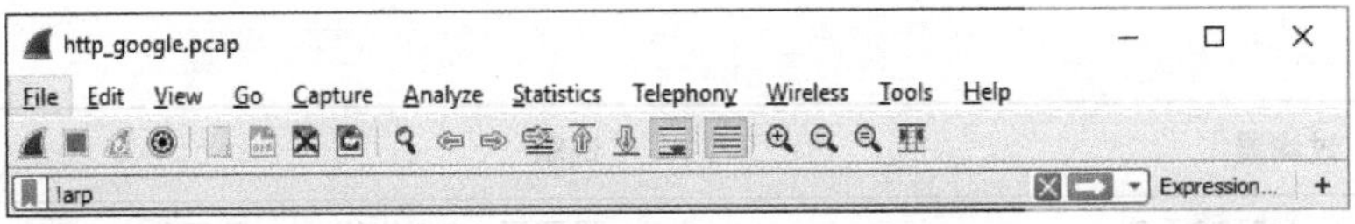

图 4-16 使用 Packet List 面板上方的 Filter 文本框创建一个显示过滤器

应用显示过滤器有两种方法，一种是就像刚才的例子一样，直接键入合适的语法表达式；另一种是使用显示过滤器对话框来选择构建，这也是初学过滤器的一个简单方法。让我们来看一看这两种方法吧，首先从简单的开始。

1. 过滤器表达式对话框（简单方法）

过滤器表达式对话框，如图 4-17 所示，使得 Wireshark 的初学者也能很简单地创建捕获和显示过滤器。如果想要打开这个对话框，则可以先在 Capture Option 对话框中单击 Caputre Filter 按钮，然后单击 Expression 按钮。

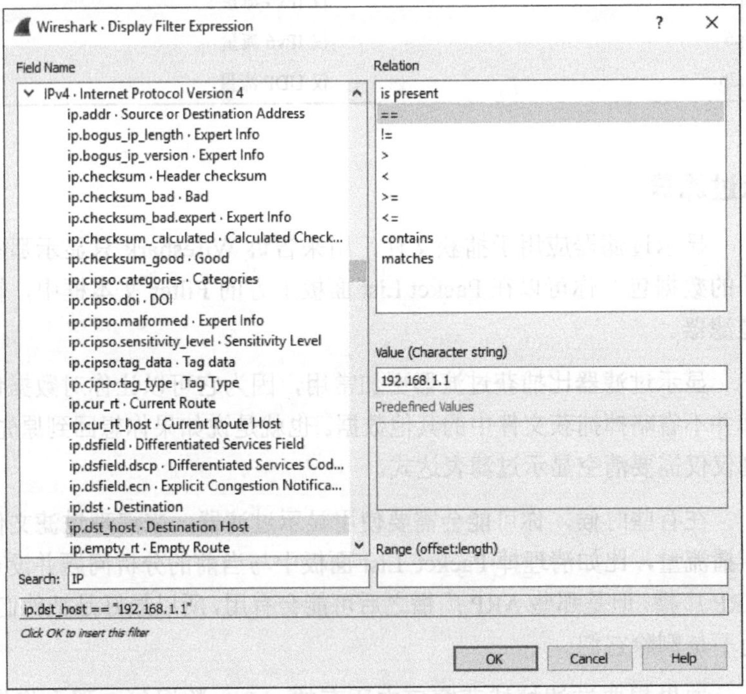

图 4-17 Filter Expression 对话框可以让你很容易地在 Wireshark 中创建过滤器

对话框左边列出了所有可用的协议域，这些域指明了所有可能的过滤条件。如果想创建一个过滤器，则可以按照如下步骤操作。

（1）单击一个协议旁边的加号（+），以展开所有与这个协议相关可作为条件的域，找到你要在过滤器中使用的那一项，然后单击选中它。

（2）选择一个你想要在选中条件域和条件值之间建立的关系，比如等于、大于和小于等。

（3）通过输入一个和你选中条件域相关的条件值来创建过滤器表达式。你可以自己定义这个值，也可以从 Wireshark 预定义的值中选择一个。

（4）当你完成所有上述步骤时，单击 OK 就可以看到你的过滤器表达式的文本表示。

Filter Expression 对话框对于初学者来说很好用，但在你熟悉了这一套规则之后，就会发现手动输入过滤器表达式更有效率。显示过滤器表达式的语法结构非常简单，但功能十分强大。

2. 过滤器表达式语法结构（高级方法）

在使用一段时间的 Wireshark 后，为了节约时间你希望在主窗口下直接使用显示过滤器的语法。幸运的是，显示过滤器的语法遵从一个标准的模式并且是易于导航。在大多数情况下，这个语法模式以具体协议为中心并且遵从 protocol.feature.subfeature 的格式，就像你在显示过滤器表达式对话框看到的一样。现在让我们来看一看具体的几个例子。

你会经常用到捕获或者显示过滤器来对某一个协议进行过滤。举例来说，如果你要解决一个 TCP 问题，那么你就只希望看到捕获文件中的 TCP 流量。一个简单的 TCP 过滤器就可以解决这个问题。

现在让我们看一看另外一些情况。假如为了解决你的 TCP 问题，你使用了很多 ping 功能，因此产生了很多 ICMP 流量。你可以通过!icmp 这个过滤器表达式，将你捕获文件中的 ICMP 流量屏蔽掉。

比较操作符允许你进行值的比较。举例来说，当检查一个 TCP/IP 网络中的问题时，你可能经常需要检查和某一个 IP 地址相关的数据包。等于操作符可以让你创建一个只显示 192.168.0.1 这个 IP 地址相关数据包的过滤器：

```
ip.addr==192.168.0.1
```

现在假设你只需要查看那些长度小于 128 字节的数据包，那么你可以使用“小于或等于”操作符来完成这个要求，其过滤器表达式如下：

```
frame.len<=128
```

表 4-4 给出了 Wireshark 过滤器表达式的比较操作符。

表 4-4　Wireshark 过滤器表达式的比较操作符

操作符	说明
==	等于
!=	不等于
>	大于
<	小于
>=	大于或等于
<=	小于或等于

逻辑运算符可以让你将多个过滤器表达式合并到一个语句中，从而极大地提高过滤器的效率。举例来说，如果只想显示两个 IP 地址上的数据包，那么我们可以使用 or 操作符来创建一个表达式，只显示这两个 IP 地址的数据包，如下：

```
ip.addr==192.168.0.1 or ip.addr==192.168.0.2
```

表 4-5 列出了 Wireshark 的逻辑操作符。

表 4-5　Wireshark 过滤器表达式的逻辑操作符

操作符	说明
and	两个条件需同时满足
or	其中一个条件被满足
xor	有且仅有一个条件被满足
not	没有条件被满足

3. 显示过滤器表达式实例

虽然编写过滤器表达式在概念上很简单，但是在解决不同问题时创建的过滤器，仍然需要许多特定的关键词与操作符。表 4-6 给出了我经常使用的显示过滤器。

表 4-6　常用显示过滤器

<table>
<tr><th>过滤器</th><th>说明</th></tr>
<tr><td>!tcp.port==3389</td><td>排除 RDP 流量</td></tr>
<tr><td>tcp.flags.syn==1</td><td>具有 SYN 标志位的 TCP 数据包</td></tr>
<tr><td>tcp.flags.rst==1</td><td>具有 RST 标志位的 TCP 数据包</td></tr>
<tr><td>!arp</td><td>排除 ARP 流量</td></tr>
<tr><td>http</td><td>所有 HTTP 流量</td></tr>
<tr><td>tcp.port==23 || tcp.port==21</td><td>文本管理流量（Telnet 或 FTP）</td></tr>
<tr><td>smtp || pop || imap</td><td>文本 email 流量（SMTP、POP 或 IMAP）</td></tr>
</table>

4.5.3 保存过滤器规则

在创建了很多捕获和显示过滤器之后，你会发现其中有一些你使用得格外频繁。这时你并不需要在每次使用它们的时候都重新输入，Wireshark 可以让你把常用的过滤器规则保存下来，供以后使用。想要保存一个自定义的捕获过滤器规则，可以按照如下步骤操作。

（1）选择 Capture -> Capture Filters 打开 Capture Filter 对话框。

（2）在对话框的左边单击（+）按钮，创建一个新的过滤器。

（3）在 Filter Name 框中给你的过滤器起一个名字。

（4）在 Filter String 框中输入实际的过滤器表达式。

（5）单击 OK 按钮，将你的过滤器表达式保存到列表中。

按照如下步骤保存一个自定义的显示过滤器规则。

（1）在主窗口的过滤条栏里输入你的过滤表达式，然后单击左边的带状按钮。

（2）单击保存这个过滤器选项，然后就会弹出一个有着之前保存过的所有显示过滤器列表的对话框。在这里你可以给你的过滤器起名，最后单击 OK 来保存（见图 4-18）。

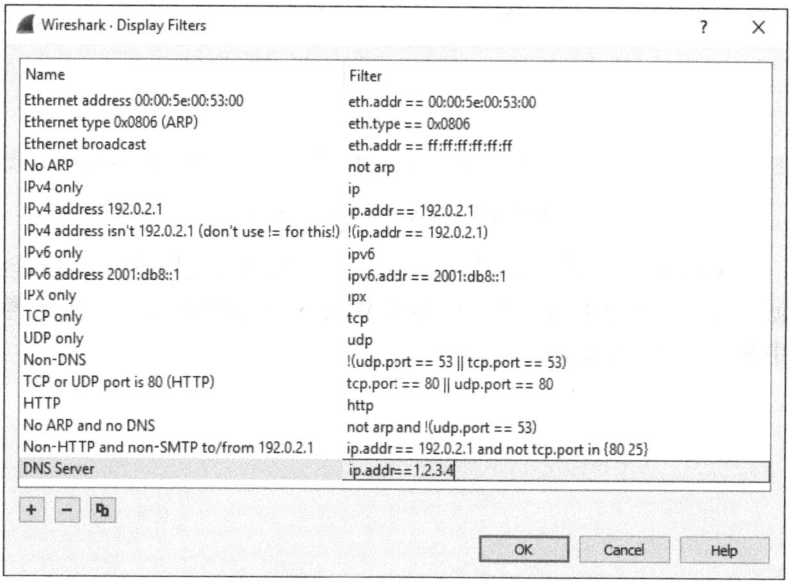

图 4-18　你可以直接从主工具栏里保存显示过滤器

4.5.4 在工具栏中增加显示过滤器

如果你有一些经常用的过滤器，那么不妨把过滤器切换添加到包列表上面的过滤器栏中，这样方便你去调用。要实现这个功能，请依照下列步骤操作。

（1）在显示过滤器的条框里键入表达式，然后单击在条框右面的（+）按钮。

（2）一个新的条框会在下方出现，这时在 Label 区框里键入过滤器的名字（见图 4-19）。以该名字生成的标签将会在工具栏里代表这个过滤器。最后单击 OK，就可以把代表这个表达式的快捷标签加入工具栏。

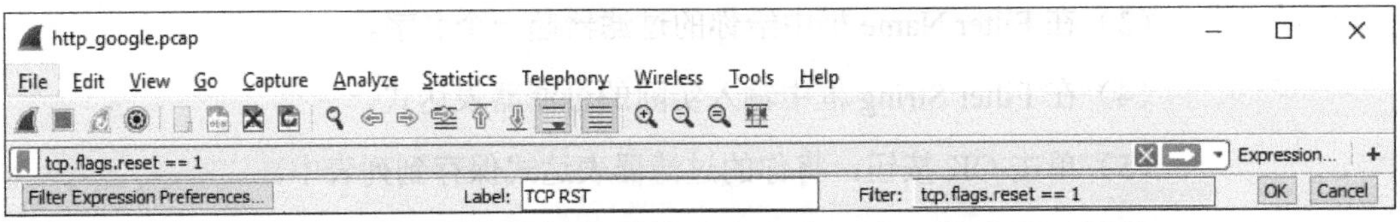

图 4-19 在过滤工具栏中增加过滤表达式标签

如图 4-20 所示，我们已经在过滤工具栏里制作了一个快捷标签，按下便可以迅速过滤出所有带 RST 标志位的 TCP 包。就像第 3 章介绍的那样，这些额外的快捷标签会保存在你个人的配置文档里。这个强大的功能极大地增强了你在不同抓包场景下找出问题的能力。

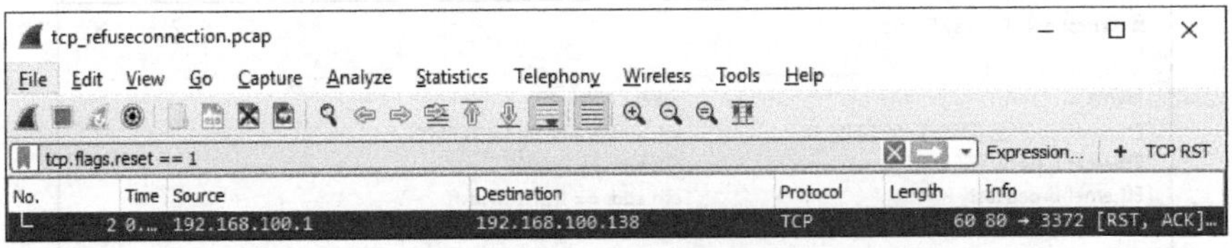

图 4-20 使用快捷标签来过滤

Wireshark 内置的许多过滤器可以作为过滤器规则范例。你在创建自己的过滤器时，可能会用到它们（可参考 Wireshark 帮助页面）。我们在整本书的例子中都会用到过滤器。

第5章 Wireshark 高级特性

在掌握了 Wireshark 的基础知识之后，下一步便是仔细钻研它的分析和图形化功能了。在这一章中，我们将会从这些强大的功能特性中挑选一些进行介绍，其中包括端点和会话窗口、名称解析的细节、协议解析、数据流跟踪、IO 图形化等。这些独特的图形功能在分析的不同阶段是非常有用的。在开始学习本章之前，请确保至少尝试使用这里列出的所有功能，因为我们将会在本书其余章节中频繁地使用它们。

5.1 端点和网络会话

要想让网络通信正常进行，你必须至少拥有两台设备进行数据流的交互。端点（endpoint）就是指网络上能够发送或者接收数据的一台设备。两个端点之间的通信被称之为会话（conversation）。Wireshark 根据交互的特性来标识端点会话，特别是在多种协议之间所使用的地址。

端点在 OSI 的不同层级上使用多种不同类型的地址。例如在数据链路层，通信使用物理网卡的 MAC 地址。每个设备的 MAC 地址独一无二（虽然也有办法修改，但这可能会削弱它的唯一性）。然而在网络层，端点使用 IP 地址。IP 地址可以在任何时间修改。我们将在接下来的章节里讨论这些地址类型是怎么使用的。

图 5-1 展示了地址是如何标识端点的两个例子。图中会话 A 阐释了数据链路（MAC）层的两个端点之间的通信。端点 A 的 MAC 地址是 00:ff:ac:ce:0b:de，端点 B 的 MAC 地址是 00:ff:ac:e0:dc:0f。会话 B 阐释了工作在网络（IP）层的两个设备之间的通信。端点 A 的 IP 地址是 192.168.1.25。端点 B 的 IP 地址是 192.168.1.30。

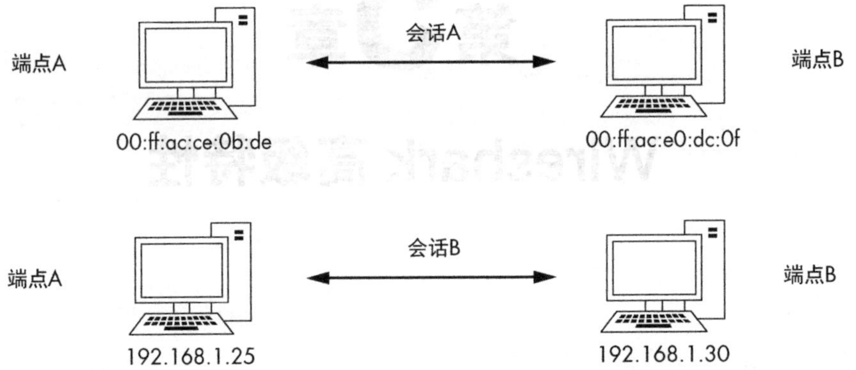

图 5-1　网络上的端点和会话

现在让我们来看一看 Wireshark 如何在端点层面或会话层面上提供网络通信的相关信息。

5.1.1 查看端点统计

当分析流量时，你也许会察觉到可以将问题定位到网络中的一个特定端点上去。举例来说，依次打开捕获文件 *lotsofweb.pcapng* 和 Wireshark 的 Endpoints 窗口（Statistics->Endpoints）。这个窗口给出了各个端点的许多有用的统计数据，如图 5-2 所示，包括每个端点的地址、传输发送数据包的数量和字节数。

这个窗口顶部的选项卡（TCP、Ethernet、IPv4、IPv6 和 UDP）根据协议将当前捕获文件中所有支持和被识别的端点进行分类。单击其中一个选项卡，就可以只显示针对一个具体协议的端点。单击窗口右下角的 EndpointTypes 多选框，就可以添加额外的协议过滤标签。勾选 Name resolution 多选框，可以开启名称解析功能来查看端点地址。如果你在处理大流量且需要过滤出所显示的端点数据，那么你可以事先在 Wireshark 主窗口里应用显示过滤器，然后在端点窗口勾选 Limit to display filter 多选框。这个选项会让端点窗口只显示与显示过滤器相匹配的端点。

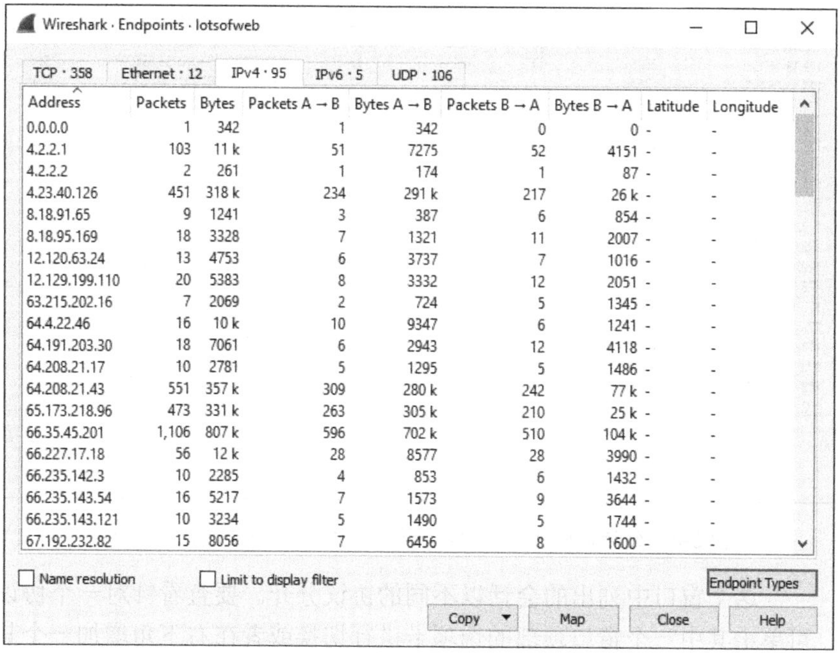

Address	Packets	Bytes	Packets A → B	Bytes A → B	Packets B → A	Bytes B → A	Latitude	Longitude
0.0.0.0	1	342	1	342	0	0	-	-
4.2.2.1	103	11 k	51	7275	52	4151	-	-
4.2.2.2	2	261	1	174	1	87	-	-
4.23.40.126	451	318 k	234	291 k	217	26 k	-	-
8.18.91.65	9	1241	3	387	6	854	-	-
8.18.95.169	18	3328	7	1321	11	2007	-	-
12.120.63.24	13	4753	6	3737	7	1016	-	-
12.129.199.110	20	5383	8	3332	12	2051	-	-
63.215.202.16	7	2069	2	724	5	1345	-	-
64.4.22.46	16	10 k	10	9347	6	1241	-	-
64.191.203.30	18	7061	6	2943	12	4118	-	-
64.208.21.17	10	2781	5	1295	5	1486	-	-
64.208.21.43	551	357 k	309	280 k	242	77 k	-	-
65.173.218.96	473	331 k	263	305 k	210	25 k	-	-
66.35.45.201	1,106	807 k	596	702 k	510	104 k	-	-
66.227.17.18	56	12 k	28	8577	28	3990	-	-
66.235.142.3	10	2285	4	853	6	1432	-	-
66.235.143.54	16	5217	7	1573	9	3644	-	-
66.235.143.121	10	3234	5	1490	5	1744	-	-
67.192.232.82	15	8056	7	6456	8	1600	-	-

图 5-2 端点窗口可以让你查看一个捕获文件里的每个端点

另一个便利的功能就是你可以使用端点窗口将特定的数据包过滤出来，使其显示在 Packet List 面板中。这是快速锁定某个端点相关数据包的方法。右键单击一个特定的端点，可以看到许多选项，包括创建过滤器以显示只与这个端点关联的流量，或者与选定端点无关的所有流量。你还可以在下拉菜单里选择着色（Colorize）选项，这会直接把当前端点地址转化为一条着色规则（着色规则在第 4 章有所讨论）。用这种方法，你可以批量高亮与一个端点有关的包，以便于你在后续分析中可以很快地定位到它们。

5.1.2 查看网络会话

打开 lotsofweb.pcapng 后，访问 Wireshark 的会话窗口（Statistics->Conversations）来显示所有在捕获文件中的会话，如图 5-3 所示。会话窗口和端点窗口看起来很像，但会话窗口展示的是一行两个地址组成的会话，以及每个设备发送或收到的数据包和字节数。地址 A 列代表着源端点，地址 B 列代表着目的端点。

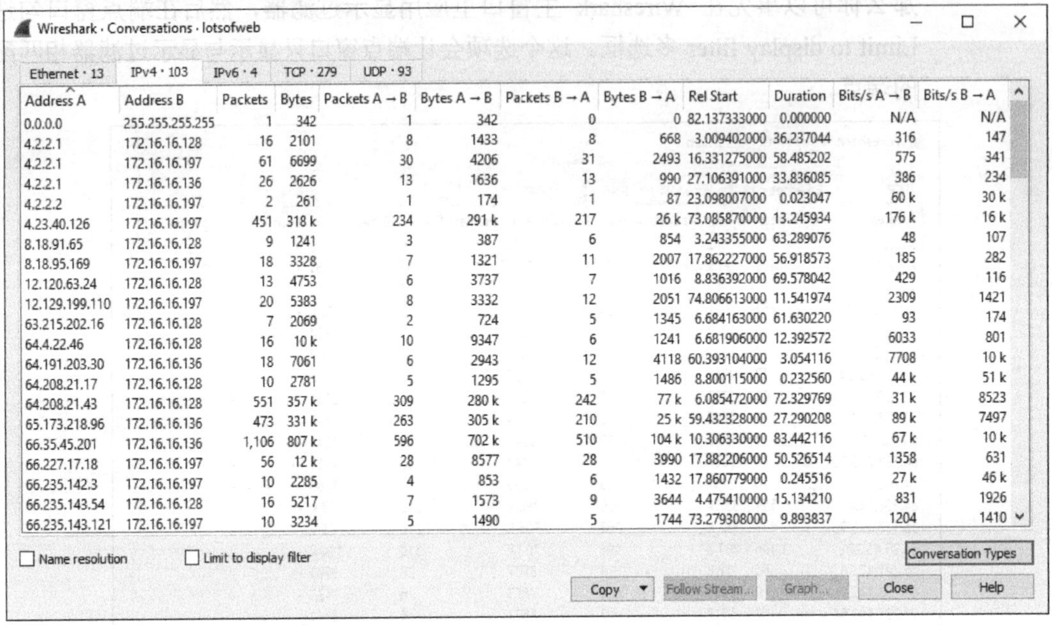

Address A	Address B	Packets	Bytes	Packets A → B	Bytes A → B	Packets B → A	Bytes B → A	Rel Start	Duration	Bits/s A → B	Bits/s B → A
0.0.0.0	255.255.255.255	1	342	1	342	0	0	82.137333000	0.000000	N/A	N/A
4.2.2.1	172.16.16.128	16	2101	8	1433	8	668	3.009402000	36.237044	316	147
4.2.2.1	172.16.16.197	61	6699	30	4206	31	2493	16.331275000	58.485202	575	341
4.2.2.1	172.16.16.136	26	2626	13	1636	13	990	27.106391000	33.836085	386	234
4.2.2.2	172.16.16.197	2	261	1	174	1	87	23.098007000	0.023047	60 k	30 k
4.23.40.126	172.16.16.197	451	318 k	234	291 k	217	26 k	73.085870000	13.245934	176 k	16 k
8.18.91.65	172.16.16.128	9	1241	3	387	6	854	3.243355000	63.289076	48	107
8.18.95.169	172.16.16.197	18	3328	7	1321	11	2007	17.862227000	56.918573	185	282
12.120.63.24	172.16.16.128	13	4753	6	3737	7	1016	8.836392000	69.578042	429	116
12.129.199.110	172.16.16.197	20	5383	8	3332	12	2051	74.806613000	11.541974	2309	1421
63.215.202.16	172.16.16.128	7	2069	2	724	5	1345	6.684163000	61.630220	93	174
64.4.22.46	172.16.16.128	16	10 k	10	9347	6	1241	6.681906000	12.392572	6033	801
64.191.203.30	172.16.16.136	18	7061	6	2943	12	4118	60.393104000	3.054116	7708	10 k
64.208.21.17	172.16.16.128	10	2781	5	1295	5	1486	8.800115000	0.232560	44 k	51 k
64.208.21.43	172.16.16.128	551	357 k	309	280 k	242	77 k	6.085472000	72.329769	31 k	8523
65.173.218.96	172.16.16.136	473	331 k	263	305 k	210	25 k	59.432328000	27.290208	89 k	7497
66.35.45.201	172.16.16.136	1,106	807 k	596	702 k	510	104 k	10.306330000	83.442116	67 k	10 k
66.227.17.18	172.16.16.197	56	12 k	28	8577	28	3990	17.882206000	50.526514	1358	631
66.235.142.3	172.16.16.197	10	2285	4	853	6	1432	17.860779000	0.245516	27 k	46 k
66.235.143.54	172.16.16.128	16	5217	7	1573	9	3644	4.475410000	15.134210	831	1926
66.235.143.121	172.16.16.197	10	3234	5	1490	5	1744	73.279308000	9.893837	1204	1410

图 5-3　会话窗口可以让你与捕获文件中的每个会话进行交互

这个窗口中列出的会话以不同的协议分开。要查看针对一个协议的会话，可单击其中一个窗口顶部的选项卡进行切换或者在右下角增加一个其他的协议类型。就像在端点窗口里的操作一样，你可以使用名称解析、通过显示过滤器限制可见会话、右键单击一个特定的会话，来创建基于该会话的过滤器。基于会话的方式来过滤流量可以帮助你深入研究一些有趣的交互序列中的细节。

5.1.3　使用端点和会话定位最高用量者

端点和会话窗口是排查网络问题的得力助手，特别是当你试图寻找网络中产生巨大流量的源头时。

还是拿 *lotsofweb.pcapng* 来举例，就像文件名所揭示的那样，该捕获文件含有多个客户端浏览互联网时产生的大量 HTTP 流量。图 5-4 显示了在这个捕获文件中以字节数目排序的端点列表。

你可以注意到：以字节数排序后的第一个地址是 172.16.16.128 本地地址，这是一个内网地址（我们会在第 7 章讲到如何区分）。除此之外，拥有这个地址的设备是数据集中最活跃的信息源（进行了最多通信的主机）。

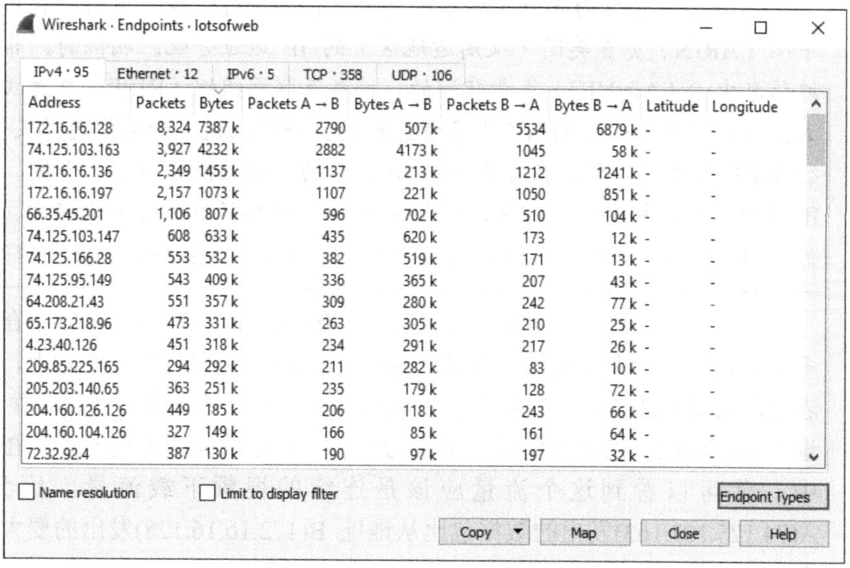

Address	Packets	Bytes	Packets A → B	Bytes A → B	Packets B → A	Bytes B → A	Latitude	Longitude
172.16.16.128	8,324	7387 k	2790	507 k	5534	6879 k	-	-
74.125.103.163	3,927	4232 k	2882	4173 k	1045	58 k	-	-
172.16.16.136	2,349	1455 k	1137	213 k	1212	1241 k	-	-
172.16.16.197	2,157	1073 k	1107	221 k	1050	851 k	-	-
66.35.45.201	1,106	807 k	596	702 k	510	104 k	-	-
74.125.103.147	608	633 k	435	620 k	173	12 k	-	-
74.125.166.28	553	532 k	382	519 k	171	13 k	-	-
74.125.95.149	543	409 k	336	365 k	207	43 k	-	-
64.208.21.43	551	357 k	309	280 k	242	77 k	-	-
65.173.218.96	473	331 k	263	305 k	210	25 k	-	-
4.23.40.126	451	318 k	234	291 k	217	26 k	-	-
209.85.225.165	294	292 k	211	282 k	83	10 k	-	-
205.203.140.65	363	251 k	235	179 k	128	72 k	-	-
204.160.126.126	449	185 k	206	118 k	243	66 k	-	-
204.160.104.126	327	149 k	166	85 k	161	64 k	-	-
72.32.92.4	387	130 k	190	97 k	197	32 k	-	-

图 5-4 端点窗口显示了哪个主机是最高用量者

第二个地址 74.125.103.163 是一个公网地址。当你对一个公网地址一无所知时，可以使用 WHOIS 来查询它的注册者。在这个例子中该地址属于 Google，如图 5-5 所示。

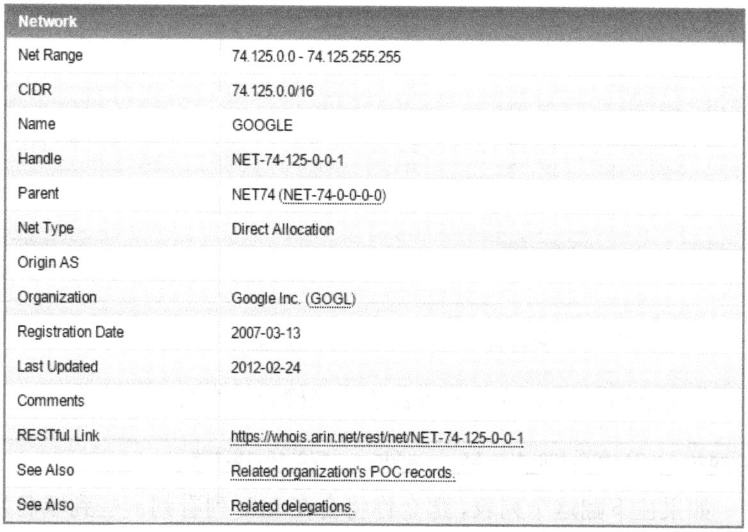

Network	
Net Range	74.125.0.0 - 74.125.255.255
CIDR	74.125.0.0/16
Name	GOOGLE
Handle	NET-74-125-0-0-1
Parent	NET74 (NET-74-0-0-0-0)
Net Type	Direct Allocation
Origin AS	
Organization	Google Inc. (GOGL)
Registration Date	2007-03-13
Last Updated	2012-02-24
Comments	
RESTful Link	https://whois.arin.net/rest/net/NET-74-125-0-0-1
See Also	Related organization's POC records.
See Also	Related delegations.

图 5-5 WHOIS 查询结果显示 74.125.103.163 指向谷歌

注意 IP 地址的分配由多个实体根据其地址信息进行管理。美国互联网号码注册中心（ARIN）负责美国（及周边地区）的 IP 地址分配。相似的，非洲互联网络信息中心（AfriNIC）负责非洲的，世界互联网组织（RIPE）负责欧洲的，亚太互联网信息中心（APNIC）负责亚洲的。一般来说，如果你想对某一个 IP 进行 WHOIS 查询，那么在负责这个 IP 组织的网站上操作即可。当然，如果仅看 IP 地址你并不知道地理信息，那么像 Robtex 这样的网站会帮你搞定。然而即使你在错误的注册中心网站上进行了查询，这个网站也会告诉你正确的查询位置。

有了这些信息，你可以假设：74.125.103.163 和 172.16.16.128 正在各自与很多其他设备进行大量通信，或者这两个 IP 之间在彼此通信。实际上，最大用量者之间的端点通信是比较常见的。要确认这一点，请打开会话窗口并选中 IPv4 选项卡，你就可以通过使用字节数对列表进行排序来验证这一点。在这个例子中，你可以看到这个流量应该是连续的视频下载流量，因为从地址 A(74.125.103.163)发出的数据包比从地址 B(172.16.16.128)发出的要大得多，如图 5-6 所示。

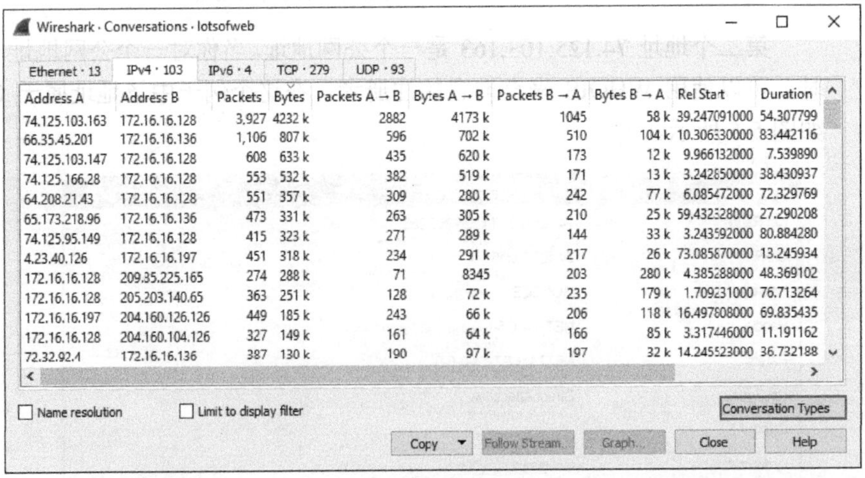

Address A	Address B	Packets	Bytes	Packets A → B	Bytes A → B	Packets B → A	Bytes B → A	Rel Start	Duration
74.125.103.163	172.16.16.128	3,927	4232 k	2882	4173 k	1045	58 k	39.247091000	54.307799
66.35.45.201	172.16.16.136	1,106	807 k	596	702 k	510	104 k	10.306330000	83.442116
74.125.103.147	172.16.16.128	608	633 k	435	620 k	173	12 k	9.966132000	7.539890
74.125.166.28	172.16.16.128	553	532 k	382	519 k	171	13 k	3.242850000	38.430937
64.208.21.43	172.16.16.128	551	357 k	309	280 k	242	77 k	6.085472000	72.329769
65.173.218.96	172.16.16.136	473	331 k	263	305 k	210	25 k	59.432328000	27.290208
74.125.95.149	172.16.16.128	415	323 k	271	289 k	144	33 k	3.243592000	80.884280
4.23.40.126	172.16.16.197	451	318 k	234	291 k	217	26 k	73.085870000	13.245934
172.16.16.128	209.35.225.165	274	288 k	71	8345	203	280 k	4.385288000	48.369102
172.16.16.128	205.203.140.65	363	251 k	128	72 k	235	179 k	1.709231000	76.713264
172.16.16.197	204.160.126.126	449	185 k	243	66 k	206	118 k	16.497808000	69.835435
172.16.16.128	204.160.104.126	327	149 k	161	64 k	166	85 k	3.317446000	11.191162
72.32.92.4	172.16.16.136	387	130 k	190	97 k	197	32 k	14.245523000	36.732188

图 5-6 会话窗口确认这两个最高用量者之间有交互

你可以通过以下显示过滤表达式来检查这个会话：

```
ip.addr == 74.125.103.163 && ip.addr == 172.16.16.128
```

如果往下翻这个列表，那么你将会在 Info 列看到一些到域名为 youtube.com 的 DNS 请求。这和我们之前所查询的 74.125.103.163 属于 Google 是相符的，因为 YouTube 属于 Google。

在此书后面的实战场景中，你还会看到如何使用端点和会话窗口。

5.2 基于协议分层结构的统计

当在与未知的捕获文件打交道时，有时需要知道文件中协议的分布情况，也就是捕获中 TCP、IP、DHCP 等所占的百分比是多少。除了计算并汇总数据包之外，使用 Wireshark 的 Protocol Hierarchy Statistics（协议分层统计）窗口也是一个对你的网络进行基准分析的好方法。

举例来说，保持 lotsofweb.pcapng 文件打开并且清除之前的过滤器，选择 Statistics->Protocol Hierarchy 打开协议分层统计窗口（见图 5-7）。

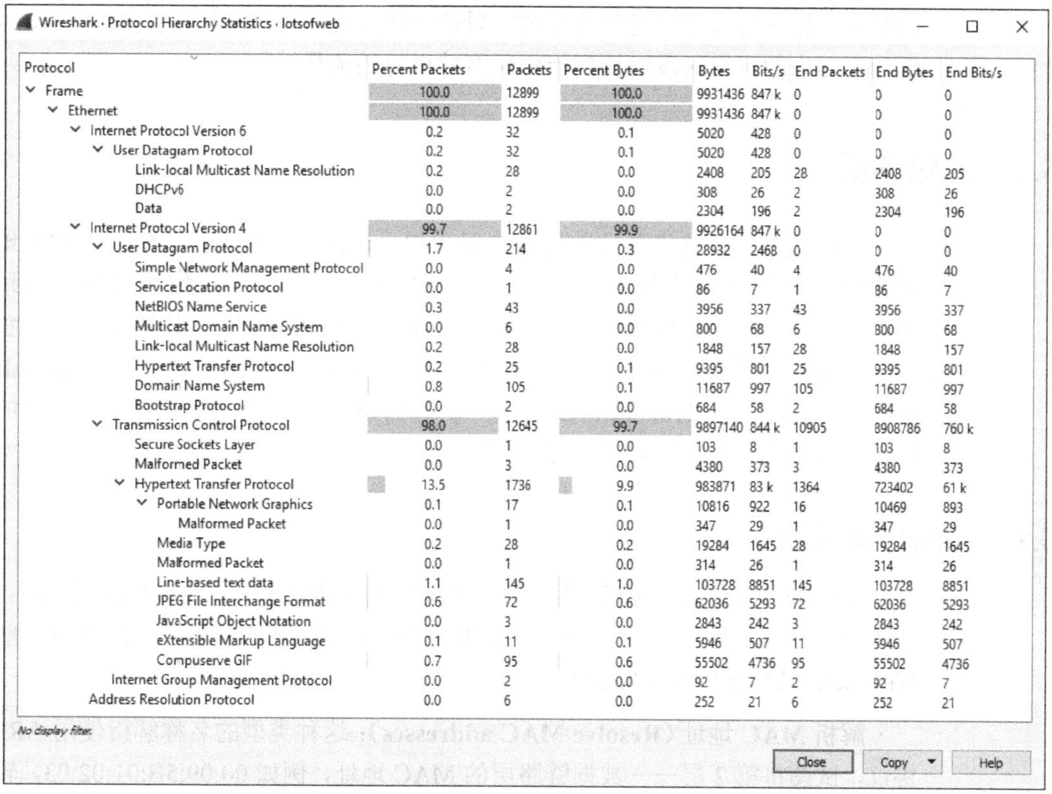

Protocol	Percent Packets	Packets	Percent Bytes	Bytes	Bits/s	End Packets	End Bytes	End Bits/s
Frame	100.0	12899	100.0	9931436	847 k	0	0	0
Ethernet	100.0	12899	100.0	9931436	847 k	0	0	0
Internet Protocol Version 6	0.2	32	0.1	5020	428	0	0	0
User Datagram Protocol	0.2	32	0.1	5020	428	0	0	0
Link-local Multicast Name Resolution	0.2	28	0.0	2408	205	28	2408	205
DHCPv6	0.0	2	0.0	308	26	2	308	26
Data	0.0	2	0.0	2304	196	2	2304	196
Internet Protocol Version 4	99.7	12861	99.9	9926164	847 k	0	0	0
User Datagram Protocol	1.7	214	0.3	28932	2468	0	0	0
Simple Network Management Protocol	0.0	4	0.0	476	40	4	476	40
Service Location Protocol	0.0	1	0.0	86	7	1	86	7
NetBIOS Name Service	0.3	43	0.0	3956	337	43	3956	337
Multicast Domain Name System	0.0	6	0.0	800	68	6	800	68
Link-local Multicast Name Resolution	0.2	28	0.0	1848	157	28	1848	157
Hypertext Transfer Protocol	0.2	25	0.1	9395	801	25	9395	801
Domain Name System	0.8	105	0.1	11687	997	105	11687	997
Bootstrap Protocol	0.0	2	0.0	684	58	2	684	58
Transmission Control Protocol	98.0	12645	99.7	9897140	844 k	10905	8908786	760 k
Secure Sockets Layer	0.0	1	0.0	103	8	1	103	8
Malformed Packet	0.0	3	0.0	4380	373	3	4380	373
Hypertext Transfer Protocol	13.5	1736	9.9	983871	83 k	1364	723402	61 k
Portable Network Graphics	0.1	17	0.1	10816	922	16	10469	893
Malformed Packet	0.0	1	0.0	347	29	1	347	29
Media Type	0.2	28	0.2	19284	1645	28	19284	1645
Malformed Packet	0.0	1	0.0	314	26	1	314	26
Line-based text data	1.1	145	1.0	103728	8851	145	103728	8851
JPEG File Interchange Format	0.6	72	0.6	62036	5293	72	62036	5293
JavaScript Object Notation	0.0	3	0.0	2843	242	3	2843	242
eXtensible Markup Language	0.1	11	0.1	5946	507	11	5946	507
Compuserve GIF	0.7	95	0.6	55502	4736	95	55502	4736
Internet Group Management Protocol	0.0	2	0.0	92	7	2	92	7
Address Resolution Protocol	0.0	6	0.0	252	21	6	252	21

图 5-7 协议分层统计窗口给出了各种协议的分布统计情况

协议分层统计窗口就像一张快照，会让你直观地看到网络活动中的各种类型。在图 5-7 中，以太网流量占 100%，IPv4 流量占 99.7%，TCP 流量占 98%，来自网页浏览的 HTTP 流量占 13.5%。这些信息给我们提供了一个很好的测试网络的方式，特别是当你在脑海中对网络流量通常是什么样子有了大致的印象后。举个例子，假设在正常情况下你的网络流量有 10%是 ARP 流量，但在最近的一次捕获中发现有 50%的 ARP 流量，你就可以推断也许哪里出问题了。在一些情况下，一种很少见的协议出现在流量中也比较有趣。如果你没去设置使用生成树协议（STP）的设备但又在协议分层统计中看到 STP 流量，这说明有设备设置错误。

假以时日，你就可以通过查看正在使用协议的分布情况，来得到网络中用户和设备的情况。比如说，当你看到高 HTTP 流量时，说明有很多网页浏览在进行。你会发现只需要简单地查看网段中的流量，就可以立即分辨这个网段属于哪个部门。IT 部门网段的流量中通常包含管理协议，例如 ICMP 或者 SNMP 的数据，订单管理部门通常会导致大量的 SMTP 流量，甚至我还可以在一些讨厌的实习生的网络区段内找到他们玩魔兽世界的流量！

5.3 名称解析

网络数据通过使用各种字母数字组成的寻址地址系统进行传输，但这些地址系统通常都因为太长或者太复杂，而不容易被记住，比如物理硬件地址 00:16:CE:6E:8B:24。名称解析（也称为名称查询）就是一个协议用来将一个独特的地址转换到另一个的过程，目的是让地址方便记忆。举例来说，记忆 google 的域名绝对比记忆 216.58.217.238 快得多。我们通过关联有意义的名称与神秘的地址，以便使我们更加容易记忆和识别。

5.3.1 开启名称解析

Wireshark 在显示数据包时，使用名称解析来简化分析。要启用这项功能，请选择 Edit -> Preferences -> Name Resolution，如图 5-8 所示。这里有一些 Wireshark 名称解析的主要选项。

解析 MAC 地址（Resolve MAC addresses）：这种类型的名称解析使用 ARP 协议，试图将第 2 层——数据链路层的 MAC 地址，例如 00:09:5B:01:02:03，转换为网络层地址，例如 10.100.12.1。如果这种转换尝试失败，那么 Wireshark 会使用程序目录中的 ethers 文件尝试进行转换。Wireshark 最后的尝试便是将 MAC

地址的前 3 个字节转换为设备 IEEE 指定的制造商名称，例如 Netgear_01:02:03。

解析传输名称（Resolve Transport name）：这种类型的名称解析尝试将一个端口号，转换成一个与其相关的名字。比如，将端口 80 显示为 http。当你碰到一个不常见的端口而又不知道这是什么协议的时候，这个功能显得尤为便利。

解析网络名称（Resolve Network/IP name）：这种类型的名称解析试图转换第 3 层——网络层的地址，例如将 IP 地址 192.168.1.50，转换为一个易读的域名。假如域名具有高描述性，则对我们理解该系统的目的或其所有者，将是非常有帮助的。

在图 5-8 中还包括其他几个有用的选项。

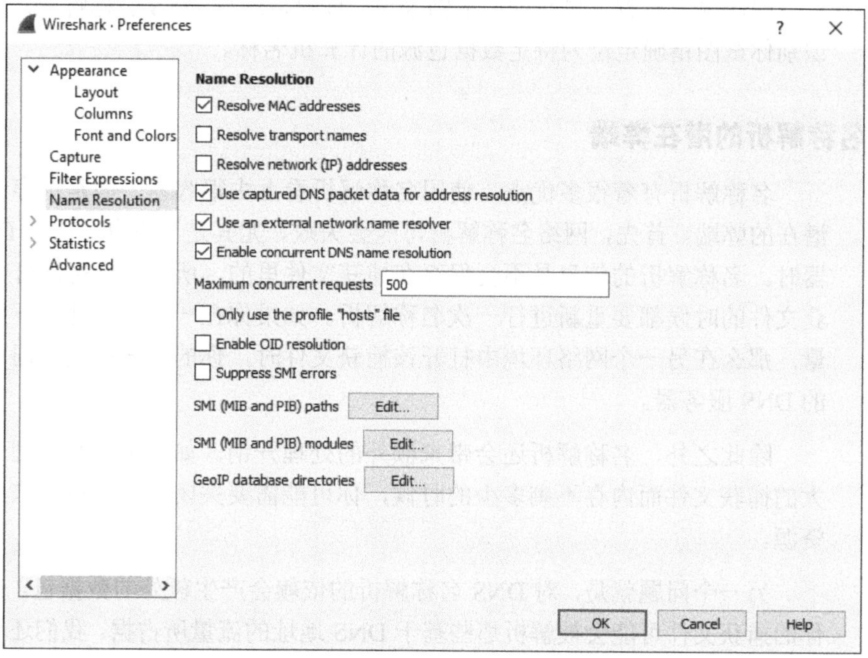

图 5-8　在 Capture Options 对话框中开启名称解析。前 3 项中只有 MAC 地址解析被选中了

Use captured DNS packet data for address resolution：从已捕获的 DNS 数据包中解析出了 IP 地址和 DNS 域名之间的映射。

Use an external network name resolver：允许 Wireshark 为你当前的分析机器使用的外网 DNS 服务器生成查询，从而获得 IP 地址和 DNS 域名之间的映射。当捕获的文件里没有 DNS 解析数据而你还需要 DNS 域名解析时，这个功能就比较实用了。

Maximum concurrent requests: 该参数会限制当前的一次最多 DNS 请求数量。当你的捕获文件将产生大量的 DNS 查询而且你并不想让 DNS 查询占用过多带宽的时候，请使用这项功能。

Only use the profile "hosts" file: 把 DNS 解析限制在与活动 Wireshark 文档关联的 host 文件中。我会在下面的小节讲到如何使用这个文件。

在 Preferences 中所修改的设置，会在 Wireshark 关闭并重启后生效。要想让名称解析设置立马生效，请在主下拉菜单的 View->Name Resolution 把名称解析设置打开。在这个子菜单下你可以启用或关闭物理、传输、网络地址的名称解析。

你可以利用各种名称解析工具使你的捕获文件变得更加具有可读性，从而在一些情况下节省大量时间。举例来说，你可以使用 DNS 名称解析，来轻松地识别你试图精确定位为特定数据包源的计算机名称。

5.3.2 名称解析的潜在弊端

名称解析有着很多优点，使用名称解析看上去很容易，但是也存在着一些潜在的弊端。首先，网络名称解析可能会失败，尤其是当没有可用的 DNS 服务器时。名称解析的信息是不会保存在捕获文件里的，所以在你每次打开一个捕获文件的时候都要重新进行一次名称解析。如果你在一个网络环境下捕获了流量，那么在另一个网络环境中打开该捕获文件时，你的系统可能访问不到之前的 DNS 服务器。

除此之外，名称解析还会带来额外的处理开销。如果你正在处理一个非常大的捕获文件而内存不剩多少的时候，你可能需要关闭名称解析，来节约系统资源。

另一个问题就是，对 DNS 名称解析的依赖会产生额外的数据包，也就是说你的捕获文件可能会被解析那些基于 DNS 地址的流量所占据。我们还可以再把问题想得复杂一些，如果在你分析的捕获文件中含有恶意 IP 地址，那么试图去解析它们会生成对攻击者控制的基础架构的查询，这样攻击者就有可能知道你的动作，甚至把你自己变成靶子。要避免跟攻击者打交道，请在名称解析选项对话框中关掉 Use an external network name resolver。

5.3.3 使用自定义 hosts 文件

在一个大型捕获文件中，不断从多个主机之间跟踪流量是一件很乏味的事情，特别是当外部主机解析服务访问不到的时候。好在我们可以根据它们的 IP 地址并且通过一个叫 Wireshark hosts 的文件来手动地标识系统。Wireshark 的 hosts 文件实质是由 IP 地址列表和与之对应的名字组成的文本文件。为了快速查询，你可以在 Wireshark 里使用 hosts 文件来标记地址。这些名字会显示在数据包列表窗格里。

要使用 hosts 文件，请按照以下步骤操作。

（1）单击 Edit->Preferences->Name Resolution 并且选择 Only use the profile "hosts" file。

（2）使用 Windows 记事本或者类似的文本编辑器创建一个新文件。该文件应该包含至少一条 IP 和对应名称的记录，如图 5-9 所示。Wireshark 会根据这个映射来把相应的IP地址替换为hosts文件里对应的名称并最终显示在包列表窗格里。

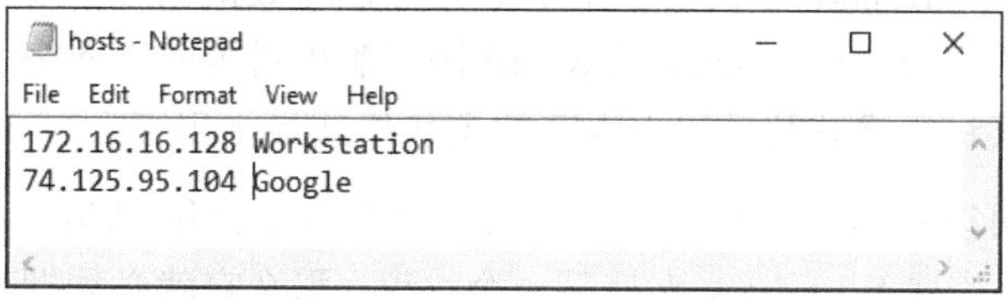

图 5-9　创建一个 Wireshark hosts 文件

（3）把文件以文本格式存为 hosts 并将其保存到正确的目录下，如下所示。请确保文件名没有后缀！

- Windows: <USERPROFILE>\Application Data\Wireshark\hosts
- OS X: /Users/<username>/.wireshark/hosts
- Linux: /home/<usename>/.wireshark/hosts

现在打开一个捕获文件，如图 5-10 所示，所有在 hosts 文件里的 IP 地址都被解析成了明确的名称。现在有着更有意义的名称显示在源和目的列中而不是之前的 IP 地址。

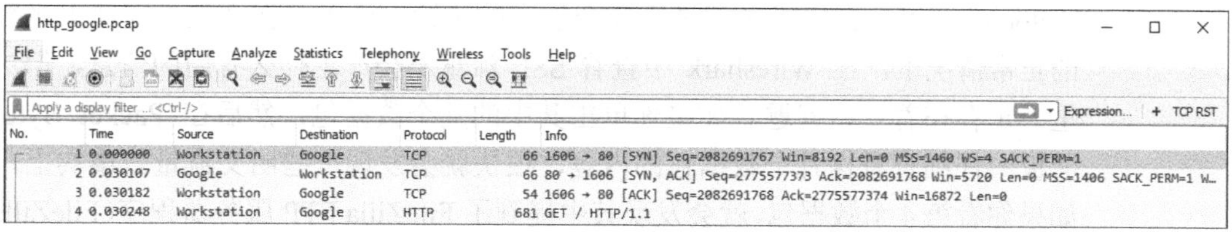

图 5-10　根据 Wireshark hosts 文件进行名称解析

用这种 hosts 文件的方式可以在分析中大幅增强识别特定主机的能力。当团队协作分析时，请考虑将 hosts 文件共享给其他网络上的同事。这会帮助你的团队迅速识别一些使用静态地址的基础系统，比如服务器和路由器。

注意　如果你的 hosts 文件不起作用了，请确保你没有意外地在文件名后面加后缀名。这个文件的名字就叫 hosts。

5.4　协议解析

Wireshark 最大的优势就是对上千种协议解析的支持。Wireshark 有这种能力的原因是它是开源软件，能够给开发者一个创造*协议解析器*（protocol dissectors）的框架。Wireshark 中的协议解析器允许你将数据包拆分成多个协议区段以便分析。举例来说，Wireshark 的 ICMP 协议解析器可能将网络上的原始数据提取出来，对其进行格式化并以 ICMP 数据包格式显示出来。

你可以将解析器看作是一个网络原始数据流和 Wireshark 程序之间的翻译器。如果需要 Wireshark 支持某一个协议，那么它就必须拥有一个内置的解析器（或者你可以自己写一个）。

5.4.1　更换解析器

Wireshark 使用解析器来识别每个协议并且决定该如何显示网络信息。不幸的是，Wireshark 在给一个数据包选择解析器时也并不是每次都能选对，尤其是当网络上的一个协议使用了不同于标准的配置时，比如非缺省端口（网络管理员通常会出于安全考虑，或者是员工想要避开访问控制而进行设置）。

当错误地应用解析器时，我们可以人为地干预 Wireshark 的选择。举例来说，打开 wrongdissector.pcapng 这个捕获文件，可以注意到这个文件中包含了大量两台计算机之间的 SSL 通信。SSL 是安全接口层协议（Secure Socket Layer protocol），用来在主机之间进行安全加密的传输。由于其保密性，因此大多数的正常情况下，在 Wireshark 中查看 SSL 流量不会产生什么有用的信息，但这里一定存在着一些问题。如果你单击其中的几个数据包，然后在 Packet Bytes 面板中仔细查看这几个数据包的内容，很快就会发现一些明文流量。事实上，如果你看第 4 个数据包，就会发现其中提到了 FileZilla FTP 服务器程序（FileZilla FTP server application），并且之后的几个数据包清晰地显示了对于用户名和密码的请求与响应。

如果这真是 SSL 流量，那么你应该不会读到数据包中的任何数据，并且你也不会看到以明文传输的所有用户名和密码（见图 5-11）。根据这些信息，我们可以推测出这应该是一个 FTP 流量而不是 SSL 流量，而导致错误选择解析器的原因应该是这个 FTP 流量使用了原本用作 HTTPS（基于 SSL 的 HTTP）标准端口的 443 端口。

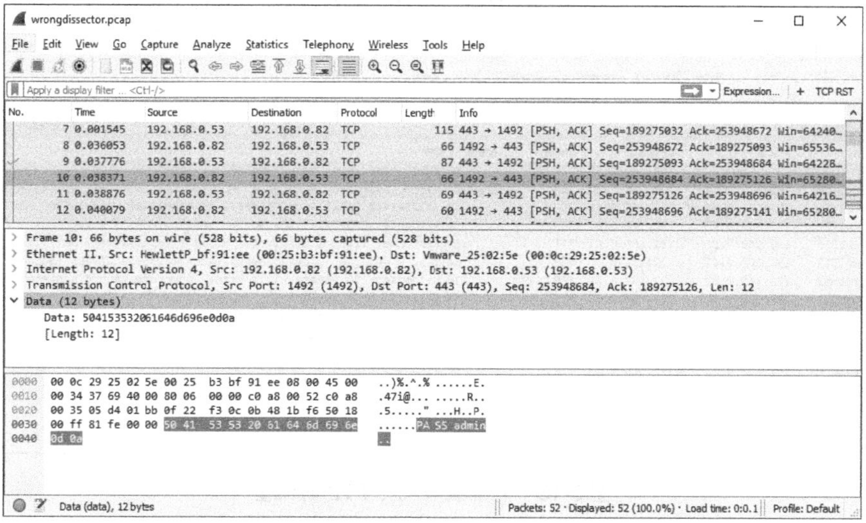

图 5-11 明文用户名和密码？这更像是 FTP 而不是 SSL！

为了解决这个问题，你可以强制 Wireshark 对这个数据包使用 FTP 协议解析器。这个过程被称为强制解码，需要按如下操作。

（1）在协议列右键单击其中一个 SSL 数据包（比如第 30 号包），选择 Decode As。这时会弹出一个对话框，你可以从中选择想要使用的解析器，如图 5-12 所示。

（2）在下拉菜单中选择 destination（443），并在 Transport 选项卡中选择 FTP，以便让 Wireshark 使用 FTP 解析器对所有端口号为 443 的 TCP 流量进行解码（见图 5-12）。

（3）在你选好之后单击 OK，就可以立刻将修改应用到捕获文件中去。

数据已经被解码为 FTP 流量，这时你就可以从 Packet List 面板中对它进行分析，而不是对每一个字节下功夫（见图 5-13）。

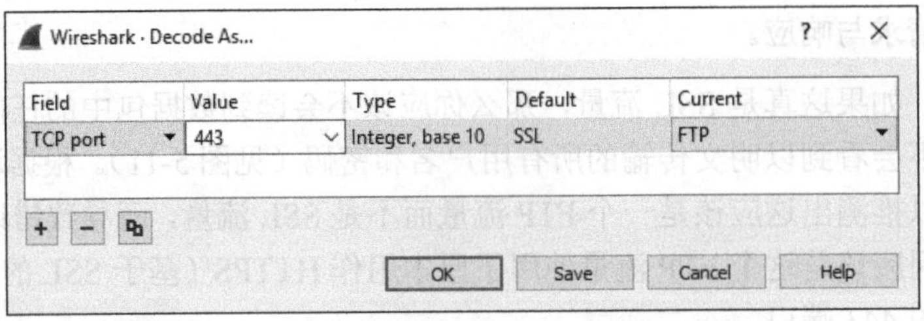

图 5-12　Decode As 对话框可以让你进行强制解码

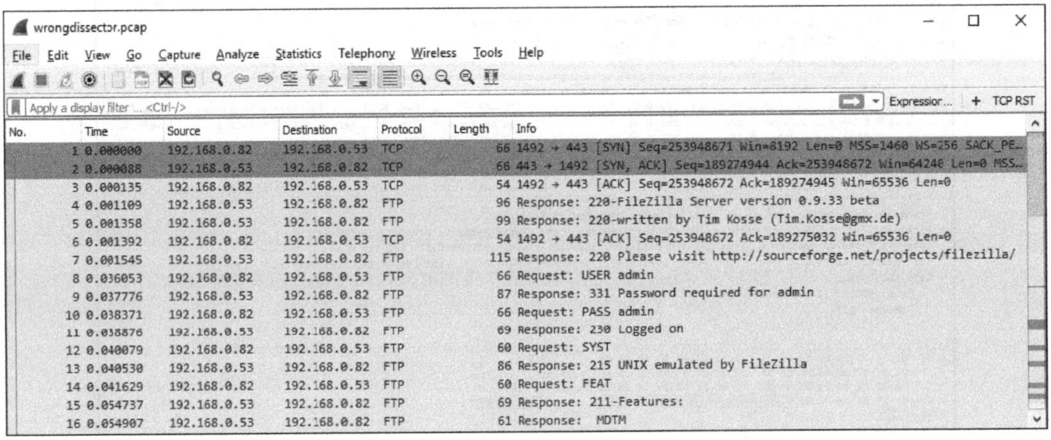

图 5-13　查看被解码为 FTP 的流量

你可以在同一个捕获文件中多次使用强制解码功能。Wireshark 将在 Decode As...对话框中跟踪你的强制解码操作，在这里你可以查看并编辑之前创建的强制解码。

在默认情况下，当你关掉捕获文件时强制解码的设置不会保存。补救方法就是在 Decode As...对话框中单击 Save 按钮。这会将协议解码规则保存到你的 Wireshark 用户配置文件中，因此当你使用该配置文件打开任意捕获文件时，它们将会生效。要移除之前保存的解码规则，你可以在对话框中单击减号按钮。

把保存了的解码规则忘到脑后是很容易的。这会造成很多混乱，因此要多留意强制解码规则。要避免自己掉入这个大坑，我在自己的主要 Wireshark 设置档案里一般避免保存强制解码设置。

5.4.2 查看解析器源代码

开源软件的美妙之处就在于，当对正在进行的事情感到困惑时，你可以直接查看源代码来找到具体原因。当你想查明一个特定的协议没有被正确解析的原因时，这一点就变得非常顺手了。

在 Wireshark 网站上的 Develop 链接中，单击 Browse the Code，就可以直接查看协议解析器的源代码。这个链接直接指向 Wireshark 的代码仓库，里面有 Wireshark 的最新以及之前的发行版。单击 releases 文件夹，便能看见所有官方的 Wireshark（甚至包括 Ethereal）发行版，其中最新版将在最下面显示出来。在你选择了想要查看的发行版之后，在 *epan/dissectors* 文件夹下可以找到协议解析器。每一个解析器都以 *packets-<protocolname>.c*（数据包-协议名称.c）的形式命名。

这些文件可能会很复杂，但你应该可以发现它们都遵循着同一个标准模板并有着详细的注释。你并不需要成为一个 C 语言专家，就可以理解每一个解析器的基本功能。如果你想深入理解在 Wireshark 中所看到的，我强烈建议你至少看一些简单协议的解析器。

5.5 流跟踪

Wireshark 分析功能中令人满意的一点就是它能够将来自不同包的数据重组成统一易读的格式，一般称作 packet transcript。流跟踪功能可以把从客户端发往服务端的数据都排好序使其变得更易查看，这样你就不需要从一堆小块数据里一个包一个包地跟踪了。

现有 4 种类型的流可以被跟踪。

TCP 流：重组使用 TCP 协议的数据，比如 HTTP 和 FTP。

UDP 流：重组使用 UDP 协议的数据，比如 DNS。

SSL 流：重组加密的协议，比如 HTTPS。你必须提供密钥来解密流量。

HTTP 流：从 HTTP 协议中重组和解压数据。当使用 TCP 流跟踪但又没有完全解码出 HTTP 数据时，这个功能就派上用场了。

我们以一个简单的 HTTP 交互举例来说，打开 http_google.pcapng，并在文件中单击任意一个 TCP 或者 HTTP 数据包，右键单击这个文件并选择 Follow TCP Stream。这时 TCP 流就会在一个单独的窗口中显示出来（见图 5-14）。

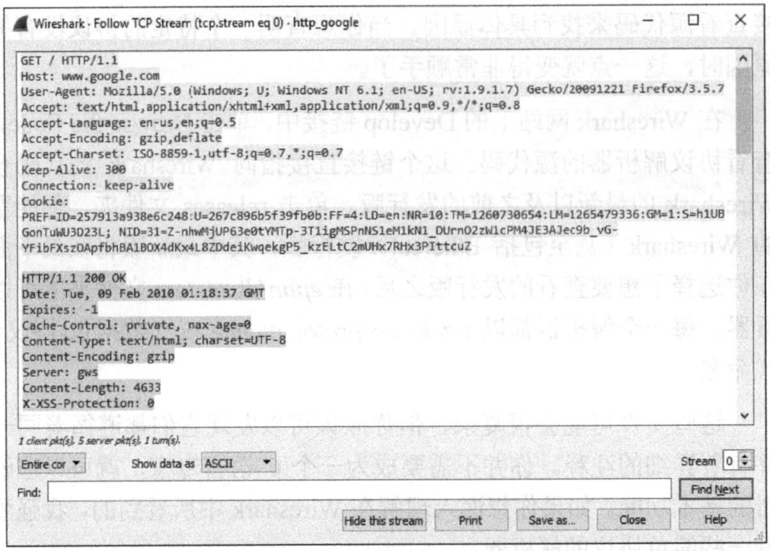

图 5-14 跟踪 TCP 流窗口将通信内容以更简单可读的方式进行了重新组织

我们注意到这个窗口中的文字以两个颜色显示，其中红色用来标明从源地址前往目标地址的流量，而蓝色用来区分出相反方向，也就是从目标地址到源地址的流量。这里的颜色标记以哪方先开始通信为准，在我们的例子中，客户端最先建立了到服务器的连接，所以显示为红色。

在这个 TCP 流中，你可以清晰地看到这两台主机之间进行的绝大多数通信。在这些通信开始的时候，最初是对 Web 根目录的 GET 请求，然后是来自服务器的一个用 HTTP/1.1 200 OK 表示请求成功的响应。当客户端请求另一个文件并由服务器给予响应的时候，这个简单模式就会重复出现。你可以看到一个用户正在浏览 Google 首页，但你不需要遍历每个数据包，就可以轻松地滚动文本，事实上你和这个用户看到的别无二致，只不过是以更深入的形式去看。

在这个窗口中除了能够看到这些原始数据，你还可以在文本间进行搜索，将其保存成一个文件，打印出来，也可以用 ASCII 码、EBCDIC、十六进制或者 C 数组的格式去看。这些选项都可以在跟踪 TCP 流窗口的下面找到。

跟踪 TCP 流在你和一些协议打交道的时候，绝对是一个好方法。

跟踪 SSL 流

跟踪 TCP 和 UDP 流是一个简单的双击操作，但以可读的形式查看 SSL 流还需要额外的步骤，因为流量都是加密的，所以你必须提供与服务器加密所对应的私钥。获取私钥的方法取决于服务端所使用的技术，这不在本书的探讨范围内。但是一旦有了私钥，你就可以按照以下步骤把它加载到 Wireshark 里。

（1）单击 Edit->Preferences 进入 Wireshark 选项设置。

（2）展开协议（Protocols）部分并且选择 SSL 协议标题，如图 5-15 所示。

（3）单击加号（+）按钮。

（4）提供所需要的信息，包括加密服务器的 IP 地址、端口、协议、密钥文件地址和密钥文件所使用的密码（如果需要的话）。

（5）重启 Wireshark。

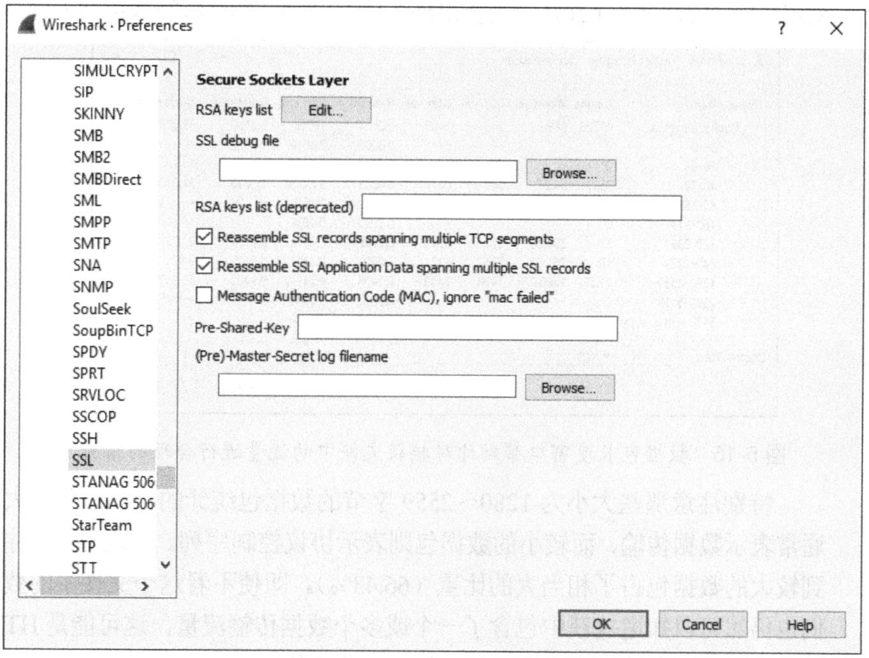

图 5-15　添加 SSL 解密信息

如果一切顺利的话，你就可以捕获客户端和服务器之间的加密流量了。右键单击一个 HTTPS 的包，然后单击 Follow SSL Stream，然后你就可以清晰地看到这一串 SSL 流的明文内容了。

查看数据包脚本是 Wireshark 中的一个常用的分析功能，你将依赖它来快速确定正在使用的特定协议。我们将在后面的章节中介绍几个其他的依赖于查看数据包脚本的方案。

5.6 数据包长度

一个或一组数据包的大小可以让你了解很多情况。在正常情况下，一个以太网上的帧最大长度为 1518 字节，除去以太网、IP 以及 TCP 头，还剩下 1460 字节以供应用层协议的头或者数据使用。如果你知道报文传输的最小需求，那么我们就可以通过一个捕获文件中数据包长度的分布情况，做一些对流量的合理猜测。这个技巧对我们尝试理解捕获文件的组成结构十分重要。Wireshark 提供了数据包长度窗口，帮助你查看数据包基于其长度的分布情况。

文件 download-slow.pcapng 就是一个很好的例子。打开文件后，选择 Statistics->Packet Lengths，就会出现一个如图 5-16 所示的数据包长度对话框。

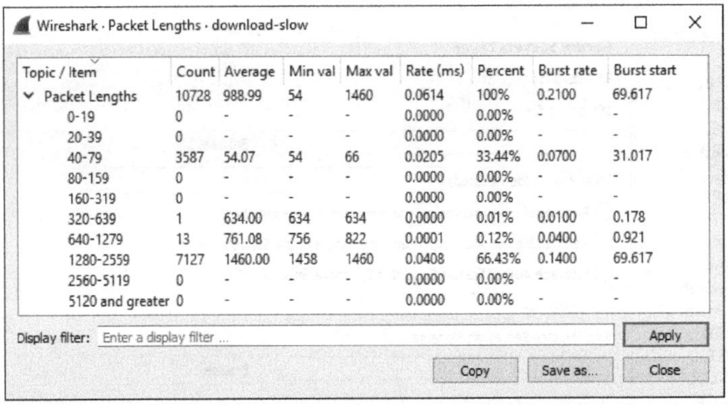

Wireshark · Packet Lengths · download-slow

Topic / Item	Count	Average	Min val	Max val	Rate (ms)	Percent	Burst rate	Burst start
Packet Lengths	10728	988.99	54	1460	0.0614	100%	0.2100	69.617
0-19	0	-	-	-	0.0000	0.00%	-	-
20-39	0	-	-	-	0.0000	0.00%	-	-
40-79	3587	54.07	54	66	0.0205	33.44%	0.0700	31.017
80-159	0	-	-	-	0.0000	0.00%	-	-
160-319	0	-	-	-	0.0000	0.00%	-	-
320-639	1	634.00	634	634	0.0000	0.01%	0.0100	0.178
640-1279	13	761.08	756	822	0.0001	0.12%	0.0400	0.921
1280-2559	7127	1460.00	1458	1460	0.0408	66.43%	0.1400	69.617
2560-5119	0	-	-	-	0.0000	0.00%	-	-
5120 and greater	0	-	-	-	0.0000	0.00%	-	-

Display filter: Enter a display filter ... Apply

Copy Save as... Close

图 5-16 数据包长度窗口帮助你对捕获文件中的流量进行合理的猜测

特别注意那些大小为 1280～2559 字节的数据包统计的行。这些较大的数据包通常表示数据传输，而较小的数据包则表示协议控制序列。在这个例子中，我们看到较大的数据包占了相当大的比重（66.43%）。即使不看这个文件中的数据包，我们也仍然可以知道捕获中包含了一个或多个数据传输流量。这可能是 HTTP 下载、FTP 上传，或者其他类型在主机之间进行数据传输的网络通信。

剩下的大多数数据包（33.44%）都是在 40～79 字节范围内，而处于这个范围的数据包通常是不包含数据的 TCP 控制数据包。我们可以想一下协议头一般的大小。以太网报头是 14 字节（包含 4 字节 CRC），IP 报头至少 20 字节，没有数据以及选项的 TCP 数据包也是 20 字节，也就意味着典型的 TCP 控制数据包——例如 TCP、ACK、RST 和 FIN 数据包——大约是 54 字节并落入了这个区域。当然 IP 或 TCP 的额外选项会增加它的大小。

查看数据包长度是一个鸟瞰捕获文件的好方法。如果存在着很多较大的数据包，那么很可能是进行了数据传输。如果绝大多数的数据包都很小，我们便可以假设这个捕获中存在协议控制命令，而没有传输大规模的数据。虽然这不是一个必需的操作，但在深入分析前做一些类似的假设，有时还是很保险的。

5.7 图形展示

图形是分析工作中必不可少的一部分，并且也是得到一个数据集概览的好方法。Wireshark 中有一些不同的图形展示功能，可以帮助你更好地了解捕获数据，其中第一个便是 IO 图形化功能。

5.7.1 查看 IO 图

Wireshark 的 IO 图窗口允许你对网络上的吞吐量进行绘图。你可以利用这些图，找到数据吞吐的峰值，找出不同协议中的性能时滞，以及比较实时数据流。

打开 download-fast.pcapng，单击任意一个 TCP 数据包并将其高亮，然后选择 Statistics->IO Graphs，就可以看到一台计算机在从互联网上下载文件时的 IO 图的例子。

这个 IO 图窗口显示了数据流随时间变化的一个图形化视图。在图 5-17 这个例子中所显示的下载量可知，每个周期大约有 500 个数据包，其过程中在一定程度上保持不变并在最后逐渐减少。

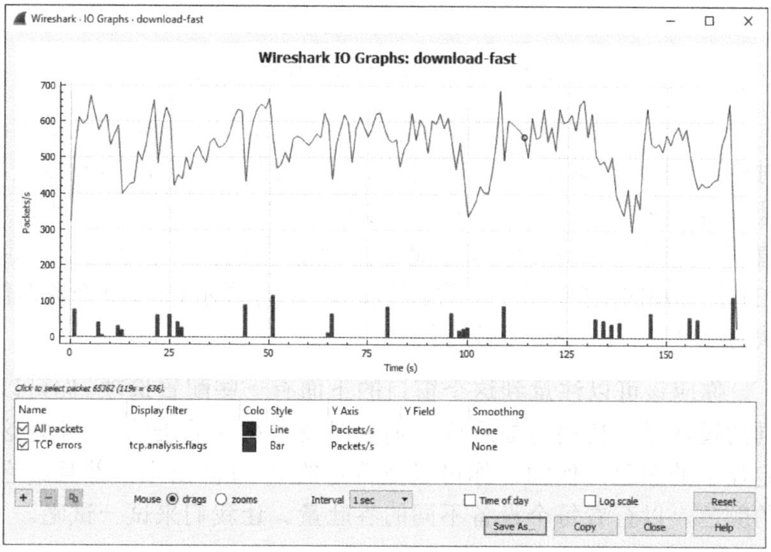

图 5-17　快速下载的 IO 图基本上是稳定的

我们可以将它与一个较慢的下载过程做比较。不要关闭当前这个文件，然后另外再启动一个 Wireshark 并打开 download-slow.pcapng。打开这个下载过程的 IO 图，如图 5-18 所示，便可以看到与之前大为不同。

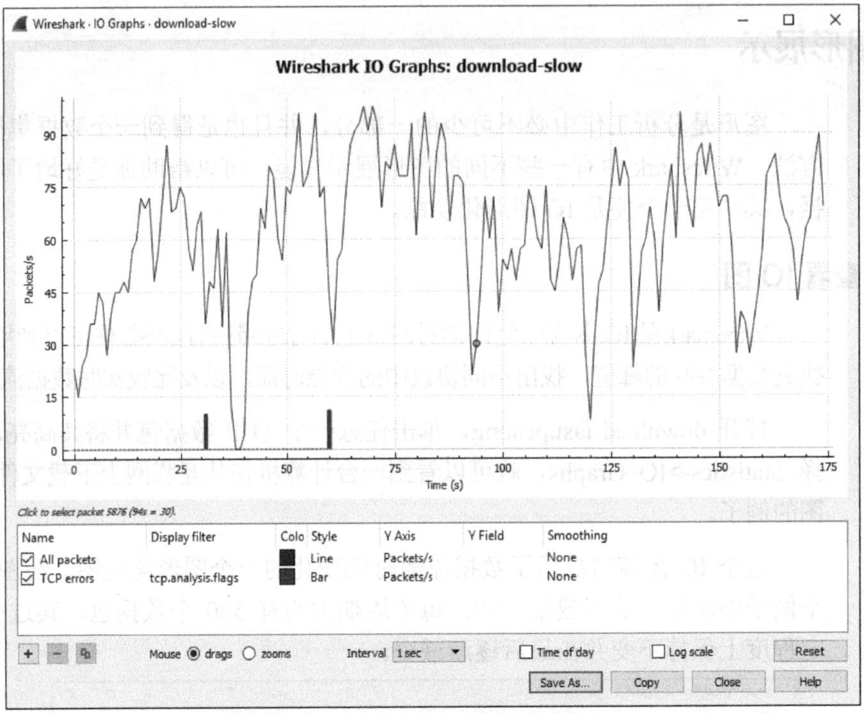

图 5-18　慢速下载的 IO 图特别不稳定

这个下载过程每秒传输的数据包为 0～100 个，并且浮动很大，其中也曾暂时接近每秒 0 个数据包。如果你将这两个捕获文件的 IO 并排放置，就能更清楚地看到这些浮动（见图 5-19）。当比较两幅图时，注意正确地比较 x 轴和 y 轴的值。图中的缩放比例会自动按照包和/或数据的传输量来调整，这也是图 5-19 中左右两幅图的主要区别。下载速度较慢的程序显示 0～100 个数据包/秒，下载较快的程序显示 0～700 个数据包/秒。

你应该可以注意到这个窗口的下面有一些配置选项。你可以创建多个不同的过滤器（使用与显示或者捕获过滤器相同的语法），并为这些过滤器指定显示的颜色。例如，你可以把特定的 IP 过滤出来，并且给它们分配独特的颜色，以查看每个设备不同的吞吐量。让我们来试一试吧。

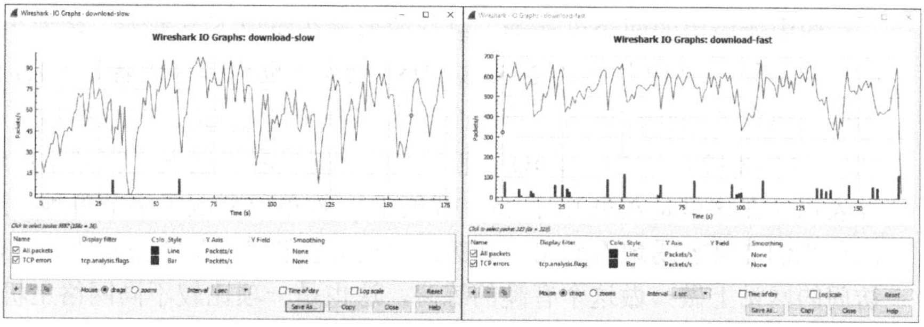

图 5-19 并排查看多个 IO 图有助于发现它们之间的差异

打开 http_espn.pcapng，这是在一个设备访问 ESPN[1]主页时捕获的。如果观察会话窗口，你会看到有着最大用量的外网 IP 是 205.234.218.129。我们可以由此推断，这台主机就是当访问 ESPN 时数据的主要提供源。然而，也有一些其他 IP 参与到通信中，这有可能是因为一部分内容从其他外网内容提供者或广告商处下载而来。我们使用图 5-20 所示的 IO 图可以识别出第一和第三方内容提供者的不同。

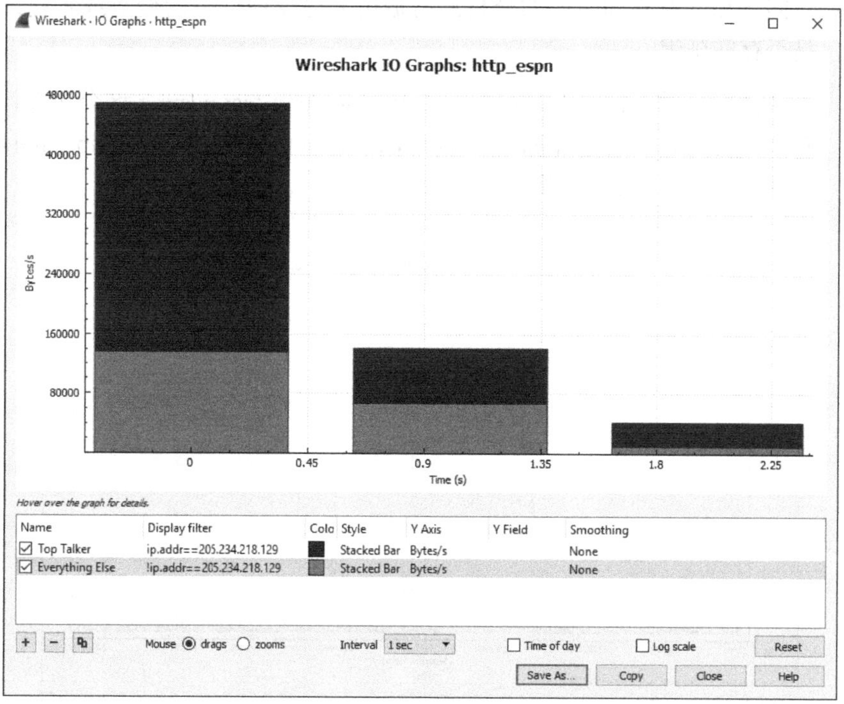

图 5-20 显示两个不同设备的 IO 图

---

[1] ESPN—娱乐与体育节目电视网，是一个 24 小时专门播放体育节目的美国有线电视联播网。——译者注

图中所应用的两个过滤器，以行的形式在窗口下方表示。名为 Top Talker 的过滤器只显示 IP 地址为 205.234.218.129（主要内容提供者）的 IO 情况，在图中用黑色的条形柱表示。第二个名为 Everything Else 的过滤器只显示除去 205.234.218.129 外的所有 IO（第三方内容提供者）情况，在图中用红色条形柱表示（在这里是灰色）。注意，我们把 y 轴单位变成了字节每秒。这个单位能让我们非常容易地看到第一和第三方内容提供者 IO 的差异。你可以在经常访问的网站上做一做这个有趣的练习，这也是一项比较不同网络主机间 IO 的有用策略。

5.7.2 双向时间图

Wireshark 中的另一个绘图功能就是对给定捕获文件的双向时间绘图。双向时间（Round-Trip Time, RTT）就是接收数据包确认所需的时间。解释得更清楚一点就是，双向时间就是你的数据包抵达目的地以及接收到数据包确认所需的时间之和。对双向时间的分析通常被用来寻找通信中的慢点或者瓶颈，以确定是否存在延迟。

我们来试一试这个功能吧。打开 download-fast.pcapng 这个文件，选择一个 TCP 数据包，然后选择 Statistics->TCP Stram Graph->Round Trip Time Graph，这个双向时间如图 5-21 所示。

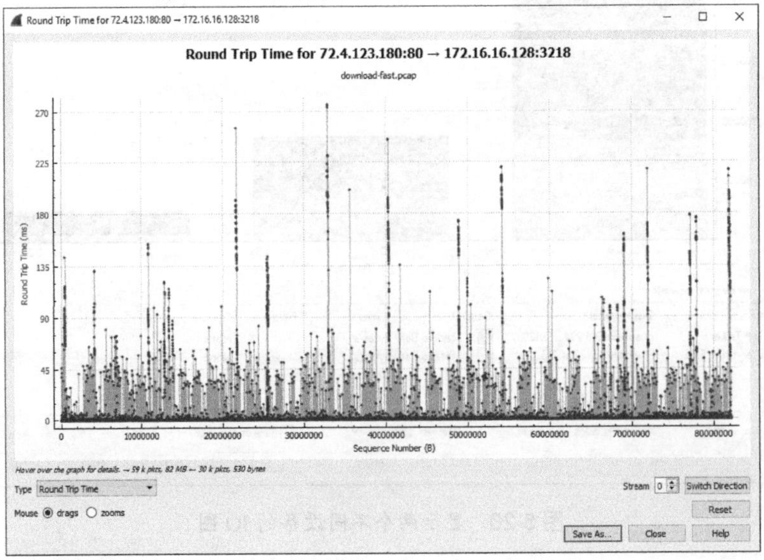

图 5-21　这个下载的 RTT 图除了一些偏离值之外大体上还是保持稳定的

这个图中的每一个点都代表了一个数据包的双向时间。在默认情况下，这些值以其序列号排序。你可以单击这个图中的任何一个点，并在 Packet List 面板中看到相应的数据包。

注意　RTT 图是单向性的，所以在分析的流量上选择一个合适的方向是很重要的。如果你的图表看起来不像图 5-21，那么你也许需要双击一下 Switch Direction 按钮。

看上去这个快速下载过程双向时间图中的双向时间大多都在 0.05s 以下，并有一些较慢的点位于 0.10s～0.25s。虽然存在少量的值超出了可以接受的范围，但大多数的双向时间还都是可以的，所以对于文件下载来说，这个双向时间是可以接受的。当使用 RTT 图检查吞吐量方面的问题时，你要去找高延迟的时段，这在图中用多个高 Y 值的点表示。

5.7.3 数据流图

数据流绘图功能对于可视化连接以及显示一定时间的数据流非常有用，这些信息使你可以更轻松地了解设备的通信方式。数据流图基本上以列的方式，将主机之间的连接显示出来，并将流量组织到一起，以便于你更直观地解读。

要生成数据流图，请打开 dns_recursivequery_server.pcapng，并选择 Statistics->Flow Graph，结果如图 5-22 所示。

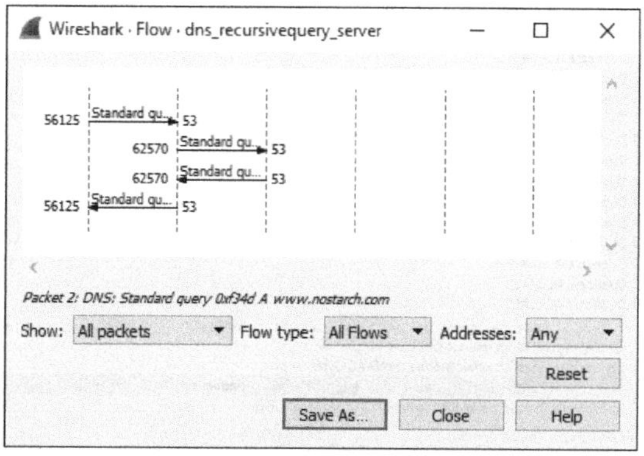

图 5-22　TCP 流图可以让我们更好地看到整个连接

这个数据流图是一个递归 DNS 查询，表示一台主机收到 DNS 查询结果再把它转发出去（我们将在第 9 章讲到 DNS）。图中的每一个竖线表示单独的主机。

数据流图是一个将两个设备之间相互通信可视化的好方法，这也有助于你理解不熟悉的协议是如何正常交互的。

5.8 专家信息

Wireshark 中每个协议的解析器都有一些专家信息，可以提醒你该协议的数据包中的特定状态。这些状态可以分为 4 类。

对话：关于通信的基本信息。

注意：正常通信中的异常数据包。

警告：非正常通信中的异常数据包。

错误：数据包中的错误，或者解析器解析时的错误。

举例来说，打开 download-slow.pcapng 这个文件，然后单击 Analyze，并选择 Expert Info Composite，便可以打开这个捕获文件的专家信息窗口。然后反选 Group by summary 来依据严重性排序输出（见图 5-23）。

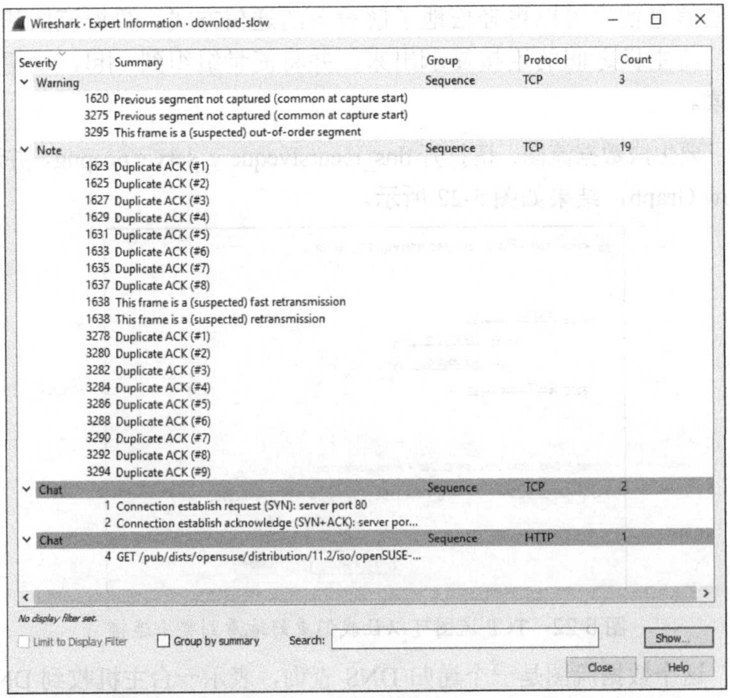

图 5-23 专家信息窗口给出了协议解析器中内置专家系统的信息

我们应该注意到，这个窗口中对于每种类型的信息都有一个选项卡，在这个例子中没有错误消息，但有 3 个警告、18 个注意以及 3 个对话。

这个捕获文件中的大多数信息都与 TCP 有关，这仅仅是因为专家信息系统传统上常用于该协议。目前，总共为 TCP 配置了 29 种专家信息，并且这些信息在解决捕获文件的问题时非常有用。这些信息可以在满足如下条件的时候对数据包进行标记（这些消息的意义在我们学习了第 8 章和第 11 章后会更加明了）。

1. 对话消息

窗口更新 由接收者发送，用来通知发送者 TCP 接收窗口的大小已被改变。

2. 注意消息

TCP 重传输 数据包丢失的结果。当收到重复的 ACK，或者数据包的重传输计时器超时的时候产生。

重复 ACK 当一台主机没有收到下一个期望序列号的数据包时，它会生成其最后收到的一个数据的重复 ACK。

零窗口探查 在一个零窗口包被发送之后，用来监视 TCP 接收窗口的状态（将在第 9 章中介绍）。

保持活动状态 ACK 用来响应保持活动状态数据包。

零窗口探查 ACK 用来响应零窗口探查数据包。

窗口已满 用来通知传输主机接收者的 TCP 接收窗口已满。

3. 警告信息

上一段丢失 指明数据包丢失。当数据流中一个期望的序列号被跳过时产生。

收到丢失数据包的 ACK 当一个数据包已经确认丢失但仍收到了其 ACK 数据包时产生。

保持连接状态 当一个连接的保持连接数据包出现时触发。

零窗口 当接收方已经达到 TCP 接收窗口大小时，会发出一个零窗口通知，要求发送方停止传输数据。

乱序 当数据包乱序被接收时，会利用序列号进行检测。

快速重传输 一次重传会在收到一个重复 ACK 的 20ms 内进行。

4. 错误消息

没有错误消息

虽然本章中介绍的一些功能看上去只有在偶尔的情况下才会用到，但你可能会发现它们比你想象中要有用得多。你需要熟悉这些窗口和选项，这很重要，因为我会在之后的几个章节中频繁地提到它们。

第6章

用命令行分析数据包

虽然使用 GUI 就能解决大部分问题，但是在有些时候需要使用命令行工具——TShark 或 Tcpdump。以下列举了可能需要使用命令行工具而不是 Wireshark 的一些情况。

- Wireshark 一次性提供了太多的信息。使用命令行工具可以限制打印出的信息，最后只显示相关数据，比如用单独一行来显示 IP 地址。
- 命令行工具适用于过滤数据包捕获文件，并提供结果给另一个支持 UNIX 管道的工具。
- 当处理大量的捕获文件时，Wireshark 可能会挂掉，因为整个文件都要载入内存当中。先使用流来处理大型捕获文件，可以让你快速地过滤出相关数据包，来给文件瘦身。
- 如果你在没有图形化界面的服务器上操作，则这时候你可能不得不依靠命令行工具了。

本章我会展示数据包分析领域常用的两个命令行工具——TShark和Tcpdump。在我看来最好两个工具你都能掌握，但我发现自己在 Windows 系统上通常使用 TShark，而在 UNIX 系统中则使用 Tcpdump。如果你只用 Windows 系统，那么你也许可以跳过 Tcpdump 的部分。

6.1 安装 TShark

TShark 是基于终端的 Wireshark，它是能够提供大量和 Wireshark 功能相同的数据包分析应用，但仅限于没有 GUI 的命令行界面。如果你安装了 Wireshark，那么你应该也安装了 TShark，除非你在 Wireshark 安装过程中明确反选了安装 TShark。你可以按照以下步骤确认 TShark 是否安装。

（1）在 Windows 系统中打开一个**命令提示窗口**。单击开始菜单，输入 cmd，然后单击命令行提示符。

（2）打开 Wireshark 的安装目录。如果选择默认安装，那么你可以在命令提示符里输入 cd C:\Program Files\Wireshark。

（3）输入 tshark -v 来运行 TShark 并且打印出版本信息。如果没安装 TShark，那么你会收到一个错误消息，提示你这个工具没有安装；如果 TShark 装好了，你会收到类似下面的版本信息：

```
C:\Program Files\Wireshark>tshark –v
TShark (Wireshark) 2.0.0 (v2.0.0-0-g9a73b82 from master-2.0
--snip--
```

如果没安装 TShark 但你现在又想使用它，那么你可以直接回到 Wireshark 的安装向导重新安装，并确保默认的 TShark 安装选项被勾选。

如果想立马开始学习 TShark 的功能，那么你可以在命令后面加上-h 参数。我们在本章之后的小节还会介绍这样的命令。

```
C:\Program Files\Wireshark>tshark -h
```

TShark 就像 Wireshark 那样可以在多种操作系统上运行。但是因为它不依赖于操作系统的图形库，所以不同操作系统的用户体验会更趋于一致。正因为如此，TShark 在 Windows、Linux 和 OS X 上的操作基本相同。然而 Tshark 在不同平台上的操作有时候也有不同。在本书中，我们把重点放在 Windows 平台上的 TShark，因为 TShark 主要被设计在 Windows 上工作。

6.2 安装 Tcpdump

如果说 Wireshark 是世界上最流行的图形化数据包分析应用，那么 Tcpdump 就是世界上最流行的命令行数据包分析应用。因为 Tcpdump 被设计在基于 UNIX 的系统上运行，所以它非常易于通过包管理器来安装，甚至可以预装在很多 Linux 发行版本中。

虽然这本书所讲的大部分内容都针对于 Windows，但是关于 Tcpdump 的章节还是针对 UNIX 用户的。具体地说，我们会用 Ubuntu 14.04 LTS 来演示。如果你想在 Windows 上使用 Tcpdump，那么你可以下载安装 WinDump。虽然 Tcpdump 和 WinDump 的使用体验不完全一样，但是它们的功能基本一样。在 WinDump 中一些 Tcpdump 的功能可能会缺失甚至可能会有安全漏洞（我们不会在本书讲 WinDump）。

Ubuntu 没有预装 Tcpdump，但我们可以通过 APT 包管理系统来简单安装。要安装 Tcpdump，请按照以下步骤操作。

（1）打开一个终端窗口并且运行 sudo apt-get update，来确保你的软件仓库与最新的软件版本保持同步。

（2）执行命令 sudo apt-get install tcpdump。

（3）你会被提示需要安装一些依赖才能够运行 Tcpdump。按 Y 来允许这些依赖的安装，并且当提示时按**回车键**。

（4）一旦安装完成，就可以运行命令 tcpdump -h 来执行 Tcpdump，并打印出当前版本信息。如果该命令执行成功，则说明你现在可以开始使用 Tcpdump 了。

```
sanders@ppa:~$ tcpdump -h
tcpdump version 4.5.1
libpcap version 1.5.3
Usage: tcpdump [-aAbdDefhHIJKlLnNOpqRStuUvxX#] [ -B size ] [ -c count ]
          [ -C file_size ] [ -E algo:secret ] [ -F file ] [ -G seconds ]
          [ -i interface ] [ -j tstamptype ] [ -M secret ]
          [ -Q metadata-filter-expression ]
          [ -r file ] [ -s snaplen ] [ -T type ] [ --version ] [ -V file ]
          [ -w file ] [ -W filecount ] [ -y datalinktype ] [ -z command ]
          [ -Z user ] [ expression ]
```

你可以通过调用 man tcpdump，来查看 Tcpdump 所有可用的命令，就像这样：

```
sanders@ppa:~$ man tcpdump
```

我们将介绍其中一些命令的用法。

6.3 捕获和保存流量

首先要学习的是如何把当前流量捕获下来并把它们打印到屏幕上。要在TShark里捕获，仅需执行命令tshark。这条命令会从网卡开始抓取当前流量，并会在你的终端窗口上实时显示抓取的结果，如下所示：

```
C:\Program Files\Wireshark>tshark
  1   0.000000 172.16.16.128 -> 74.125.95.104 TCP 66 1606      80 [SYN]
Seq=0 Win=8192 Len=0 MSS=1460 WS=4 SACK_PERM=1
  2   0.030107 74.125.95.104 -> 172.16.16.128 TCP 66 80      1606 [SYN, ACK]
Seq=0 Ack=1 Win=5720 Len=0 MSS=1406 SACK_PERM=1 WS=64
  3   0.030182 172.16.16.128 -> 74.125.95.104 TCP 54 1606      80 [ACK]
Seq=1 Ack=1 Win=16872 Len=0
  4   0.030248 172.16.16.128 -> 74.125.95.104 HTTP 681 GET / HTTP/1.1
  5   0.079026 74.125.95.104 -> 172.16.16.128 TCP 60 80      1606 [ACK]
Seq=1 Ack=628 Win=6976 Len=0
```

要在Tcpdump里抓取流量，可执行tcpdump命令。一旦执行这条命令，你的终端窗口就会出现如下所示的内容：

```
sanders@ppa:~$ tcpdump
tcpdump: verbose output suppressed, use -v or -vv for full protocol decode
listening on eth0, link-type EN10MB (Ethernet), capture size 65535 bytes
21:18:39.618072 IP 172.16.16.128.slm-api > 74.125.95.104.http: Flags [S],
seq 2082691767, win 8192, options [mss 1460,nop,wscale 2,nop,nop,sackOK],
length 0
21:18:39.648179 IP 74.125.95.104.http > 172.16.16.128.slm-api:
Flags [S.], seq 2775577373, ack 2082691768, win 5720, options [mss
1406,nop,nop,sackOK,nop,wscale 6], length 0
21:18:39.648254 IP 172.16.16.128.slm-api > 74.125.95.104.http: Flags [.],
ack 1, win 4218, length 0
21:18:39.648320 IP 172.16.16.128.slm-api > 74.125.95.104.http: Flags [P.],
seq 1:628, ack 1, win 4218, length 627: HTTP: GET / HTTP/1.1
21:18:39.697098 IP 74.125.95.104.http > 172.16.16.128.slm-api: Flags [.],
ack 628, win 109, length 0
```

注意 因为在UNIX系统里抓包需要管理员权限，所以你要以root账户运行Tcpdump，或者在命令前加上sudo。但在很多情况下，你在类UNIX系统上只有受限的普通用户权限。如果你遇到权限方面的问题，那么这可能就是原因所在。

根据你的系统配置，TShark和Tcpdump可能不会默认从你设想的网卡抓取流量。如果这种情况发生了，你就需要手动去明确它。你可以使用TShark的-D参数来列出当前所有可用的网卡，系统会以数字列表的形式打印出网卡信息，如下所示：

```
C:\Program Files\Wireshark>tshark -D
1. \Device\NPF_{1DE095C2-346D-47E6-B855-11917B74603A} (Local Area Connection*
2)
2. \Device\NPF_{1A494418-97D3-42E8-8C0B-78D79A1F7545} (Ethernet 2)
```

要使用其中一个网卡，可以在命令后面添加-i 参数和上网卡的标号，如下所示：

```
C:\Program Files\Wireshark>tshark -i 1
```

这个命令会让 TShark 只抓取针对 Local Area Connection 2 网卡的流量，该网卡在列表里被标注为 1 号。我建议始终明确要从哪个网卡抓取流量，因为虚拟软件和 VPN 软件会在系统中添加自己的网卡，而且你也需要知道你捕获的网络流量来自哪里。

在 Linux 或者 OS X 系统运行 Tcpdump 的话，请使用 ifconfig 命令来列出可用的网卡。

```
sanders@ppa:~$ ifconfig
eth0      Link encap:Ethernet HWaddr 00:0c:29:1f:a7:55
          inet addr:172.16.16.139 Bcast:172.16.16.255 Mask:255.255.255.0
          inet6 addr: fe80::20c:29ff:fe1f:a755/64 Scope:Link
          UP BROADCAST RUNNING MULTICAST MTU:1500 Metric:1
          RX packets:5119 errors:0 dropped:0 overruns:0 frame:0
          TX packets:3088 errors:0 dropped:0 overruns:0 carrier:0
          collisions:0 txqueuelen:1000
          RX bytes:876746 (876.7 KB) TX bytes:538083 (538.0 KB)
```

指明网卡也是用-i 参数实现：

```
sanders@ppa:~$ tcpdump -i eth0
```

这个命令会让 Tcpdump 只从 eth0 网卡中捕获流量。

一旦设置完成，你就可以开始捕获流量了。如果你监听的网卡非常繁忙，那么在你屏幕上所打出的信息可能会滚动得飞快，以至于你来不及去查看它们。这时候我们可以把抓取的包存成文件，然后只从文件中读取我们想要的数据包。

要把抓到的包存为文件，可使用-w 参数加上要保存的文件名。抓包进程会持续进行，除非你按下 Ctrl-C 组合键。流量文件会直接保存到当前执行命令的目录下，除非另指明路径。

下面就是使用 TShark 命令的一个例子：

```
C:\Program Files\Wireshark>tshark -i 1 -w packets.pcap
```

这个命令会把从 1 号网卡捕获的流量全部写到以 packets.pcap 命名的文件中。

使用 Tcpdump 时，类似的命令如下：

```
sanders@ppa:~$ tcpdump -i eth0 -w packets.pcap
```

要想从保存的文件中回读数据包，可使用-r 参数加上文件名：

```
C:\Program Files\Wireshark>tshark -r packets.pcap
```

这个命令会读取 packets.pcap 中的所有数据并把它们打印到屏幕上。

使用 Tcpdump 差不多是一样的命令。

```
sanders@ppa:~$ tcpdump -r packets.pcap
```

你也许会注意到，如果你要读取的文件包含了太多的数据包，那么你会遇到之前讲过的情况，一大堆的信息在屏幕飞快滚动以至于什么都看不清。这时你可以使用-c 参数来限制在屏幕上显示的数据包数量。

比如，使用 TShark 下面的命令只会显示在捕获文件中最开始的 10 个包。

```
C:\Program Files\Wireshark>tshark -r packets.pcap -c10
```

在 Tcpdump 里用的是一样的参数：

```
sanders@ppa:~$ tcpdump -r packets.pcap -c10
```

抓包的时候也可以使用-c 参数，这表明只会抓取前 10 个包。当和-w 参数一起使用时，可以把结果存成文件。

下面是在 TShark 中此命令的示例：

```
C:\Program Files\Wireshark>tshark -i 1 -w packets.pcap -c10
```

还有 Tcpdump 下的类似命令：

```
sanders@ppa:~$ tcpdump -i eth0 -w packets.pcap -c10
```

6.4 控制输出

使用命令行工具的另一个优点是可以自定义输出。一般 GUI 应用会把所有的信息都告诉你，然后你可以自行寻找所需的内容。命令行工具通常只会显示最简输出，并强制你使用额外的命令参数来挖掘更高级的用法，TShark 和 Tcpdump 也不例外。默认情况下它们只会为一个数据包显示一行输出。如果你想看到协议细节或者单独字节这些更深的内容，就需要使用额外的命令参数了。

在 TShark 的输出里，每一行代表一个数据包，每一行输出的格式取决于数据包使用的协议类型。TShark 底层使用和 Wireshark 一样的解析器来分析数据包，所以 TShark 的输出和 Wireshark 的包列表窗口很像。正因为 TShark 可以解析七层协议，所以它能够比 Tcpdump 提供更多的有关包头信息的内容。

Tcpdump 中每行也代表一个数据包，根据不同的协议来规范每行的输出格式。因为 Tcpdump 不依赖于 Wireshark 的协议解析器，所以第 7 层的协议信息无法被解码。这也是 Tcpdump 的最大限制之一。取而代之的是，Tcpdump 单行数据包只会根据传输层协议（TCP 或 UDP）进行解码（我们会在第 8 章里着重讲解）。

TCP 包使用以下格式：

```
[Timestamp] [Layer 3 Protocol] [Source IP].[Source Port] > [Destination IP].
[Destination Port]: [TCP Flags], [TCP Sequence Number], [TCP Acknowledgement
Number], [TCP Windows Size], [Data Length]
```

UDP 包使用以下格式：

```
[Timestamp] [Layer 3 Protocol] [Source IP].[Source Port] > [Destination IP].
[Destination Port]: [Layer 4 Protocol], [Data Length]
```

这种简单的单行总结对快速分析很有帮助，但最终你还是要对一个数据包进行深入分析。在 Wireshark 中，你会在包列表窗口里选择一个数据包，它将在下方的包细节和包字节窗口显示一些细节内容。使用命令行的命令也可以达到类似效果。

一个获取更多细节的简单方法是增加输出的冗余程度。

在 TShark 中，使用大写的 V 来增加冗余：

```
C:\Program Files\Wireshark>tshark –r packets.pcap –V
```

这会提供类似 Wireshark 打开 packets.pcap 后包细节窗口里的内容。这里展示了一具具有正常冗余（基本总结）和扩展冗余（使用-V 参数获取）的包的示例。

首先正常输出：

```
C:\Program Files\Wireshark>tshark -r packets.pcap -c1
  1   0.000000 172.16.16.172 -> 4.2.2.1      ICMP Echo (ping) request
id=0x0001, seq=17/4352, ttl=128
```

现在使用更大的冗余选项来显示更多的内容：

```
C:\Program Files\Wireshark>tshark -r packets.pcap -V -c1
Frame 1: 74 bytes on wire (592 bits), 74 bytes captured (592 bits) on
interface 0
    Interface id: 0 (\Device\NPF_{C30671C1-579D-4F33-9CC0-73EFFFE85A54})
    Encapsulation type: Ethernet (1)
    Arrival Time: Dec 21, 2015 12:52:43.116551000 Eastern Standard Time
     [Time shift for this packet: 0.000000000 seconds]
--snip--
```

在 Tcpdump，小写的 v 是用来增加冗余的。这点跟 TShark 略有不同，Tcpdump 允许每个数据包显示不同层级的冗余信息。你可以通过增加 v 参数的数量来增加显示层级，至多到第 3 层，如下所示：

```
sanders@ppa:~$ tcpdump –r packets.pcap –vvv
```

下面是在相同数据包下，Tcpdump 使用默认冗余选项和更高一级的冗余选项之间的比较。即便使用最大冗余选项，输出的信息也很难达到 TShark 那样的丰富度。

```
sanders@ppa:~$ tcpdump -r packets.pcap -c1
reading from file packets.pcap, link-type EN10MB (Ethernet)
13:26:25.265937 IP 172.16.16.139 > a.resolvers.level3.net: ICMP echo request,
id 1759, seq 150, length 64
sanders@ppa:~$ tcpdump -r packets.pcap -c1 -v
reading from file packets.pcap, link-type EN10MB (Ethernet)
13:26:25.265937 IP (tos 0x0, ttl 64, id 37322, offset 0, flags [DF], proto
ICMP (1), length 84)
    172.16.16.139 > a.resolvers.level3.net: ICMP echo request, id 1759, seq
150, length 64
```

可以显示出多少细节取决于你当前分析数据包的协议类型。虽然高冗余级别是有用的，但是有时也很难让我们看清所有的内容。TShark 和 Tcpdump 储存了每个包的所有内容，你可以以十六进制字节或它的 ASCII 表示形式来查看。

在 TShark 里，你可以使用-x 参数来查看数据包的 ASCII 形式或十六进制字节形式，同时结合-r 参数把捕获文件读取到 TShark 里并显示出来。

```
C:\Program Files\Wireshark>tshark –xr packets.pcap
```

显示结果很像 Wireshark 的包字节窗口，如图 6-1 所示。

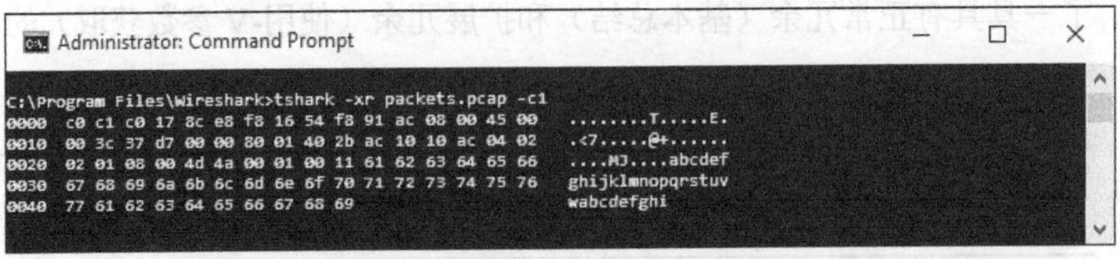

图 6-1　在 TShark 里以十六进制字节形式或 ASCII 形式表示原始数据包

类似地在 Tcpdump 里，你可以使用-X 参数，来查看数据包的 ASCII 形式或十六进制字节形式，同时结合-r 参数把捕获文件读取到 Tcpdump 里并显示出来，就像这样：

```
sanders@ppa:~$ tcpdump –Xr packets.pcap
```

这条命令的输出结果如图 6-2 所示。

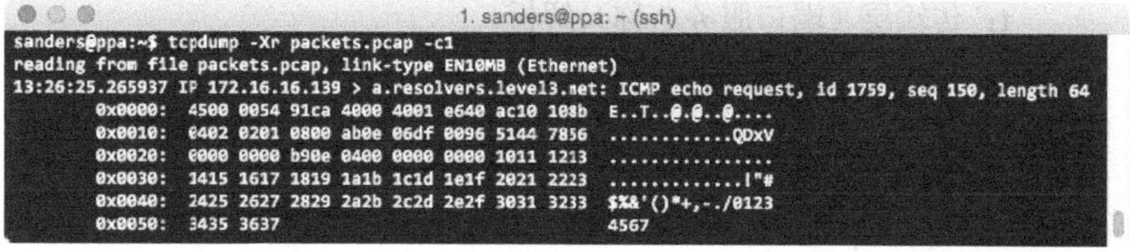

1. sanders@ppa: ~ (ssh)
sanders@ppa:~$ tcpdump -Xr packets.pcap -c1
reading from file packets.pcap, link-type EN10MB (Ethernet)
13:26:25.265937 IP 172.16.16.139 > a.resolvers.level3.net: ICMP echo request, id 1759, seq 150, length 64
0x0000: 4500 0054 91ca 4000 4001 e640 ac10 108b E..T..@.@..@....
0x0010: 0402 0201 0800 ab0e 06df 0096 5144 7856 ....QDxV
0x0020: 0000 0000 b90e 0400 0000 0000 1011 1213 ....
0x0030: 1415 1617 1819 1a1b 1c1d 1e1f 2021 2223 ....!"#
0x0040: 2425 2627 2829 2a2b 2c2d 2e2f 3031 3233 $%&'()*+,-./0123
0x0050: 3435 3637 4567

图 6-2 在 Tcpdump 里以十六进制字节形式或 ASCII 形式表示原始数据包

如果你需要的话，Tcpdump 还允许你获得更多的粒度。你可以使用-x（小写）参数只查看十六进制输出或者使用-A 参数只输出 ASCII 形式。

如果你添加了这些增加冗余的选项，则当数据输出在屏幕上飞快滚动时你会容易感到眼花缭乱。我以为，要做到最有效率的分析就要在命令行使用最少的信息显示你最关心的内容。我建议从默认的输出格式开始，当你有特别的包需要深入分析时，再使用更详细的输出选项。这种策略会避免你被大量数据所淹没。

6.5 名称解析

类似 Wireshark，TShark 和 Tcpdump 也会尝试名称解析，即把地址和端口号转换为名称。如果你注意之前的例子，也许已经发现这一过程已默默地发生了。就像之前提到的，我通常会把它关掉来避免产生更多网络流量的可能。

你可以通过-n 参数来禁用 TShark 的名称解析。这个参数可以和其他参数一起使用来增强可读性。

```
C:\Program Files\Wireshark>tshark –ni 1
```

你可以通过-N 参数来启用或禁用一些名称解析的特定功能。如果使用-N 参数，则所有的名称解析功能将会被禁用，除非你明确指定一些功能的启用。举例来说，下面的命令仅会启用传输层（端口服务名称）的解析。

```
C:\Program Files\Wireshark>tshark –i 1 –Nt
```

你可以结合多个值，下面这个命令会启用传输层和 MAC 层的解析。

```
C:\Program Files\Wireshark>tshark –i 1 -Ntm
```

当使用该选项时可能参考以下值。

m： MAC 地址解析。

n：网络地址解析。

t：传输层（端口服务名称）解析。

N：使用外网解析服务。

C：使用当前 DNS 解析。

在 Tcpdump 下，使用-n 会禁用 IP 名称解析，使用-nn 也会禁用端口服务解析。

这个参数也可以和其他命令相结合使用，就像这样：

```
sanders@ppa:~$ tcpdump -nni eth1
```

下面的例子展示了一个捕获的数据包先启用端口解析，然后再禁用（-n）。

```
sanders@ppa:~$ tcpdump -r tcp_ports.pcap -c1
reading from file tcp_ports.pcap, link-type EN10MB (Ethernet)
14:38:34.341715 IP 172.16.16.128.2826 > 212.58.226.142.❶http: Flags [S], seq
3691127924, win 8192, options [mss 1460,nop,wscale 2,nop,nop,sackOK], length 0
sanders@ppa:~$ tcpdump -nr tcp_ports.pcap -c1
reading from file tcp_ports.pcap, link-type EN10MB (Ethernet)
14:38:34.341715 IP 172.16.16.128.2826 > 212.58.226.142.❷80: Flags [S], seq
3691127924, win 8192, options [mss 1460,nop,wscale 2,nop,nop,sackOK], length 0
```

这些命令仅从捕获文件 tcp_ports.pcap 中读取了第一个包。在第一个命令里，80 端口被解析为 http。但在第二个命令，端口仅以数字形式表示。

6.6 应用过滤器

TShark 和 Tcpdump 的过滤器是非常灵活的，因为它们都遵从 BPF 捕获过滤器语法。TShark 也可以使用 Wireshark 的显示过滤器表达式。就像 Wireshark 一样，TShark 的捕获过滤器可以边捕获边过滤，也可以在捕获完成后过滤显示结果。我们从 TShark 的捕获过滤器开始讲起。

使用-f 参数来应用捕获过滤器，在双引号内请遵从 BPF 的语法。下面这条命令仅会抓取和储存目的端口号是 80 的 TCP 流量：

```
C:\Program Files\Wireshark>tshark -ni 1 -w packets.pcap -f "tcp port 80"
```

使用-Y 来应用显示捕获器，请在双引号内使用 Wireshark 的过滤器语法。在抓取流量的过程中，你可以使用像下面的命令：

```
C:\Program Files\Wireshark>tshark -ni 1 -w packets.pcap -Y "tcp.dstport == 80"
```

使用类似的命令显示过滤器可以应用在已经捕获的文件中。以下命令会显示 packets.pcap 中所有符合过滤表达式的包：

```
C:\Program Files\Wireshark>tshark -r packets.pcap -Y "tcp.dstport == 80"
```

在 Tcpdump 中你可以在单引号里构造过滤表达式，然后附到命令的最后。以下的命令依然会捕获和存储目的端口号是 80 的 TCP 流量：

```
sanders@ppa:~$ tcpdump -nni eth0 -w packets.pcap 'tcp dst port 80'
```

当读取捕获文件时你也可以构造过滤器。以下命令会显示 packets.pcap 中所有符合过滤表达式的包：

```
sanders@ppa:~$ tcpdump -r packets.pcap 'tcp dst port 80'
```

需要牢记的一点是，如果没有在抓包的时候指明过滤器，那么你的捕获文件里通常会含有其他数据包。读取这个捕获文件后，你仅仅在屏幕上限制了所打出来的内容。

那么如果你有一个包含大量各种类型数据包的捕获文件，而你又想把需要的数据包过滤出来另存为一个文件，这时候怎么办呢？你可以结合使用-w 和-r 参数来解决：

```
sanders@ppa:~$ tcpdump -r packets.pcap 'tcp dst port 80' -w http_packets.pcap
```

这个命令会先读取 packets.pcap，过滤出目的 TCP 端口为 80 的数据包（http 用的端口），最后把这些数据包写入一个名叫 http_packets.pcap 的新文件里。当你既想把大型原文件.pcap 保存起来，又想在某时专注于分析其中一小部分时，这是个很常见的技巧。我经常使用这个技巧，特别是当我要把很大的捕获文件用 Tcpdump 切小，然后再放到 Wireshark 里分析时。毕竟小文件更加容易处理。

除了在一行命令后面直接加上过滤表达式，Tcpdump 还允许你指定一个包含一系列过滤器的 BPF 文件。这在有些情况下十分方便，特别是当你要应用一个极其复杂的过滤器表达式，且长度不能和 Tcpdump 的命令保持在同一行时。你可以使用-F 参数来指派一个 BPF 过滤器文件，就像这样：

```
sanders@ppa:~$ tcpdump -nni eth0 -F dns_servers.bpf
```

如果你的 BPF 文件太大，那么你也许会加一些注释，以帮助你理解每个部分的过滤表达式的功能和结构。值得注意的是，在 BPF 文件里直接加注释是非法的，如果不是 BPF 语法的话就会报错。但又因为注释对于解密大型 BPF 文件是非常有帮助的，所以我通常会使用两份 BPF 文件，一份不包含任何注释，是载入到 tcpdump 里的；另一份含有注释以供参考。

6.7 TShark 里的时间显示格式

TShark 里一个经常让新手们感到困惑的问题就是默认的时间戳。它显示从数据包捕获开始的相对时间戳。有些时候这种时间戳格式还比较有用，但在很多情况下你想看到的是包捕获的实际时间，而这是 Tcpdump 所使用的时间戳默认值。要想和 Tcpdump 的输出格式一样，你可以使用-t 参数再加上值 ad 以显示绝对时间。

```
C:\Program Files\Wireshark>tshark –r packets.pcap –t ad
```

这里是一个基于同样的捕获文件使用默认的相对时间戳❶和绝对时间戳❷之间的比较：

```
❶ C:\Program Files\Wireshark>tshark -r packets.pcap -c2
    1 0.000000 172.16.16.172 -> 4.2.2.1         ICMP Echo (ping)
  request id=0x0001, seq=17/4352, ttl=128
    2 0.024500 4.2.2.1 -> 172.16.16.172         ICMP Echo (ping)
  reply id=0x0001, seq=17/4352, ttl=54 (request in 1)
❷ C:\Program Files\Wireshark>tshark -r packets.pcap -t ad -c2
    1 2015-12-21 12:52:43.116551 172.16.16.172 -> 4.2.2.1 ICMP Echo (ping)
  request id=0x0001, seq=17/4352, ttl=128
    2 2015-12-21 12:52:43.141051 4.2.2.1 -> 172.16.16.172 ICMP Echo (ping)
  reply id=0x0001, seq=17/4352, ttl=54 (request in 1)
```

通过使用-t 参数，你可以自定义时间显示格式，就像你在 Wireshark 里看到的那样。这些格式值的含义都在表 6-1 中。

表 6-1 TShark 中可用的时间显示格式

值	时间戳	示例
a	包被捕获的绝对时间（在您的时区）	15:47:58.004669
ad	包被捕获的带日期的绝对时间（在您的时区）	2015-10-09 15:47:58.004669
d	自之前捕获的数据包以来的增量（时差）	0.000140
dd	之前显示的数据包	0.000140
e	亿元时间（1970 年 1 月 1 日以来的秒数）	1444420078.004669
r	第一个数据包和当前数据包之间的运行时间	0.000140
u	捕获数据包的绝对时间（UTC）	19:47:58.004669
ud	带日期的捕获数据包的绝对时间（UTC）	2015-10-09 19:47:58.004669

然而 Tcpdump 不提供这样多层面时间戳格式的控制。

6.8 TShark 中的总结统计

TShark 的另一个有用的功能（也是比 Tcpdump 先进的功能），是它可以从捕获的文件中生成统计的一个子集。很多这些统计功能在 Wireshark 中都能找到影子，但是 TShark 提供了简单的命令方式来进行访问。使用-z 参数加上输出的名字可以生成统计信息。你可以使用以下命令查看所有可用的统计：

```
C:\Program Files\Wireshark>tshark -z help
```

很多我们之前学过的功能都可以用-z 参数实现。这其中包括了输出端点和会话的命令：

```
C:\Program Files\Wireshark>tshark -r packets.pcap -z conv,ip
```

这个命令从 packets.pcap 中打印出了有关 IP 会话的信息的统计图表，如图 6-3 所示。

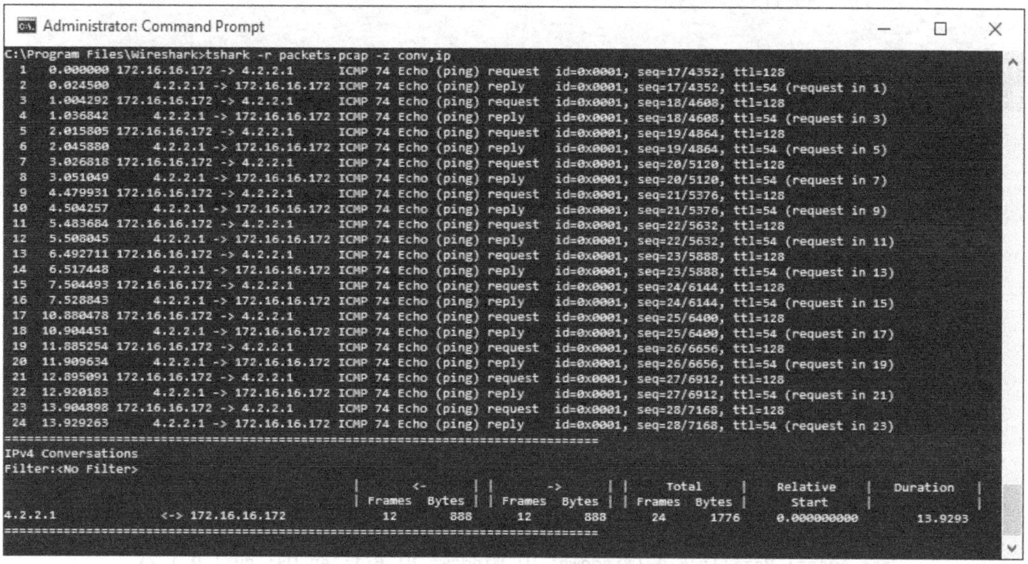

```
Administrator: Command Prompt
C:\Program Files\Wireshark>tshark -r packets.pcap -z conv,ip
  1   0.000000 172.16.16.172 -> 4.2.2.1      ICMP 74 Echo (ping) request  id=0x0001, seq=17/4352, ttl=128
  2   0.024500      4.2.2.1 -> 172.16.16.172 ICMP 74 Echo (ping) reply    id=0x0001, seq=17/4352, ttl=54 (request in 1)
  3   1.004292 172.16.16.172 -> 4.2.2.1      ICMP 74 Echo (ping) request  id=0x0001, seq=18/4608, ttl=128
  4   1.036842      4.2.2.1 -> 172.16.16.172 ICMP 74 Echo (ping) reply    id=0x0001, seq=18/4608, ttl=54 (request in 3)
  5   2.015805 172.16.16.172 -> 4.2.2.1      ICMP 74 Echo (ping) request  id=0x0001, seq=19/4864, ttl=128
  6   2.045880      4.2.2.1 -> 172.16.16.172 ICMP 74 Echo (ping) reply    id=0x0001, seq=19/4864, ttl=54 (request in 5)
  7   3.026818 172.16.16.172 -> 4.2.2.1      ICMP 74 Echo (ping) request  id=0x0001, seq=20/5120, ttl=128
  8   3.051049      4.2.2.1 -> 172.16.16.172 ICMP 74 Echo (ping) reply    id=0x0001, seq=20/5120, ttl=54 (request in 7)
  9   4.479931 172.16.16.172 -> 4.2.2.1      ICMP 74 Echo (ping) request  id=0x0001, seq=21/5376, ttl=128
 10   4.504257      4.2.2.1 -> 172.16.16.172 ICMP 74 Echo (ping) reply    id=0x0001, seq=21/5376, ttl=54 (request in 9)
 11   5.483684 172.16.16.172 -> 4.2.2.1      ICMP 74 Echo (ping) request  id=0x0001, seq=22/5632, ttl=128
 12   5.508045      4.2.2.1 -> 172.16.16.172 ICMP 74 Echo (ping) reply    id=0x0001, seq=22/5632, ttl=54 (request in 11)
 13   6.492711 172.16.16.172 -> 4.2.2.1      ICMP 74 Echo (ping) request  id=0x0001, seq=23/5888, ttl=128
 14   6.517448      4.2.2.1 -> 172.16.16.172 ICMP 74 Echo (ping) reply    id=0x0001, seq=23/5888, ttl=54 (request in 13)
 15   7.504493 172.16.16.172 -> 4.2.2.1      ICMP 74 Echo (ping) request  id=0x0001, seq=24/6144, ttl=128
 16   7.528843      4.2.2.1 -> 172.16.16.172 ICMP 74 Echo (ping) reply    id=0x0001, seq=24/6144, ttl=54 (request in 15)
 17  10.880478 172.16.16.172 -> 4.2.2.1      ICMP 74 Echo (ping) request  id=0x0001, seq=25/6400, ttl=128
 18  10.904451      4.2.2.1 -> 172.16.16.172 ICMP 74 Echo (ping) reply    id=0x0001, seq=25/6400, ttl=54 (request in 17)
 19  11.885254 172.16.16.172 -> 4.2.2.1      ICMP 74 Echo (ping) request  id=0x0001, seq=26/6656, ttl=128
 20  11.909634      4.2.2.1 -> 172.16.16.172 ICMP 74 Echo (ping) reply    id=0x0001, seq=26/6656, ttl=54 (request in 19)
 21  12.895091 172.16.16.172 -> 4.2.2.1      ICMP 74 Echo (ping) request  id=0x0001, seq=27/6912, ttl=128
 22  12.920183      4.2.2.1 -> 172.16.16.172 ICMP 74 Echo (ping) reply    id=0x0001, seq=27/6912, ttl=54 (request in 21)
 23  13.904898 172.16.16.172 -> 4.2.2.1      ICMP 74 Echo (ping) request  id=0x0001, seq=28/7168, ttl=128
 24  13.929263      4.2.2.1 -> 172.16.16.172 ICMP 74 Echo (ping) reply    id=0x0001, seq=28/7168, ttl=54 (request in 23)
================================================================================
IPv4 Conversations
Filter:<No Filter>
                                           |       <-      | |       ->      | |     Total     |    Relative    |   Duration   |
                                           | Frames  Bytes | | Frames  Bytes | | Frames  Bytes |      Start     |              |
4.2.2.1              <-> 172.16.16.172         12       888      12       888      24      1776     0.000000000        13.9293
================================================================================
```

图 6-3 使用 TShark 来查看会话统计

你也可以使用这个参数来查看特定协议的信息，如图 6-4 所示。你可以使用 http, tree 选项，以表的形式来分解 HTTP 的请求和返回数据包。

```
C:\Program Files\Wireshark>tshark -r packets.pcap -z http,tree
```

另一个非常有用的功能是查看已完成排序的输出流，就像之前我们在 Wireshark 里先右键单击一个数据包然后选择“跟随 TCP 流”一样。要想获得这个输出，我们需要使用 follow 选项，并且指明流的类型、输出模式和我们想显示出的流。你可以通过会话统计最左列的序号来表示一段流，类似命令如下所示：

```
C:\Program Files\Wireshark>tshark -r http_google.pcap -z follow,tcp,ascii,0
```

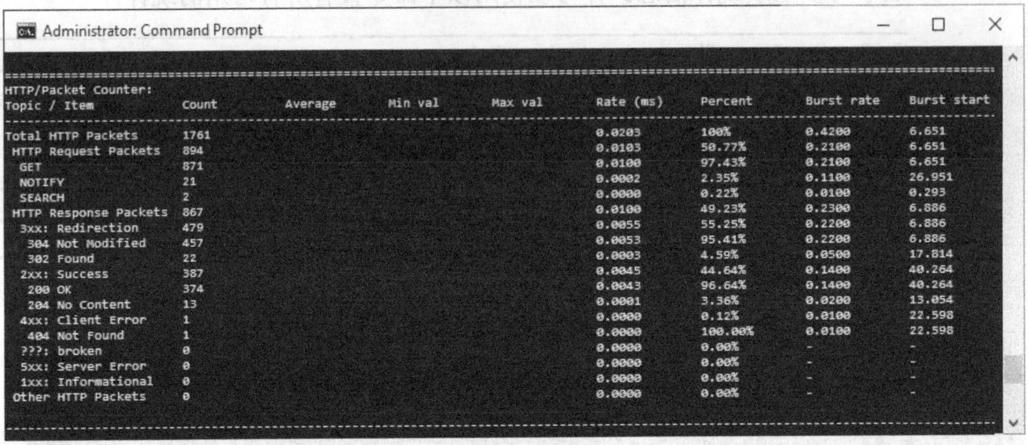

```
===================================================================================================================================
HTTP/Packet Counter:
Topic / Item              Count      Average     Min val     Max val     Rate (ms)    Percent     Burst rate    Burst start
-----------------------------------------------------------------------------------------------------------------------------------
Total HTTP Packets        1761                                           0.0203       100%        0.4200        6.651
 HTTP Request Packets     894                                            0.0103       50.77%      0.2100        6.651
  GET                     871                                            0.0100       97.43%      0.2100        6.651
  NOTIFY                  21                                             0.0002       2.35%       0.1100        26.951
  SEARCH                  2                                              0.0000       0.22%       0.0100        0.293
 HTTP Response Packets    867                                            0.0100       49.23%      0.2300        6.886
  3xx: Redirection        479                                            0.0055       55.25%      0.2200        6.886
   304 Not Modified       457                                            0.0053       95.41%      0.2200        6.886
   302 Found              22                                             0.0003       4.59%       0.0500        17.814
  2xx: Success            387                                            0.0045       44.64%      0.1400        40.264
   200 OK                 374                                            0.0043       96.64%      0.1400        40.264
   204 No Content         13                                             0.0001       3.36%       0.0200        13.054
  4xx: Client Error       1                                              0.0000       0.12%       0.0100        22.598
   404 Not Found          1                                              0.0000       100.00%     0.0100        22.598
  ???: broken             0                                              0.0000       0.00%       -             -
  5xx: Server Error       0                                              0.0000       0.00%       -             -
  1xx: Informational      0                                              0.0000       0.00%       -             -
 Other HTTP Packets       0                                              0.0000       0.00%       -             -

-----------------------------------------------------------------------------------------------------------------------------------
```

图 6-4　使用 TShark 来查看 HTTP 请求和返回统计

这条命令还会以 ASCII 形式将 http_google.pcap 的 0 号 TCP 流打印到屏幕上。这个命令的输出如下所示：

```
C:\Program Files\Wireshark>tshark -r http_google.pcap -z

--snip--
===================================================================
Follow: tcp,ascii
Filter: tcp.stream eq 0
Node 0: 172.16.16.128:1606
Node 1: 74.125.95.104:80
627
GET / HTTP/1.1
Host: www.google.com
User-Agent: Mozilla/5.0 (Windows; U; Windows NT 6.1; en-US; rv:1.9.1.7)
Gecko/20091221 Firefox/3.5.7
Accept: text/html,application/xhtml+xml,application/xml;q=0.9,*/*;q=0.8
Accept-Language: en-us,en;q=0.5
Accept-Encoding: gzip,deflate
Accept-Charset: ISO-8859-1,utf-8;q=0.7,*;q=0.7
Keep-Alive: 300
Connection: keep-alive
Cookie: PREF=ID=257913a938e6c248:U=267c896b5f39fb0b:FF=4:LD=e
n:NR=10:TM=1260730654:LM=1265479336:GM=1:S=h1UBGonTuWU3D23L;
NID=31=Z-nhwMjUP63e0tYMTp-3T1igMSPnNS1eM1kN1_DUrnO2zW1cPM4JE3AJec9b_
vG-YFibFXszOApfbhBA1BOX4dKx4L8ZDdeiKwqekgP5_kzELtC2mUHx7RHx3PIttcuZ

        1406
HTTP/1.1 200 OK
Date: Tue, 09 Feb 2010 01:18:37 GMT
Expires: -1
```

```
Cache-Control: private, max-age=0
Content-Type: text/html; charset=UTF-8
Content-Encoding: gzip
Server: gws
Content-Length: 4633
X-XSS-Protection: 0
```

你也可以通过提供地址细节，来指明想要查看哪个数据流。例如，下面的命令会获取一个指明端点和端口的 UDP 流：

```
C:\Program Files\Wireshark>tshark -r packets.pcap -z follow,udp,ascii,192.168.
1.5:23429❶,4.2.2.1:53❷
```

这条命令会打印 packets.pcap 中端口 23429 上的 192.168.1.5 端点和端口 53 上的 4.2.2.1 端点的 UDP 流。

以下是我个人最爱的统计选项。

ip_hosts,tree：在一段捕获中显示每个 IP 地址，并统计每个 IP 地址在所占流量的比率。

io, phs：分层级统计在捕获文件中找到的所有协议。

http,tree：显示关于 HTTP 请求和回应的统计。

http_req,tree：显示每个 HTTP 请求的统计。

smb,srt：显示关于 Windows 会话的 SMB 命令的统计。

endpoints,wlan：显示无线端点。

expert：从捕获中显示专家信息（对话、错误等）。

当你使用-z 参数时会有很多有用的选项，把它们都描述一遍会占用大量的篇幅。但是如果你经常使用 TShark，我还是建议你在官方文档上花点时间学习一下所有可用的选项。

6.9 TShark VS Tcpdump

本章介绍了两个基于命令行的数据包分析应用，它们都能很好地胜任分内的工作，而且无论其中哪一款都可以通过各种选项来完成你手头上的任何工作。这里列出两个工具的几点差别，可以让你根据需求选择最适合的那个。

操作系统：Tcpdump 只能在基于 UNIX 的系统下运行，而 TShark 既可以工作在 Windows 下，又可以工作在基于 UNIX 的系统下。

协议支持：两个工具都支持常见的第 3 层和第 4 层的协议，但 Tcpdump 对第 7 层的协议支持不足。TShark 提供了丰富的第 7 层协议支持，因为它在底层使用 Wireshark 的协议解析器。

分析功能：两个工具都必须依赖手工分析才能生成有价值的结果。但是 TShark 还提供了类似于 Wireshark 的强大统计分析功能，在 GUI 不可用时能够协助分析。

其实个人习惯和工具的可用性才是选择哪个应用的决定性因素。幸运的是，这些工具的使用方式都是类似的，学会其中一个就能很快上手另一个，正所谓技多不压身。

第 7 章

网络层协议

无论是处理延迟问题，还是甄别存在错误的应用，抑或是对安全威胁进行聚焦检查以发现异常流量，你都必须首先了解正常流量。在下面的几章中，我们按照 OSI 模型由底层到高层进行介绍，你将会学到正常网络流量在数据包级别是如何工作的。在每个协议的相关部分，都会至少有一个捕获文件供你下载，并可以让你直接上手分析。

在这一章节里，我们会着重关注网络通信的“搬瓦工”—网络层的协议：ARP、IPv4、IPv6、ICMP 和 ICMP6。

接下来的 3 个章节可能是全书的重点。如果你跳过了它们，就好比在感恩节晚餐上不使用烤箱一样。即使你已经对每个协议如何工作有了一定的了解，把这几章快速略读一遍也是对数据包结构进行复习的过程。

7.1 地址解析协议

网络上的通信会使用到逻辑地址和物理地址。逻辑地址允许不同网络以及间接相连的设备之间相互通信，物理地址则用于同一网段中直接使用交换机相互连接的设备之间进行的通信。在大多数情况下，正常通信需要这两种地址协同工作。

我们假设这样一个场景：你需要和网络中的一个设备进行通信，这个设备可能是某种服务器，或者只是你想与之共享文件的另一个工作站。你用来创建这个通信的应用已经得到了这个远程主机的 IP 地址（通过 DNS 服务，这将在第 9 章中介绍），也意味着系统已经拥有了所有其需要的信息，用来构建它想要在第 3 层到第 7 层中传递的数据包。这时它所需要的唯一信息就是第 2 层包含有目标主机 MAC 地址的数据链路层数据。

之所以需要 MAC 地址，是因为网络中用于连接各个设备的交换机使用了内容寻址寄存器（CAM）。这个表列出了它在每一个端口的所有连接设备的 MAC 地址。当交换机收到了一个指向特定 MAC 地址的流量时，它会使用这个表来确定应该使用哪一个端口发送流量。如果目标的 MAC 地址是未知的，则这个传输设备会首先在它的缓存中查找这个地址，如果没有找到，那么这个地址就需要在网络上进行额外的通信来进行解析了。

TCP/IP 网络（基于 IPv4）中用来将 IP 地址解析为 MAC 地址的过程称为地址解析协议（Address Resolution Protocol, ARP）。这个协议在 RFC826 中进行了定义，它的解析过程只使用两种数据包：一个 ARP 请求与一个 ARP 响应（见图 7-1）。

注意 RFC(Request for Comments)是定义协议实现标准的官方文档。你可以在 RFC Editor 的首页上搜索 RFC 文档进一步了解。

这个传输计算机会发出一个 ARP 请求，基本上就是问“大家好，我的 IP 地址是 192.168.0.101，MAC 地址是 f2: f2: f2: f2: f2: f2。我需要向那个 IP 地址是 192.168.0.1 的家伙发些东西，但我不知道它的硬件地址，你们谁有这个 IP 地址，可否回复给我你的 MAC 地址？”

这个数据包将被广播给网段中的所有设备。不是这个 IP 地址的设备将简单地丢弃这个数据包，而拥有这个 IP 地址的设备将发送一个 ARP 响应，就像是说：“你好，传输设备，我就是你要找的那个 IP 地址为 192.168.0.101 的目标设备。我的 MAC 地址是 02:f2: 02:f2: 02:f2。”

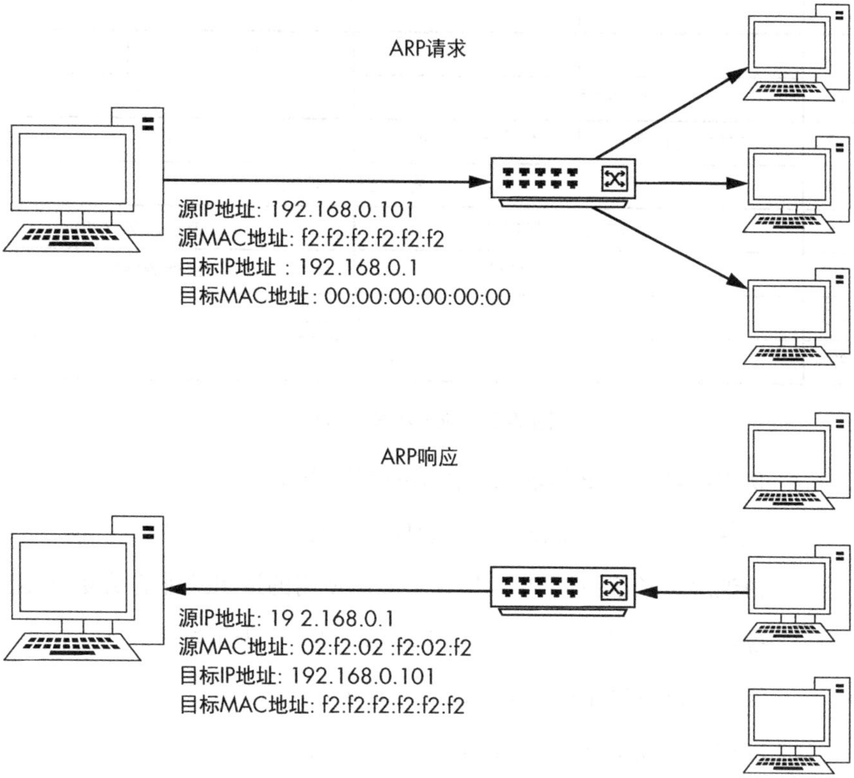

图 7-1　ARP 解析的过程

一旦这个解析过程完成了，传输设备就会将这个目标设备的 MAC 和 IP 的对应关系更新进它的缓存，并且开始传输数据。

注意　在 Windows 主机中，你可以通过在命令行中键入 arp -a 来查看 ARP 表。

通过实际情况来观察地址解析的这个过程，有助于你更好地理解它究竟是怎么工作的。但是在查看一些例子之前，我们先介绍一下 ARP 数据报头。

7.1.1　ARP 头

如图 7-2 所示，ARP 头包含下列的几个域。

硬件类型：数据链路层使用的类型数据。在大多数情况下，类型都是以太网（类型 1）。

<table>
<tr><td colspan="6">地址解析协议</td></tr>
<tr><td>偏移位</td><td>八位组</td><td>0</td><td>1</td><td>3</td><td>4</td></tr>
<tr><td>八位组</td><td>位</td><td>0–7</td><td>8–15</td><td>0–7</td><td>8–15</td></tr>
<tr><td>0</td><td>0</td><td colspan="2">硬件类型</td><td colspan="2">协议类型</td></tr>
<tr><td>4</td><td>32</td><td>硬件地址长度</td><td>协议地址长度</td><td colspan="2">操作</td></tr>
<tr><td>8</td><td>64</td><td colspan="4">发送方硬件地址</td></tr>
<tr><td>12</td><td>96</td><td colspan="2">发送方硬件地址</td><td colspan="2">发送方协议地址</td></tr>
<tr><td>16</td><td>128</td><td colspan="2">发送方协议地址</td><td colspan="2">目标硬件地址</td></tr>
<tr><td>20</td><td>160</td><td colspan="4">目标硬件地址</td></tr>
<tr><td>24+</td><td>192+</td><td colspan="4">目标协议地址</td></tr>
</table>

图 7-2 ARP 数据包结构

协议类型：ARP 请求正在使用的高层协议。

硬件地址长度：正在使用的硬件地址的长度（八位组/字节）。

协议地址长度：对于指定协议类型所使用的逻辑地址的长度（八位组/字节）。

操作：ARP 数据包的功能，1 表示请求，2 表示响应。

发送方硬件地址：发送者的硬件地址。

发送方协议地址 ：发送者的 IP 协议地址。

目标硬件地址：目的接收方的硬件地址（ARP 请求中为 0）。

目标协议地址：目的接受方的高层协议地址。

现在打开 arp_resolution.pcap 这个文件，就可以看到实际的解析过程。我们将对这个过程中的每个数据包单独进行分析。

7.1.2 数据包 1：ARP 请求

如图 7-3 所示，第 1 个数据包是一个 ARP 请求。我们可以通过在 Wireshark 的 Packet Details 面板中，检查以太网头，来确定这个数据包是否真的是一个广播数据包。这个数据包的目的地址是（ff:ff:ff:ff:ff:ff），这是以太网中的广播地址，所有发送到这个地址的数据包都会被广播到当前网段中的所有设备。这个数据包中以太网头的源地址就是我们的 MAC 地址。

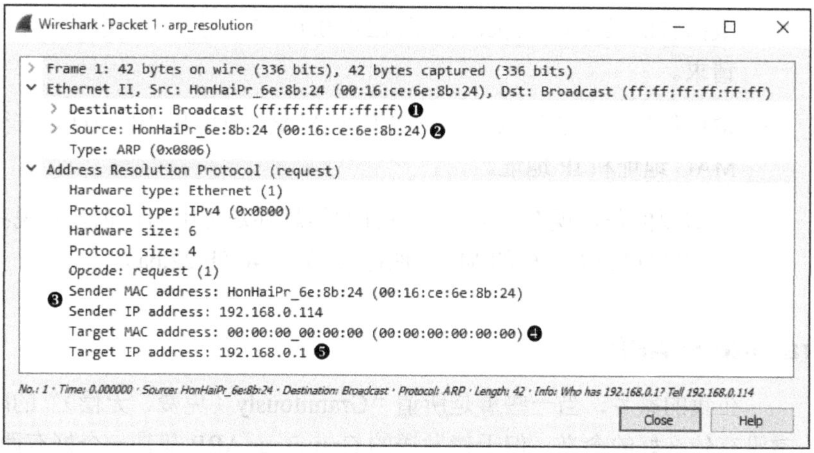

图 7-3　一个 ARP 请求数据包

在这个给定的结构中，我们可以确定这的确是一个在以太网上使用的 ARP 请求。这个ARP头列出了发送方的IP地址(192.168.0.114)和MAC地址(00:16:ce:6e:8b:24)，以及接收方的 IP 地址 192.168.0.1。由于目标的 MAC 地址，也就是我们想要得到的信息，还是未知的，因此这里的目的MAC 地址填写为00:00:00:00:00:00。

7.1.3　数据包 2：ARP 响应

在我们对于最初请求的响应中（见图 7-4），第一个数据包中的源 MAC 地址成为了这个以太网头中的目的地址。这个 ARP 响应和之前的 ARP 请求看上去很像，除了以下几点。

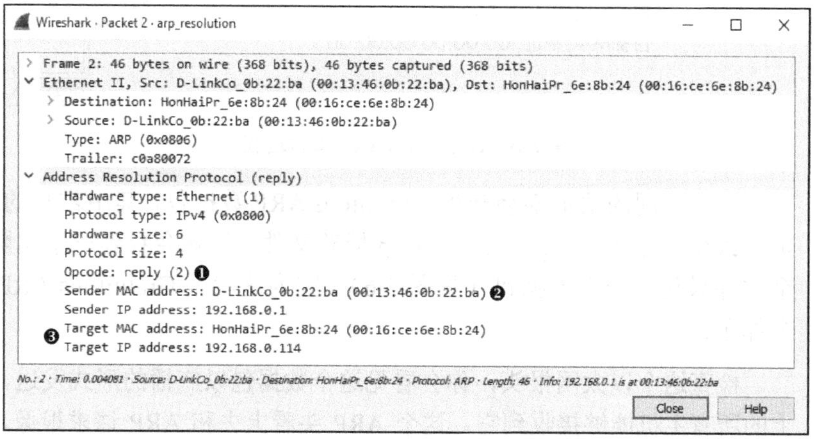

图 7-4　一个 ARP 回复数据包

- 数据包的操作码（opcode）现在是 0x0002，用来表示这是一个响应而不是请求。
- 地址信息进行了颠倒——发送方的 MAC 地址和 IP 地址现在变成了目的 MAC 地址和 IP 地址。
- 最重要的是，现在数据包中所有的信息都是可用的，也就是说我们现在有了 192.168.0.1 主机的 MAC 地址（00:13:46:0b:22:ba）。

7.1.4 Gratuitous ARP

在我的家乡，当一些事是所谓“Gratuitously（免费、无偿）”的时候，那通常没有什么好的含义。但无偿发送的 Gratuitous ARP 却是一个好东西。

在多数情况下，一个设备的 IP 地址是可以改变的。当这样的改变发生后，网络中主机缓存里的 IP 和 MAC 地址的映射就失效了。为了防止造成通信错误，Gratuitous ARP 请求会被发送到网络中，强制所有收到它的设备去用新的 IP 和 MAC 地址映射更新缓存（见图 7-5）。

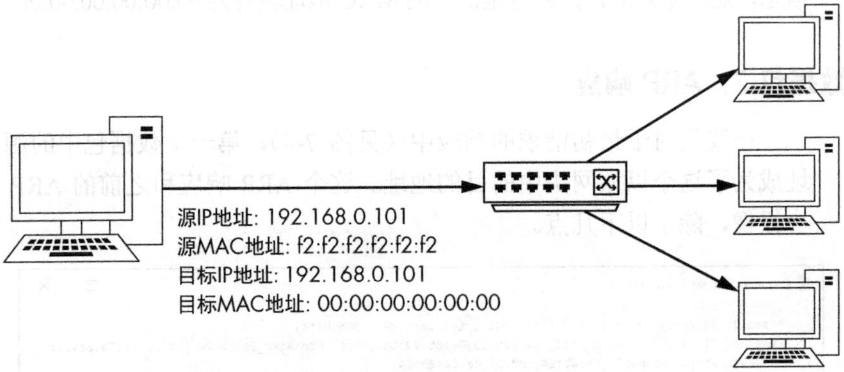

图 7-5　Gratuitous ARP 工作过程

几个不同的情形都会产生 Gratuitous ARP 数据包，其中常见的就是 IP 地址的改变。打开 arp_gratuitous.pcap 捕获文件，你就会看到一个实际例子。这个文件只包含一个数据包（见图 7-6），因为这就是 Gratuitous ARP 数据包的全部了。

检查这个以太网报头，你会看见这个数据包以广播的形式发送，以便网络上的所有主机能够接收到它。这个 ARP 头看上去和 ARP 请求很像，除了发送方的 IP 地址和目标 IP 地址是相同的。在这个数据包被网络中的其他主机接收到之后，它会让这些主机使用新的 IP 地址和 MAC 地址关系来更新它们的 ARP 表。由于这个 ARP 数据包是未经请求的，却导致客户端更新 ARP 缓存，因此会称之为 Gratuitous ARP。

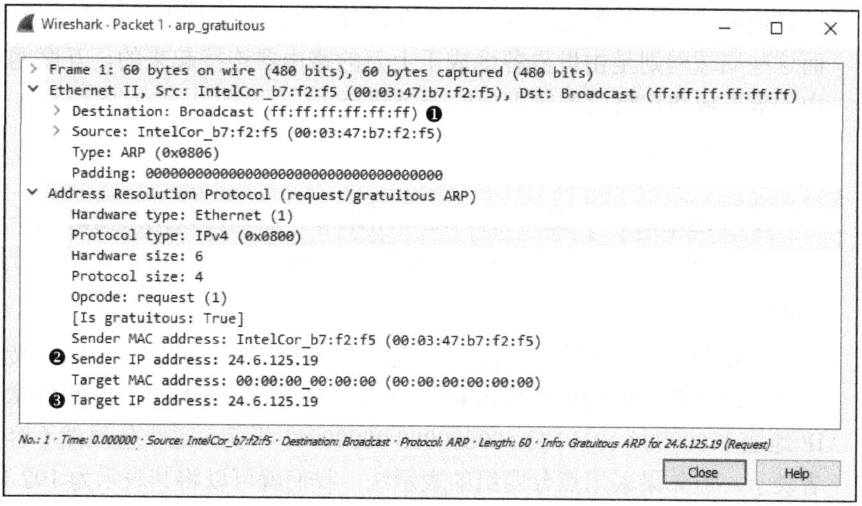

图 7-6　一个 Gratuitous ARP 数据包

你会在一些不同的情形下注意到 Gratuitous ARP 数据包的存在。如上所示，设备 IP 地址的改变会生成它，并且一些操作系统也会在启动时进行无偿 ARP 的发送。此外，你可能会注意到，一些系统使用 Gratuitous ARP 数据包进行对流入流量的负载均衡。

7.2　互联网协议

位于 OSI 模型中第 3 层的协议的主要目的就是使得网络间能够互联沟通。上节中提到的 MAC 地址被用来在第 2 层处理同一网络中的通信。与其类似，第 3 层则负责跨网络通信的地址。在这层工作的不止一个协议，但最普遍的还是互联网协议（IP）。互联网协议有两种版本，IPv4 和 IPv6。在此，我们将首先介绍在 RFC791 中所定义的 IP 协议版本 4（IPv4）。

7.2.1　互联网协议第 4 版（IPv4）

要想明白 IPv4 的作用，你就需要知道流量是如何在不同网络之间传输的。IPv4 是这一通信过程的“搬运工”，并且不管通信端点在哪，它最终都负责在设备之间携带数据。

如果网络中的所有设备仅使用集线器或者交换机进行连接，那么这个网络称为局域网（local area network, LAN）。如果想将两个局域网连接起来，那么你可以使用路由器做到这一点。在复杂的网络中，可能包含了成千上万的局域网，而这些局域网则是由世界各地成千上万的路由器连接起来的。互联网本身就是由无数局域网和路由器所组成的一个集合。

1. IPv4 地址

IPv4 地址是一个 32 位的地址，用来唯一标识连接到网络的设备。由于让人记住一串 32 位长的 01 字符确实比较困难，因此 IP 地址采用点分四组的表示法。

在点分四组表示法中，构成 IP 地址的四组 1 和 0 中的每一组都转换为以十进制并以 A.B.C.D 的格式表示 0～255 之间的数字（见图 7-7）。我们拿这样一个 IP 地址 11000000 10101000 00000000 00000001 举例，这个值显然不容易记忆或者表示，但如果采用点分四组的表示法，我们就可以将其表示为 192.168.0.1。

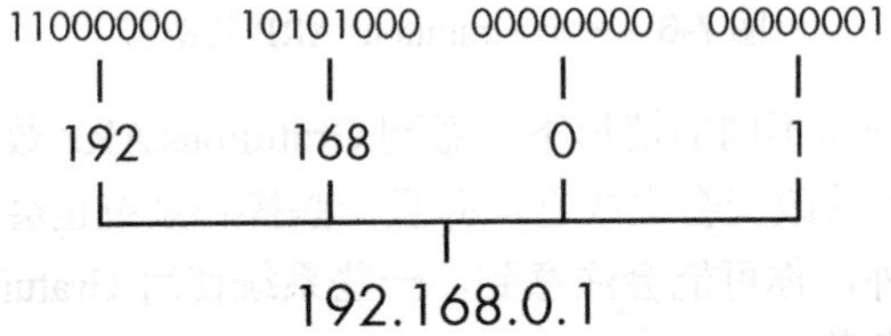

图 7-7　IPv4 地址的点分四组表示法

IP 地址之所以会被分成 4 个单独的部分，是因为每个 IP 地址都包含着两个部分：网络地址和主机地址。网络地址用来标识设备所连接到的局域网，而主机地址则标识这个网络中的设备本身。用来决定究竟 IP 地址哪部分属于网络或者主机的划分通常并不唯一。这实际上是由另一组名为网络掩码（network mask）的地址信息所决定的，有时它也会被称为子网掩码（subnet mask）。

注意　在本书中，如果我们提到 IP 地址，那么我们默认是指 IPv4 地址。我们将在后续小节里讲到 IPv6，它的地址有另一套规则。无论何时提到 IPv6 地址，我们都会明确标注出来。

网络掩码用来标识 IP 地址中究竟哪一部分属于网络地址而哪一部分属于主机地址。网络掩码也是 32 位的，并且网络掩码使用 1 的部分都是网络地址，而

剩下为 0 的部分则标识着主机地址。

我们以 IP 地址 10.10.1.22 为例，其二进制形式为 00001010 00001010 00000001 00010110。为了能够区分出 IP 地址的每一个部分，我们将网络掩码应用其上。在这个例子中，我们的网络掩码是 11111111 11111111 00000000 00000000。这意味着 IP 地址的前一半（10.10 或者 00001010 00001010）是网络地址，而后一半（1.22 或者 00000001 00010110）标识着这个网络上的主机，如图 7-8 所示。

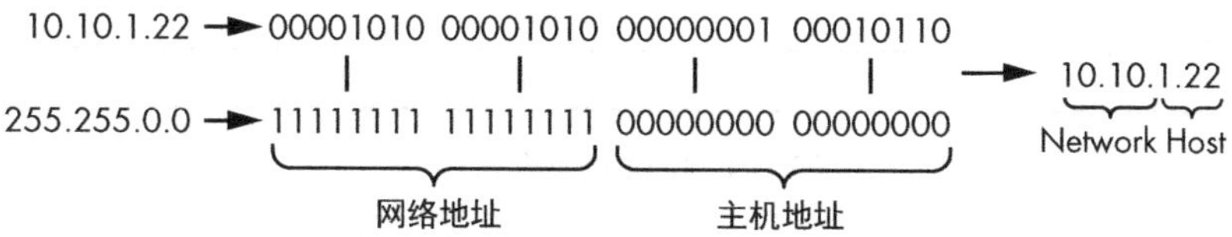

图 7-8　网络掩码决定了 IP 地址中比特位的分配

如图 7-8 所示，网络掩码也可以写成点分四组的形式。比如网络掩码 11111111 11111111 00000000 00000000 可以被写成 255.255.0.0。

为简便起见，IP 地址和网络掩码通常会被写成无类型域间选路（Classless Inter-Domain Routing，CIDR）的形式。在这个形式下，一个完整的 IP 地址后面会跟有一个左斜杠（/），斜杠右边的数字表示网络部分的位数。举例来说，IP 地址 10.10.1.22 和网络掩码 255.255.0.0，在 CIDR 表示法下就会被写成 10.10.1.22/16 的形式。

2. IPv4 头

源 IP 地址和目的 IP 地址都是 IPv4 数据报头中的重要组成部分，但除了这两个地址之外，数据包里面还有其他重要的信息。IP 报头比我们刚刚介绍过的 ARP 数据包要复杂得多。这其中包含了很多额外的信息，以便 IP 协议完成其工作。

如图 7-9 所示，IPv4 头有着下列的几个字段。

版本号（Version）：IP 所使用的版本。

首部长度（Header Length）：IP 头的长度。

服务类型（Type of Service）：优先级标志位和服务类型标志位，被路由器用来进行流量的优先排序。

总长度（Total Length）：IP 头与数据包中数据的长度。

互联网协议4 (IPv4)							
偏移位	八位组	0		1	2		3
八位组	位	0–3	4–7	8–15	16–18	19–23	24–31
0	0	版本号	首部长度	服务类型	总长度		
4	32	标识符			标识	分片偏移	
8	64	存活时间		协议	首部校验和		
12	96	源IP地址					
16	128	目的IP地址					
20	160	选项					
24+	192+	数据					

图 7-9　IPv4 数据包结构

标识符（Identification）：一个唯一的标识数字，用来识别一个数据包或者被分片数据包的次序。

标识（Flags）：用来标识一个数据包是否是一组分片数据包的一部分。

分片偏移（Fragment Offset）：一个数据包是一个分片，这个域中的值就会被用来将数据包以正确的顺序重新组装。

存活时间（Time to Live）：用来定义数据包的生存周期，以经过路由器的跳数/秒数进行描述。

协议（Protocol）：用来识别在数据包序列中上层协议数据包的类型。

首部校验和（Header Checksum）：一个错误检测机制，用来确认 IP 头的内容没有被损坏或者篡改。

源 IP 地址（Source IP Address）：发出数据包的主机的 IP 地址。

目的 IP 地址（Destination IP Address）：数据包目的地的 IP 地址。

选项（Options）：保留作额外的 IP 选项。它包含着源站选路和时间戳的一些选项。

数据（Data）：使用 IP 传递的实际数据。

3. 存活时间

存活时间（TTL）值定义了在该数据包被丢弃之前所能经历的时间，或者能够经过的最大路由数目。TTL 在数据包被创建时就会被定义，而且通常在每次被发往一个路由器的时候减 1。举例来说，如果一个数据包的存活时间是 2，那么当它到达第一个路由器的时候，其 TTL 会被减为 1，并被发向第二个路由。接着这个路由会将 TTL 减为 0，这时如果这个数据包的最终目的地不在这个网络中，那么这个数据包就会被丢弃，如图 7-10 所示。由于 TTL 的值在技术上还是基于时间的，因此一个非常繁忙的路由器可能会将 TTL 的值减掉不止 1，但通常情况下，我们还是可以认为一个路由设备在多数情况下只会将 TTL 值减 1。

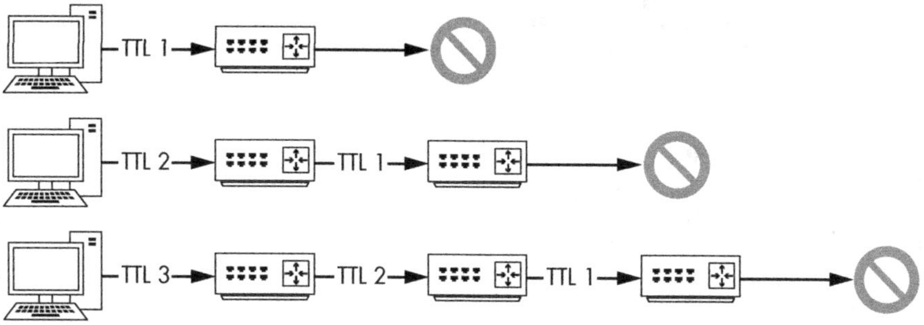

图 7-10　数据包的 TTL 在每次经过一个路由器的时候减少

为什么 TTL 的值会这样重要？我们通常所关心的一个数据包的生存周期，只是其从源前往目的地所花去的时间。但是考虑到一个数据包想要通过互联网发往一台主机需要经过数十个路由器，在这个数据包的路径上，它可能会碰到被错误配置的路由器，而失去其到达最终目的地的路径。在这种情况下，这个路由器可能会做很多事情，其中一件就是将数据包发向一个网络，而产生一个死循环。

如果你有编程背景，那么你就会知道死循环会引发各种问题，一般来说它会导致一个程序或者整个操作系统的崩溃。理论上，同样的事情也会以数据包的形式发生在网络上。数据包可能会在路由器之间持续循环。随着循环数据包的增多，网络中可用的带宽就会减少，直至拒绝服务（DoS）的情况出现。IP 头中的 TTL 域就是为了防止出现这个潜在的问题。

让我们看一下 Wireshark 中的实例。文件 ip_ttl_source.pcap 包含着两个 ICMP 数据包。ICMP（我们会在这章之后介绍到）利用 IP 传递数据包，我们可以通过在 Packet Details 面板中展开 IP 头区段看到（见图 7-11）。

你可以看到 IP 的版本号为 4，IP 头的长度是 20 字节，首部和载荷的总长度是 60 字节，并且 TTL 域的值是 128。

ICMP ping 的主要目的就是测试设备之间的通信。数据从一台主机发往另一个主机作为请求，而后接收主机会将那个数据作为响应发回。这个文件中，一台 IP 地址为 10.10.0.3 的设备将一个 ICMP 请求发向了地址为 192.168.0.128 的设备。这个原始的捕获文件是在源主机 10.10.0.3 上被创建的。

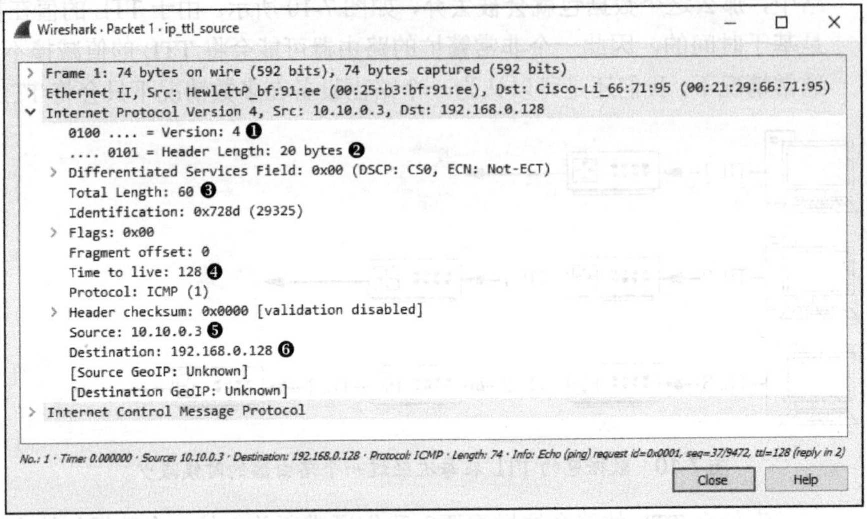

图 7-11　源数据包的 IP 头

现在打开文件 ip_ttl_dest.pcap。在这个文件中，数据在目的主机 192.168.0.128 处被捕获。展开这个捕获中第一个数据包的 IP 头，来检查它的 TTL 值（见图 7-12）。

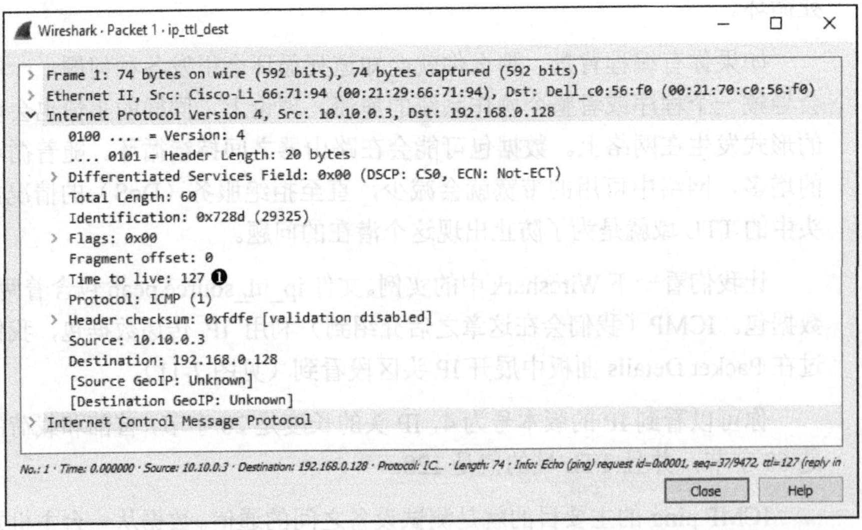

图 7-12　IP 头告诉我们 TTL 已经被减 1 了

你可以立刻注意到 TTL 的值变为了 127，比原先的 TTL 减少了 1。即使不知道网络的结构，我们也可以知道这两台设备是由一台路由器隔开的，并且经过这台路由器的路径会将 TTL 值减 1。

4. IP 分片

数据包分片将一个数据流分为更小的片段，它是 IP 用于解决跨越不同类型网络时可靠传输的一个特性。

一个数据包的分片主要基于第 2 层数据链路协议所使用的最大传输单元（maximum transmission unit, MTU）的大小，以及使用这些第 2 层协议的设备配置情况。在多数情况下，第 2 层所使用的数据链路协议是以太网。以太网的默认 MTU 是 1500，也就是说以太网的网络上所能传输的最大报文大小是 1500 字节（并不包括 14 字节的以太网头本身）。

注意 虽然存在着标准的 MTU 设定，但是一个设备的 MTU 通常可以手工设定。MTU 是基于接口进行设定的，其可以在 Windows 或者 Linux 系统上修改，也可以在托管路由器的界面上修改。

当一个设备准备传输一个 IP 数据包时，它将会比较这个数据包的大小，以及将要把这个数据包传送出去的网络接口 MTU，用以决定是否需要将这个数据包分片。如果数据包大小大于 MTU，那么这个数据包就会被分片。将一个数据包分片包括下列的步骤。

（1）设备将数据分为若干个将要接下来进行传输的数据包。

（2）每个 IP 头的总长度字段会被设置为每个分片的片段长度。

（3）除了最后一个分片数据包外，之前所有分片数据包的标志位都被标识为 1。

（4）IP 头中分片部分的分片偏移将会被设置。

（5）数据包被发送出去。

文件 ip_frag_source.pcap 是从地址为 10.10.0.3 的计算机上捕获而来的。它向一个地址为 192.168.0.128 的设备发送 ping 请求。注意，在 ICMP（ping）请求之后，Packet List 面板的 Info 列中列出了两个被分段的 IP 数据包。

先检查数据包 1 的 IP 头（见图 7-13）。

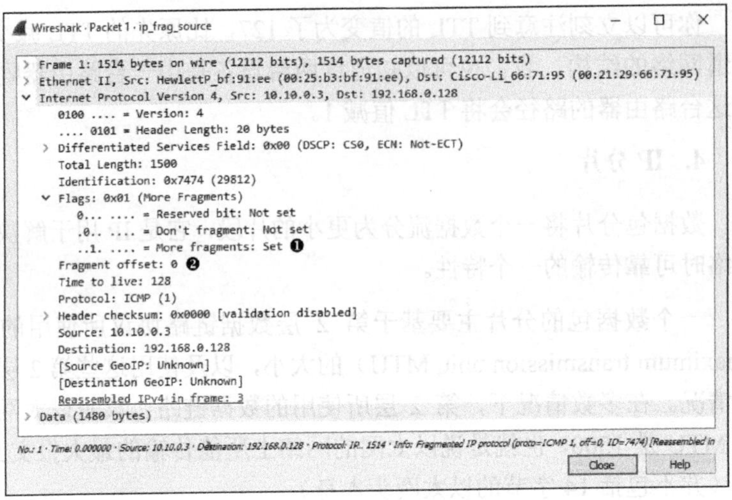

图 7-13　更多分片和分片偏移值可以用来识别分片数据包

根据更多分片和分片偏移域，你可以断定这个数据包是分片数据包的一部分。被分片的数据包可能有一个大于 0 的分片偏移，或者设定了更多分片的标志位。在第一个数据包中，更多分片标志位被设定，意味着接收设备应该等待接收序列中的另一个数据包。分片偏移被设为 0，意味着这个数据包是这一系列分片中的第一个。

第二个数据包的 IP 头（见图 7-14），同样被设定了更多分片的标志位，但在这里分片偏移的值是 1480。这里明显意味着 1500 字节的 MTU，减去了 IP 头的 20 字节。

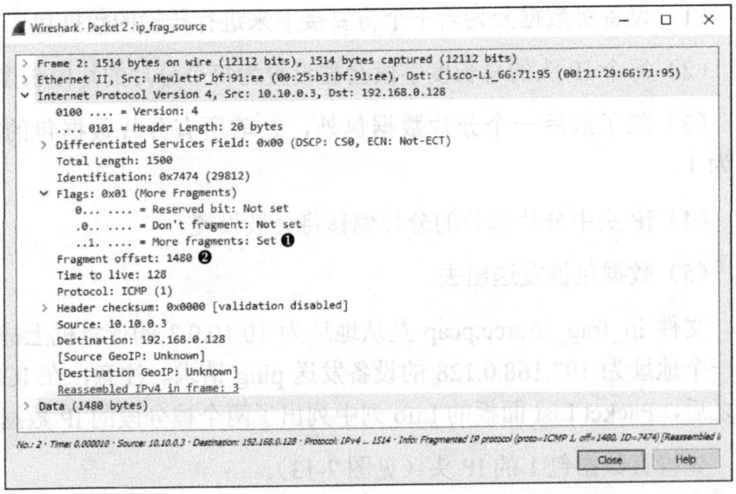

图 7-14　分片偏移值会根据数据包的大小而增大

第三个数据包（见图 7-15），并没有设定更多分片标志位，也就意味着它被标记为整个数据流中的最后一个分片。并且其分片偏移被设定为 2960，也就是 1480+（1500−20）的结果。这些分片可以被认为是同一个数据序列的一部分，因为它们在 IP 头中的标识位字段中拥有相同的值。

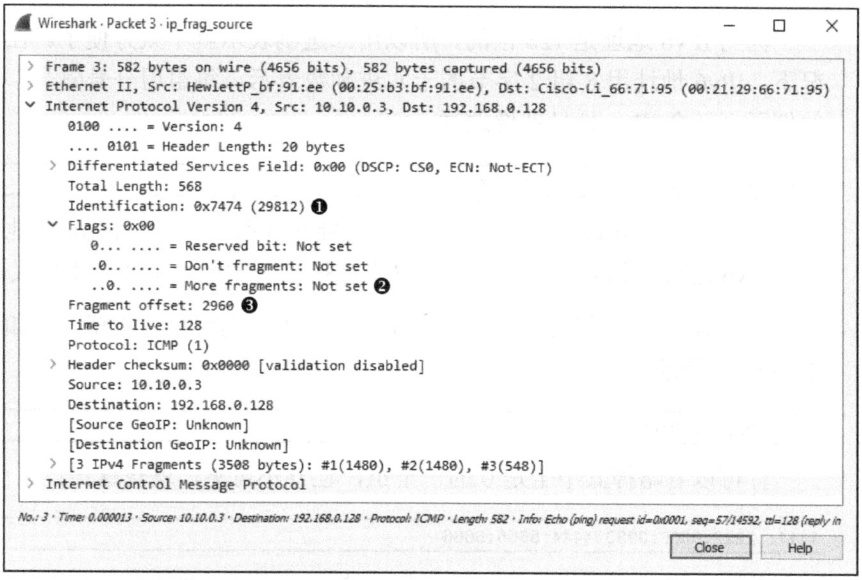

图 7-15　没有设置更多分片标志位意味着这是最后一个分片

虽然网络上被分片的包不怎么常见，但明白数据包为什么会被分片是有用的，这样当遇到它们时，你就可以诊断问题所在或认出丢失的分片。

7.2.2　互联网协议第 6 版（IPv6）

当制定 IPv4 规范时，我们其实并不知道今天最终有多少个连接到互联网的设备。IPv4 的最大地址空间仅允许有 43 亿个地址。但实际上减去特殊用途的预留地址，比如测试地址、广播地址、RFC1918 内网地址等，实际可用的地址空间更加有限。尽管已经实施了一些延缓 IPv4 地址耗尽的措施，解决这一问题的唯一途径还是要再开发 IP 规范的新版本。

于是，IPv6 的第一个版本——RFC 2460 于 1998 年发布。这一版提供了一些性能上的改进，包括更大的地址空间。在这一小节里，我们将学习 IPv6 的报文结构和它不同以往的通信方式。

1. IPv6 地址

IPv4 地址被局限在 32 位，这意味着该长度只能提供亿级的地址空间。IPv6 地址有 128 位，可以提供 2 的 128 次方的地址空间（万亿万亿万亿级别）。这一升级十分可观！

因为 IPv6 地址是 128 位的，所以用二进制表示就不太方便了。在大多数情况下，IPv6 地址用 8 组 2 字节的十六进制数表示，每组用分号隔开。举个简单的例子，一个 IPv6 地址就像这样：

```
1111:aaaa:2222:bbbb:3333:cccc:4444:dddd
```

当一眼扫过 IPv6 地址时，你的想法可能跟那些习惯于记忆 IPv4 地址的人一样：IPv6 地址看起来不可能记住。这也是换取更大地址空间的不幸代价。

不过 IPv6 地址记法的一个特性是一些值为 0 的组可以省略。比如，考虑以下的 IPv6 地址：

```
1111:0000:2222:0000:3333:4444:5555:6666
```

你可以省略掉其中全是 0 的一个组，让 0 不可见，就像这样：

```
1111::2222:0000:3333:4444:5555:6666
```

然而，你一次只能省略一个值为 0 的组，所以下面的地址是无效的：

```
1111::2222::3333:4444:5555:6666
```

还有一种简化的方法就是把 IPv6 地址前置的 0 都省略掉。考虑下面这个例子，第 4 组、第 5 组、第 6 组前面都有 0：

```
1111:0000:2222:0333:0044:0005:ffff:ffff
```

你可以通过下面的方式更有效地表示地址：

```
1111::2222:333:44:5:ffff:ffff
```

这可能没有 IPv4 地址那么易用，但起码比更长的地址好处理得多。

一个 IPv6 地址分为网络部分和主机部分，分别称为网络前缀（network prefix）和接口标识符（interface identifier）。这两个部分在地址上的分布取决于 IPv6 的通信类型。IPv6 通信有 3 种类别：单播（unicast）、任播（anycast）和多播（multicast）。在大多数情况下，你应该会遇到本地连接之间的单播，就是在单一网络中的一个设备和另一个设备的通信。单播本地连接的 IPv6 格式如图 7-16 所示。

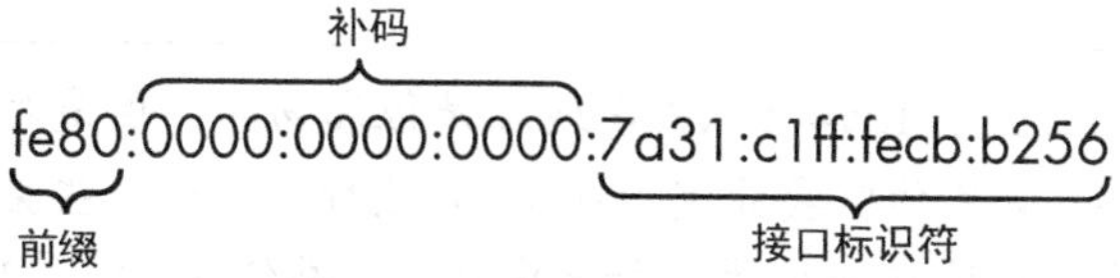

图 7-16　单播本地连接的 IPv6 地址的组成部分

在同一网络下和另一个设备通信需要用到本地连接地址。一个本地连接地址的前 10 个最高有效位被设置为 1111111010，紧接着的 54 位被设置成 0。所以，当你看到一个地址的前半部分是 fe80:0000:0000:0000 时，你就可以认出这是一个本地连接地址。

本地连接 IPv6 地址的另一半是接口 ID 部分，它表明了在网络上唯一的一个主机端点。在以太网中，这是基于 MAC 地址而来的。然而，MAC 地址只有 48 位。要把 64 位全部填满，MAC 地址先被切成两半，然后值 0xfffe 在两边被当作补码附属上，组成一个唯一的标识符。最后，反转第一个字节的第 7 位比特。这可能稍显复杂，但请看图 7-17 所示的接口 ID。原设备的 MAC 地址是 78:31:c1:cb:b2:56。字节 0xfffe 先被加到中间，然后通过反转 8 变成了 a。

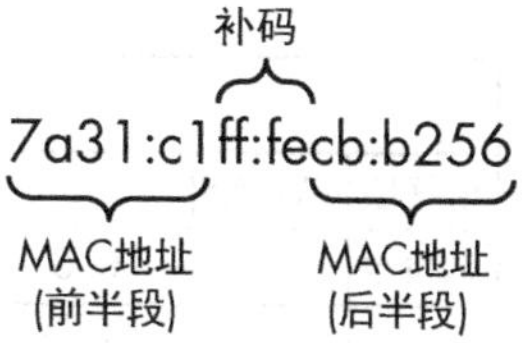

图 7-17　接口 ID 由 MAC 地址和补码演变而来

IPv6 地址簇可以用 CIDR 的记法来表示，与 IPv4 地址簇记法相似。[1]在本例中，64 位的地址空间被表示为一个本地连接地址：

```
fe80:0000:0000:0000:/64
```

当单播流量在公网上传播时，IPv6 地址的组成会发生变化（见图 7-18）。当使用这种方式时，全局单播通过将前 3 位设置为 001，加上 45 位全局路由前缀来标识。全局路由前缀由互联网数字分配机构（IANA）分配，它可以唯一地标识一个组织的地址空间。接下来的 16 位是子网 ID，它可以用来划分地址，类似于 IPv4 地址的子网掩码。最后 64 位被用来当作接口 ID，类似于本地连接地址。路由前缀和子网 ID 可以依据大小而发生变化。

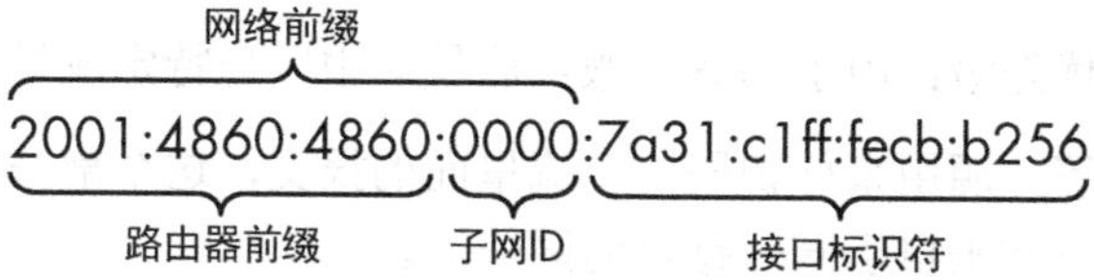

图 7-18　全局 IPv6 单播地址的组成部分

[1] CIDR——无类别域间路由，Classless Inter-Domain Routing。——译者注

注意 从视觉上区分 IPv4 和 IPv6 地址是很容易的，但是对于很多程序来说并没有那么简单。如果你需要指定一个 IPv6 地址，比如一些类似于浏览器和命令行工具的应用要求你在地址两旁加上中括号，类似[1111::2222:333:44:5:ffff]。这样的需求并不总是有文档说明，从而引出的问题会让许多 IPv6 的学习者非常沮丧。

2. IPv6 包结构

IPv6 的报头在易读的设计理念下已经扩展到支持更多的特性。摒弃了报头要提供一个大小值的设计，IPv6 报头现在被固定在 40 字节。额外的选项通过拓展报头来实现。这样设计有它的好处，大多数路由器转发数据包只需要处理 40 字节的报头。

如图 7-19 所示，IPv6 报头分为以下部分。

互联网协议第6版(IPv6)							
偏移位	八位组	0		1		2	3
八位组	位	0–3	4–7	8–11	12–15	16–23	24–31
0	0	版本号	流量优先级		流标签		
4	32	载荷长度				下一包报头	跳数限制
8	64	源地址					
12	96						
16	128						
20	160						
24	192	目的地址					
28	224						
32	256						
36	288						

图 7-19 IPv6 包结构

版本号：IP 协议的版本（这里 IPv6 值永远是 6）。

流量优先级：用于 QoS（服务质量）中区分特定流量的优先级次序。

流标签：源用来标识同一个流里面的报文，这个部分通常使用在 QoS 管理中来确认报文来自于同一路径的同一流。

载荷长度：表明该 IPv6 包头部后包含的字节数，包含扩展头部。

下一包报头：该字段用来指明报头后接的第 4 层的报文头部的类型，该部分替代了 IPv4 报头中的“协议”字段。

跳数限制：定义了一个报文的生命周期，该字段替代了 IPv4 报头中的 TTL，每次转发跳数减 1，该字段达到 0 时包将会被丢弃。

源地址：标识该报文的来源 IP 地址。

目的地址：标识该报文的目的 IP 地址。

现在让我们通过 *http_ip4and6.pcapng* 来比较 IPv4 和 IPv6 报文之间的不同。在这个捕获文件里，一个 Web 服务器在同一台物理主机上同时监听 IPv4 和 IPv6 链接。一个同时具有 IPv4 和 IPv6 地址的客户端分别独自使用两种地址浏览服务器并使用 curl 应用通过 HTTP 下载 index.php 页面（见图 7-20）。

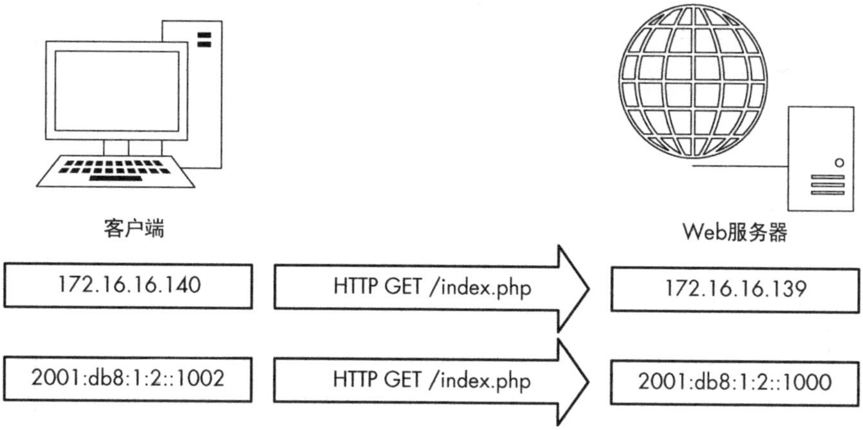

图 7-20 相同物理主机使用不同 IP 版本的链接

当我们打开这个捕获文件时，你应该能够根据报文列表中的源和目的列很容易地分辨出哪个数据包属于哪个会话。从 1 号到 10 号的数据包表示的是 IPv4 流（stream 0），从 11 号到 20 号的数据包表示的是 IPv6 流（stream 1）。你可以通过会话窗口把这两组流过滤出来或者在过滤条内输入 **tcp.stream==0** 或 **tcp.stream==1**。

我们将在第 8 章深入了解负责传输网页的 HTTP 协议。在本例中，你仅需明白高层传输 Web 网页不关心使用哪个底层网络协议。对于 TCP 道理也是一样的，它的行为保持一致且不受 IP 版本影响。这是数据封装的一个很好的例子。虽然 IPv4 和 IPv6 在功能行为上有所区别，但是其他层级的协议不受影响。

图 7-21 提供了数据包 1 号和 11 号的对比。它们都有着相同的作用，即都是从客户端发往服务端用来初始会话的 TCP SYN 包。数据报文的以太网和 TCP

层基本一样。然而，IP 层完全不同。

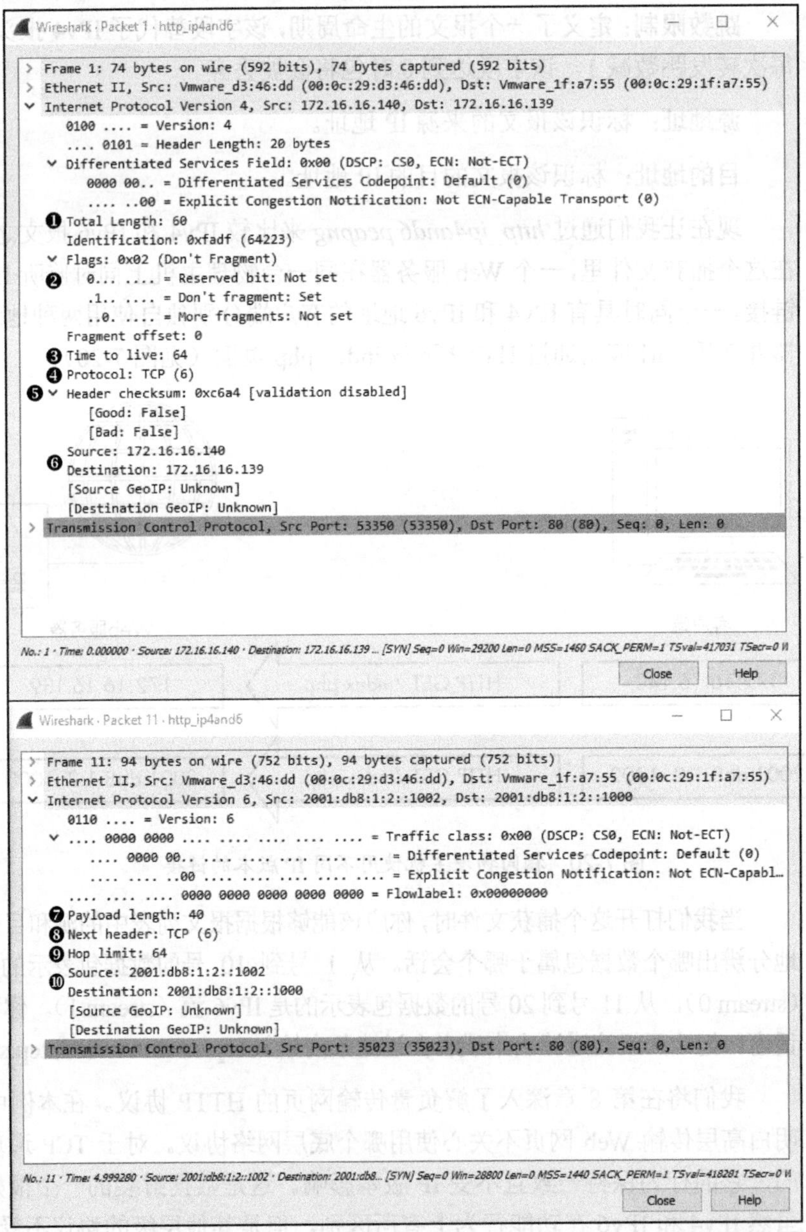
Wireshark · Packet 1 · http_ip4and6
> Frame 1: 74 bytes on wire (592 bits), 74 bytes captured (592 bits)
> Ethernet II, Src: Vmware_d3:46:dd (00:0c:29:d3:46:dd), Dst: Vmware_1f:a7:55 (00:0c:29:1f:a7:55)
Internet Protocol Version 4, Src: 172.16.16.140, Dst: 172.16.16.139
0100 .... = Version: 4
.... 0101 = Header Length: 20 bytes
Differentiated Services Field: 0x00 (DSCP: CS0, ECN: Not-ECT)
0000 00.. = Differentiated Services Codepoint: Default (0)
.... ..00 = Explicit Congestion Notification: Not ECN-Capable Transport (0)
❶ Total Length: 60
Identification: 0xfadf (64223)
Flags: 0x02 (Don't Fragment)
❷ 0... .... = Reserved bit: Not set
.1.. .... = Don't fragment: Set
..0. .... = More fragments: Not set
Fragment offset: 0
❸ Time to live: 64
❹ Protocol: TCP (6)
❺ Header checksum: 0xc6a4 [validation disabled]
[Good: False]
[Bad: False]
Source: 172.16.16.140
❻ Destination: 172.16.16.139
[Source GeoIP: Unknown]
[Destination GeoIP: Unknown]
> Transmission Control Protocol, Src Port: 53350 (53350), Dst Port: 80 (80), Seq: 0, Len: 0
No.: 1 · Time: 0.000000 · Source: 172.16.16.140 · Destination: 172.16.16.139 ... [SYN] Seq=0 Win=29200 Len=0 MSS=1460 SACK_PERM=1 TSval=417031 TSecr=0 W
Close
Help
Wireshark · Packet 11 · http_ip4and6
> Frame 11: 94 bytes on wire (752 bits), 94 bytes captured (752 bits)
> Ethernet II, Src: Vmware_d3:46:dd (00:0c:29:d3:46:dd), Dst: Vmware_1f:a7:55 (00:0c:29:1f:a7:55)
Internet Protocol Version 6, Src: 2001:db8:1:2::1002, Dst: 2001:db8:1:2::1000
0110 .... = Version: 6
.... 0000 0000 .... = Traffic class: 0x00 (DSCP: CS0, ECN: Not-ECT)
.... 0000 00.. .... = Differentiated Services Codepoint: Default (0)
....00 .... = Explicit Congestion Notification: Not ECN-Capabl...
.... 0000 0000 0000 0000 0000 = Flowlabel: 0x00000000
❼ Payload length: 40
❽ Next header: TCP (6)
❾ Hop limit: 64
Source: 2001:db8:1:2::1002
❿ Destination: 2001:db8:1:2::1000
[Source GeoIP: Unknown]
[Destination GeoIP: Unknown]
> Transmission Control Protocol, Src Port: 35023 (35023), Dst Port: 80 (80), Seq: 0, Len: 0
No.: 11 · Time: 4.999280 · Source: 2001:db8:1:2::1002 · Destination: 2001:db8... [SYN] Seq=0 Win=28800 Len=0 MSS=1440 SACK_PERM=1 TSval=418281 TSecr=0 W
Close
Help

图 7-21　实现相同职责的 IPv4 报文（上）和 IPv6 报文（下）之间的对比

- 源 IP 和目的 IP 的格式不一样。

- IPv4 的报文总长 60 字节，大小总共 74 字节，包括 IPv4 报头和 14 字节的以太网报头。IPv6 的报文总共 96 字节，包括一个 40 字节的 IPv6 载荷、另一个 40 字节的 IPv6 报头和 14 字节的以太网报头。IPv6 为了有更大的地址空间而将报头设为 40 字节，是 20 字节 IPv4 报头的 2 倍。
- IPv4 通过“协议”字段来确定下一层的协议类型，而 IPv6 通过“下一包报头”字段（也可以用来指明拓展报头）。
- IPv4 有 TTL 值，而 IPv6 使用跳数限制来实现相同功能。
- IPv4 包含报头校验和值，而 IPv6 没有。
- 该 IPv4 报文没有被分片，但是仍然包含设置这些选项的值。IPv6 不会包含这些信息，因为如果有需要会在拓展报头里实现。

把 IPv4 流量和 IPv6 流量放到一起比较是能够切身感受两个协议运作区别的绝佳方法。

3. 邻居请求和 ARP

在之前讨论不同类型的流量时，我列出了单播、多播、任播却没有说广播。IPv6 不支持广播流量，因为广播被认为是低效的传输机制。正是因为没有广播，所以主机之间互相寻找的 ARP 协议无法使用。那么，IPv6 设备是怎么互相发现的呢？

答案取决于一个叫作邻居请求（neighbor solicitation）的新特性，它利用 ICMP6（本章下一节会讨论）来完成工作，是邻居发现协议（NDP）的一项功能。要完成这项工作，ICMP6 使用多播。多播是指把信息同时传递给一组目的地址，只有订阅了数据流的主机才会收到和处理数据。多播流量很好辨认，因为它们有自己保留的 IP 空间（ff00::/8）。

尽管地址解析过程依赖于一个不同的协议，它依然使用非常简易的请求/回复模型。例如，让我们假设一种场景。在这个场景中一个 IPv6 地址是 2001:db8:1:2::1003 的主机想要和另一个地址为 2001:db8:1:2::1000 的主机通信。类似 IPv4，因为在同一网络下通信，源设备必须要知道目的数据链路层的 MAC 地址。这个过程如图 7-22 所示。

在这个过程中，主机 2001:db8:1:2::1003 通过多播发送一个邻居请求（ICMPv6 135 类型）报文到每一个在网络上的设备，如图 7-23 所示，请求道：“IP 地址是 2001:db8:1:2::1000 的设备的 MAC 地址是什么？我的 MAC 地址是 00:0C:29:2f:80:31。”

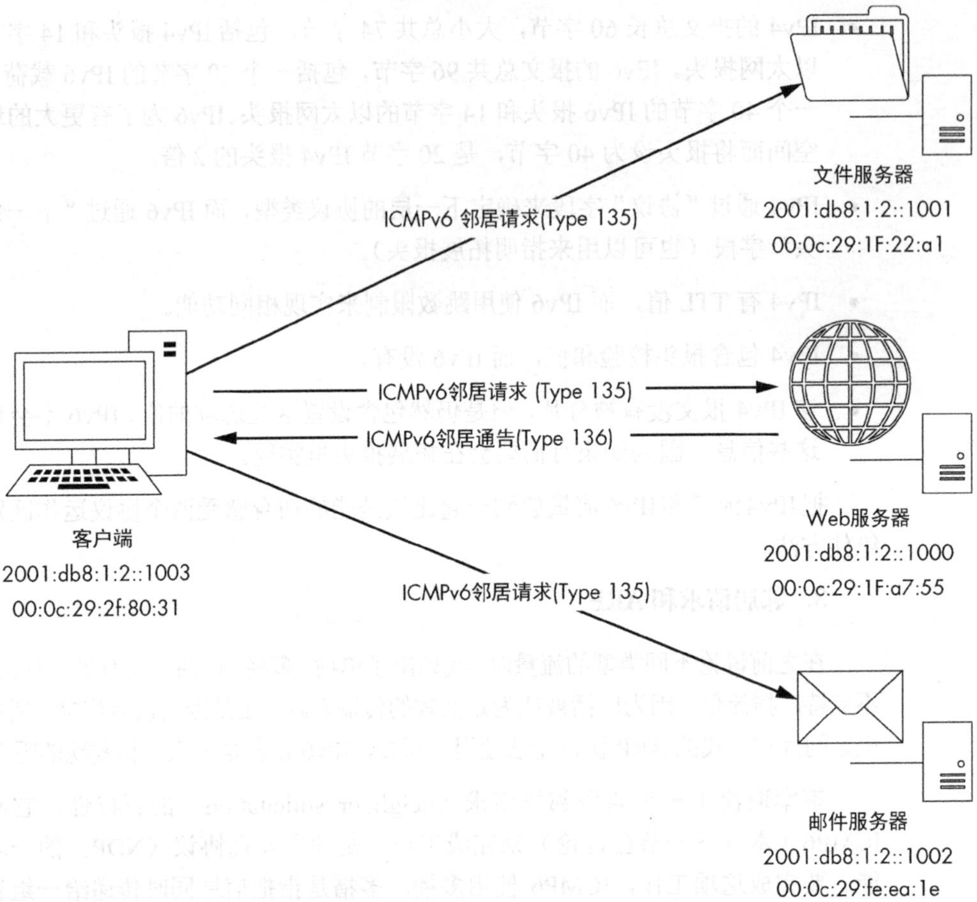

图 7-22　使用邻居请求来地址解析

拥有这个 IP 地址的设备会收到这个消息，并使用邻居通告（ICMPv6 136 类型）回复源主机，回复道："嗨！我的网络地址是 2001:db8:1:2::1000，并且我的 MAC 地址是 00:0c:29:1f:a7:55。"一旦这条消息被对方接收到，那么通信就可以开始了。

你可以在捕获文件 *icmpv6_neighbor_solicitation.pcapng* 里看到这个过程。捕获的流量中包含我们讨论的这个例子：2001:db8:1:2::1003 想要与 2001:db8:1:2::1000 通信。我们查看第一个包并在数据包细节窗口展开 ICMPv6 部分。我们可以看到这是 ICMP 135 类型的包，并且由 2001:db8:1:2::1003 发往多播地址 ff02::1:ff00:1000。源主机提供了想要进行通信的目标 IPv6 地址，并跟随着自己第二层的 MAC 地址。

对该邻居请求的回复可以在这个捕获文件的第二个数据包中找到。在数据包细节窗口展开 ICMPv6 部分（见图 7-24），显示这是 ICMP 136 类型的包，由

2001:db8:1:2::1000 回复至 2001:db8:1:2::1003，并且包含着 2001:db8:1:2::1000 的 MAC 地址 00:0c:29:1f:a7:55。

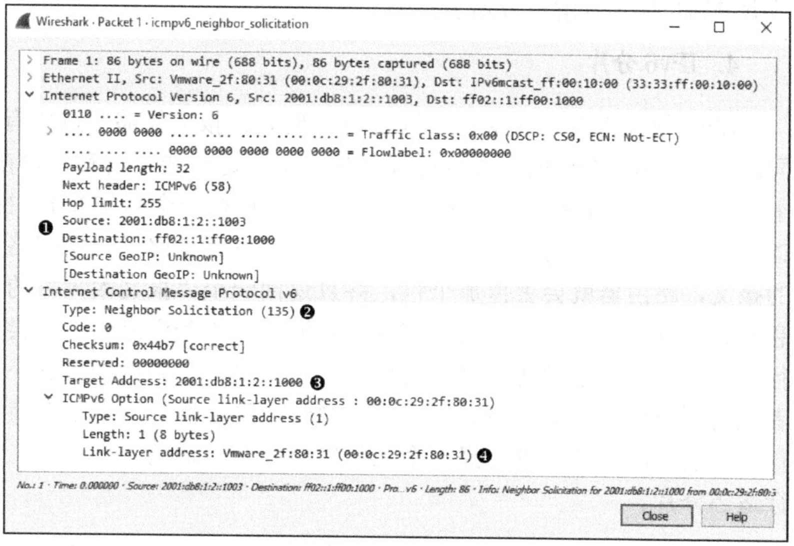

图 7-23　邻居请求报文

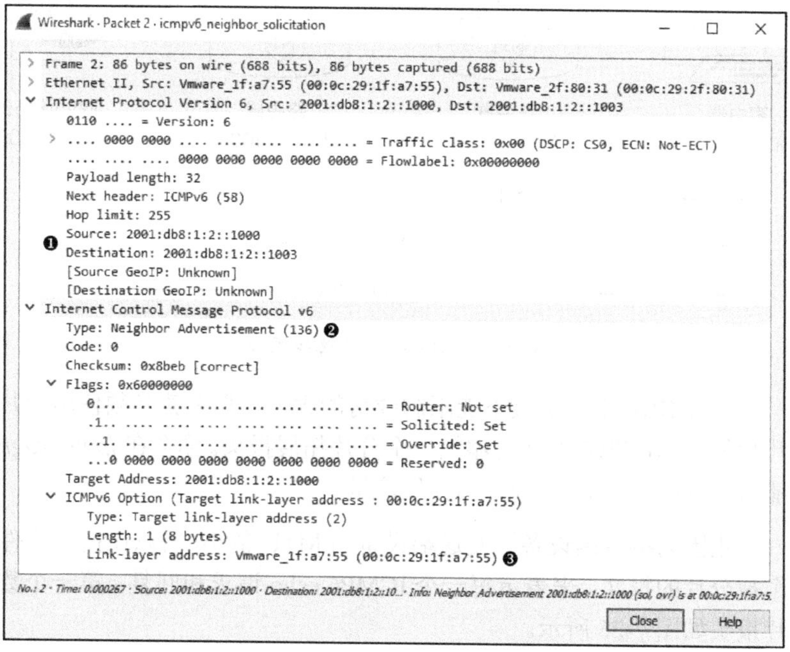

图 7-24　一个邻居通告报文

一旦这个过程完成，2001:db8:1:2::1003 和 2001:db8:1:2::1000 就开始正常 ICMP6 会话了。你可以看到 echo 请求和 echo 回复流量，这意味着邻居请求和数据链路层的地址解析成功了。

4. IPv6 分片

IPv4 报头内置分片支持，因为协议要确认报文能够穿过所有 MTU 值不同的网络。在 IPv6 里，很少用到分片，所以这一选项没有包含在 IPv6 报头里。一个传输 IPv6 报文的设备在发送之前会执行一个叫作 MTU 探索的过程，该过程会决定报文的最大容量。一旦路由器收到了比下一层网络 MTU 还大的报文，路由器就会丢掉那个包，并且返回一个“报文太大”的 ICMPv6 消息给源主机。如果上一层协议支持，则源主机收到消息后，会尝试对报文进行分片，然后重新发送。这个过程会一直重复，直到达到足够小的 MTU 或者载荷不能够再被分片下去（见图 7-25）。路由器是永远不会负责对报文进行分片的。源设备负责选择一个在传输路径中合适的 MTU 值，并对报文进行适当分片。

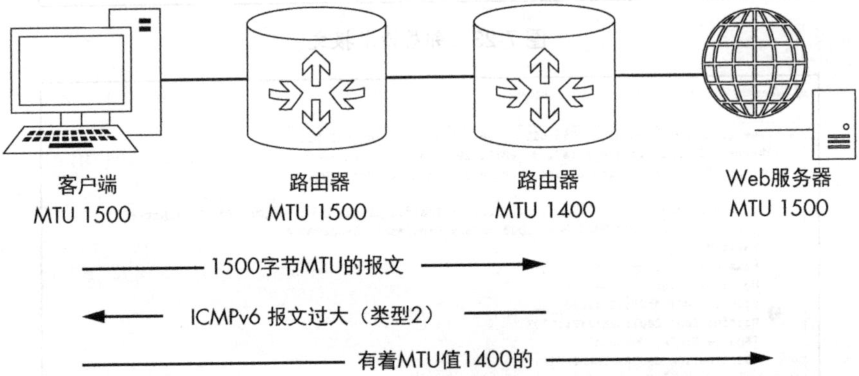

图 7-25　IPv6 MTU 路径探索

如果 IPv6 上层协议不能限制载荷的大小，那么就必须使用分片。要实现分片功能，会在 IPv6 报文上添加一个分片拓展报头。你会在 *ipv6_fragments.pcapng* 捕获文件中找到 IPv6 分片的样例流量。

正因为接收端设备比发送端设备的 MTU 值小，所以在捕获文件里分别有两个被分片的报文，来表示每一个 ICMP6 echo 请求和回复。第一个数据包中的分片报头如图 7-26 所示。

8 字节的拓展报头包含了和 IPv4 中分片一样的属性，例如分片偏移、更多分片标志、标志字段等。IPv6 只会在需要分片的时候在报文后面加上这些，而不是加到每个报文中。这种机制更有效率，它允许接收系统重组分片。此外，如果有拓展报头，那么“下一个报文”域将会指向拓展报头，而不是它要封装的下一层协议。

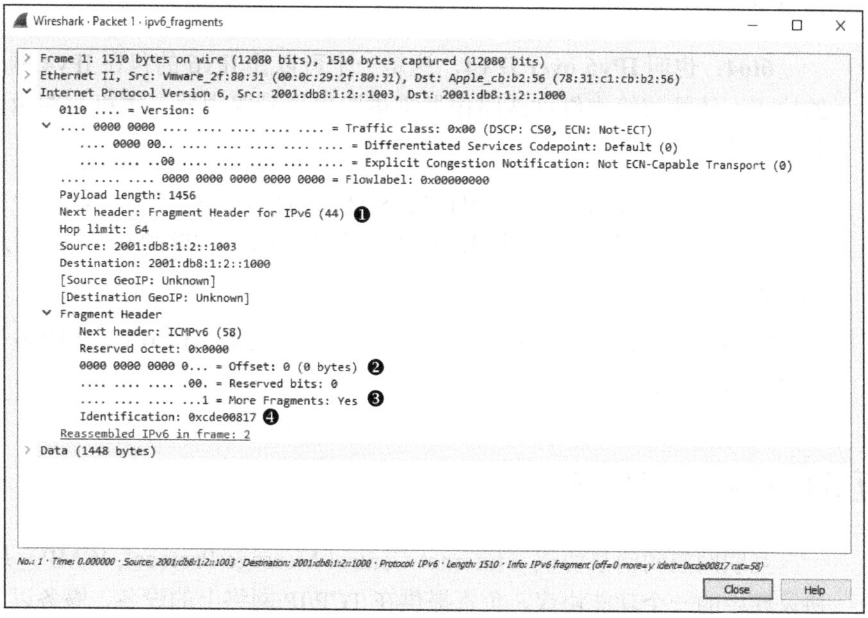

图 7-26　一个 IPv6 分片报头拓展

5. IPv6 转换协议

IPv6 指出了一个非常现实的问题，但转换现有网络架构所需的代价导致其普及非常缓慢。要简化这种转换，就需要一些协议让 IPv6 会话可以在仅支持 IPv4 的网络中通过隧道传输。在此，隧道意味着 IPv6 会话是封装在 IPv4 会话当中的，就像其他可以被 IPv4 封装的协议一样。封装通常通过以下 3 种方式。

路由器到路由器：使用一个隧道来封装 IPv6 流量，使得来自一边网络的收发主机可以访问另一边的 IPv4 网络。这种方法可以让整个网络使用 IPv6，网络内部有 IPv4 连接节点。

主机到路由器：在路由层封装用来传输从 IPv6 主机穿过 IPv4 网络的流量。这种方法允许在 IPv4 网络里单一支持 IPv6 的主机访问外部 IPv6 网络。

主机到主机：在两个端点之间封装 IPv6 流量。这个方法允许两个 IPv6 端点直接穿过 IPv4 网络通信。

虽然本书不会深入探讨转换协议，但了解到它们的存在，对你在数据包层面分析问题是有帮助的。这样，在你需要时也可以自己去查找相关资料。下面列举了几个常见的协议。

6to4：也叫 **IPv6 over IPv4**，这是一个可以让 IPv6 的包在 IPv4 网络中传输的协议。该协议给中继站或路由器提供路由器到路由器、主机到路由器、主机到主机的支持。

Teredo；当在 IPv4 网络中使用 NAT（网络地址翻译）时，这个协议提供 IPv6 单播通信服务。该协议把 IPv6 报文封装到 UDP 传输协议里，最后通过 IPv4 发出去。

ISATAP：这个本地协议允许在同一网络下的仅支持 IPv4 或 IPv6 的主机和主机之间的通信。

7.3 互联网控制消息协议

互联网控制消息协议（Internet Control Message Protocol, ICMP）是 TCP/IP 协议族中的一个功能协议，负责提供在 TCP/IP 网络上的设备、服务以及路由器可用性的信息。大多数网络检修技巧和工具都是基于常用的 ICMP 消息类型。ICMP 在 RFC792 中定义。

7.3.1 ICMP 头

ICMP 是 IP 的一部分并依赖 IP 来传递消息。ICMP 头相对较小并根据用途而改变。如图 7-27 所示，ICMP 头包含了以下几个字段。

互联网控制消息协议 (ICMP)					
偏移位	八位组	0	1	2	3
八位组	位	0–7	8–15	16–23	24–31
0	0	类型	代码	校验和	
4+	32+	可变字段			

图 7-27 ICMP 头

类型（Type）：ICMP 消息基于 RFC 规范的类型或分类。

代码（Code）：ICMP 消息基于 RFC 规范的子类型。

校验和（Checksum）：用来保证 ICMP 头和数据在抵达目的地时的完整性。

可变域（Variable）：依赖于类型和代码域的部分。

7.3.2 ICMP 类型和消息

正如刚才所说，ICMP 数据包的结构取决于由 Type 和 Code 域中的值所定义的用途。

你可以将 ICMP 的类型域作为数据包的分类，而 Code 域作为它的子类。举例来说，Type 域的值为 3 时意味着“目标不可达”。但只有这个信息可能不足以发现问题，当数据包在 Code 域中指明值为 3，也就是“端口不可达”时，你就可以知道这应该是你试图进行通信的端口的问题。

7.3.3 Echo 请求与响应

ICMP 因为 ping 工具而广为人知。ping 用来检测一个设备的可连接性。大多数信息技术专家都对 ping 很熟悉。

在命令行中输入 ping <ip 地址>，其中将<ip 地址>替换为网络上的一个实际 IP 地址，就可以使用 ping 了。如果目标设备在线，你的计算机有到达目标的通路，并且没有防火墙隔离通信的话，你将能够看到你的 ping 命令的响应。

在图 7-28 中的例子中，给出了 4 个成功显示了大小、RTT 和 TTL 的响应。Windows 还会提供一个总结信息，告诉你有多少数据包被发送、接收或者丢失。如果通信失败，会有一条信息告诉你原因。

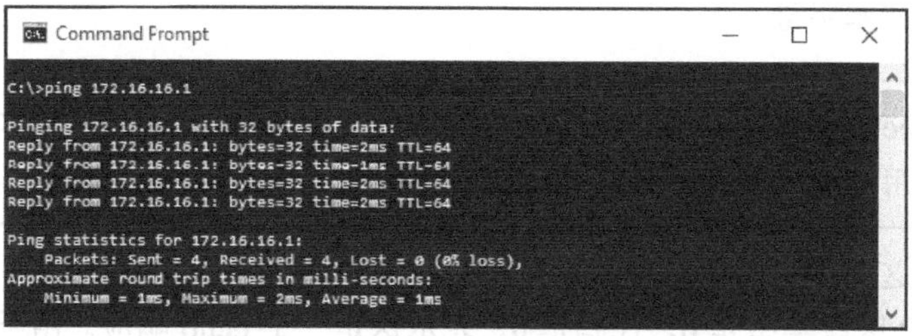

图 7-28 使用 ping 命令测试可连接性

基本上来说，ping 命令每次向一个设备发送一个数据包，并等待回复，以确定是否存在连接，如图 7-29 所示。

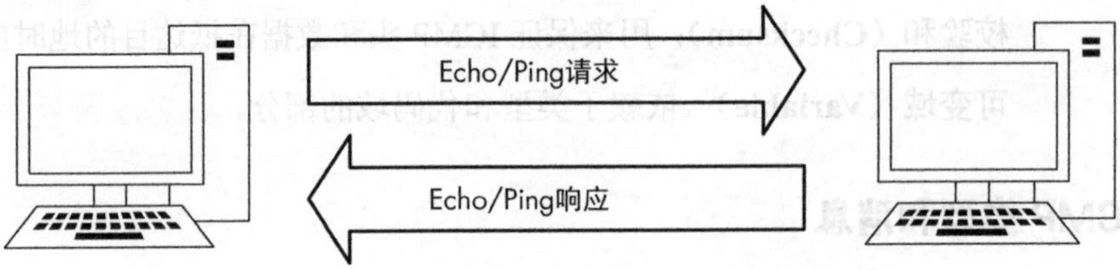

图 7-29　ping 命令只包含两步

注意　虽然 ping 对于 IT 业必不可少，但当部署了基于主机的防火墙时，它的结果就可能具有欺骗性了。现在的很多防火墙都限制了设备去响应 ICMP 数据包。这样对于安全性是有帮助的，因为潜在的攻击者可能会在使用 ping 来判断主机是否可达时，放弃进一步的行动。但这样故障排除也变得困难了起来——当知道你可以和一台设备通信时，使用 ping 检测连接却收不到任何响应会让你很抓狂。

ping 功能在实际中是简单 ICMP 通信的一个很好的例子。文件 icmp_echo.pcap 中的数据包会告诉你在运行 ping 时都发生了什么。

第一个数据包（见图 7-30）显示主机 192.168.100.138 在给 192.168.100.1 发送数据包。当你展开这个数据包的 ICMP 区段时，可通过查看类型和代码域，判断 ICMP 数据包的类型。在这个例子中，数据包的类型是 8，代码是 0，意味着这是一个 echo 请求（Wireshark 会告诉你所显示的类型/代码究竟是什么意思）。这个 echo（ping）请求是整个过程的前一半。这是一个简单的 ICMP 数据包，它使用 IP 发送，包含了很少的数据。除了指定类型、代码以及校验和，我们还会有一个序列号用来匹配请求和响应，另外，在 ICMP 数据包可变域还有一串随机文本字符。

注意　echo 和 ping 经常会被混用，但记住，ping 实际上是一个工具的名字。ping 工具用来发送 ICMP 的 echo 请求数据包。

这个序列的第二个数据包是对我们请求的响应（见图 7-31）。这个数据包的 ICMP 区段类型是 0，代码是 0，表示这是一个 echo 响应。由于第二个数据包的序列号与第一个相匹配，因此我们可以知道这个 echo 响应包对应着之前的那个

echo 请求数据包。这个响应数据包中有着和初始请求中传输的 32 位字符串一样的内容。在第二个数据包被 192.168.100.138 成功接收到之后，ping 就会报告成功。

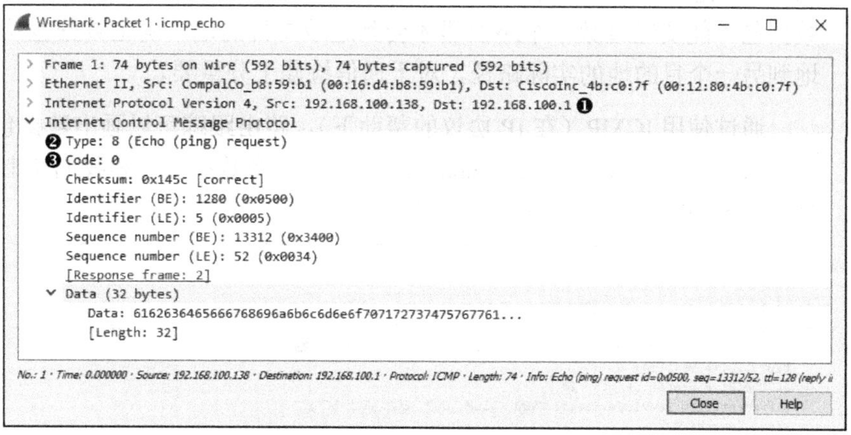

图 7-30 ICMP echo 请求数据包

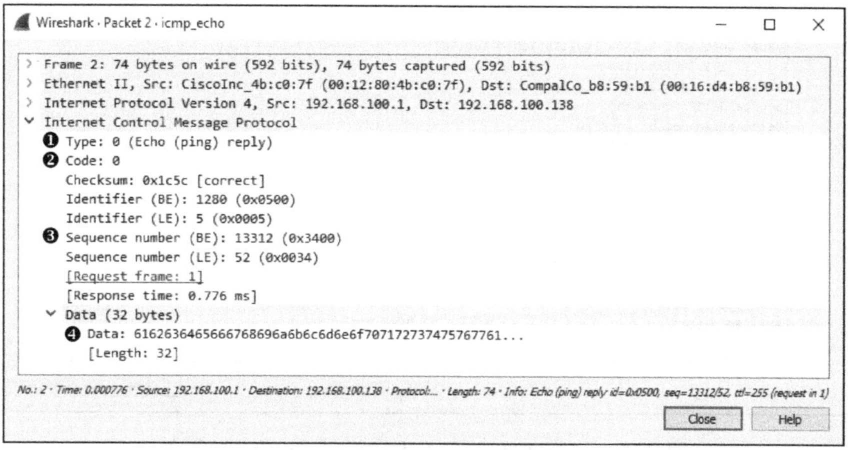

图 7-31 ICMP echo 回复数据包

你还可以使用 ping 的选项来增加它的数据填充，这样在检测不同类型的网络时，就可以强制将数据包分片。这在检测具有较小分片大小的网络时会用到。

注意　ICMP 的 echo 请求使用的随机文本可能会引起潜在攻击者的兴趣。攻击者可能会用这段填充的内容，来推测设备所使用的操作系统。并且攻击者可能会在这个域中放置一些数据位，作为反向连接的手段。

7.3.4 路由跟踪

路由跟踪功能用来识别一个设备到另一个设备的通路。在一个简单的网络上，这个通路可能只经过一个路由器，甚至一个都不经过。但在复杂的网络中，数据包可能要经过数十个路由器才会到达最终目的地。确定数据包从一个目的地到另一个目的地的实际路径，对于通信检修十分重要。

通过使用 ICMP（在 IP 协议的帮助下），路由跟踪可以画出数据包的路径。举例来说，文件 icmp_traceroute.pcap 中的第一个数据包，和我们在上一节中看到的 echo 请求（见图 7-32）很类似。

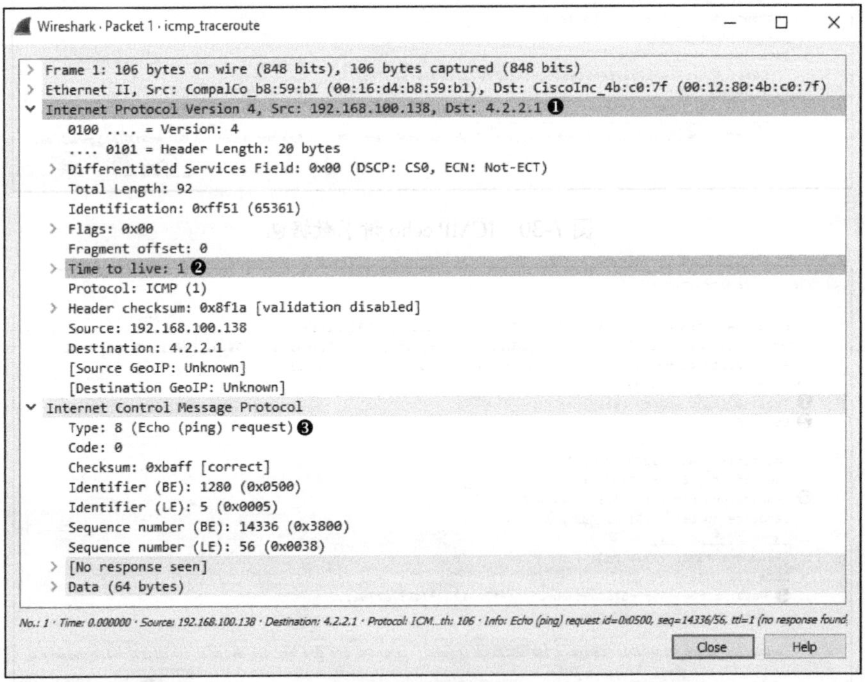

图 7-32　一个 TTL 值为 1 的 ICMP echo 请求数据包

乍看起来，这个数据包就是一个从 192.168.100.138 到 4.2.2.1 的简单 echo 请求，并且 ICMP 中的每一个部分都与 echo 请求数据包相同。但是当展开这个数据包的 IP 头时，你可以注意到一个奇怪的数字。这个数据包的 TTL 被设为了 1，也就意味着这个数据包会在它遇到的第一个路由器处被丢掉。因为目标地址 4.2.2.1 是一个互联网地址，我们就会知道源设备和目的设备之前至少会有一个路由器，所以这个数据包不会到达目的地。这对我们来说是个好事，因为路由跟踪正是需要这个数据包只到达它传输的第一个路由器。

第二个数据包正如所期望的那样，是前往目的地路径上第一个路由器发回的响应（见图 7-33）。在数据包到达 192.168.100.1 这个设备后，它的 TTL 减为 0，所以它不能继续传输，于是路由器回复了一个 ICMP 响应。这个数据包的类型是 11，代码是 0，也就是告诉我们由于数据包的 TTL 在传输过程中超时，因此目的不可达。

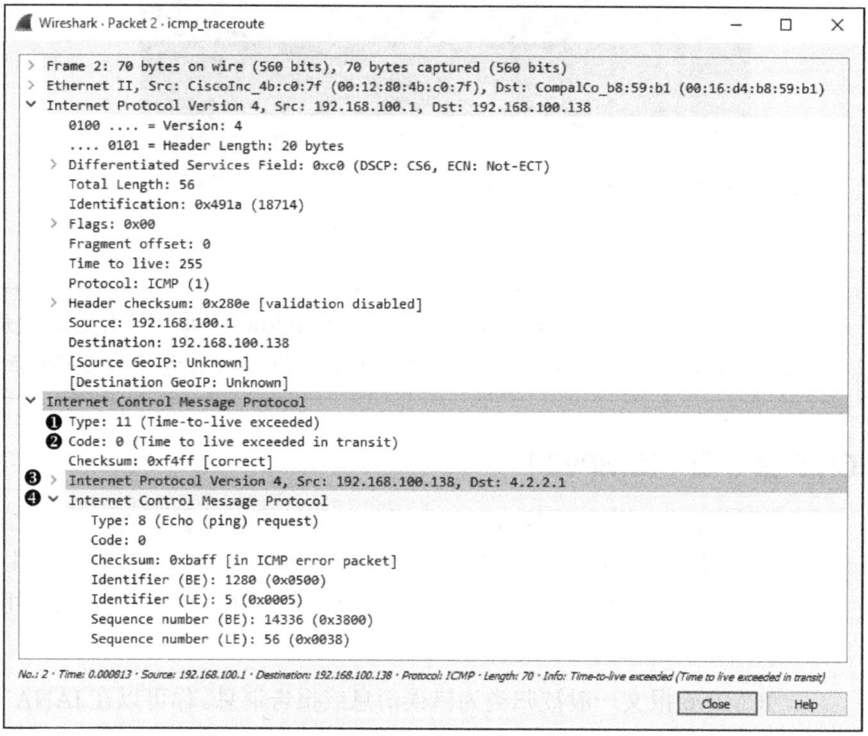

图 7-33　来自路径上第一个路由器的 ICMP 响应

这个 ICMP 数据包有时候被叫作双头包，因为这个 ICMP 的结尾部分包含了原先 echo 请求的 IP 头和 ICMP 数据的副本。这个信息被证明在网络检修的时候非常有用。

在第 7 个数据包前，这种发送 TTL 自增数据包的过程又出现了两次。在这里，除了 IP 头的 TTL 值被设为了 2，从而保证这个数据包会在被丢弃前到达第二跳路由，你还可以看到和第一个数据包相同的东西。和我们所期望的一样，我们从下一跳的路由 12.180.241.1 接到了一个有着同样 ICMP 目的不可达和 TTL 超时的响应消息。这种将 TTL 自增 1 的过程，一直持续到数据包到达目的地址 4.2.2.1。

总结来说，路由跟踪要与路径上的每一个路由器进行通信，从而画出前往目的地的路由图，如图 7-34 所示。

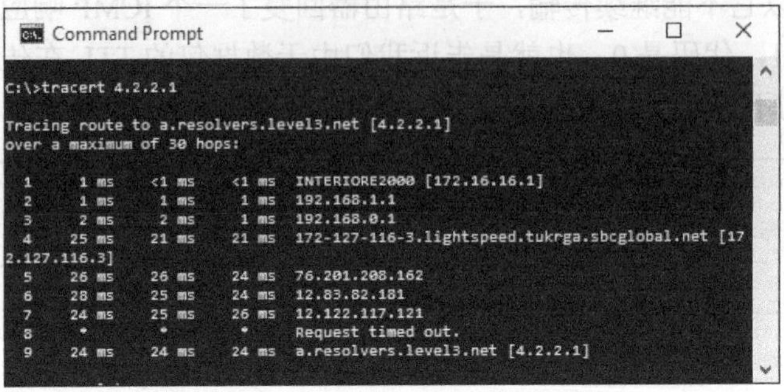
Command Prompt
C:\>tracert 4.2.2.1
Tracing route to a.resolvers.level3.net [4.2.2.1]
over a maximum of 30 hops:
1 1 ms <1 ms <1 ms INTERIORE2000 [172.16.16.1]
2 1 ms 1 ms 1 ms 192.168.1.1
3 2 ms 2 ms 1 ms 192.168.0.1
4 25 ms 21 ms 21 ms 172-127-116-3.lightspeed.tukrga.sbcglobal.net [172.127.116.3]
5 26 ms 26 ms 24 ms 76.201.208.162
6 28 ms 25 ms 24 ms 12.83.82.181
7 24 ms 25 ms 26 ms 12.122.117.121
8 * * * Request timed out.
9 24 ms 24 ms 24 ms a.resolvers.level3.net [4.2.2.1]

图 7-34　路由跟踪功能的样例输出

注意　我们这里所讨论的路由跟踪主要基于 Windows，因为只有它在使用 ICMP。Linux 上的路由跟踪更复杂一些，并使用了其他协议来进行路由路径的跟踪。

7.3.5　ICMP 第 6 版（ICMPv6）

新版的 IPv6 协议依赖 ICMP 来进行邻居请求和路径探索，就像之前演示的几个例子那样。ICMPv6 随 RFC4443 而建立，它用来支持 IPv6 的特性，还有其他一些额外增强。本书中我们不会单独过多地讨论 ICMPv6，因为它使用和 ICMP 一样的报文结构。

ICMPv6 报文一般被归类为错误消息或报告消息。你可以在 IANA 上查找到全部可用的类型以及对应的代码。

这一章主要向你介绍了数据包分析过程中会经常看到的几个重要的协议。ARP、IP 和 ICMP 是所有网络通信的基础，并且对于你每天进行的工作都至关重要。在第 8 章中，我们将会查看一些常用的传输层协议——TCP 和 UDP。

第8章

传输层协议

在本章我们会继续学习几个协议，以及它们是怎么在数据包层面工作的。我们将沿着 OSI 模型往上走，看一看传输层常用的两个协议——TCP 和 UDP。

8.1　传输控制协议（TCP）

传输控制协议（Transmission Control Protocol, TCP）的最终目的是为数据提供可靠的端到端传输。TCP 在 RFC793 中定义，它能够处理数据的顺序并恢复错误，并且最终保证数据能够到达目的地。TCP 被认为是一个面向连接的协议。

因为它在传输数据之前会事先发起一个正式的连接，用来追踪数据包的递送。当传输要结束时，它会尝试正式地关闭会话通道。很多普遍使用的应用层协议都依赖于 TCP 和 IP 将数据包传输到最终目的地。

8.1.1 TCP 报头

TCP 提供了许多功能，并且反映在了其头部的复杂性上面。如图 8-1 所示，是 TCP 报头的字段。

传输控制协议(TCP)						
偏移位	八位组	0		1	2	3
八位组	位	0–3	4–7	8–15	16–23	24–31
0	0	源端口			目标端口	
4	32	序号				
8	64	确认号				
12	96	数据偏移	保留位	标志	窗口大小	
16	128	校验和			紧急指针	
20+	160+	选项				

图 8-1　TCP 报头

源端口（Source Port）：用来传输数据包的端口。

目的端口（Destination Port）：数据包将要被发送到的端口。

序号（Sequence Number）：这个数字用来表示一个 TCP 片段，这个域用来保证数据流中的部分没有缺失。

确认号（Acknowledgment Number）：这个数字是在通信中希望从另一个设备中得到的下一个数据包的序号。

标志（Flags）：URG ACK PSH RST SYN 和 FIN 标志都用来表示所传输的 TCP 数据包的类型。

窗口大小（Window Size）：TCP 接收者缓冲的字节大小。

校验和（Checksum）：用来保证 TCP 头和数据的内容在抵达目的地时的完整性。

紧急指针（Urgent Pointer）：如果设置了 URG 位，则这个域将被检查作为额外的指令，告诉 CPU 从数据包的哪里开始读取数据。

选项（Options）：各种可选项，可以在 TCP 数据包中进行指定。

8.1.2 TCP 端口

所有 TCP 通信都会使用源端口和目的端口，而这些可以在每个 TCP 头中找到。端口就像是老式电话总机上的插口。一个总机操作员会监视着一个面板上的指示灯和插头，当指示灯亮起的时候，他就会连接这个呼叫者，问她想要和谁通话，然后插一根电缆将她和她的目的位置连接起来。每次呼叫都需要有一个源端口（呼叫者）和一个目的端口（接收者）。TCP 端口大概就是这样工作的。

为了能够将数据传输到远程服务器或设备的特定应用中去，TCP 数据包必须知道远程服务所监听的端口。如果你想要试着连接其他端口，那么这个通信就会失败。

这个序列中的源端口并不十分重要，所以可以随机选择。远程服务器也可以很轻易地从发送过来的原始数据包中得到这个端口（见图 8-2）。

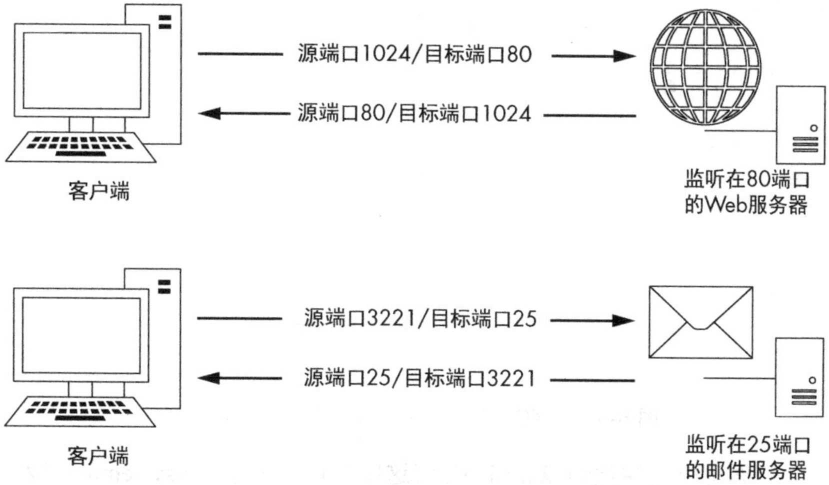

图 8-2　TCP 使用端口传输数据

在使用 TCP 进行通信的时候，我们有 65535 个端口可供使用，并通常将这些端口分成两个部分。

1～1023 是标准端口组（忽略掉被预留的 0），特定服务会用到这些通常位于标准端口分组中的标准端口。

1024～65535 是临时端口组（尽管一些操作系统对此有着不同的定义），当一个服务想在任何时间使用端口进行通信的时候，现代操作系统都会随机地选择一个源端口，让通信使用唯一源端口。这些源端口通常就位于临时端口组。

让我们打开文件 tcp_ports.pcapng，看一下一些不同的 TCP 数据包，并识别出它们所使用的端口号。在这个文件中，我们会看到一个客户端在浏览两个网站时产生的 HTTP 通信。正如前面所提到的 HTTP 使用 TCP 进行通信，这将是一个非常典型的 TCP 流量案例。

在这个文件中的第一个数据包中（见图 8-3），一开始的两个值代表着这个数据包的源端口和目的端口。这个数据包从 172.16.16.128 发往 212.58.226.142，它的源端口是属于临时端口组的 2826（需要记住的是，源端口是由操作系统随机选取的，尽管它们可能会在随机选择的过程中选择递增策略）。目的端口是一个标准端口——80 端口。这个标准端口正是提供给使用 HTTP 的 Web 服务器使用的。

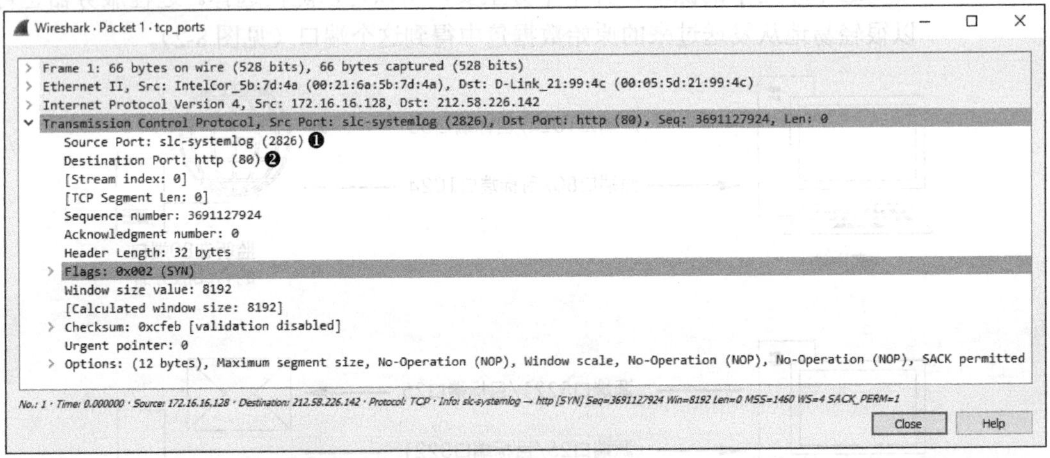

图 8-3　在 TCP 头中可以找到源端口和目标端口

你可能会注意到 Wireshark 将这些端口打上了 slc-systemlog（2826）和 http（80）的标签。Wireshark 会维护一个端口的列表，并记录它们普遍的应用。虽然列表还是以标准端口为主，但很多临时端口也关联着常用的服务。这些端口的标签可能会让人迷惑，所以一般来说最好通过关闭传输名称解析来禁用它。选择 Edit -> Preference -> Name Resolution，然后取消勾选 Enable Transport Name Resolution 就可以将其禁用了。如果你希望保留开启这个功能但改变 Wireshark 对于每一个端口的识别，则可以通过改变 Wireshark 程序目录下的 Services 文件来实现。这个文件是根据互联网数字分配机构（Internet Assigned Numbers Authority, IANA）的通用端口列表编写的（要想了解如何编辑名称解析文件，请回到第 5 章的 5.3.3 小节）。

第二个数据包是由 212.58.226.142 发往 172.16.16.128 的（见图 8-4）。除了 IP 地址之外，源端口和目的端口也同样有所改变。

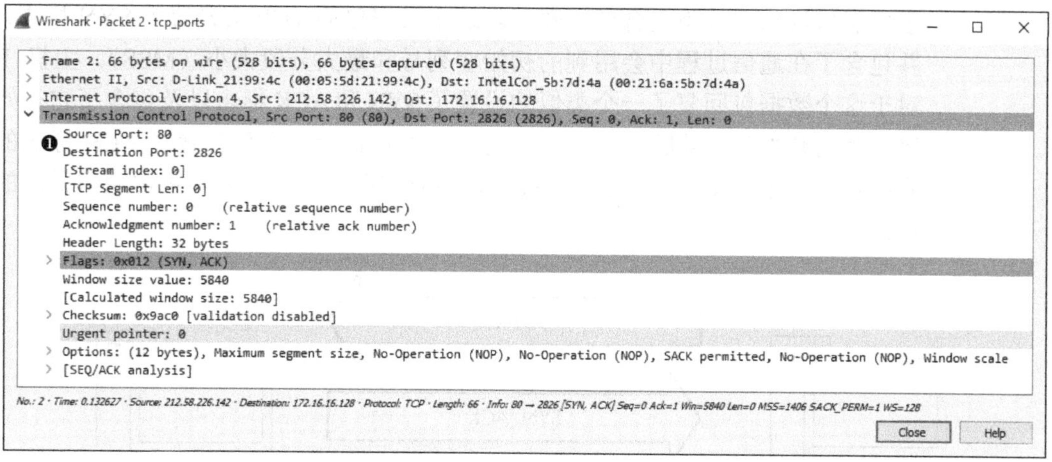

图 8-4　在反向通信中，源端口和目标端口进行了互换

所有基于 TCP 的通信都以相同的方式工作：选择一个随机的源端口与一个已知的目的端口进行通信。在发出初始数据包之后，远程设备就会与源设备使用建立起的端口进行通信。

在这个样例捕获文件中还有另外一个通信流，你可以试着找出它通信时使用的端口。

注意　随着这本书的深入，你将会了解更多与通用协议和端口相关联的端口，并且最终可以通过端口来识别使用它们的服务和设备。如果希望查阅详细的通用端口列表，可以在 Wireshark 的系统目录里访问“services”文件。

8.1.3　TCP 的三次握手

所有基于 TCP 的通信都需要从两台主机的握手开始。这个握手过程主要希望能达到这样一些目的。

- 保证传输主机可以确定目的主机在线并且进行通信。

- 让传输主机确定目标主机在监听传输主机试图连接的端口。
- 允许传输主机向目标主机发送它的起始序列号，使得两台主机可以将这一会话保持得井然有序。

TCP 握手分为 3 个步骤，如图 8-5 所示。在第一步中，主动发起通信的设备（主机 A）向目标（主机 B）发送了一个 TCP 数据包。这个初始数据包除了底层协议头之外不包含任何数据。这个数据包的 TCP 头设置了 SYN 标志，并包含了在通信过程中会用到的初始序列号和最大分段大小（MSS）。主机 B 对于这个数据包回复了一个类似的设置了 SYN 和 ACK 标志以及包含了它初始序列号的数据包。最后，主机 A 向主机 B 发送最后一个仅设置了 ACK 标志的数据包。在这个过程完成之后，双方设备应该已经具有了开始正常通信所需的信息。

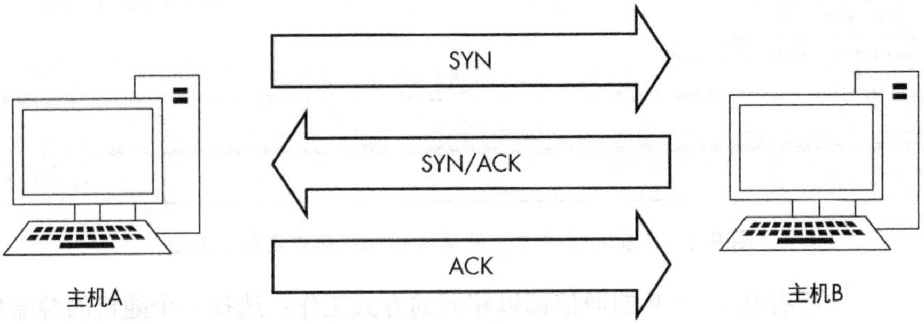

图 8-5 TCP 三次握手

注意 TCP 数据包在称呼上通常会被其设置的标志所代表。比如，对于设置了 SYN 标志的 TCP 数据包，我们将会简称其为 SYN 包。因此 TCP 握手过程中使用的数据包会被称为 SYN 包、SYN/ACK 包和 ACK 包。

打开 tcp_handshake.pcapng，可以更直观地看到这个过程。Wireshark 为了分析的简便，引入了一个特性，可以将 TCP 数据包的序列号替换为相对值。但在这里，我们将这个功能关闭，以便于能看到实际的序列号值。选择 Edit -> Preferences，展开 Protocols 并选择 TCP，然后取消勾选 Relative Sequence Numbers and Window Scaling 框，并单击 OK 就可以禁用了。

这个捕获中的第一个数据包是我们的初始 SYN 数据包（见图 8-6）。这个数据包从 172.16.16.128 的 2826 端口发往 212.58.226.142 的 80 端口。我们可以看到这里传输的序列号是 3691127924。

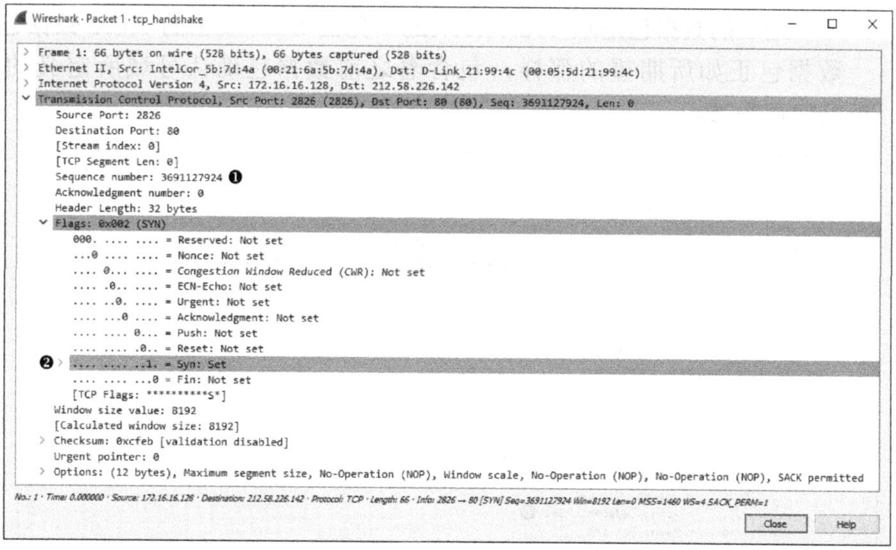
Wireshark · Packet 1 · tcp_handshake
Frame 1: 66 bytes on wire (528 bits), 66 bytes captured (528 bits)
Ethernet II, Src: IntelCor_5b:7d:4a (00:21:6a:5b:7d:4a), Dst: D-Link_21:99:4c (00:05:5d:21:99:4c)
Internet Protocol Version 4, Src: 172.16.16.128, Dst: 212.58.226.142
Transmission Control Protocol, Src Port: 2826 (2826), Dst Port: 80 (80), Seq: 3691127924, Len: 0
Source Port: 2826
Destination Port: 80
[Stream index: 0]
[TCP Segment Len: 0]
Sequence number: 3691127924 ❶
Acknowledgment number: 0
Header Length: 32 bytes
Flags: 0x002 (SYN)
000. .... = Reserved: Not set
...0 .... = Nonce: Not set
.... 0... .... = Congestion Window Reduced (CWR): Not set
.... .0.. .... = ECN-Echo: Not set
.... ..0. .... = Urgent: Not set
....0 .... = Acknowledgment: Not set
.... 0... = Push: Not set
.... .0.. = Reset: Not set
❷ ....1. = Syn: Set
....0 = Fin: Not set
[TCP Flags: **********S*]
Window size value: 8192
[Calculated window size: 8192]
Checksum: 0xcfeb [validation disabled]
Urgent pointer: 0
Options: (12 bytes), Maximum segment size, No-Operation (NOP), Window scale, No-Operation (NOP), No-Operation (NOP), SACK permitted
Close
Help

图 8-6　初始 SYN 数据包

握手中第二个数据包是从 212.58.226.142 发出的 SYN/ACK 响应（见图 8-7）。这个数据包也包含着这台主机的初始序列号（233779340）以及一个确认号（3691127925）。这个确认号比之前的那个数据包序列号大 1，因为这个域是用来表示主机所期望得到的下一个序列号的值的。

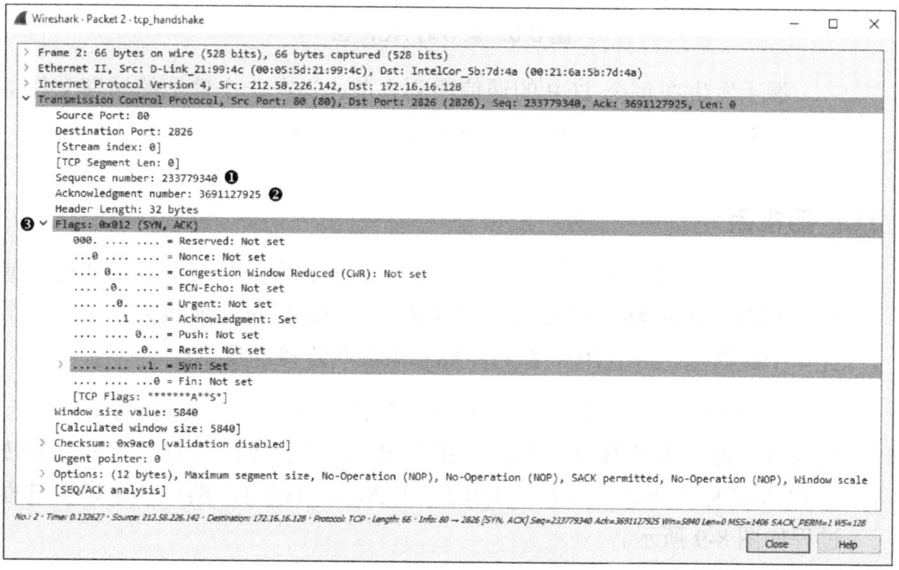
Wireshark · Packet 2 · tcp_handshake
Frame 2: 66 bytes on wire (528 bits), 66 bytes captured (528 bits)
Ethernet II, Src: D-Link_21:99:4c (00:05:5d:21:99:4c), Dst: IntelCor_5b:7d:4a (00:21:6a:5b:7d:4a)
Internet Protocol Version 4, Src: 212.58.226.142, Dst: 172.16.16.128
Transmission Control Protocol, Src Port: 80 (80), Dst Port: 2826 (2826), Seq: 233779340, Ack: 3691127925, Len: 0
Source Port: 80
Destination Port: 2826
[Stream index: 0]
[TCP Segment Len: 0]
Sequence number: 233779340 ❶
Acknowledgment number: 3691127925 ❷
Header Length: 32 bytes
❸ Flags: 0x012 (SYN, ACK)
000. .... = Reserved: Not set
...0 .... = Nonce: Not set
.... 0... .... = Congestion Window Reduced (CWR): Not set
.... .0.. .... = ECN-Echo: Not set
.... ..0. .... = Urgent: Not set
....1 .... = Acknowledgment: Set
.... 0... = Push: Not set
.... .0.. = Reset: Not set
....1. = Syn: Set
....0 = Fin: Not set
[TCP Flags: *******A**S*]
Window size value: 5840
[Calculated window size: 5840]
Checksum: 0x9ac0 [validation disabled]
Urgent pointer: 0
Options: (12 bytes), Maximum segment size, No-Operation (NOP), No-Operation (NOP), SACK permitted, No-Operation (NOP), Window scale
[SEQ/ACK analysis]
Close
Help

图 8-7　SYN/ACK 响应

最后的数据包是从 172.16.16.128（见图 8-8）发出的 ACK 数据包。这个数据包正如所期望的那样，包含着之前数据包确认号域所定义的序列号 3691127925。

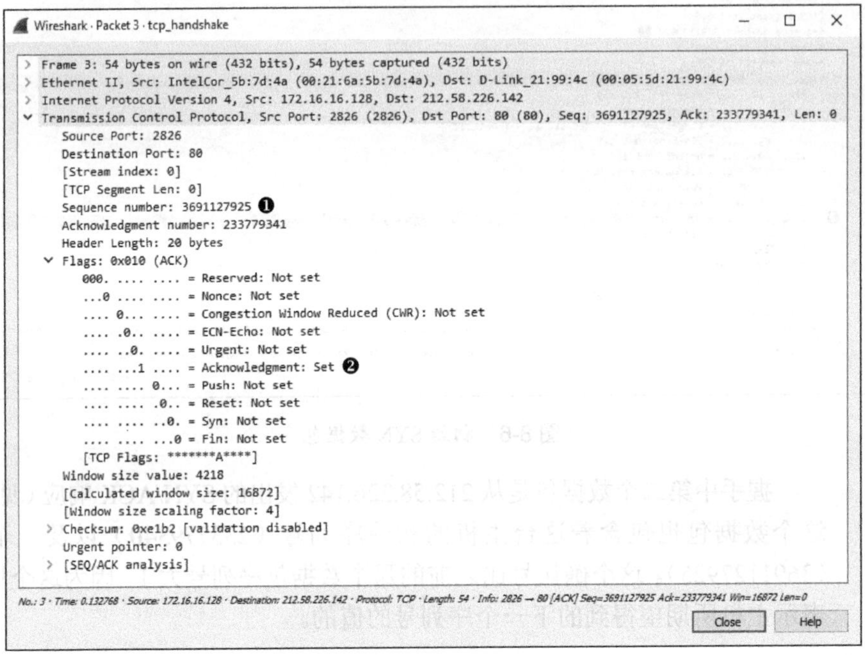

图 8-8　最后的 ACK 包

握手发生在每个 TCP 的通信序列之前。当在一个繁忙的捕获文件中搜索通信序列的开头时，序列 SYN、SYN/ACK、ACK 是一个很好的标志。

8.1.4 TCP 链接断开

所有的问候最终都会有一句再见，在 TCP 中，每一个握手和终止使得连接有始有终。TCP 终止用来在两台设备完成通信后正常地结束连接。这个过程包含 4 个数据包，并且用一个 FIN 标志来表明连接的终结。

在一个终止序列中，主机 A 通过发送一个设置了 FIN 和 ACK 标志的 TCP 数据包，告诉主机 B 通信完成。主机 B 以一个 ACK 数据包响应，并传输自己的 FIN/ACK 数据包。主机 A 响应一个 ACK 数据包，然后结束通信过程。这个过程如图 8-9 所示。

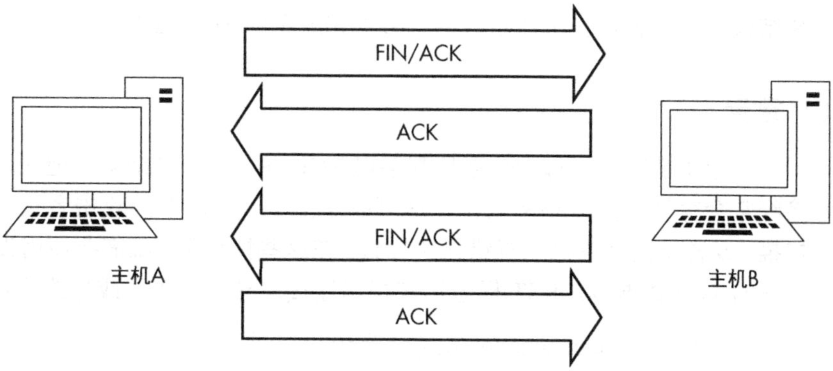

图 8-9 TCP 终止过程

打开文件 tcp_teardown.pcapng 可以在 Wireshark 中看到这个过程。在序列的第一个数据包（见图 8-10），你可以看到位于 67.228.110.120 的设备通过发送有着 FIN 和 ACK 标志的数据包，来开始终止过程。

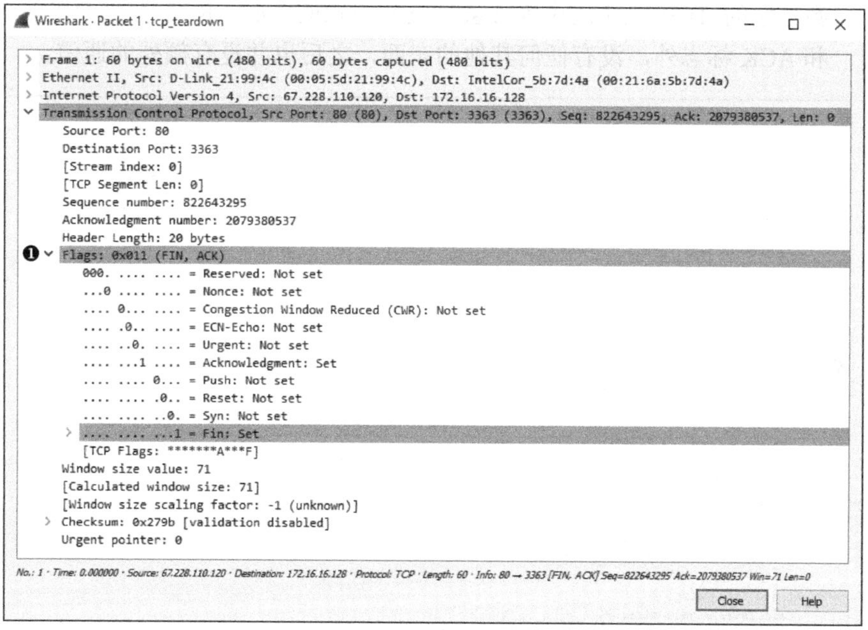

图 8-10 FIN/ACK 包作为终止过程的开始

在这个数据包被发出去之后，172.16.16.128 使用了一个 ACK 数据包进行响应，来确认第一个数据包的接收，然后发送了一个 FIN/ACK 数据包。整个过程在 67.228.110.120 发送了最终的 ACK 之后结束。这时，这两个设备的通信便已经结束，如果想要再次开始通信就必须完成新的 TCP 握手。

8.1.5 TCP 重置

在理想情况下，每一个连接都会以 TCP 终止来正常结束。但在现实中，连接经常会突然断掉。举例来说，这可能是由于一个潜在的攻击者正在进行端口扫描，或者仅仅是主机配置错误所导致。在这些情况下，就需要使用设置了 RST 标志的 TCP 数据包。RST 标志用来指出连接被异常中止，或拒绝连接请求。

文件 tcp_refuseconnection.pcapng 给出了一个包含有 RST 数据包网络流量的例子。这个文件中的第一个数据包来自 192.168.100.138，其尝试与 192.168.100.1 的 80 端口进行通信。这个主机不知道 192.168.100.1 并没有在监听 80 端口，因为那是一个思科路由器，并且并没有配置 Web 接口，也就是说并没有服务监听 80 端口的连接。为了响应这个连接请求，192.168.100.1 向 192.168.100.138 发送了一个数据包，告诉它其对于 80 端口的通信无效。图 8-11 中展示了在第二个数据包的 TCP 头中这个连接尝试突然终止的情况。RST 数据包除了包含 RST 和 ACK 标志外，没有任何其他的东西，之后也并没有额外的通信。

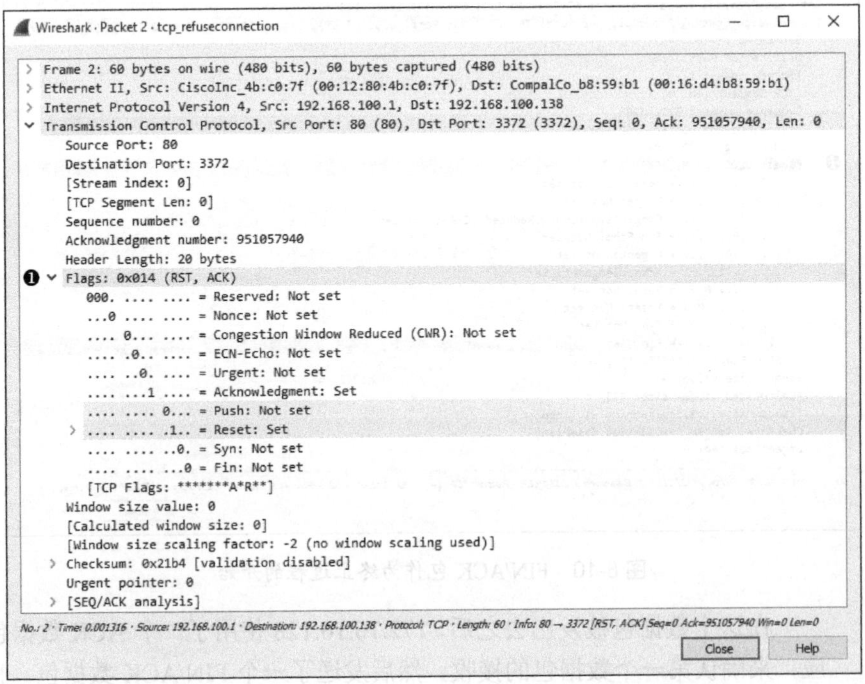

图 8-11 RST 和 ACK 标志代表着通信的结束

RST 数据包会在尝试通信序列的开始（就像这个例子一样）或者在主机通信的中途，来终止通信。

8.2 用户数据报协议

用户数据报协议（User Datagram Protocol, UDP）是在现代网络中较常使用的另外一种第 4 层协议。如果说 TCP 是为了满足带有内在错误检测的可靠数据传输，那么 UDP 主要是为了提供高速的传输。出于这个原因，UDP 是一种尽力服务，通常会被称为无连接协议。一个无连接协议并不会正式地建立和结束主机之间的连接，也不会像 TCP 那样存在握手和终止过程。

无连接协议也就意味着不提供可靠性服务，这么看上去 UDP 流量一点都不稳定。事实上也正是如此，但依赖于 UDP 的协议通常都会有其自己内置的可靠性服务，或者使用 ICMP 的一些功能，来保证连接更可靠一些。举例来说，应用层协议 DNS 和 DHCP 高度依赖于数据包在网络上传输的速度，虽然使用了 UDP 作为它们的传输层协议，但还是它们自己进行错误检查以及重传计时。

UDP 报头结构

UDP 头比 TCP 头要小得多，也简单得多。如图 8-12 所示，以下是 UDP 报头的字段。

源端口：用来传输数据包的端口。

目标端口：数据包将要被传输到的端口。

数据包长度：数据包的字节长度。

校验和：用来确保 UDP 头和数据到达时的完整性。

用户数据报协议 (UDP)					
偏移位	八位组	0	1	2	3
八位组	位	0–7	8–15	16–23	24–31
0	0	源端口		目标端口	
4	32	数据包长度		校验和	

图 8-12　UDP 报头

文件 udp_dnsrequest.pcapng 中包含有一个数据包，这个数据包是一个使用 UDP 的 DNS 请求。当展开这个数据包的 UDP 头时，你可以看到 4 个域（见图 8-13）。

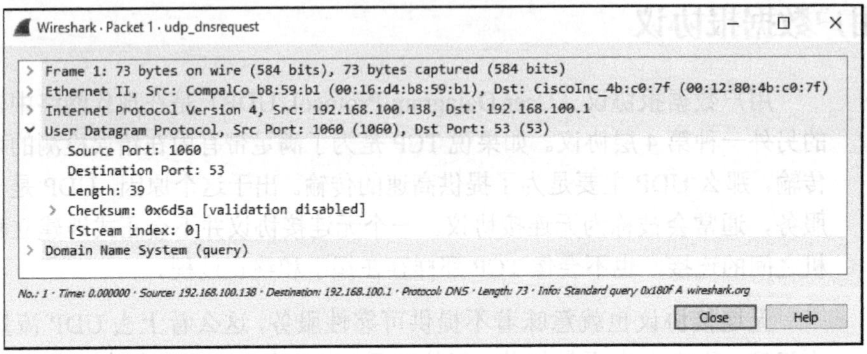

图 8-13　UDP 数据包的内容非常简单

需要记住的是，UDP 并不关心传输的可靠性，所以任何使用 UDP 的应用在必要的时候都需要采取特殊的步骤，保证可靠的传输。这一点和 TCP 相反，TCP 有自己的一套连接正式发起和结束的程序，也有自己的一些机制来校验数据包的成功传输。

这一章向你介绍了传输层协议——TCP 和 UDP。不像网络层协议，TCP 和 UDP 是日常在绝大多数网络上交互的核心，因此能否掌握有效分析它们的能力将会决定你能否成为一位数据包分析大师。在第 9 章，我们将看一看常见的应用层协议。

第9章

常见高层网络协议

在这一章中，我们将继续介绍一些协议的功能，以及它们在 Wireshark 中的样子。我们将介绍 4 种常见的高层协议（第 7 层）：DHCP、DNS、HTTP 和 SMTP。

9.1 动态主机配置协议 DHCP

在网络时代的早期，当一台设备想要在网络上通信时，它需要被手动分配一个地址。随着网络的发展，这样的手动过程很快就变得烦琐起来。为了解决这个问题，BOOTP 协议（Bootstrap Protocol）问世，它主要的作用是给连接到网络的设备自动分配地址。BOOTP 后来被更加复杂的动态主机配置协议 DHCP（Dynamic Host Configuration Protocol）所取代。

DHCP 是一个应用层协议，负责让设备能够自动获取 IP 地址（以及其他重要的网络资源，比如 DNS 服务器和路由网关的地址）。今天大多数的 DHCP 服务器都向客户端提供其他的一些参数，比如网络上的默认网关和 DNS 服务器的地址。

9.1.1 DHCP 头结构

DHCP 数据包会为客户端带来很多信息。如图 9-1 所示，以下字段都会在 DHCP 数据包中出现。

动态主机配置协议(DHCP)					
偏移位	八位组	0	1	2	3
八位组	位	0–7	8–15	16–23	24–31
0	0	操作代码	硬件类型	硬件长度	跳数
4	32	事务ID			
8	64	消耗时间		标志	
12	96	客户端IP地址			
16	128	“你的”IP地址			
20	160	服务器IP地址			
24	192	网关IP地址			
28	224	客户端IP地址			
32	256	客户端硬件地址(16 bytes)			
36	288				
40	320				
44	352				
48+	384+	服务器主机名 (64 bytes)			
		启动文件(128 bytes)			
		选项			

图 9-1 DHCP 数据包结构

操作码（OpCode）：用来指出这个数据包是 DHCP 请求还是 DHCP 回复。

硬件类型（Hardware Type）：硬件地址类型（10MB 以太网、IEEE802、ATM 以及其他）。

硬件地址长度（Hardware Length）：硬件地址的长度。

跳数（Hops）：中继代理用以帮助寻找 DHCP 服务器。

事务 ID（Transaction ID）：用来匹配请求和响应的一个随机数。

消耗时间（Seconds Elapsed）：从客户端第一次向 DHCP 服务器发出地址请求到获得响应所需要的时间。

标志（Flags）：DHCP 客户端能够接收的流量类型（单播、广播以及其他）。

客户端 IP 地址（Client IP Address）：客户端的 IP 地址（由"你的"IP 地址域派生）。

"你的" IP 地址（Your IP Address）：DHCP 服务器提供的 IP 地址（最终成为客户端 IP 地址域的值）。

服务器 IP 地址（Server IP Address）：DHCP 服务器的 IP 地址。

网关 IP 地址（Gateway IP Address）：网络默认网关的 IP 地址。

客户端硬件地址（Client Hardware Address）：客户端的 MAC 地址。

服务器主机名（Server Host Name）：服务器的主机名（可选）。

启动文件（Boot File）：DHCP 所使用的启动文件（可选）。

选项（Options）：用来对 DHCP 数据包进行扩展，以提供更多功能。

9.1.2 DHCP 续租过程

DHCP 的主要任务就是在续租过程中向客户端分配 IP 地址。续租过程在一个客户端和 DHCP 服务器之间进行，如文件 dhcp_inlease_renewal.pcap 中所示。DHCP 的续租过程通常被称为 DORA 过程，因为它使用了 4 种类型的 DHCP 数据包：发现（Discover）、提供（Offer）、请求（Request）和确认（Acknowledgement），如图 9-2 所示。在这里，我们将对 DORA 数据包的每种类型进行逐一介绍。

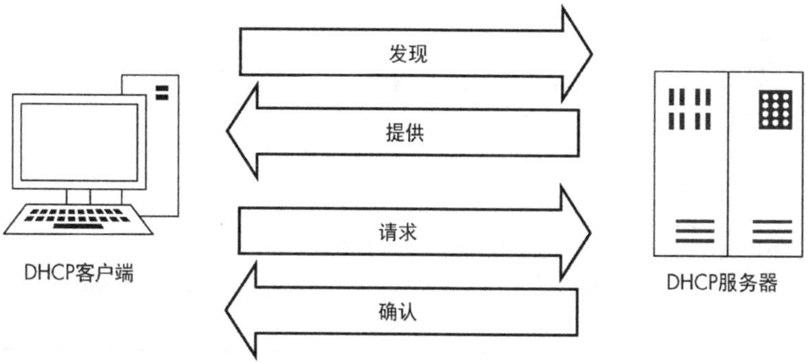

图 9-2　DHCP 的 DORA 过程

1. 发现数据包

正如在引用的捕获文件中看到的那样，第一个数据包从 0.0.0.0 的 68 端口发往 255.255.255.255 的 67 端口。客户端使用 0.0.0.0，是因为它目前还没有 IP 地址。数据包被发往 255.255.255.255，是因为这是一个独立于网络的广播地址，从而确保这个数据包会被发往网络上的每台设备。因为这台设备并不知道 DHCP 服务器的地址，所以它的第一个数据包是为了寻找正在监听的 DHCP 服务器。

在 Packet Details 面板中，我们第一眼就可以看到 DHCP 是基于 UDP 作为传输层协议的。DHCP 对于客户端得到其所请求信息的速度有很高的要求。由于 DHCP 有其内置的保证可靠性的方法，因此也就意味着 UDP 是比较适合的协议。你可以在第一个数据包的 Packet Details 面板的 DHCP 部分，查看发现过程的细节，如图 9-3 所示。

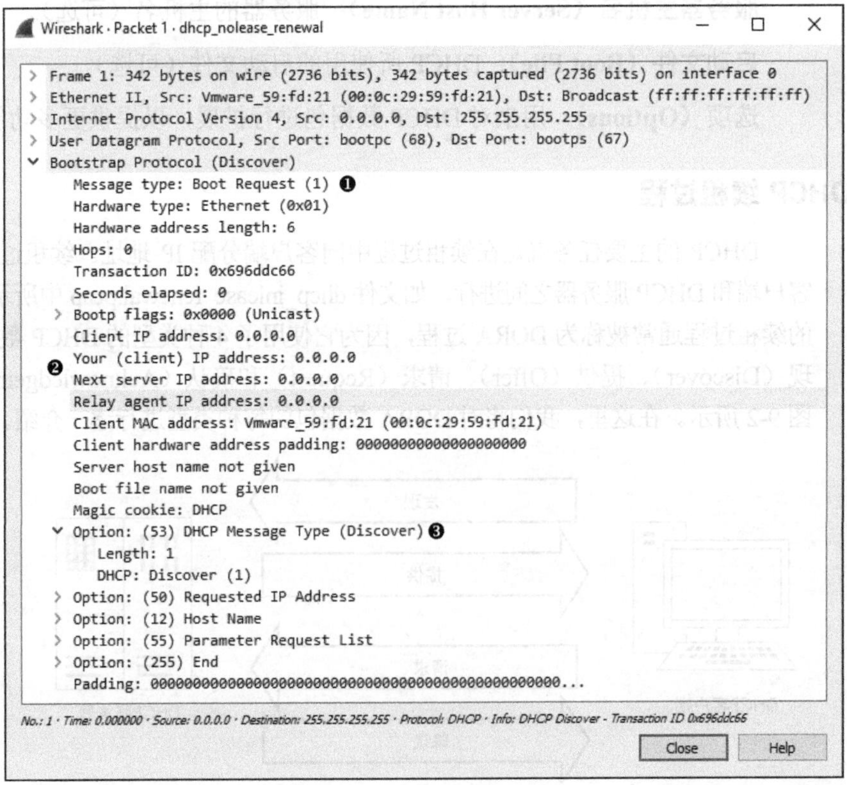

图 9-3　DHCP 发现数据包

注意 由于 Wireshark 在处理 DHCP 时，仍然会引用 BOOTP，因此你会在 Packets Detail 面板中看到 BOOTP 协议，而不是 DHCP。但无论如何，我在这本书中仍会将其叫作数据包的 DHCP 部分。

这是一个请求数据包，在消息类型域中标识为 1。发现数据包中的大多数字段或者为空（就像是 IP 地址域）；或者根据上一节所列出的 DHCP 字段，就已经解释的很清楚了。这个数据包的主要内容是这 4 个字段。

DHCP 消息类型：这里的选项类型为 53（t=53），长度为 1，它的值为 1。这些值表明这是一个 DHCP 发现数据包。

客户端标识符：这里提供了客户端请求 IP 地址的额外信息。

所请求 IP 地址：这里提供了客户端希望得到的 IP 地址（通常是之前用过的 IP 地址）。

请求参数列表：这里列出了客户端希望从 DHCP 服务器接收到的不同配置项（其他重要网络设备的 IP 地址）。

2. 提供数据包

这个文件的第二个数据包在 IP 头中列出了可用的 IP 地址，显示这个数据包从 192.168.1.5 发往 192.168.1.10，如图 9-4 所示。因为客户端实际上还没有 192.168.1.10 这个地址，所以服务器会首先尝试使用由 ARP 提供的客户端硬件地址与之通信。如果通信失败，那么它将会直接将提供（Offer）广播出去，进行通信。

第二个数据包的 DHCP 部分，称为提供数据包，表明这是一个响应的消息类型。这个数据包包含了和前一个数据包相同的事务 ID，也就是告诉我们这个响应与我们原先的请求相对应。

该提供数据包由 DHCP 服务器发出，用以向客户端提供其服务。它提供了关于其自身的信息，以及它想要给客户端提供的地址。图 9-4 中，在“你的”（客户端）IP 地址字段中的 IP 地址 192.168.1.10 就是要提供给客户端的。下一个服务器 IP 地址（Next Server IP Address）域中的值 192.168.1.5 表明我们的 DHCP 服务器与默认网关共享一个 IP 地址。

列出的第一个选项指明这个数据包是一台 DHCP 服务器提供的。服务器所提供的接下来的这些选项和客户端的 IP 地址，一起给出了它所能提供的额外信息。你可以看到它给出了如下信息。

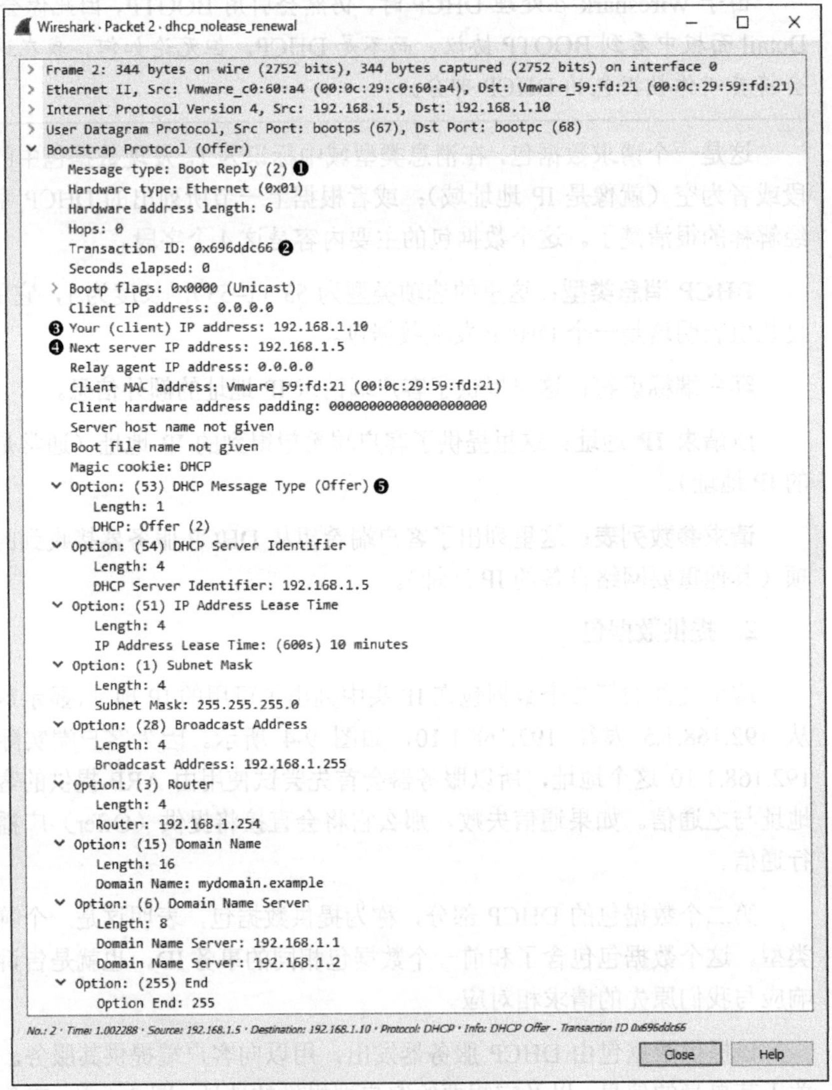
Wireshark · Packet 2 · dhcp_nolease_renewal
> Frame 2: 344 bytes on wire (2752 bits), 344 bytes captured (2752 bits) on interface 0
> Ethernet II, Src: Vmware_c0:60:a4 (00:0c:29:c0:60:a4), Dst: Vmware_59:fd:21 (00:0c:29:59:fd:21)
> Internet Protocol Version 4, Src: 192.168.1.5, Dst: 192.168.1.10
> User Datagram Protocol, Src Port: bootps (67), Dst Port: bootpc (68)
Bootstrap Protocol (Offer)
Message type: Boot Reply (2) ❶
Hardware type: Ethernet (0x01)
Hardware address length: 6
Hops: 0
Transaction ID: 0x696ddc66 ❷
Seconds elapsed: 0
> Bootp flags: 0x0000 (Unicast)
Client IP address: 0.0.0.0
❸ Your (client) IP address: 192.168.1.10
❹ Next server IP address: 192.168.1.5
Relay agent IP address: 0.0.0.0
Client MAC address: Vmware_59:fd:21 (00:0c:29:59:fd:21)
Client hardware address padding: 00000000000000000000
Server host name not given
Boot file name not given
Magic cookie: DHCP
Option: (53) DHCP Message Type (Offer) ❺
Length: 1
DHCP: Offer (2)
Option: (54) DHCP Server Identifier
Length: 4
DHCP Server Identifier: 192.168.1.5
Option: (51) IP Address Lease Time
Length: 4
IP Address Lease Time: (600s) 10 minutes
Option: (1) Subnet Mask
Length: 4
Subnet Mask: 255.255.255.0
Option: (28) Broadcast Address
Length: 4
Broadcast Address: 192.168.1.255
Option: (3) Router
Length: 4
Router: 192.168.1.254
Option: (15) Domain Name
Length: 16
Domain Name: mydomain.example
Option: (6) Domain Name Server
Length: 8
Domain Name Server: 192.168.1.1
Domain Name Server: 192.168.1.2
Option: (255) End
Option End: 255
No.: 2 · Time: 1.002288 · Source: 192.168.1.5 · Destination: 192.168.1.10 · Protocol: DHCP · Info: DHCP Offer - Transaction ID 0x696ddc66
Close
Help

图 9-4　DHCP 提供数据包

- IP 地址的租期为 10min。
- 子网掩码是 255.255.255.0。
- 广播地址为 192.168.1.255。
- 路由器地址为 192.168.1.254。

- 域名为 mydomain.example。
- 域名服务器地址为 192.168.1.1 和 192.168.1.2。

3. 请求数据包

在客户端接收到 DHCP 服务器的提供数据包之后，它将以一个 DHCP 请求数据包作为接收确认，如图 9-5 所示。

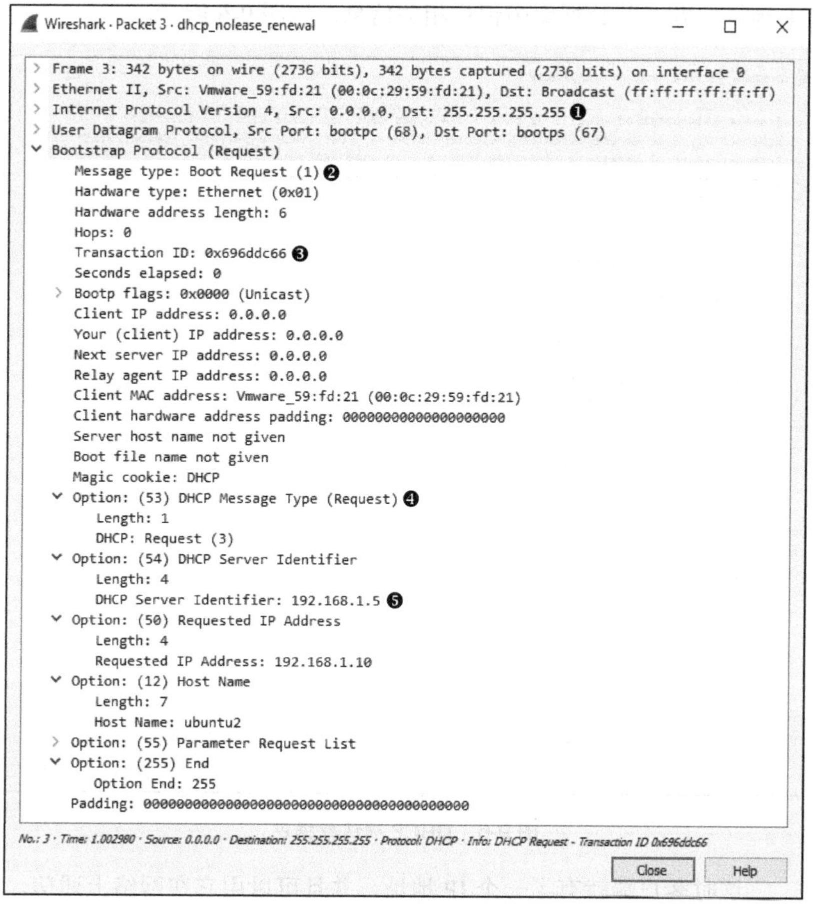

图 9-5 DHCP 请求数据包

这个捕获文件中的第三个数据包仍然从 IP 地址 0.0.0.0 处发出，因为我们还没有完成获取 IP 地址的过程。但数据包现在知道了它所要通信的 DHCP 服务器。

消息类型字段显示这是一个请求数据包。虽然这个捕获文件上的每个数据包都属于同一个续租过程，但因为这是一个新的请求/响应过程，所以它有了一个新的事务 ID。这个数据包与发现数据包相似，其所有的 IP 地址信息都是空的。

在最后的选项域，我们看到这是一个 DHCP 请求。值得注意的是，这个所要请求的 IP 地址不再是空，并且 DHCP 服务器标识符域也填有 IP 地址。

4. 确认数据包

这个过程的最后一步就是 DHCP 在确认数据包中给客户端发送其所请求的 IP 地址，并在其数据库中记录相关信息，如图 9-6 所示。

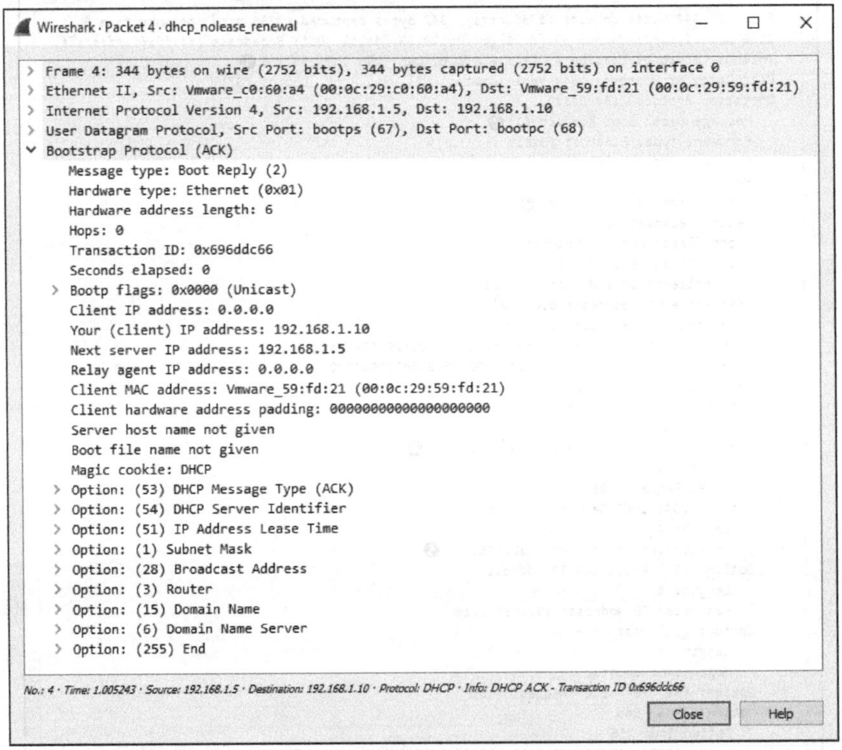

图 9-6　DHCP 确认数据包

这时客户端就有了一个 IP 地址，并且可以用它在网络上通信。

9.1.3 DHCP 租约内续租

当 DHCP 给一台设备分配了一个 IP 地址时，它同时也给客户端定下了一个租约。也就是说客户端在有限的时间之内只用这个 IP 地址，否则就必须续租。我们刚刚介绍的 DORA 过程是出现在客户端第一次获取 IP 地址或者其租约时间已经过期的情况下。在这两种情况下，这台设备都会被视为租约过期。

当一个拥有 IP 地址的客户端在租约内重新启动时，它必须进行一次精简版的 DORA 过程，来重新认领它的 IP 地址。这个过程被称为租约内续租。

在租约内续租时，发现和提供数据包就变得没有必要了。将租约内续租看作是租约过期续租中使用的同种 DORA 过程，可以发现在租约内续租并不需要那么做，而只需完成请求和确认两个步骤就可以了。你可以在文件 dhcp_inlease_renewal.pcap 中看到租约内续租的一个捕获样例。

9.1.4 DHCP 选项和消息类型

DHCP 依赖于其可选项来提供真正的灵活性。正如你所看到的那样，数据包的 DHCP 选项在大小和内容上都可以变化。数据包的整体大小则取决于其所使用的选项。

所有 DHCP 数据包都需要的唯一选项就是消息类型选项（选项 53)。这个选项标识着 DHCP 客户端或者服务器将如何处理数据包中的信息。在表 9-1 中给出了所定义的 8 种消息类型。

表 9-1　DHCP 消息类型

类型号	消息类型	描述
1	发现	客户端用来定位可用的 DHCP 服务器
2	提供	服务器用来给客户端发送发现数据包的响应
3	请求	客户端用来请求服务器所提供的参数
4	拒绝	客户端向服务器指明数据包的无效参数
5	ACK	服务器向客户端发送所请求的配置参数
6	NAK	客户端向服务器拒绝其配置参数的请求
7	释放	客户端向服务器通过取消配置参数来取消租约
8	通知	当客户端已经有 IP 地址时客户端向服务器请求配置参数

9.1.5 DHCP Version6 (DHCPv6)

如果按照表 9-1 对 DHCP 数据包结构的定义，你会发现结构体中没有为 IPv6 地址提供足够的空间。为了解决这一问题，同时又不对 DHCP 协议进行改动，在 RFC3315 中提出了 DHCPv6 协议。由于 DHCPv6 不是基于 BOOTP 协议（DHCP

协议的前身）设计的，因此 DHCPv6 的数据包结构要比 DHCP 协议精简很多（见图 9-7）。

动态主机配置协议Version 6 (DHCPv6)					
偏移位	八位组	0	1	2	3
八位组	位	0–7	8–15	16–23	24–31
0	0	消息类型	事务ID		
4+	32+	选项			

图 9-7　DHCPv6 数据包结构

如图 9-7 所示，DHCPv6 数据包结构仅包含 2 个固定字段，其作用与 DHCP 中的类似字段相同。数据包的其他部分取决于位于第一个字节的消息类型。在选项部分，每个选项由一个 2 字节的选项码和一个长度为 2 字节的选项值字段组成。

DHCPv6 实现了和 DHCP 相同的功能，但要理解 DHCPv6 通信，我们必须把 DORA（Discover—Offer—Request—Acknowledgment）替换为 SARR（Solicit—Advertise—Request—Reply）。这一过程如图 9-8 所示，描述了客户端的续租流程。

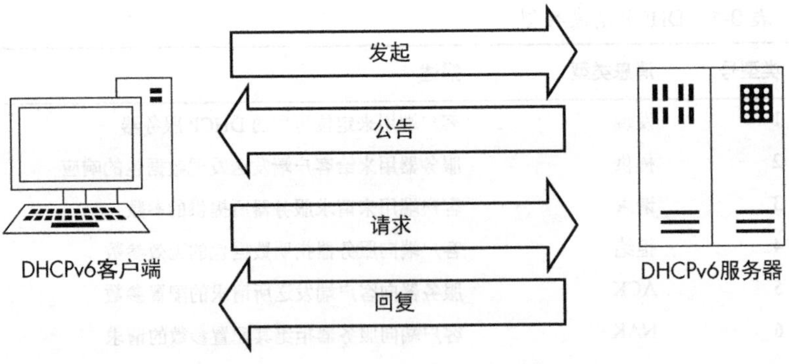

图 9-8　DHCPv6 SARR 续租过程

SARR 过程包括以下 4 个步骤。

（1）发起（Solicit）：客户端向一个特定的组播地址（ff02::1:2）发送一个初始化数据包，尝试在网络上发现可用的 DHCPv6 服务器。

（2）公告（Advertise）：一个可用的 DHCPv6 服务器直接回复客户端，表明此服务器能够提供地址分配和设置服务。

（3）请求（Request）：客户端通过组播方式向服务器发起地址配置信息请求。

（4）回复（Reply）：服务器向客户端直接发送其请求的所有配置信息，SARR过程完成。

SARR 过程的概要如图 9-9 所示，这部分数据包从 dhcp6_outlease_acquisition.pcapng 中提取。在这个例子中，一台新接入网络的主机（fe80::20c:29ff:fe5e:7744）按照 SARR 过程，从 DHCPv6 服务器（fe80::20c:29ff:fe1f:a755）获取配置信息。每一个数据包代表了 SARR 过程中的一个步骤，其中，初始的 solicit（发起）和 advertise（公告）数据包的事务 ID 为 0x9de03f，request（请求）和 reply（回复）数据包的事务 ID 为 0x2d1603。这个通信过程使用 546 和 547 端口，这两个端口是 DHCPv6 使用的标准端口。

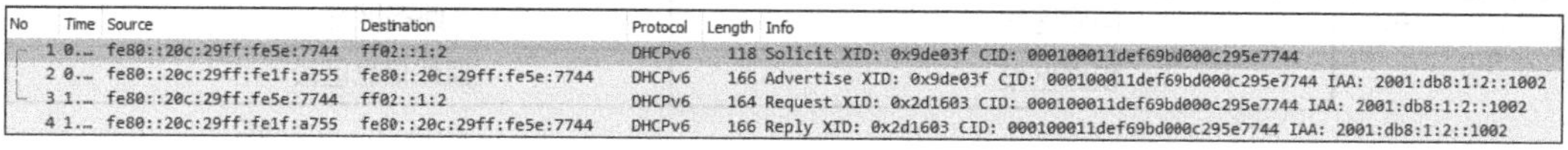
No Time Source Destination Protocol Length Info
1 0… fe80::20c:29ff:fe5e:7744 ff02::1:2 DHCPv6 118 Solicit XID: 0x9de03f CID: 000100011def69bd000c295e7744
2 0… fe80::20c:29ff:fe1f:a755 fe80::20c:29ff:fe5e:7744 DHCPv6 166 Advertise XID: 0x9de03f CID: 000100011def69bd000c295e7744 IAA: 2001:db8:1:2::1002
3 1… fe80::20c:29ff:fe5e:7744 ff02::1:2 DHCPv6 164 Request XID: 0x2d1603 CID: 000100011def69bd000c295e7744 IAA: 2001:db8:1:2::1002
4 1… fe80::20c:29ff:fe1f:a755 fe80::20c:29ff:fe5e:7744 DHCPv6 166 Reply XID: 0x2d1603 CID: 000100011def69bd000c295e7744 IAA: 2001:db8:1:2::1002

图 9-9　客户端通过 DHCPv6 获得一个 IPv6 地址

总的来说，DHCPv6 和 DHCP 的数据包结构有很大区别，但是在功能实现思路上是一致的。这个过程仍然包括 DHCP 服务器发现步骤和正式的配置信息获取步骤。这些事件通过客户端和服务器之间交互数据包中的事务 ID 进行关联。传统的 DHCP 机制不支持 IPv6 地址分配，因此，如果你的设备能够从网络中的某个服务器自动获取 IPv6 地址，则这表明你的网络中已经在运行 DHCPv6 服务。如果你想要进一步比较 DHCP 和 DHCPv6，我们建议你使用抓包工具在客户端和服务器端逐步进行分析。

9.2　域名系统

域名系统（Domain Name System, DNS）是最重要的互联网协议之一，因为它是众所周知的黏合剂。DNS 将例如 Google 的域名和 74.125.159.99 的 IP 地址捆绑起来。当我们想要和一台网络设备通信却不知道它的 IP 地址时，就可以使用它的 DNS 名字来进行访问。

DNS 服务器存储了一个有着 IP 地址和 DNS 名字映射资源记录的数据库，并将其和客户端以及其他 DNS 服务器共享。

注意　由于 DNS 服务器的结构很复杂，因此我们只关注于通常类型的 DNS 流量。

9.2.1 DNS 数据包结构

如图 9-10 所示，DNS 数据包和我们之前所看到的数据包类型结构有所不同。DNS 数据包中会出现下面的一些域。

<table>
<tr><th colspan="6">域名系统 (DNS)</th></tr>
<tr><td>偏移位八位组</td><td>八位组位</td><td>0
0–7</td><td>1
8–15</td><td>2
16–23</td><td>3
24–31</td></tr>
<tr><td>0</td><td>0</td><td colspan="2">DNS ID号</td><td>QR | 操作码 | AA | TC | RD</td><td>RA | Z | 响应码</td></tr>
<tr><td>4</td><td>32</td><td colspan="2">问题计数</td><td colspan="2">回答计数</td></tr>
<tr><td>8</td><td>64</td><td colspan="2">域名服务器计数</td><td colspan="2">额外记录计数</td></tr>
<tr><td>12+</td><td>96+</td><td colspan="2">问题区段</td><td colspan="2">回答区段</td></tr>
<tr><td></td><td></td><td colspan="2">权威区段</td><td colspan="2">额外信息区段</td></tr>
</table>

图 9-10　DNS 数据包结构

DNS ID 号（DNS ID Number）：用来对应 DNS 查询和 DNS 响应。

查询/响应（Query/Response, QR）：用来指明这个数据包是 DNS 查询还是响应。

操作码（OpCode）：用来定义消息中请求的类型。

权威应答（Authoritative Answer, AA）：如果响应数据包中设定了这个值，则说明这个响应是由域内权威域名服务器发出的。

截断（Truncation, TC）：用来指明这个响应由于太长，无法装入数据包而被截断。

期望递归（Recursion Desired, RD）：如果在请求中设定了这个值，则说明 DNS 客户端在目标域名服务器不含有所请求信息的情况下，要求进行递归查询。

可用递归（Recursion Available, RA）：如果响应中设定了这个值，则说明域名服务器支持递归查询。

保留（Z）：在 RFC1035 的规定中被设为全 0，但有时会被用来作为 RCode 域的扩展。

响应码（Response Code）：在 DNS 响应中用来指明错误。

问题计数（Question Count）：在问题区段中的条目数。

回答计数（Answer Count）：在回答区段中的条目数。

域名服务器计数（Name Server Count）：在权威区段的域名资源记录数。

额外记录计数（Additional Records Count）：在额外信息区段中的其他资源记录数。

问题区段（Question section）：大小可变、包含要被发送到DNS服务器的一条或多条的信息查询的部分。

回答区段（Answer section）：大小可变、包含用来回答查询的一条或多条资源记录。

权威区段（Authority section）：大小可变、包含指向权威域名服务器的资源记录，用以继续解析过程。

额外信息区段（Additional Information section）：大小可变、包含与查询有关的额外信息，但对于回答查询这并不是绝对必要的资源记录。

9.2.2 一次简单的 DNS 查询过程

DNS 以查询/响应的模式工作。当一个客户端想要将一个 DNS 名字解析成 IP 地址时，它会向 DNS 服务器发送一个查询，然后服务器在响应中提供所请求的信息。在较简单的情形下，这个过程包含着两个数据包，正如在捕获文件 dns_query_response.pcap 中所看到的那样。

第一个数据包如图 9-11 所示，是由 192.168.0.114 的客户端通过 DNS 的标准 53 端口发向 205.152.37.23 的服务器的 DNS 查询。

当检查这个数据包的头部时，你会发现 DNS 也是基于 UDP 协议的。

在数据包的 DNS 区段，你可以看到数据包开头的一些较小域都被 Wireshark 合并成为了一个标志区段（Flags section）。展开这个区段，你会看到这个消息是一个典型的请求：没有被截断并且期望递归查询（我们随后将介绍递归查询）。在展开查询区段时，里面也仅有一个问题。这个问题是查询名字为 wireshark.org 的主机类型（type A）互联网（IN）地址。这个数据包基本就是在问：“哪个 IP 地址对应着 wireshark.org 域？”

数据包 2 响应了这个请求，如图 9-12 所示。因为这个数据包拥有唯一的标识码，所以我们知道这里包含着对于原始查询的正确响应。

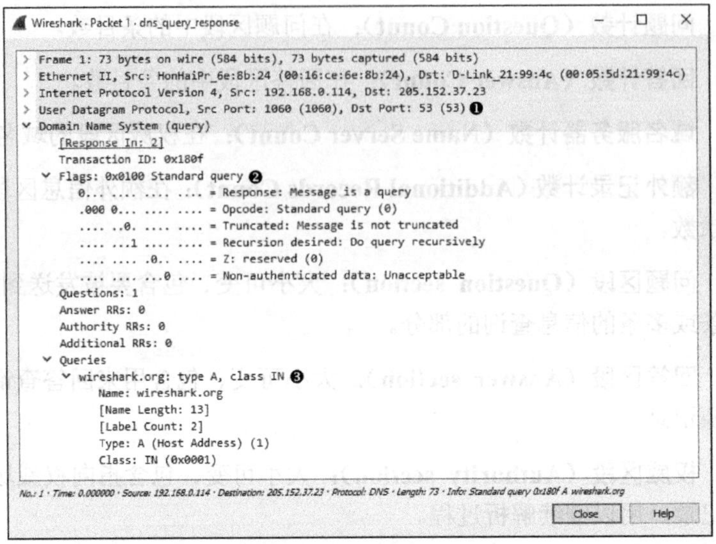

图 9-11　DNS 查询数据包

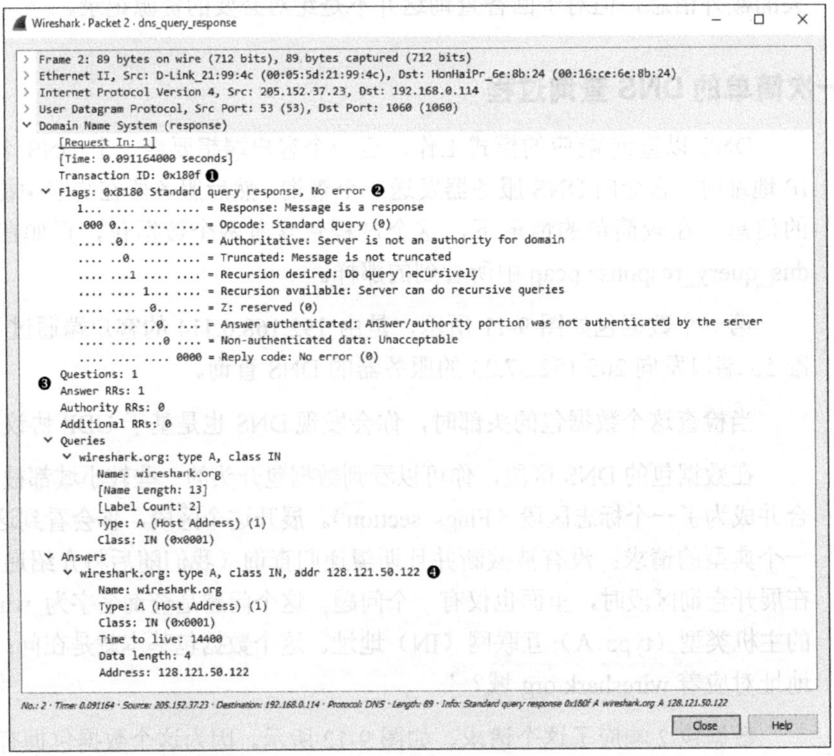

图 9-12　DNS 响应数据包

标志区段可以确保这是一个响应并且允许必要的递归。这个数据包仅包含一个问题和一个资源记录，因为它将原问题和回答连接了起来。展开回答区段可以看到对于查询的回答：wireshark.org 的地址是 128.121.50.122。有了这个信息，客户端就可以开始构建 IP 数据包，并与 wireshark.org 进行通信了。

9.2.3 DNS 问题类型

DNS 查询和响应中所使用的类型域，指明了这个查询或者响应的资源记录类型。表 9-2 中列出了一些常用的消息/资源记录类型。在正常流量和本书中，你将会看到这些类型。

表 9-2 常用 DNS 资源记录类型

值	类型	描述
1	A	IPv4 主机地址
2	NS	权威域名服务器
5	CNAME	规范别名
15	MX	邮件交换
16	TXT	文本字符串
28	AAAA	IPv6 主机地址
251	IXFR	增量区域传送
252	AXFR	完整区域传送

9.2.4 DNS 递归

由于互联网的 DNS 结构是层级式的，因此为了能够回答客户端提交的查询，DNS 服务器必须能够彼此通信。我们的内部 DNS 服务器知道本地局域网服务器的名字和 IP 地址的映射，但不太可能知道 Google 或者 Dell 的 IP 地址。

当 DNS 服务器需要查找一个 IP 地址时，它会代表发出请求的客户端向另一个 DNS 服务器进行查询。实际上，这个 DNS 服务器与客户端的行为相同。这个过程叫作递归查询。

打开文件 dns_recursivequery_client.pcap，可以分别看到 DNS 客户端和服务

器视角的递归查询过程。这个文件包含了捕获客户端 DNS 流量文件的两个数据包。第一个数据包是从 DNS 客户端 172.16.0.8 发往 DNS 服务器 172.16.0.102 的初始查询，如图 9-13 所示。

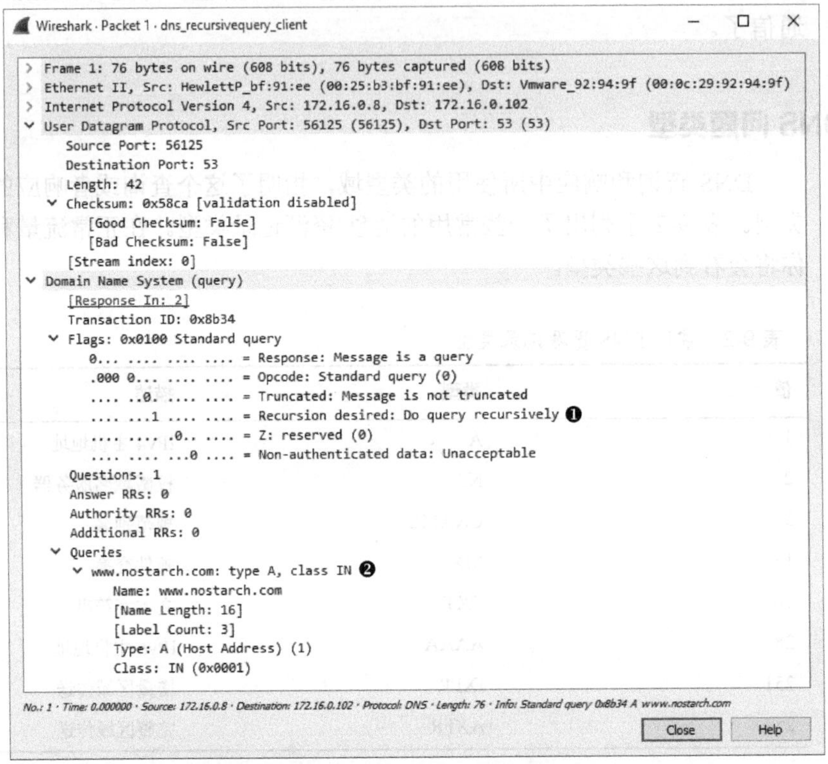

图 9-13　设置有期望递归位的 DNS 查询

当你展开这个数据包的 DNS 区段时，可以看到这是一个用以查找 DNS 名称 www.nostarch.com 的 A 类型记录的标准查询。展开标志区段，可以了解更多关于这个数据包的信息，你可以看到期望递归的标志。

第二个数据包是我们所希望看到的对于初始数据包的响应，如图 9-14 所示。

这个数据包的事务 ID 和我们的查询相匹配，也没有列出错误，所以我们就得到了 www.nostarch.com 所对应的 A 类型资源记录。

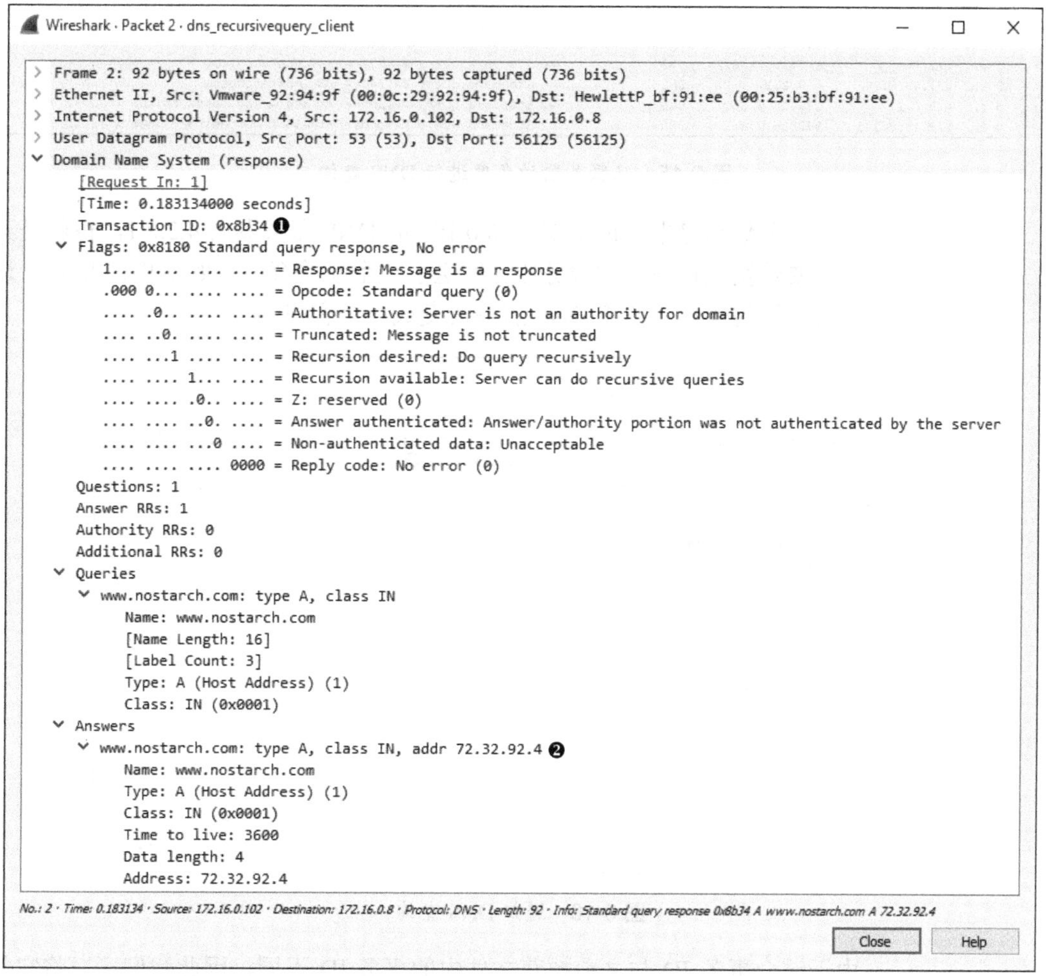

图 9-14　DNS 查询响应

如果我们想要知道查询是否被递归应答，唯一的方法就是当进行递归查询时监听 DNS 服务器的流量，正如文件 dns_recursivequery_server.pcap 中所示的那样。这个文件显示了查询进行时本地 DNS 服务器流量的捕获，如图 9-15 所示。第一个数据包和我们前一个捕获文件中的初始查询相同。这时，DNS 服务器接到了这个查询，在其本地数据包检查后，发现它并不知道关于 DNS 域名（nostarch.com）所对应 IP 地址这个问题的答案。由于这个数据包发送时设置了期望递归，因此你会在第二个数据包中看到，这个 DNS 服务器为了得到答案向其他 DNS 服务器询问这个问题。

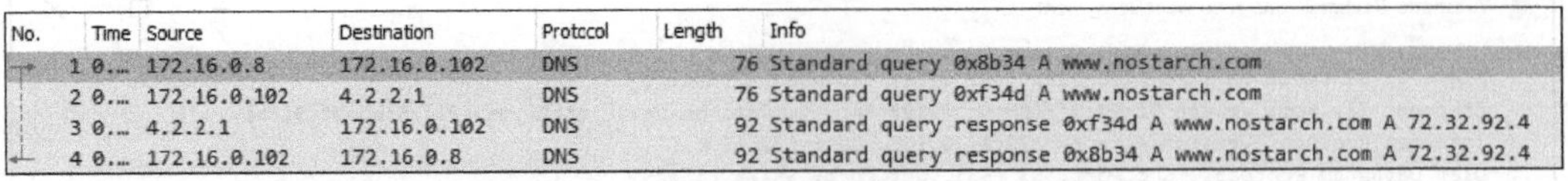
No. Time Source Destination Protocol Length Info
1 0.… 172.16.0.8 172.16.0.102 DNS 76 Standard query 0x8b34 A www.nostarch.com
2 0.… 172.16.0.102 4.2.2.1 DNS 76 Standard query 0xf34d A www.nostarch.com
3 0.… 4.2.2.1 172.16.0.102 DNS 92 Standard query response 0xf34d A www.nostarch.com A 72.32.92.4
4 0.… 172.16.0.102 172.16.0.8 DNS 92 Standard query response 0x8b34 A www.nostarch.com A 72.32.92.4

图 9-15　从服务器的角度进行 DNS 查询

在第二个数据包中，位于 172.16.0.102 的 DNS 服务器向 4.2.2.1，也就是其所设定的要转发上行请求的服务器，发送了一个新的查询，如图 9-16 所示。这个请求是原始的镜像，并将 DNS 服务器变成一个客户端。

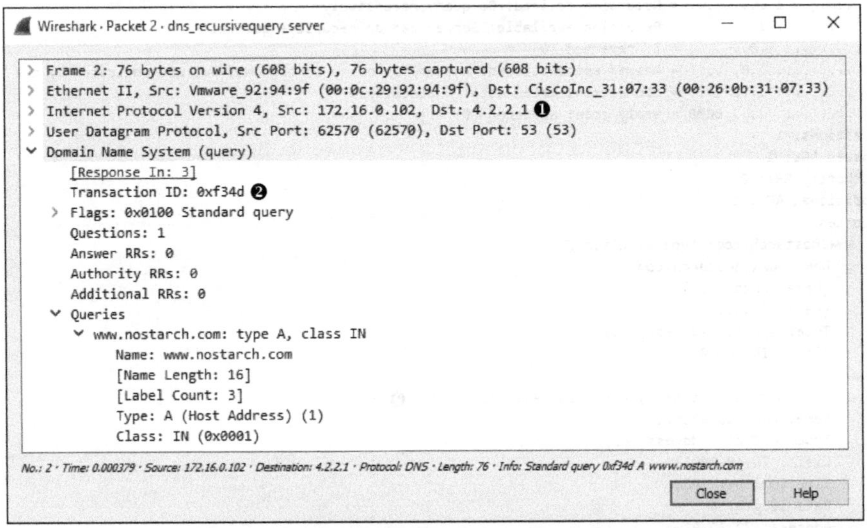

图 9-16　递归 DNS 查询

由于这个事务 ID 与之前捕获文件中的事务 ID 不同，因此我们可以将它作为一个新的查询。在这个数据包被服务器 4.2.2.1 接收之后，本地 DNS 服务器就接到了响应，如图 9-17 所示。

接到了这个响应后，本地 DNS 服务器就可以将第四个，也就是最后一个带有请求信息的数据包传递给 DNS 客户端。

虽然这个例子只展示了一层的递归，但对一个 DNS 请求来说递归查询可能会发生很多次。这里我们接到了来自 DNS 服务器 4.2.2.1 的回答，但那个服务器可能为了寻找答案也向其他服务器进行了递归查询。一个简单查询在其得到最终响应之前可能遍历了全世界。图 9-18 展示了递归 DNS 查询的过程。

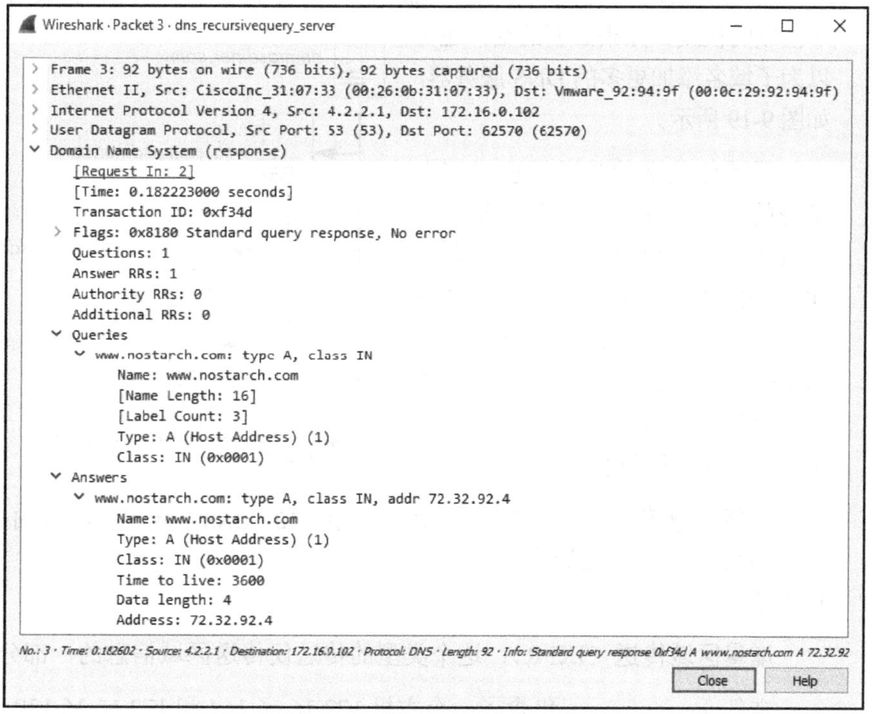

图 9-17　对递归 DNS 查询的响应

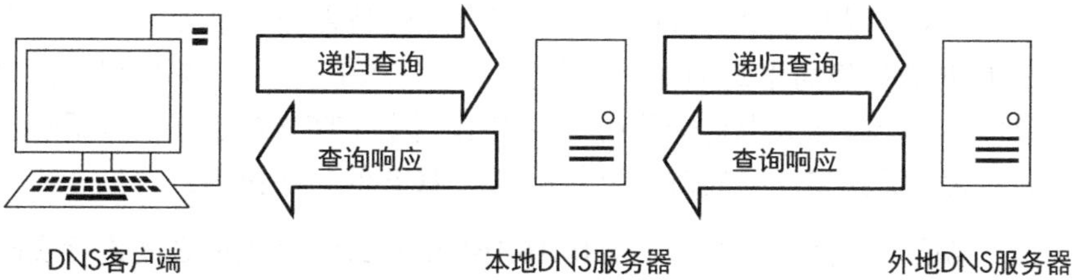

图 9-18　DNS 递归查询

9.2.5　DNS 区域传送

DNS 区域是一个 DNS 服务器所授权管理的名字空间（或是一组 DNS 名称）。举例来说，Emma's Diner 这个网站可能由一个 DNS 服务器对 emmasdiner.com 负责。这样，无论是 Emma's Diner 内部或者外部的设备，如果希望将 emmasdiner.com 解析成 IP 地址，都需要和这个区域的权威，也就是这个 DNS 服务器联系。如果 Emma's Diner 发展壮大了，它可能会增加一个 DNS 服务器，专门用来处理其名字空间的 email 部分，比如 mail.emmasdiner.com，那么这个服务器，就成为这个邮件子区域的权威。如果必要的话，还可以为子域名添加更多的 DNS 服务器，如图 9-19 所示。

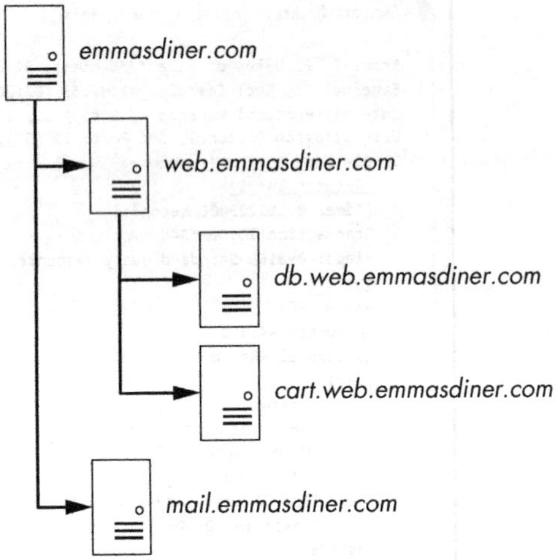

图 9-19 DNS 区域划分名称空间的责任

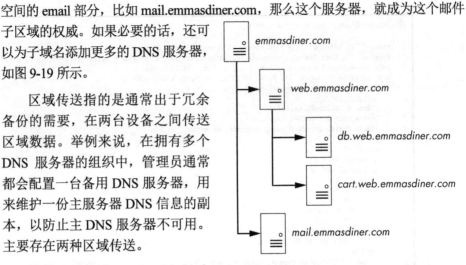

区域传送指的是通常出于冗余备份的需要，在两台设备之间传送区域数据。举例来说，在拥有多个 DNS 服务器的组织中，管理员通常都会配置一台备用 DNS 服务器，用来维护一份主服务器 DNS 信息的副本，以防止主 DNS 服务器不可用。主要存在两种区域传送。

完整区域传送（AXFR）：这个类型的传送将整个区域在设备间进行传送。

增量区域传送（IXFR）：这个类型的传送仅传送区域信息的一部分。

文件 dns_axfr.pcap 包含了一个主机 172.16.16.164 和 172.16.16.139 之间进行完整区域传送的例子。

当第一眼看这个文件时，你可能会怀疑是否开错了文件，因为你所见到的是 TCP 数据包而不是 UDP 数据包。虽然 DNS 基于 UDP 协议，但它在比如区域传送的一些任务中也会使用 TCP 协议，因为 TCP 对于规模数据的传输更加可靠。这个捕获文件中的前 3 个数据包是 TCP 的三次握手。

第四个数据包开始在 172.16.16.164 和 172.16.16.139 之间进行实际的区域传送。这个数据包并不包含任何 DNS 信息。由于区域传送请求的数据包中的数据由多个数据包所发送，因此这个数据包被标记为重组装 PDU 的 TCP 分片。数据包 4 和 6 包含了数据包的数据。数据包 5 是对于数据包 4 被成功接收的确认。这些数据包以这种方式显示出来是因为 Wireshark 出于可读性的考虑将 TCP 数据包如此解析并呈现。这里我们可以将数据包 6 作为完整的 DNS 区域传送请求，如图 9-20 所示。

区域传送请求是典型的查询，但它请求的是 AXFR 类型而不是单一记录类型，这意味着它希望从服务器接收全部 DNS 区域。服务器在数据包 7 中回复了区域记录，如图 9-21 所示。正如你所见到的那样，区域传送包含了相当多的数据，并且这还是一个很简单的例子！在区域传送完成之后，捕获文件以 TCP 连接的终止过程作为结束。

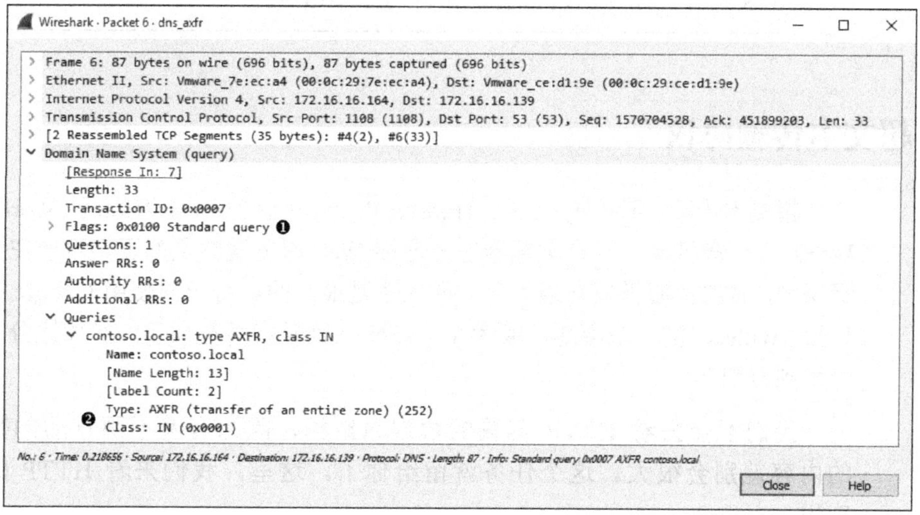

图 9-20　DNS 完整区域传送请求

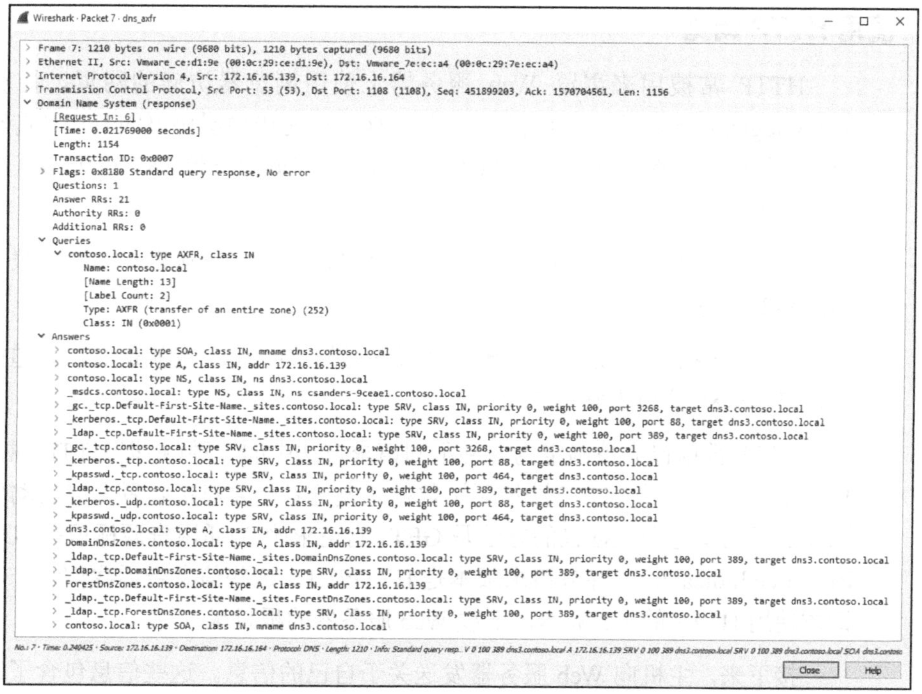

图 9-21　正在进行的 DNS 完整区域传送

警告　区域传送的数据如果落入他人手中可能会很危险。举例来说，通过枚举一个 DNS 服务器，你可以绘出整个网络的基础结构。

9.3　超文本传输协议

超文本传输协议（Hypertext Transfer Protocol, HTTP）是万维网（World Wide Web）的传输机制，允许浏览器通过连接 Web 服务器浏览网页。目前在大多数组织中，HTTP 流量在网络中所占的比率是最高的。每一次使用 Google 搜索、连接 Twitter、发一条微博，或者在 ESPN 上查看肯塔基大学的篮球比分，你都会用到 HTTP。

我们不会去看 HTTP 传输的数据包结构，因为有着不同目的的数据包的内容差别会很大。这个任务就留给你了。这里，我们来看 HTTP 的实际应用。

9.3.1　使用 HTTP 浏览

HTTP 常被用来浏览 Web 服务器上使用浏览器访问的网页。捕获文件 http_google.pcap 就给出了这样一个使用 TCP 作为传输层协议的 HTTP 传输的例子。通信以客户端 172.16.16.128 和 Google 的 Web 服务器 74.125.95.104 的三次握手开始。

在建立了连接之后，第一个被标为 HTTP 的数据包从客户端发往服务器，如图 9-22 所示。

HTTP 数据包通过 TCP 被传输到服务器的 80 端口，也就是 HTTP 通信的标准端口（8080 端口也常被使用）。

HTTP 数据包会被确定为 8 种不同请求方法中的一种（根据 HTTP 规范版本 1.1 的定义）。这些请求方法指明了数据包发送者想要对接收者采取的动作。如图 9-22 所示，这个数据包的方法是 GET，它请求/作为通用资源标识符（Uniform Resource Indicator），并且请求版本是 HTTP/1.1。这些信息告诉我们这个客户端请求使用 HTTP 的 1.1 版本，下载 Web 服务器的根目录（/）。

接下来，主机向 Web 服务器发送关于自己的信息。这些信息包含了正在使用的用户代理（浏览器）、浏览器接受的语言（Accept Languages）和 Cookie 信息（位于捕获的底部）。为保证兼容性，服务器可以利用这些信息，决定返回给客户端的数据。

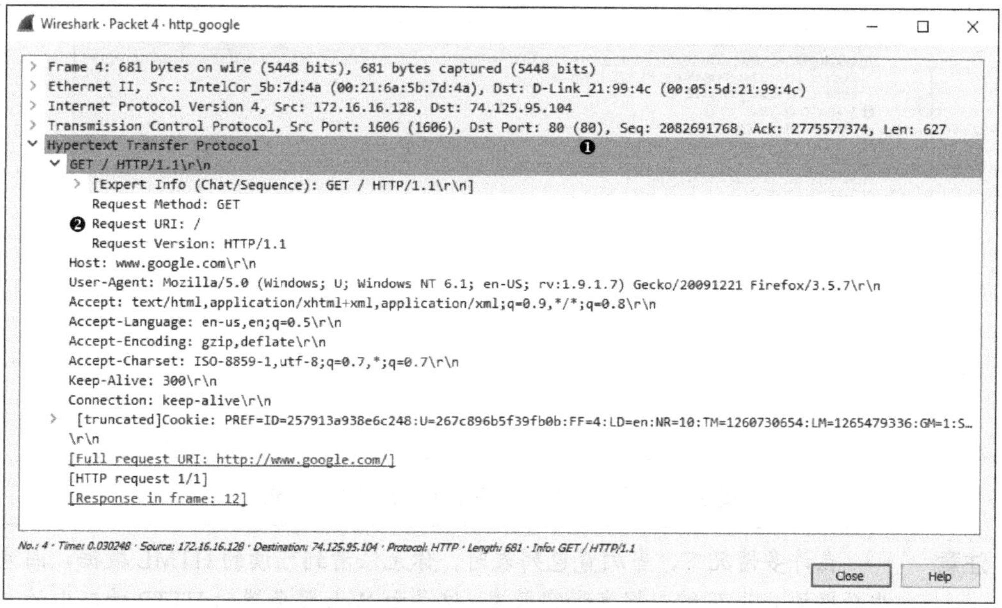

图 9-22　初始 HTTP GET 请求数据包

当服务器接收到了数据包 4 中的 HTTP 请求时，它会响应一个 TCP ACK，用以确认数据包，并在数据包 6～11 中传输所请求的数据。HTTP 只被用来解决客户端和服务器的应用层命令。当进行数据传输时，除了数据流的开始和结束就看不到应用层的控制信息了。

服务器在数据包 6 和 7 中发送数据，数据包 8 是来自客户端的确认，数据包 9 和 10 是另外两个数据包，数据包 11 是另外一个确认，如图 9-23 所示。虽然 HTTP 仍然负责这些传输，但所有这些数据包在 Wireshark 中都被显示为 TCP 分片而不是 HTTP 数据包。

No.	Time	Source	Destination	Protocol	Length	Info
6	0.…	74.125.95.104	172.16.16.128	TCP	1460	[TCP segment of a reassembled PDU]
7	0.…	74.125.95.104	172.16.16.128	TCP	1460	[TCP segment of a reassembled PDU]
8	0.…	172.16.16.128	74.125.95.104	TCP	54	1606 → 80 [ACK] Seq=2082692395 Ack=2775580186 Win=16872 Len=0
9	0.…	74.125.95.104	172.16.16.128	TCP	1460	[TCP segment of a reassembled PDU]
10	0.…	74.125.95.104	172.16.16.128	TCP	156	[TCP segment of a reassembled PDU]
11	0.…	172.16.16.128	74.125.95.104	TCP	54	1606 → 80 [ACK] Seq=2082692395 Ack=2775581694 Win=16872 Len=0

图 9-23　客户端浏览器和 Web 服务器之间在使用 TCP 传输数据

在数据传输结束后，数据的重组装流就已经被发送完了，如图 9-24 所示。

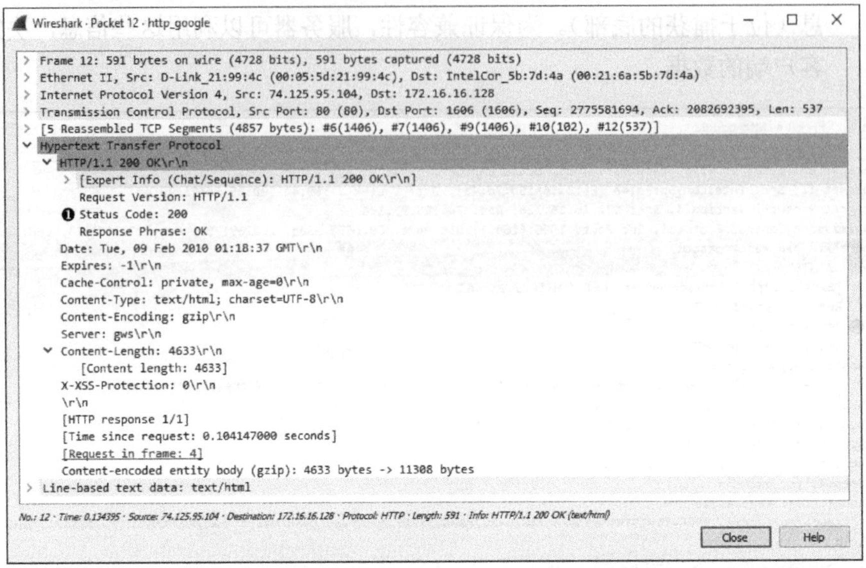

图 9-24　最后有着响应码 200 的 HTTP 数据包

注意　在许多情况下，当浏览包列表时，你无法看到可读的 HTML 数据，因为这些数据被 gzip 压缩以提高带宽效率，这是由 Web 服务器的 HTTP 响应中的内容偏码字段表示的。只有查看完整的流时，数据才能被解码并易于读取。

HTTP 使用了一些预定义的响应码，来表示请求方法的结果。在这个例子中，我们看到一个带有 200 响应码的数据包，表示一次成功的请求方法。这个数据包同样包含一个时间戳，以及一些关于 Web 服务器内容编码和配置参数的额外信息。当客户端接收到这个数据包后，这次处理便完成了。

9.3.2　使用 HTTP 传送数据

我们看过了从 Web 服务器下载数据的过程，现在将注意力转向上传数据。文件 http_post.pcap 包含了一个非常简单的上传的例子：一个用户在一个网站发表评论。在初始的三次握手之后，客户端（172.16.16.128）向 Web 服务器（69.163.176.56）发送了一个 HTTP 数据包，如图 9-25 所示。

这个数据包使用 POST 方法，来向 Web 服务器上传数据以供处理。这里使用的 POST 方法指明了 URI /wp-comments-post.php 以及 HTTP 1.1 请求版本。如果想看上传数据的内容，可以展开这个数据包的 Line-based Text Data 部分。

在这个 POST 的数据传输完成之后，服务器会发送一个 ACK 数据包。如图 9-26

所示，服务器在数据包 6 中传输了一个响应码 302（代表“找到”）作为响应。

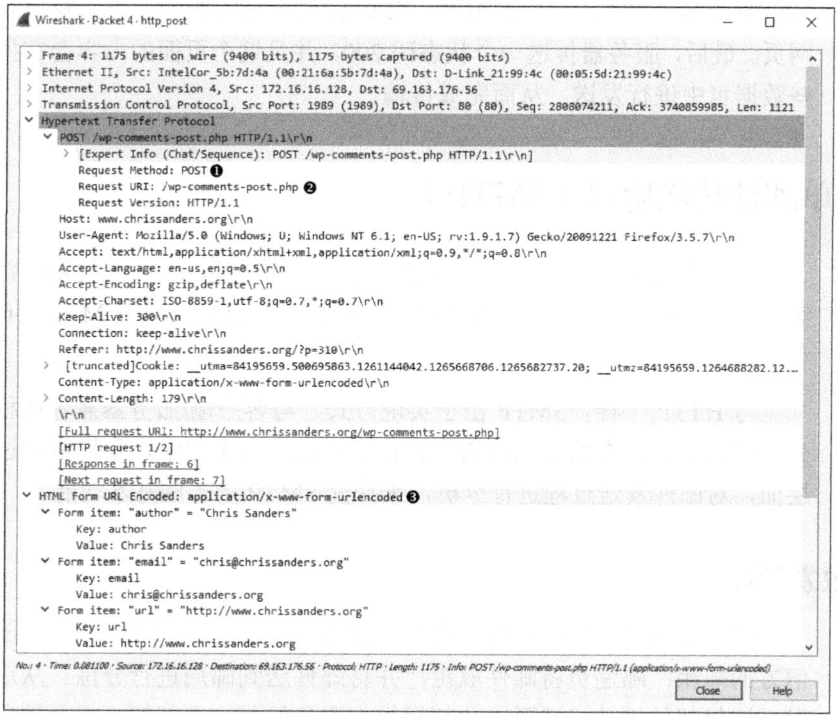

图 9-25　HTTP POST 数据包

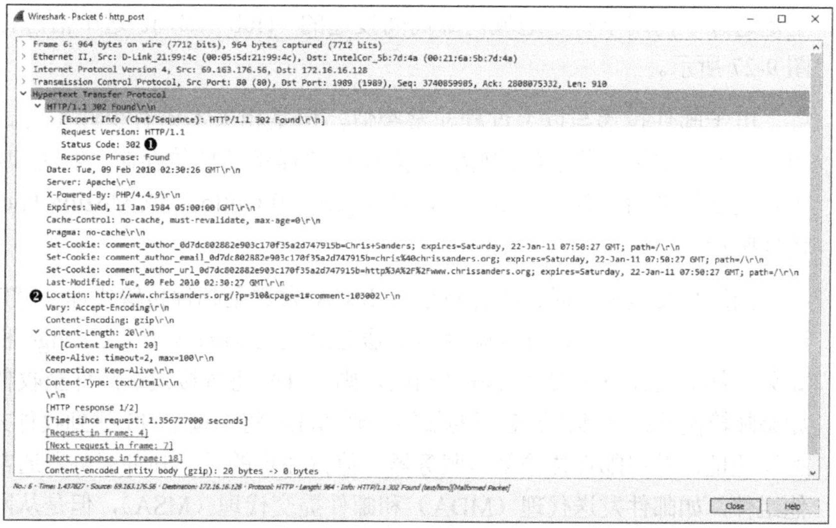

图 9-26　HTTP 响应码 302 用来进行重定向

302 相应码是 HTTP 世界的一个常用的重定向手段。这个数据包的 Location 域指明了客户端被重定向的位置。在这里，这个地方便是评论所发表的原始 Web 网页。最后，服务器传送一个状态码 200，并且这个页面的内容会在接下来的一些数据包中进行发送，从而完成传输。

9.4 简单邮件传输协议（SMTP）

如果说 Web 浏览是用户参与次数最多的网络活动，那么收发邮件有可能是第二位。简单邮件传输协议（SMTP）是发送邮件的标准，它被 Microsoft Exchange 和 Postfix 等平台使用。

与 HTTP 一样，SMTP 由于实现方式、与客户端/服务器兼容性相关的一系列特性的不同，在数据包结构上存在多样性。在本节中，我们将通过在数据包层面，对邮件发送过程进行分析，来探究 SMTP 的一些基本功能。

9.4.1 收发邮件

邮件服务架构与邮政服务类似。发信方写了一封邮件，然后将邮件投入发信方的邮箱；邮递员将邮件取走，并将邮件送到邮局进行分拣。从这个邮局出发，这封邮件将被投递至由此邮局提供服务的另一个邮箱，或者转发至另一个负责投递这封邮件的邮局。一封邮件在投递过程中，可能会通过多个邮局，甚至是通过专门用于特定地域内邮局间投递的“Hub”邮局。这个信息传递流程如图 9-27 所示。

电子邮件投递与以上过程非常类似，但是相关术语有少许不同。对于个人用户，电子邮箱取代了物理邮箱，为此用户提供邮件的存储、发送和接收服务。用户通过邮件用户代理（MUA），如 Microsoft Outlook 或 Mozilla Thunderbird，访问邮箱。

当用户发送邮件时，邮件将通过 MUA 发送至邮件传输代理（MTA）。MTA 通常指邮件服务器，流行的邮件服务器应用包括 Microsoft Exchange 和 Postfix。如果邮件的收件方与发件方域名相同，则 MTA 将直接发送邮件至收件人邮箱。如果邮箱被发送至其他域名下的邮箱，则 MTA 将通过 DNS 找到收件方的邮件服务器地址，并将邮件传输至该服务器。值得注意的是，邮件服务器通常还包含其他组件，如邮件发送代理（MDA）和邮件提交代理（MSA），但是从网络的角度看，我们通常只关注客户端和服务器的概念。以上过程的基本概述如图 9-28 所示。

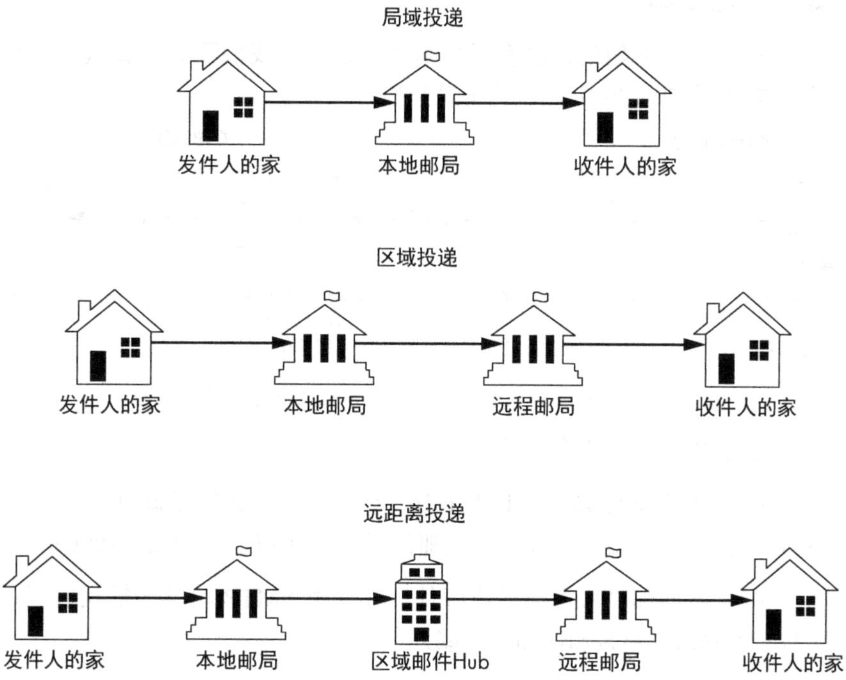

图 9-27　通过邮政服务发送邮件

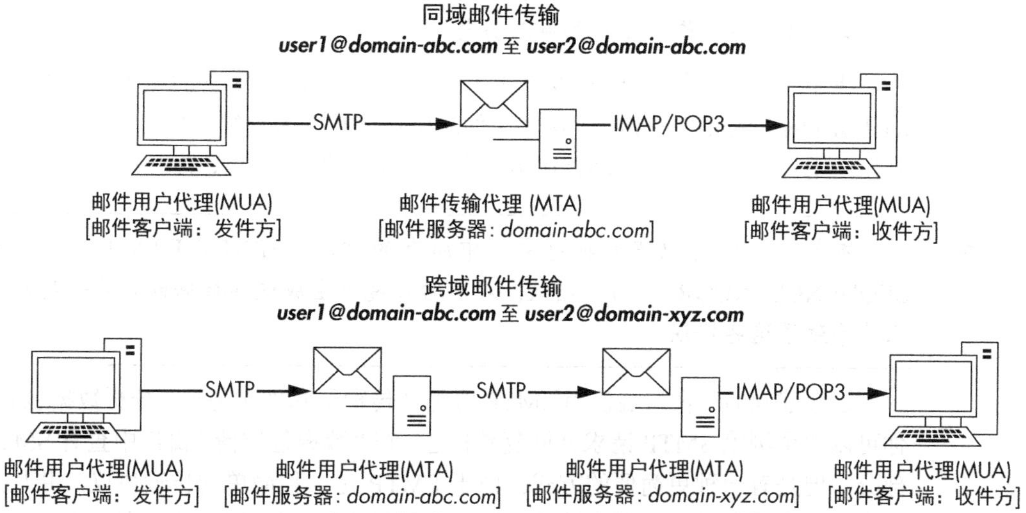

图 9-28　通过 SMTP 发送邮件

出于简化流程的目的，我们用邮件客户端表示 MUA，邮件服务器表示 MTA。

9.4.2 跟踪一封电子邮件

对电子邮件如何传输有了基本理解之后，我们开始查看这一过程中的数据包。首先从图 9-29 所描述的场景开始。

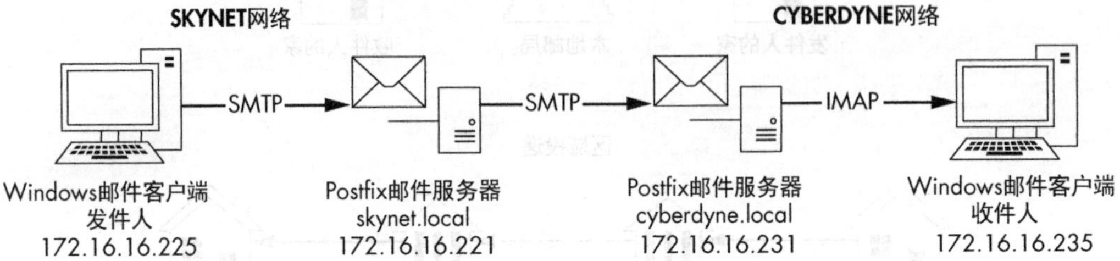

图 9-29　跟踪一封电子邮件从发送方至收件方的传输过程

以上场景分为 3 个步骤。

（1）用户从计算机（172.16.16.225）发送一封电子邮件，邮件客户端使用 SMTP 协议，将邮件传输至本地邮件服务器（172.16.16.221/skynet.local 域）。

（2）本地邮件服务器接收邮件，并使用 SMTP 将其传输至远程邮件服务器（172.16.16.231/cyberdyne.local 域）。

（3）远程邮件服务器接收邮件，并将其与适当的邮箱相关联。收件方计算机（172.16.16.235）上的邮件客户端通过 IMAP 协议取回邮件。

第 1 步：客户端至本地邮件服务器

我们从第一步开始逐步查看邮件发送过程，对应的数据包文件为 mail_sender_client_1.pcapng。这个文件从用户在邮件客户端上单击“发送”按钮开始，用户计算机和本地邮件服务器在前 3 个数据包中完成 TCP 握手。

注意　本节中，你可以忽略抓包文件中所有的“ETHERNET FRAME CHECK SEQUENCE INCORRECT”错误。在实验环境中生成这些数据包时的一些人工操作导致了这些错误。

连接建立后，客户端使用 SMTP 将邮件传输至邮件服务器。分析数据包时，你可以逐个浏览 SMTP 请求并回复数据包，在“数据包详情”窗口中查看 SMTP 部分，但是有一种更简便的方式。由于 SMTP 是一种简单的传输协议，并且在这个例子中通信过程为明文传输，因此你可以跟踪 TCP 流，从而在一个窗口中查看整个传输过程。在抓包文件中任意选择一个数据包，然后右键选择“Follow > TCP Stream”。传输的 TCP 流如图 9-30 所示。

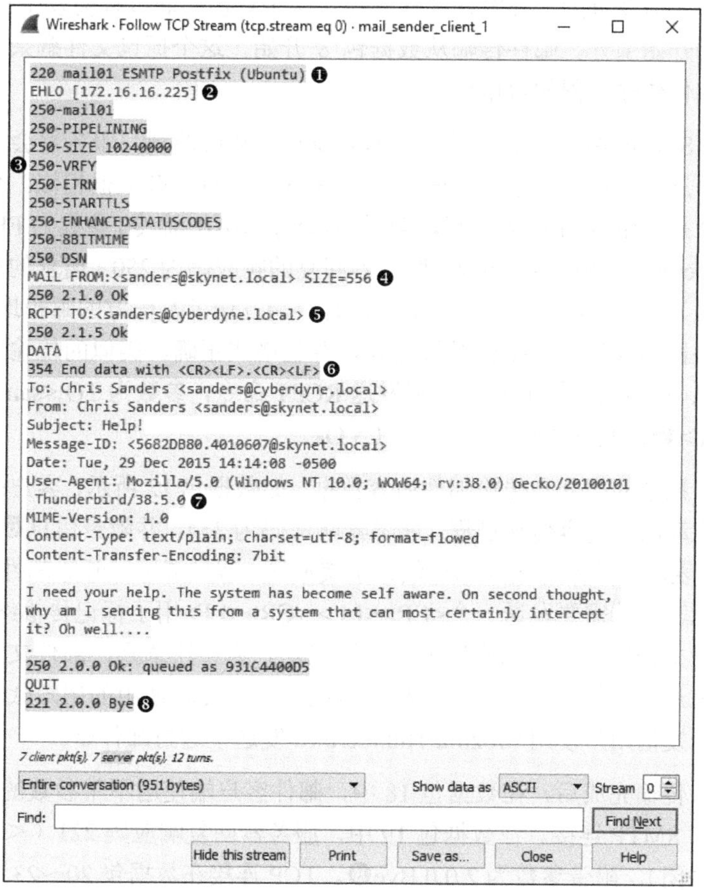

图 9-30　查看从邮件客户端至邮件服务器的 TCP 流

在连接建立后，邮件服务器在数据包 4 向客户端发送一个服务标签，表明此服务器已经准备好接收命令。在本例中，服务器显示为运行在 Ubuntu Linux 系统上的 Postfix 服务器❶。同时，此服务器支持接收扩展 SMTP（ESMTP）命令。ESMTP 是 SMTP 的扩展，允许在邮件传输中使用更多的命令。

邮件客户端在数据包 5 中通过 EHLO 命令进行回复❷。当邮件服务器支持 ESMTP 时，EHLO 作为“Hello”命令，让服务器识别发信的客户端主机。在不支持 ESMTP 的情况下，使用 HELO 命令进行发信客户端识别。在本例中，发信方使用 IP 地址作为识别方式，此外，域名也可以作为识别方式。

在数据包 7 中，服务器回复内容包括 VRFY、STARTTLS 和 SIZE 10240000❸。这些内容表示此 SMTP 服务器支持的命令，用于告知客户端在邮件传输过程中可用的命令范围。在发送邮件之前，这个特征协商过程会发生在每次 SMTP 传输的开始部分。邮件传输从数据包 8 开始，这个抓包文件剩余的大部分内容均为邮件传输过程的数据包。

SMTP 由客户端发送的简单命令和参数值控制，服务器会回复相应的响应码。这种设计是为了协议简化，与 HTTP 和 TELNET 很相似。数据包 8 和数据包 9 是一组示例请求/回复，客户端发送了 MAIL 命令，参数为 FROM:<sanders@skynet.local> SIZE=556❹；服务器回复的响应码为 250（请求的邮件操作完成），参数为 2.1.0 Ok。在这次请求中，客户端发送了发信方的邮箱地址和邮件大小，服务器响应说明数据已经被接收，并且格式正确。类似的传输过程也发生在数据包 10 和数据包 11；客户端发送 RCPT 命令，参数为 TO:<sanders@cyberdyne.local>❺，服务器响应为 250 2.1.5 Ok。

剩余的部分是传输邮件内容数据。如数据包 12 所示，客户端使用 DATA 命令启动邮件内容传输过程。服务器响应码为 354，并附带信息❻，其中，响应码 354 表示服务器为这封邮件创建了缓冲区，客户端可以开始邮件传输；附带信息表示客户端需要发送一个<CR><LF>.<CR><LF>用于标记传输终止。这封邮件使用明文传输，并且响应码表示传输成功。你会注意到，邮件文本中包含一些附加信息，包括日期、内容类型和编码，以及传输使用的用户代理。以上信息表明，发信用户使用 Mozilla Thunderbird 发送了这封邮件❼。

传输完成后，在数据包 18 中，邮件客户端使用不带参数的 QUIT 命令，终止了 SMTP 连接。在数据包 19 中，服务器回复响应码 221（＜domain＞传输通道关闭），附带参数为 2.0.0 Bye❽。TCP 连接在数据包 20～23 中正常关闭。

第 2 步：本地服务器至远程服务器

接下来，我们将从 skynet.local 中的本地邮件服务器（地址为 172.16.16.221）的角度，考虑这个邮件传输场景。用于分析的数据包存储在 mail_sender_server_2.pcapng 文件中，这些数据包可以直接在邮件服务器上抓取。由于邮件从客户端至本地邮件服务器的传输过程，也被邮件服务器上的抓包工具记录，因此你会发现，mail2_sender_server_2.pcapng 包含的前 20 多个数据包与第 1 步中的数据包一致。

如果邮件目的地是 skynet.local 域中的其他邮箱，那么我们不会发现其他的 SMTP 传输；我们将看到某个邮件客户端使用 POP3 或 IMAP 协议收取邮件。然而，由于这封邮件被发送至 cyberdyne.local 域，因此本地 SMTP 服务器必须将邮件传输至为 cyberdyne.local 提供服务的远程邮件服务器。在数据包 22 中，本地邮件服务器 172.16.16.221 和远程邮件服务器 172.16.16.231 开始进行 TCP 握手，并开始第 2 步传输过程。

注意 在现实场景中，邮件服务器通过一种特殊的DNS记录类型——邮件交换（MX）记录，定位其他的邮件服务器。由于本节的场景为实验室环境，远程邮件服务器的IP地址已经预配置在本地邮件服务器上，因此我们将不会看到DNS通信过程。在进行邮件发送故障检查时，需要考虑DNS问题及与邮件相关的特定协议的问题。

连接建立完成后，我们在数据包列表中看到，邮件传输至远程服务器的过程使用 SMTP 协议。跟踪传输过程的 TCP 流，能够更清晰地查看这个会话过程，如图 9-31 所示。如果需要将这个连接单独提取出来，请在过滤器中使用 tcp.stream==1 作为筛选条件。

图 9-31　查看从本地邮件服务器至远程邮件服务器的 TCP 流

这个传输过程与图 9-30 中的过程基本一致。本质上，两者传输的邮件内容一致，区别在于，步骤 2 中的传输过程发生在两个服务器之间，步骤 1 中的过程发生在客户端和服务器之间。远程服务器被标记为 mail02❶，本地服务器被标记为 mail01❷，两个服务器共享了一系列可用命令❸；邮件内容❹包括步骤 1 中完整的邮件文本，以及附加在 To: Chris Sanders <sander@cyberdyne.local> 行之前的部分。这个通信过程在数据包 27～35 中，以一个 TCP 断开作为结束。

从根本上说，服务器不关注邮件是来自于邮件客户端还是另一个 SMTP 服务器，所以客户端——服务器邮件传输中所有的规则和过程在服务器——服务器邮件传输过程中也都适用（任意形式的访问控制策略除外）。在实际情况中，本地邮件服务器和远程邮件服务器可能并不具备相同的特征参数集合（包括命令集和参数集），或是基于完全不同的平台。这也是 SMTP 要进行初始化通信的非常重要的原因；这一过程确保了在邮件传输之前，收件服务器将自身支持的命令和参数集发送给发件方，从而完成传输使用命令的协商。在 SMTP 客户端或服务器明确了收件服务器的特征参数后，能够保证发件方发送的 SMTP 命令被收件服务器识别，并且邮件被正常传输。这一机制使 SMTP 能够在大量不同的客户端和服务器之间应用，同时，也让我们在发送邮件时，不需要了解收件方的网络设备信息。

第 3 步：远程服务器至远程客户端

现在，我们的邮件到达了远程邮件服务器，此服务器负责将邮件投递至 cyberdyne.local 中的邮箱。我们将查看在远程邮件服务器上抓取的数据包 mail_receiver_server_3.pcapng，如图 9-32 所示。

我们再次发现前 15 个数据包很熟悉，因为传输的邮件内容与前两个步骤相同，不同的是，源地址变为本地邮件服务器❶，目的地址变为远程邮件服务器❷。这个流程完成后，SMTP 服务将邮件和指定的邮箱进行关联，之后，预期的收件方可以通过邮件客户端收取邮件。

正如之前提到的，SMTP 主要被用来发送邮件；截至目前，SMTP 也是发送邮件时常用的协议。从服务器上的邮箱收取邮件的方式更加多样，同时，由于在收取邮件事件中不断有新的需求，因此出现了数种用于完成邮件收取任务的协议。其中，比较流行的是邮局协议 v3（POP3）和 Internet 邮件访问协议（IMAP）。在本例中，远程客户端使用 IMAP 从邮件服务器收取邮件，对应通信发生在数据包 16～34 中。

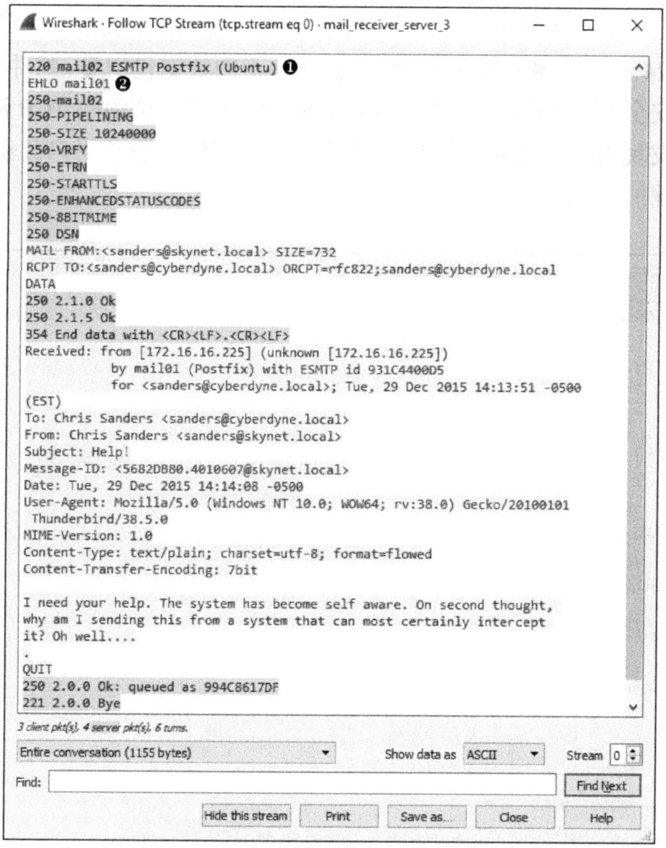

图 9-32　查看从本地邮件服务器至远程邮件服务器的 TCP 流

本书并不会涵盖 IMAP 的内容；在本例中，即使我们介绍了 IMAP，也并不会对数据包分析带来多大帮助——这个通信过程是加密的。查看数据包 21❶，你会发现客户端（172.16.16.235）向邮件服务器（172.16.16.231）发送了 STARTTLS 命令，如图 9-33 所示。

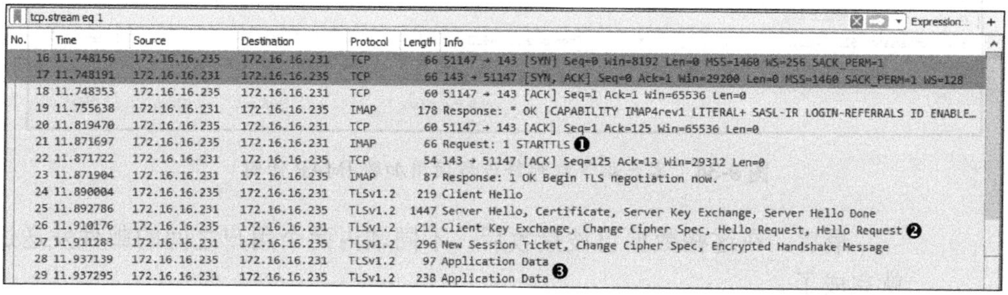
tcp.stream eq 1
Expression...
No. Time Source Destination Protocol Length Info
16 11.748156 172.16.16.235 172.16.16.231 TCP 66 51147 → 143 [SYN] Seq=0 Win=8192 Len=0 MSS=1460 WS=256 SACK_PERM=1
17 11.748191 172.16.16.231 172.16.16.235 TCP 66 143 → 51147 [SYN, ACK] Seq=0 Ack=1 Win=29200 Len=0 MSS=1460 SACK_PERM=1 WS=128
18 11.748353 172.16.16.235 172.16.16.231 TCP 60 51147 → 143 [ACK] Seq=1 Ack=1 Win=65536 Len=0
19 11.755638 172.16.16.231 172.16.16.235 IMAP 178 Response: * OK [CAPABILITY IMAP4rev1 LITERAL+ SASL-IR LOGIN-REFERRALS ID ENABLE...
20 11.819470 172.16.16.235 172.16.16.231 TCP 60 51147 → 143 [ACK] Seq=1 Ack=125 Win=65536 Len=0
21 11.871697 172.16.16.235 172.16.16.231 IMAP 66 Request: 1 STARTTLS ❶
22 11.871722 172.16.16.231 172.16.16.235 TCP 54 143 → 51147 [ACK] Seq=125 Ack=13 Win=29312 Len=0
23 11.871904 172.16.16.231 172.16.16.235 IMAP 87 Response: 1 OK Begin TLS negotiation now.
24 11.890004 172.16.16.235 172.16.16.231 TLSv1.2 219 Client Hello
25 11.892786 172.16.16.231 172.16.16.235 TLSv1.2 1447 Server Hello, Certificate, Server Key Exchange, Server Hello Done
26 11.910176 172.16.16.235 172.16.16.231 TLSv1.2 212 Client Key Exchange, Change Cipher Spec, Hello Request, Hello Request ❷
27 11.911283 172.16.16.231 172.16.16.235 TLSv1.2 296 New Session Ticket, Change Cipher Spec, Encrypted Handshake Message
28 11.937139 172.16.16.235 172.16.16.231 TLSv1.2 97 Application Data
29 11.937295 172.16.16.231 172.16.16.235 TLSv1.2 238 Application Data ❸

图 9-33　STARTTLS 命令表明此次 IMAP 通信将被加密

这个命令告知服务器，客户端将使用 TLS 加密收取邮件的过程。双方在数据包 24～27 中❷建立了安全信道，在余下的数据包中❸，邮件收取使用 TLS（传输层安全）协议完成。当查看这些数据包，或者尝试跟踪 TCP 流时（见图 9-34），你会发现内容不具备可读性，目的是防止邮件被恶意用户截获，避免数据劫持和嗅探的发生。

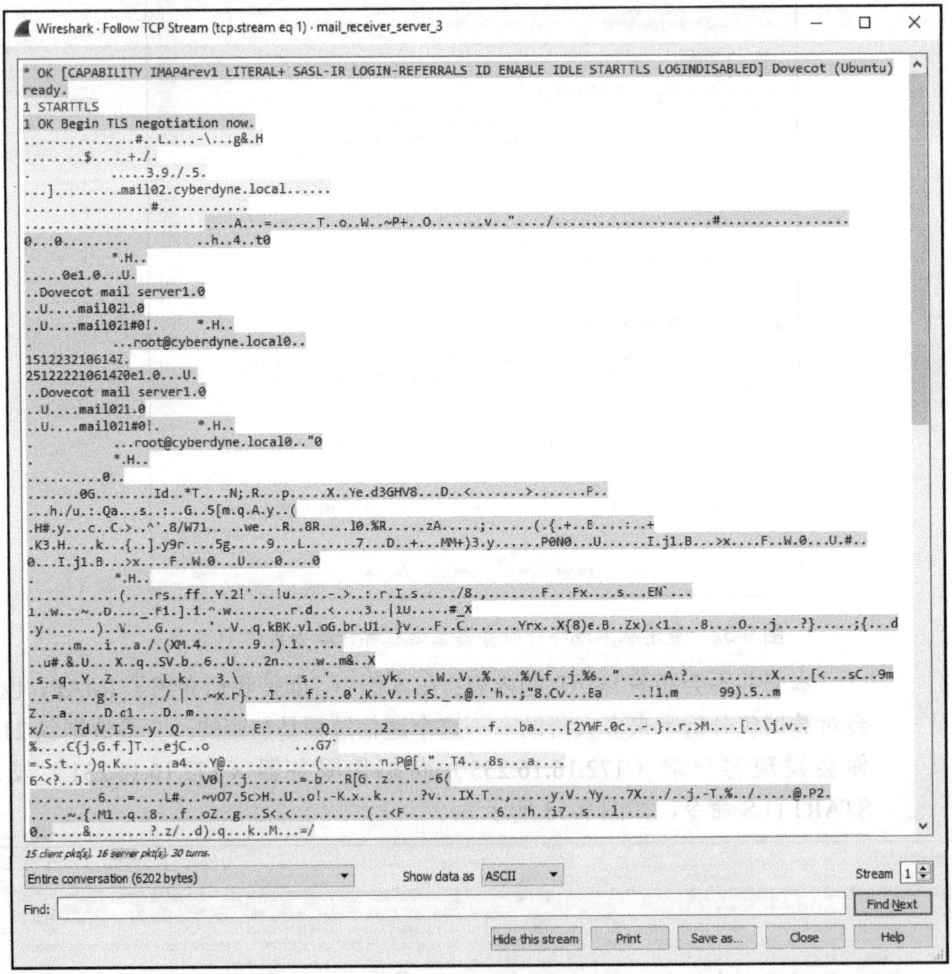

图 9-34　客户端下载邮件过程使用加密 IMAP 传输

最后，在这些数据包被接收后，不同域内两个用户之间的邮件发送过程就完成了。

9.4.3 使用 SMTP 发送附件

在设计 SMTP 时从未计划使其成为一种传输文件的途径，但由于使用邮件发送文件的便捷性，因此它成为了很多人的首选文件共享方式。让我们使用一个简短的实例，从数据包层面分析 SMTP 的文件传输过程。

在抓取文件 mail_sender_attachment.pcapng 中，用户使用客户端（172.16.16.225）向同一网络内另一个用户发送邮件，本地 SMTP 服务器位于 172.16.16.221。这封邮件包含一些文本内容，以及一个图片文件附件。

使用 SMTP 发送附件与发送文本没有太多区别。它们都只是向服务器发送数据；尽管过程中经常会使用一些特殊编码，我们仍使用 DATA 命令进行数据传送。请打开抓包文件，跟踪 SMTP 传输的 TCP 流，查看这一操作过程。TCP 流如图 9-35 所示。

本例的通信过程在开始部分与之前的场景类似，包括服务识别和可用协议信息交换。当客户端准备传输邮件信息时，它会提供发件方地址和收件方地址，并发送 `DATA` 命令，通知服务器分配用于接收邮件数据的缓冲区。从这部分开始出现了少许差异。

在之前的例子中，客户端将文本直接传输至服务器，然后传输完成。在本例中，除了明文文本信息之外，客户端还需要发送图片附件的二进制数据。为了实现这个目的，客户端将内容类型标记为 `multipart/mixed`，以 `------------050407080301000500070000`❶作为文本信息和二进制数据的分界线。这告知服务器，传输的邮件内容包含多种类型的数据，每种数据类型有特定的 MIME 类型和编码方式，各种类型的数据使用指定的边界值分隔。通过这种机制，当另一个邮件客户端接收邮件时，基于分界线和每个数据块内指定的 MIME 类型、编码方式，接收端能够知道如何解析邮件数据。

在本例中，邮件数据包含两部分。第一部分是邮件文本，内容类型为 text/plain❷。在此之后，我们能看到一个分隔标记和第二部分的起始❸。第二部分包含图片文件，内容类型为 `image/jpeg`❹。同样值得注意的是，`Content-Transfer-Encoding` 值设为 `base64`❺，这表示数据需要使用 base 64 解码。余下的数据包中包含编码过的图片文件❻。

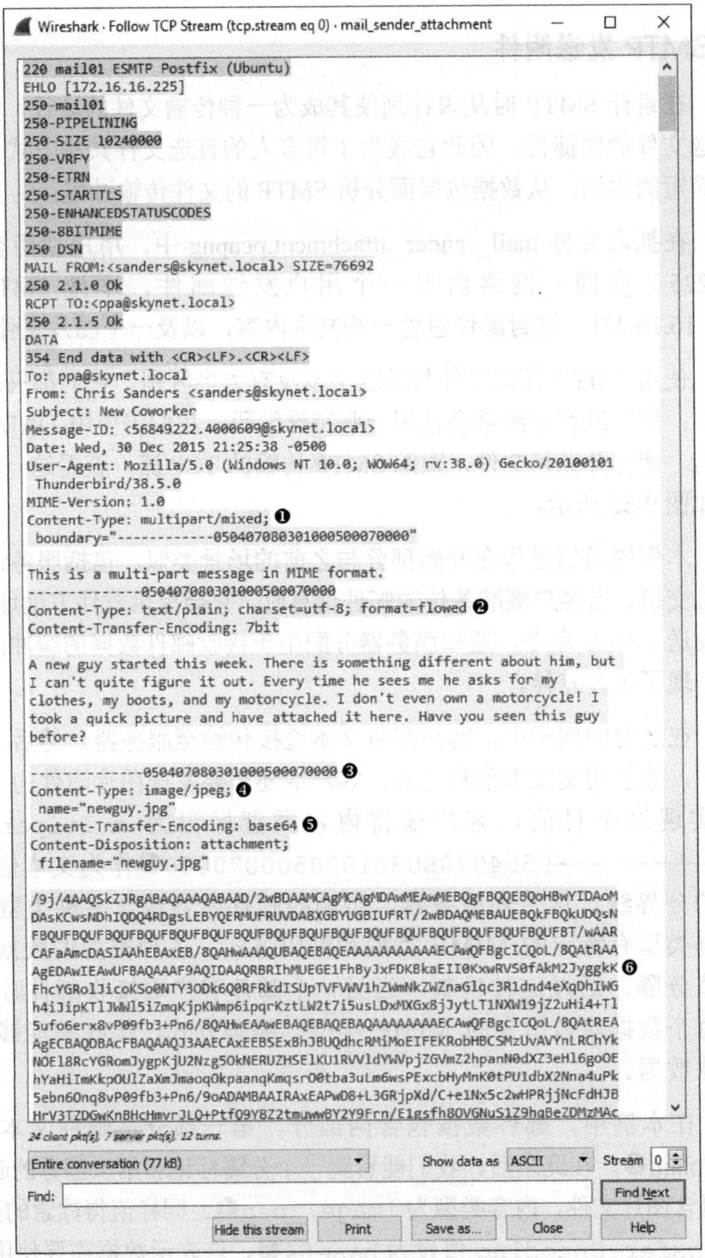

图 9-35 用户使用 SMTP 发送附件

在任何情况下，都不要将编码方式和加密方式弄混。Base 64 编码几乎能够被瞬间解码，任何截获这一通信的攻击者都能够毫不费力地获得此图片文件。如果你想要自行将图片文件从抓包文件中分离出来，在第 12 章的远程接入木马部分，有一个类似的场景——从基于 HTTP 的文件传输中分离一个图片；阅读了该章节后，回到本例的数据包分析过程，你可以尝试找出这个发件人的神秘的新同事是谁。

9.5 小结

这一章介绍了你在检查应用层流量时会遇到的常见协议。在下面的一章中，我们将通过探索大量实战场景，来介绍一些新的协议，以及我们这里所介绍协议的额外功能。

如果希望学习更多关于协议的知识，可以阅读它们相关的 RFC 文档，或者看一看 Charles Kozeriok 的 *The TCP/IP Guide*(No Starch Press, 2005)。同样也可以看一下本书附录中列出的资源。

第 10 章 基础的现实世界场景

从本章开始，我们将深入到数据包分析的内涵，使用 Wireshark 分析现实世界中的网络问题。在本章第一部分，我们将分析网络工程师、服务台技术人员、应用开发者在日常工作中会遇到的场景——全都来自于我与同事们的实际经验。我们将使用 Wireshark，查看来自 Twitter、Facebook 和 ESPN 的流量，观察这些常用的服务是如何工作的。

本章第二部分将介绍一系列实际问题。针对每一个具体问题，我描述了它们的情况，并把当时可用的信息提供给分析者。在这个基础上，转到分析数据包的过程、描述捕获特定数据包的方法，以及分析过程的每个步骤。分析完成后，我将提供一个完整的问题解决方案，或是指出可能的解决方法，并总结从中汲取的经验教训。

自始至终，要记住分析是一个非常动态的过程，并且，我用来分析每一个场景的方法可能跟你用的不一样。每个人可以用不同的方法来分析。但最重要的是，分析的最终结果能够解决一个问题，或使你获得学习经验。另外，本章讨论的大部分问题，即使不用数据包嗅探器，也可以解决。当我初次学习分析数据包时，发现反常规地使用数据包分析技术来查看典型问题有很多好处，这也是我给你介绍这些场景的原因。

10.1 丢失的网页内容

在第一个场景中，我们的用户是 Packet Pete，一位从不熬夜，导致经常错过西海岸赛事的大学篮球迷。每天上午，Pete 打开计算机的第一件事是访问 ESPN，查看前一天晚上的最终比分。

这个上午，当 Pete 浏览 ESPN 时，他发现加载网页耗费了很长时间；加载过程终于完成时，页面丢失了大部分图片和内容（见图 10-1）。让我们帮助 Pete 诊断这个问题。

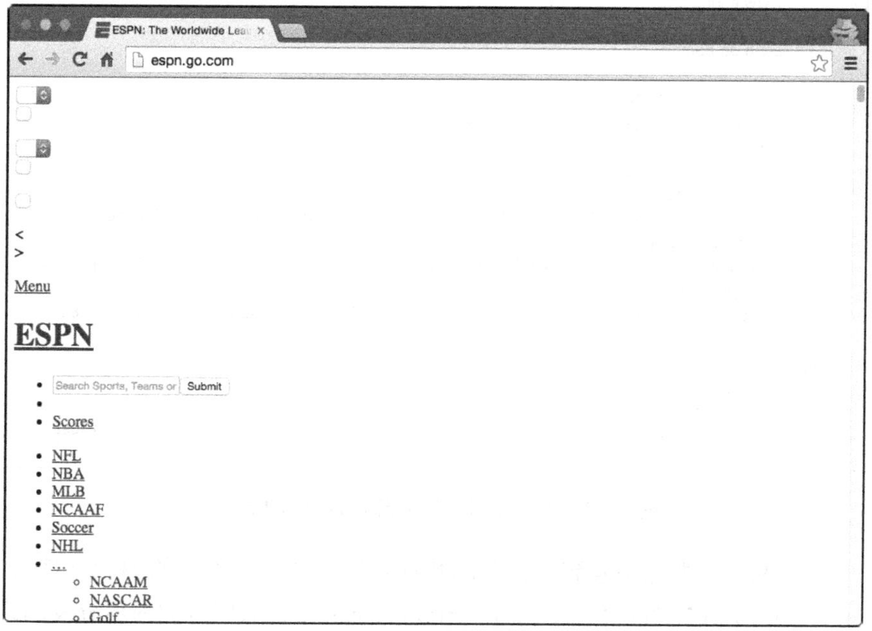

图 10-1 ESPN 页面加载失败

10.1.1 侦听线路

这个问题只在 Pete 的计算机上发生，并没有影响到其他人，因此我们在他的计算机上进行抓包工作。为此，我们将安装 Wireshark，抓取浏览 ESPN 网站的流量。这些数据包位于 http_espn_fail.pcapng 文件中。

10.1.2 分析

我们知道，Pete 的问题在于，他不能浏览某一个网站，所以我们首先考虑 HTTP 协议。如果你阅读了之前的章节，那么你会对客户端和服务器之间的 HTTP 通信有基本的理解。我们建议，从客户端向远程服务器发送 HTTP 请求的地方开始分析。你可以使用过滤器筛选 GET 请求数据包（使用 `http.request.method == "GET"`），也可以使用主选单中的 **Statics > HTTP > Requests**（见图 10-2）进行过滤。

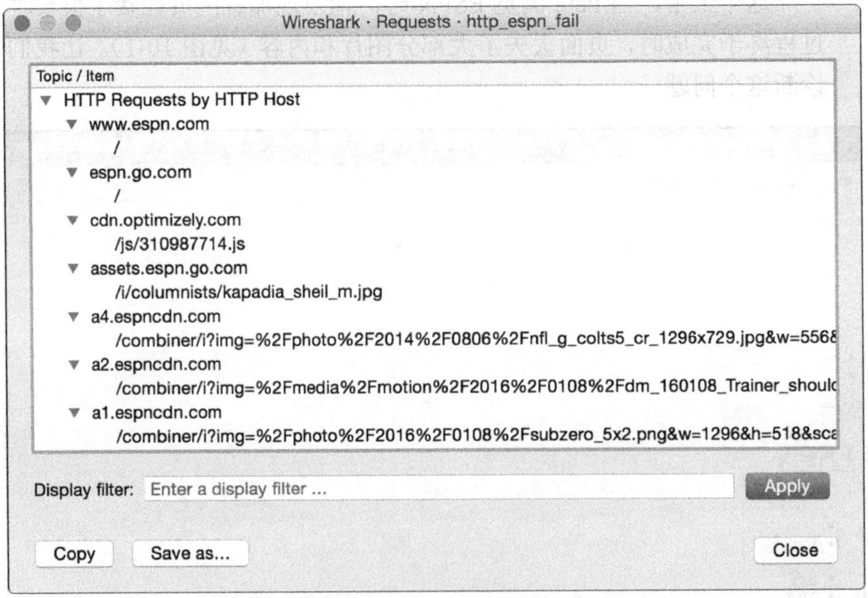

图 10-2 查看访问 ESPN 网站的 HTTP 请求

从这个概览中看到，抓取的数据包只包含 7 次不同的 HTTP 请求，这些请求都与 ESPN 网站有关。除了一个为大量网站投放广告的内容分发网络（CDN）服务，每个请求都在域名部分包含字符串 `espn`。在浏览含有广告或其他外部内容的网站时，通常会看到大量对 CDN 服务的请求。

在没有明确目标会话的情况下，下一个步骤是，选择 **Statistics > Protocol Hierachy** 对抓包文件进行协议分层统计。这将帮助我们定位非预期的协议和通信过程中各种协议分布情况的异常（见图 10-3）。请注意，协议分层基于当前的筛选条件进行。为了对整个抓包文件进行分析以获得期望的结果，请先清除之前的过滤器设置。

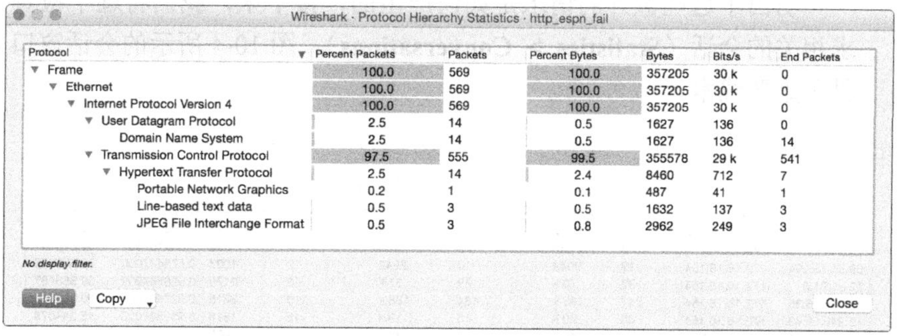

Wireshark · Protocol Hierarchy Statistics · http_espn_fail

Protocol	Percent Packets	Packets	Percent Bytes	Bytes	Bits/s	End Packets
Frame	100.0	569	100.0	357205	30 k	0
Ethernet	100.0	569	100.0	357205	30 k	0
Internet Protocol Version 4	100.0	569	100.0	357205	30 k	0
User Datagram Protocol	2.5	14	0.5	1627	136	0
Domain Name System	2.5	14	0.5	1627	136	14
Transmission Control Protocol	97.5	555	99.5	355578	29 k	541
Hypertext Transfer Protocol	2.5	14	2.4	8460	712	7
Portable Network Graphics	0.2	1	0.1	487	41	1
Line-based text data	0.5	3	0.5	1632	137	3
JPEG File Interchange Format	0.5	3	0.8	2962	249	3

No display filter.

Help Copy Close

图 10-3 查看网页浏览会话的协议分层统计

协议分层视图并不复杂，我们能够很快地辨别出，会话只涉及两个应用层协议：HTTP 和 DNS。正如在第 9 章中学习到的，DNS 用于将域名转换为 IP 地址。因此，当访问一个网站，如 ESPN 时，如果你的系统没有缓存这个站点的 DNS 记录，则系统将发送一个 DNS 请求来查询远程网站服务器的 IP 地址。当 DNS 服务返回了一个可用的 IP 地址时，则域名解析信息将被添加到本地缓存中。此时，HTTP 通信（使用 TCP 协议）可以开始了。

虽然分层统计结果看上去并没有什么异常，但是 14 个 DNS 数据包是值得注意的。一个查询单个域名的 DNS 请求通常只包含一个数据包，请求响应同样由一个数据包构成（除非响应数据包很大，这种情况下，DNS 数据包将使用 TCP 传输）。会话中包含 14 个 DNS 数据包，这说明可能发生了多达 7 次的 DNS 请求（7 个请求数据包 + 7 个响应数据包 = 14 个数据包）。如图 10-2 所示，Pete 向 7 个不同的域名发起了请求，但是他在浏览器中只输入了一个 URL。其他请求是如何产生的呢？

在理想状况下，浏览网页只需要查询到一个服务器地址，然后在一次 HTTP 会话中即可获取所有的内容。但在实际情况中，一个网页可能提供多个服务器上的内容。可能的场景是，全部基于文本的内容在一处，图像内容在另一处，内嵌的视频则在第三个位置。这还不包括广告，广告可能由位于很多独立服务器上的多个提供商发放。当 HTTP 客户端解析 HTML 代码时，发现了对其他服务器上资源的引用，为了获取引用的内容，客户端将尝试查询相关的服务器，这导致了额外的 DNS 查询和 HTTP 请求。这就是在 Pete 访问 ESPN 时发生的事情。在他想要查看来自于单个源的内容时，HTML 代码中引用了其他源的内容，之后，他的浏览器自动从其他多个域名请求内容。

明白了这些额外的请求是如何产生的，接下来，我们将逐个检查与每个请求相关的会话（**Statistics > Conversations**）。图 10-4 所示的会话窗口为我们提供了重要线索。

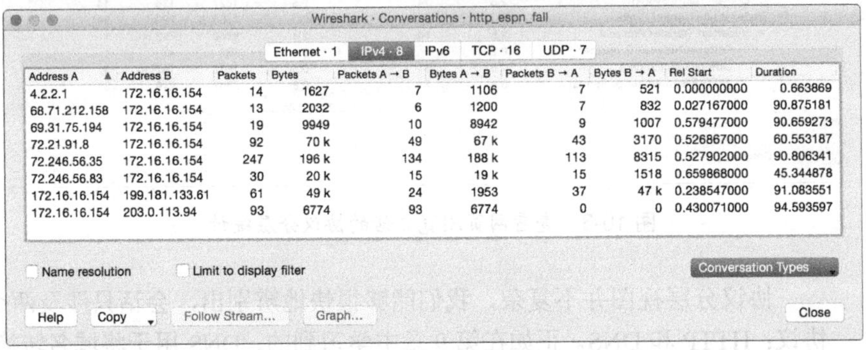

Wireshark · Conversations · http_espn_fall
Ethernet · 1
IPv4 · 8
IPv6
TCP · 16
UDP · 7
Address A | Address B | Packets | Bytes | Packets A → B | Bytes A → B | Packets B → A | Bytes B → A | Rel Start | Duration
4.2.2.1 | 172.16.16.154 | 14 | 1627 | 7 | 1106 | 7 | 521 | 0.000000000 | 0.663869
68.71.212.158 | 172.16.16.154 | 13 | 2032 | 6 | 1200 | 7 | 832 | 0.027167000 | 90.875181
69.31.75.194 | 172.16.16.154 | 19 | 9949 | 10 | 8942 | 9 | 1007 | 0.579477000 | 90.659273
72.21.91.8 | 172.16.16.154 | 92 | 70 k | 49 | 67 k | 43 | 3170 | 0.526867000 | 60.553187
72.246.56.35 | 172.16.16.154 | 247 | 196 k | 134 | 188 k | 113 | 8315 | 0.527902000 | 90.806341
72.246.56.83 | 172.16.16.154 | 30 | 20 k | 15 | 19 k | 15 | 1518 | 0.659868000 | 45.344878
172.16.16.154 | 199.181.133.61 | 61 | 49 k | 24 | 1953 | 37 | 47 k | 0.238547000 | 91.083551
172.16.16.154 | 203.0.113.94 | 93 | 6774 | 93 | 6774 | 0 | 0 | 0.430071000 | 94.593597
Name resolution
Limit to display filter
Conversation Types
Help
Copy
Follow Stream...
Graph...
Close

图 10-4　查看 IP 间会话

我们之前发现浏览器进行了 7 次 DNS 请求，以及相应的 7 次 HTTP 请求。在这个前提下，我们可以推断，有 7 个对应的 IP 间会话，然而，实际情况并非如此。这里出现了 8 个会话。应该如何解释这个情况？

一种可能性是，抓包文件被一个与本例中问题无关的会话“污染”。确保分析工作不被无关的通信扰乱是很重要的，但是这并不是这个会话中出现问题的原因。如果仔细检查每一个 HTTP 请求，并留意请求的目的 IP 地址，你会发现存在一个会话，没有对应的 HTTP 请求。这个会话的双方为 Pete 的计算机（172.16.16.154）和远程 IP 203.0.113.94。这个会话在图 10-4 的最后一行被列出。我们注意到，Pete 的计算机发送了 6774 字节至未知服务器（203.0.113.94），但是收到了 0 字节，这值得我们去深究。

现在，筛选并查看这个会话（在会话上右击，并选择 **Apply As Filter > Selected > A<->B**），然后，运用 TCP 的知识来确定错误位置。

在正常的 TCP 通信中，我们期望看到一个标准的 SYN-SYN/ACK-ACK 握手序列。在本例中，Pete 的计算机向 203.0.113.94 发送了一个 SYN 数据包（见图 10-5），但是我们没有看到 SYN/ACK 响应。不仅如此，Pete 的计算机还向不可用的目的服务器发送了多个 SYN 数据包，最终导致了他的机器发送 TCP 重传数据包。我们将在第 11 章中具体讨论 TCP 重传，此处的关键是，一个主机发送了数据包，但是从未接收到响应。查看时间栏，我们发现，重传持续了 95s，并且没有任何响应。在网络通信中，这堪称龟速。

No.	Time	Source	Destination	Protocol	Length	Info
25	0.430071	172.16.16.154	203.0.113.94	TCP	78	64862 → 80 [SYN] Seq=0 Win=65535 Len=0 MSS=1460 WS=32 TSval=1101093668 TSec…
26	0.430496	172.16.16.154	203.0.113.94	TCP	78	64863 → 80 [SYN] Seq=0 Win=65535 Len=0 MSS=1460 WS=32 TSval=1101093668 TSec…
27	0.431050	172.16.16.154	203.0.113.94	TCP	78	64864 → 80 [SYN] Seq=0 Win=65535 Len=0 MSS=1460 WS=32 TSval=1101093669 TSec…
39	0.500663	172.16.16.154	203.0.113.94	TCP	78	64865 → 80 [SYN] Seq=0 Win=65535 Len=0 MSS=1460 WS=32 TSval=1101093737 TSec…
40	0.500873	172.16.16.154	203.0.113.94	TCP	78	64866 → 80 [SYN] Seq=0 Win=65535 Len=0 MSS=1460 WS=32 TSval=1101093737 TSec…
70	0.553964	172.16.16.154	203.0.113.94	TCP	78	64869 → 80 [SYN] Seq=0 Win=65535 Len=0 MSS=1460 WS=32 TSval=1101093787 TSec…
456	1.460006	172.16.16.154	203.0.113.94	TCP	78	[TCP Retransmission] 64863 → 80 [SYN] Seq=0 Win=65535 Len=0 MSS=1460 WS=32 …
457	1.460006	172.16.16.154	203.0.113.94	TCP	78	[TCP Retransmission] 64862 → 80 [SYN] Seq=0 Win=65535 Len=0 MSS=1460 WS=32 …
458	1.461238	172.16.16.154	203.0.113.94	TCP	78	[TCP Retransmission] 64864 → 80 [SYN] Seq=0 Win=65535 Len=0 MSS=1460 WS=32 …
459	1.530278	172.16.16.154	203.0.113.94	TCP	78	[TCP Retransmission] 64866 → 80 [SYN] Seq=0 Win=65535 Len=0 MSS=1460 WS=32 …
460	1.530278	172.16.16.154	203.0.113.94	TCP	78	[TCP Retransmission] 64865 → 80 [SYN] Seq=0 Win=65535 Len=0 MSS=1460 WS=32 …
461	1.580145	172.16.16.154	203.0.113.94	TCP	78	[TCP Retransmission] 64869 → 80 [SYN] Seq=0 Win=65535 Len=0 MSS=1460 WS=32 …
462	2.461157	172.16.16.154	203.0.113.94	TCP	78	[TCP Retransmission] 64863 → 80 [SYN] Seq=0 Win=65535 Len=0 MSS=1460 WS=32 …
463	2.461157	172.16.16.154	203.0.113.94	TCP	78	[TCP Retransmission] 64862 → 80 [SYN] Seq=0 Win=65535 Len=0 MSS=1460 WS=32 …

图 10-5　查看非预期的连接

我们识别了 7 次 DNS 请求、7 次 HTTP 请求和 8 个 IP 间会话。在确定抓包文件并没有被额外数据污染的情况下，我们有理由相信，神秘的第 8 个 IP 间会话可能是 Pete 加载网页缓慢并最终失败的原因。由于某些原因，Pete 的计算机试图与一个不存在或未提供服务的设备进行通信。为了了解这个情况出现的原因，我们不会查看抓包文件中的数据包；相反，我们会考虑文件之外的内容。

当 Pete 浏览 ESPN 网页时，他的浏览器识别了其他域名上的内容。为了获取这些内容数据，他的计算机发起 DNS 查询来获得这些域名的 IP 地址，之后，向这些目标 IP 发起 TCP 连接，从而发送 HTTP 请求并获取网页内容。对于与 203.0.113.94 的会话，并没有对应的 DNS 请求。那么，Pete 的计算机是怎样获得这个地址的呢？

如果你记得我们在第 9 章中关于 DNS 的讨论，或是熟悉 DNS，那么你就会明白，大部分系统使用一种 DNS 缓存机制。这一机制在系统内建立本地的域名与 IP 地址间的映射缓存，当访问已经缓存 DNS 记录、经常访问的域名时，系统将使用本地的映射缓存，而不发起 DNS 请求。直至这些域名与 IP 地址间的映射过期，才进行新的 DNS 请求以获得域名的 IP 地址。然而，如果域名与 IP 的映射关系变更了，但是某个设备并没有发起新的 DNS 请求以获得新的地址，那么，在下次访问这一域名时，该设备将尝试连接一个无效的地址。

在 Pete 的例子中，就出现了这种情况。Pete 的计算机缓存了某一个为 ESPN

网站提供内容的主机的域名解析信息。由于缓存信息的存在，因此获取页面内容时没有进行 DNS 请求，这导致他的系统试图继续连接旧的地址。然而，这个地址已经不再为提供 HTTP 服务。作为结果，请求超时，并且内容加载失败。

对于 Pete 而言，值得庆幸的是，手动清除 DNS 缓存，只需要在命令行中敲击很短的命令即可。或者，他可以等待几分钟，在 DNS 缓存记录过期、新的 DNS 请求完成后，再尝试访问 ESPN 网站。

10.1.3 学到的知识

为了获得“肯塔基大学以 90 分击败了杜克大学”的消息，我们做了很多工作，但是这一过程使我们对网络主机间的关系有了更深层次的理解。在这个场景中，我们通过查看与请求的多个相关数据提供点以及出现在抓包文件中的会话，定位了问题并得出了解决方案。我们从定位到通信中少许的不一致信息入手，发现了客户端与 ESPN 的一个 CDN 服务器之间连接不可用的问题。

浏览一系列数据包以发现一些看起来可笑的数据，这样简单的方式不太适用于实际的问题诊断工作。即使是处理最简单的问题，也需要使用 Wireshark 的分析和统计特性对大量的抓包文件进行处理，以定位异常事件。熟练掌握这样的分析方式，对于在数据包层面顺利完成故障处理很重要。

如果想了解，正常情况下浏览器和 ESPN 之间的通信过程是怎样的，你可以使用浏览器访问这个网站，同时进行抓包，并尝试识别出所有负责内容分发的服务器。

10.2 无响应的气象服务

第二个场景还是和我们的朋友 Packet Pete 有关。他有众多爱好，包括气象学——他自认为是业余气象学家，每隔几小时就会查看天气现状和天气预报。他并不只是依赖于本地新闻的天气预报；他还在自己家的外面运营了一个小型气象站，并将报告数据上传至 WunderGround，用于数据汇总和查阅。今天，Pete 检查气象站，以查看昨晚的降温情况，结果发现，自午夜开始，气象站超过 9 小时未向 WunderGround 发送报告（见图 10-6）。

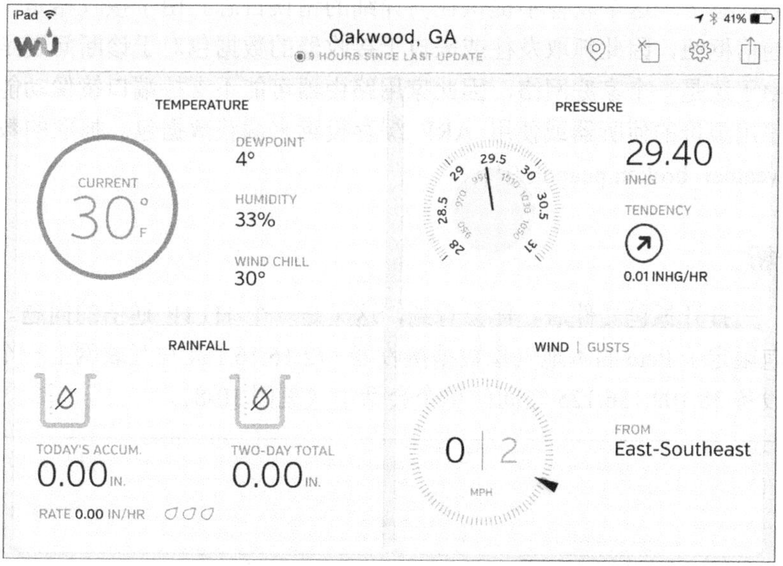

图 10-6　气象站在 9 小时内未发送报告

10.2.1　侦听线路

在 Pete 的网络中，气象站被挂在房顶上，与屋内的接收器通过射频连接。接收器通过路由器接入网络，然后将统计数据发送至互联网上的 WunderGround 服务器。这个结构如图 10-7 所示。

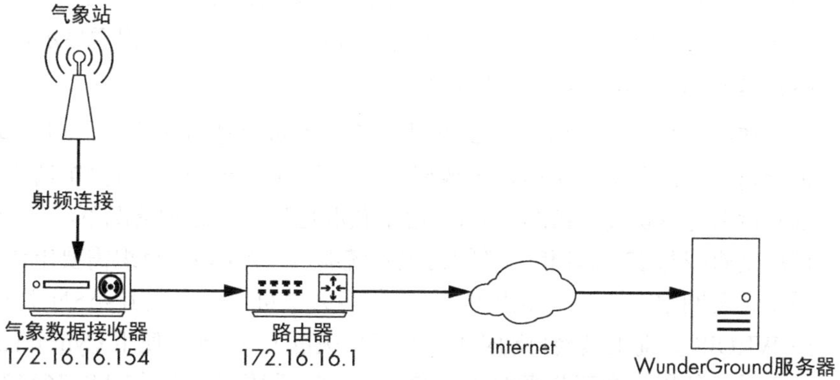

图 10-7　气象站网络结构

接收器有一个简易的 Web 管理界面，当 Pete 登录管理界面时，只发现了一条与上次数据同步时间有关的加密消息，除此之外，没有其他可用于故障处理的信息——这个软件不提供任何详细的错误日志。由于接收器是气象站设备的通信枢纽，因此抓取发往或来自于接收器的数据包对于诊断问题是有意义的。由于这是一个家庭网络，因此家用路由器可能不支持端口镜像功能。我们最好使用廉价的侦听器或使用 ARP 缓存投毒来截获数据包。抓取的数据包在文件 weather_broken.pcapng 中。

10.2.2 分析

打开抓包文件后，你会看到，这又是一个 HTTP 通信的问题。抓取的数据包限定于 Pete 的本地气象数据接收器 172.16.16.154 与互联网上一个未知的远程设备 38.102.136.125 之间的单个会话中（见图 10-8）。

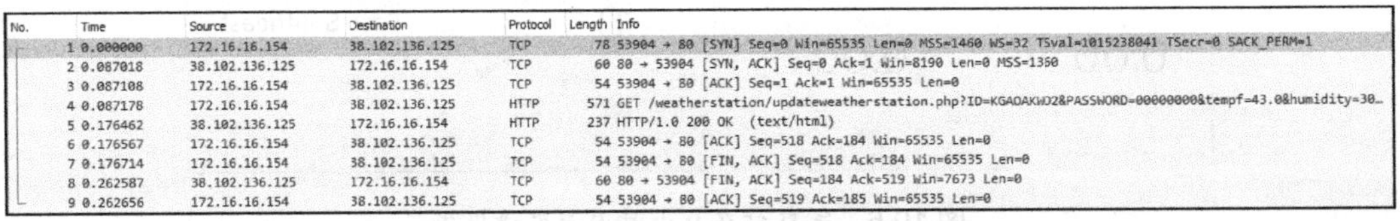

No.	Time	Source	Destination	Protocol	Length	Info
1	0.000000	172.16.16.154	38.102.136.125	TCP	78	53904 → 80 [SYN] Seq=0 Win=65535 Len=0 MSS=1460 WS=32 TSval=1015238041 TSecr=0 SACK_PERM=1
2	0.087018	38.102.136.125	172.16.16.154	TCP	60	80 → 53904 [SYN, ACK] Seq=0 Ack=1 Win=8190 Len=0 MSS=1360
3	0.087108	172.16.16.154	38.102.136.125	TCP	54	53904 → 80 [ACK] Seq=1 Ack=1 Win=65535 Len=0
4	0.087178	172.16.16.154	38.102.136.125	HTTP	571	GET /weatherstation/updateweatherstation.php?ID=KGAOAKWO2&PASSWORD=00000000&tempf=43.0&humidity=30…
5	0.176462	38.102.136.125	172.16.16.154	HTTP	237	HTTP/1.0 200 OK (text/html)
6	0.176567	172.16.16.154	38.102.136.125	TCP	54	53904 → 80 [ACK] Seq=518 Ack=184 Win=65535 Len=0
7	0.176714	172.16.16.154	38.102.136.125	TCP	54	53904 → 80 [FIN, ACK] Seq=518 Ack=184 Win=65535 Len=0
8	0.262587	38.102.136.125	172.16.16.154	TCP	60	80 → 53904 [FIN, ACK] Seq=184 Ack=519 Win=7673 Len=0
9	0.262656	172.16.16.154	38.102.136.125	TCP	54	53904 → 80 [ACK] Seq=519 Ack=185 Win=65535 Len=0

图 10-8　分离出的气象站接收器通信

在检查这个会话的数据之前，让我们先来识别这个未知 IP。如果不进行进一步研究，我们将无法判断这个 IP 是否是 Pete 的气象站应该访问的地址，但是我们至少能够通过 WHOIS 查询来确定此 IP 是否是 Wunderground 服务器的一部分。你可以在大多数域名注册网站或区域互联网注册管理网站完成 WHOIS 查询。根据查询结果，这个 IP 看起来属于一家名为 Cogent 的互联网服务供应商（ISP）（见图 10-9）。结果中也提到了 PSINet 公司，但是搜索显示，21 世纪初 Cogent 获得了 PSINet 的大部分设备。

在某些情况下，如果 IP 地址由一个组织或企业直接注册，那么 WHOIS 查询会返回组织名称。然而，多数情况下，公司不会自己去直接申请 IP，而是从因特网服务提供商（ISP）的 IP 池中获取地址。在这种情况下，另一种有效的措施是查找与 IP 地址相关联的自主系统编号（ASN）。组织需要申请一个 ASN 用于在公网中支持某些路由方式。有很多方法可用于查找 IP-ASN 关联关系（一些 WHOIS 查询工具会自动查找 IP-ASN 关联），我推荐使用 Cymru 团队自动查询工具。使用这个工具查询 38.102.136.125，我们看到它与 AS 36347 相关联，此 ASN 属于“WUNDERGROUND – THE WEATHER CHANNEL, LLC, US”（见图 10-10）。这表明，至少，与气象站进行通信的设备属于期望中的组织。如果查询结果返回的组织信息与期望值不符，则说明 Pete 的接收器通信对象设备可能有误，但是在本例中并没有出现这种情况。

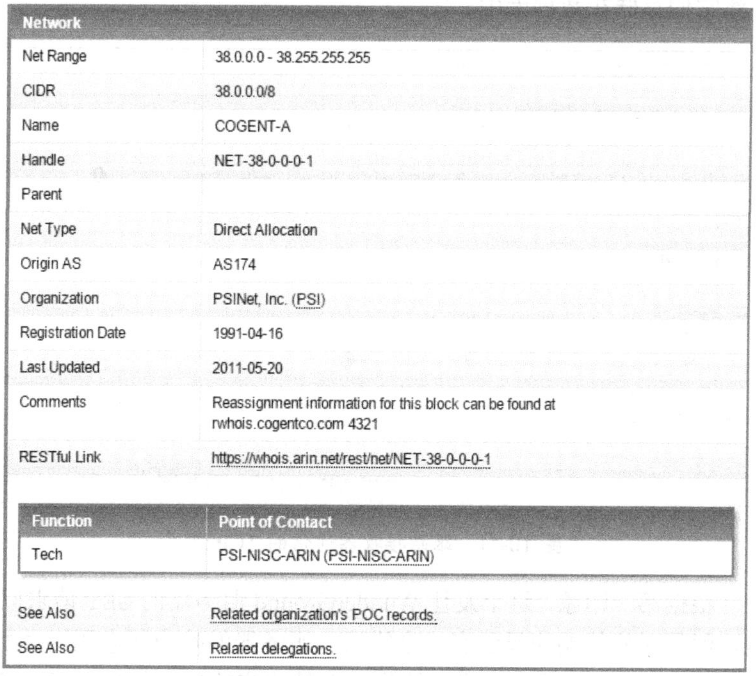
Network
Net Range
38.0.0.0 - 38.255.255.255
CIDR
38.0.0.0/8
Name
COGENT-A
Handle
NET-38-0-0-0-1
Parent
Net Type
Direct Allocation
Origin AS
AS174
Organization
PSINet, Inc. (PSI)
Registration Date
1991-04-16
Last Updated
2011-05-20
Comments
Reassignment information for this block can be found at rwhois.cogentco.com 4321
RESTful Link
https://whois.arin.net/rest/net/NET-38-0-0-0-1
Function
Point of Contact
Tech
PSI-NISC-ARIN (PSI-NISC-ARIN)
See Also
Related organization's POC records.
See Also
Related delegations.

图 10-9　WHOIS 数据识别出此 IP 的拥有者

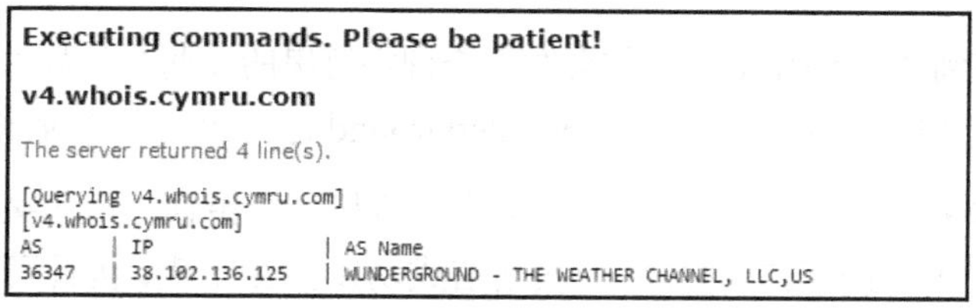
Executing commands. Please be patient!
v4.whois.cymru.com
The server returned 4 line(s).
[Querying v4.whois.cymru.com]
[v4.whois.cymru.com]
AS | IP | AS Name
36347 | 38.102.136.125 | WUNDERGROUND - THE WEATHER CHANNEL, LLC,US

图 10-10　对这个外网 IP 地址进行 IP-ASN 关联查询

确认了这个未知主机的所属组织信息后，我们将深入探讨通信的细节。这个会话相对较短：由一个 TCP 握手过程、一次 HTTP `GET` 请求及响应和一个 TCP 断开过程组成。TCP 握手和断开似乎成功了，所以问题可能出现在 HTTP 请求中。我们跟踪 HTTP 请求的 TCP 流进行细致查看（见图 10-11）。

在 HTTP 通信过程中，首先由 Pete 的接收器向 WunderGround 发送一个 `GET` 请求。HTTP 内容部分没有数据，大量的数据通过 URL 进行传输❶。对于 Web 应用，通过 URL 查询字符串传输数据是很常见的，看起来，接收器使用这种机制更新天气信息。例如，你可以看到 `tempf=43.0`、`dewptf=13.6` 和 `windchllf=43.0`

这样的字段。WunderGround 信息收集服务器解析 URL 中的一些字段和参数，并将它们存储在数据库中。

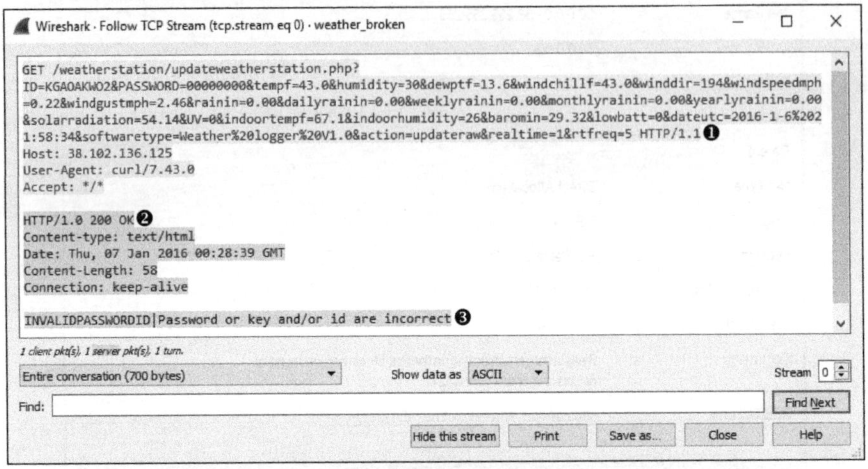

图 10-11　跟踪接收器通信的 TCP 流

根据第一印象，这个发往 WunderGround 服务器的 `GET` 请求似乎没有任何问题，但是对应的响应显示有一个错误。服务器的响应状态码为 `HTTP/1.0 200 OK`❷，表明 GET 请求被成功接收，但是响应的消息体包含了一条有用的信息，`INVALIDPASSWORD|Password or key add/or id are incorrect`❸。

回到请求 URL 部分，你会发现查询字符串的前两个参数为 `ID` 和 `PASSWORD`。气象站使用这种方式完成在 WunderGround 服务器上的登录和验证。

本例中，Pete 的气象站 ID 正确，但是密码错误。由于某些未知原因，密码被置为 0。由于已知的最后一次通信成功发生在午夜，因此可能是一次升级或接收器重启，导致密码设置丢失。

注意　由于很多开发者选择使用 URL 传递参数，因此我们建议一般情况下不要如本例所示，将密码写在 URL 参数中。因为在不使用加密措施，如 HTTPS，的情况下，HTTP 通信将使用明文传输请求的 URL。所以，在使用 URL 参数传递密码时，碰巧正在监听通信链路的恶意用户能够截获你的密码。

此刻，Pete 接入他的接收器，输入新的密码。稍后，他的气象站重新开始同步数据。一个成功的气象站通信数据在 weather_working.pcapng 中。通信流如图 10-12 所示。

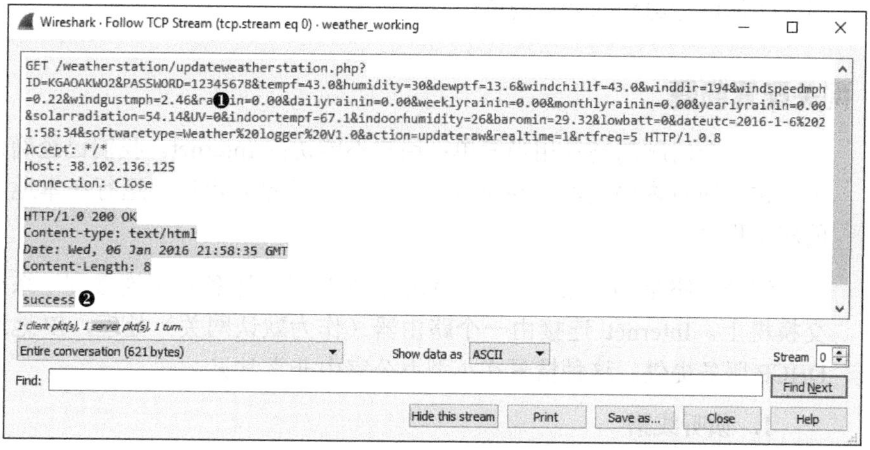

图 10-12　成功的气象站通信

现在，密码正确❶，WunderGround 服务器在应答的 HTTP 响应体中返回了一条 success 消息❷。

10.2.3　学到的知识

在这个场景中，一个第三方服务使用另一个协议（HTTP）的特性完成网络访问。你会经常需要修复第三方服务的网络问题，当没有相应的文档或错误日志时，数据包分析技术非常适合用于对这些服务进行故障处理。现在物联网（IoT）设备，如这个气象站，在生活中的应用越来越多，本节中的情况将越来越普遍。

解决这样的问题，需要有能力检查未知的传输序列，推断出通信过程可能的工作方式。某些应用，如本例中基于 HTTP 的气象数据传输，相当简单。一些其他的应用非常复杂，包括多种传输方式、数据加密，甚至是 Wireshark 原生组件无法解析的定制化协议。

随着对更多的第三方服务的研究，你会逐渐了解开发者用于实现网络通信的常见模式。这样的知识会提高你对这些服务进行故障处理时的效率。

10.3　无法访问 Internet

在许多情况下，你可能需要诊断和解决 Internet 的连接问题，下面我们将介绍一些你可能遇到的常见问题。

10.3.1 网关配置问题

第一个问题的场景相当简单：用户不能访问 Internet。我们已经确认该用户可以访问所有内网资源，包括其他工作站的共享内容以及运行在本地服务器上的应用程序。

这个网络架构非常简单，因为所有客户机和服务器都连接到一系列的简单交换机上。Internet 连接由一个路由器（作为默认网关）处理，IP 地址信息由 DHCP 服务提供。这种情景在小型办公室中非常常见。

1. 侦听线路

为了找出问题的原因，我们可以一边用嗅探器监听线路，一边让用户尝试浏览 Internet。我们使用 2.5 节中的信息（见图 2-15），来决定放置嗅探器的方法。

网络上的交换机不支持端口镜像。为了完成测试，我们已经不可避免地妨碍了用户，所以我们假设可以使他再次下线（这是说，使用网络分流器是监听线路的推荐办法）。最后得到捕获记录文件 nowebaccess1.pcap。

2. 分析

如图 10-13 所示，流量捕获记录文件以一个 ARP 请求和响应开始。用户计算机的 MAC 地址是 00:25:b3:bf:91:ee，IP 地址是 172.16.0.8。在数据包 1 中，用户的计算机发送一个 ARP 广播数据包给网络上的所有计算机，试图得到默认网关 172.16.0.10 的 MAC 地址。

No.	Time	Source	Destination	Protocol	Length	Info
1	04:32:21.445645	00:25:b3:bf:91:ee	ff:ff:ff:ff:ff:ff	ARP	42	Who has 172.16.0.10? Tell 172.16.0.8
2	04:32:21.445735	00:24:81:a1:f6:79	00:25:b3:bf:91:ee	ARP	60	172.16.0.10 is at 00:24:81:a1:f6:79

图 10-13 针对计算机默认网关的 ARP 请求和响应

根据数据包 2 中收到的响应，用户的计算机了解到 172.16.0.10 的 MAC 地址是 00:24:81:a1:f6:79。收到这个响应后，计算机就有了到达网关的路由，而网关应该可以带它接入 Internet。

ARP 响应之后，计算机会在数据包 3 中请求将网站的域名解析成 IP 地址。如图 10-14 所示，计算机发送一个 DNS 查询数据包到它的首选 DNS 服务器 4.2.2.2❶。

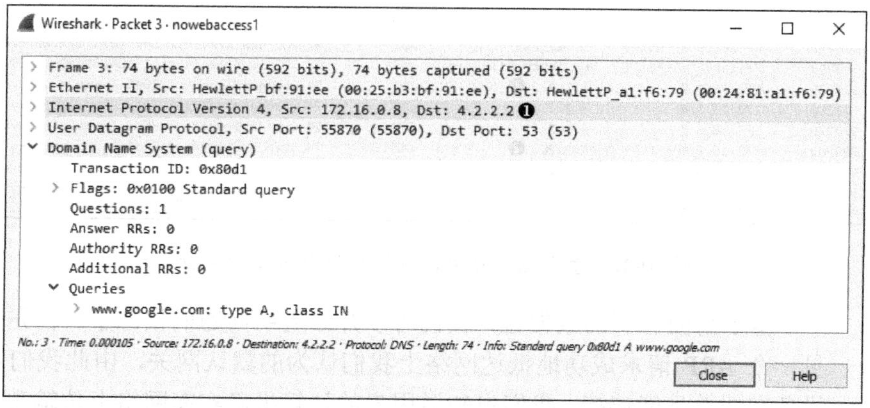

图 10-14　发送到 4.2.2.2 的 DNS 查询

正常情况下，DNS 服务器会迅速响应 DNS 查询，但在这个例子中并非如此。我们没有看到任何响应，却发现同样的 DNS 查询再次发送到不同的目的地址。如图 10-15 所示，在数据包 4 中，第二个 DNS 查询被发送到预先配置好的备用 DNS 服务器 4.2.2.1❶。

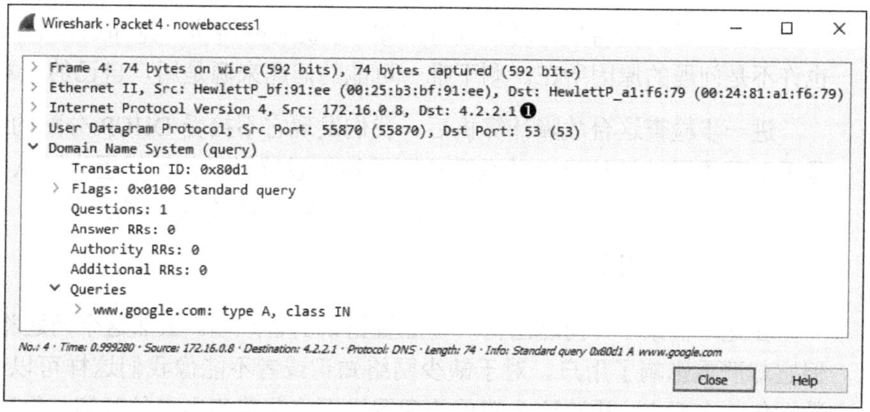

图 10-15　发送到 4.2.2.1 的第二个 DNS 查询

由于计算机仍然没有从 DNS 服务器收到响应，因此 1s 后，查询被再次发送到 4.2.2.2。如图 10-16 所示，这个过程不断重复，在接下来的几秒钟，计算机交替向配置好的首选 DNS 服务器❶和备用 DNS 服务器❷发送请求。整个过程大概花了 8s ❸，这正是用户的 Internet 浏览器报告该页无法访问之前所花的时间。

No.	Time	Source	Destination	Protocol	Length	Info
1	0.000000	HewlettP_bf:91:ee	Broadcast	ARP	42	Who has 172.16.0.10? Tell 172.16.0.8
2	0.000090	HewlettP_a1:f6:79	HewlettP_bf:91:ee	ARP	60	172.16.0.10 is at 00:24:81:a1:f6:79
3	0.000105	172.16.0.8	4.2.2.2 ❶	DNS	74	Standard query 0x80d1 A www.google.com
4	0.999280	172.16.0.8	4.2.2.1	DNS	74	Standard query 0x80d1 A www.google.com
5	1.999279	172.16.0.8	4.2.2.2	DNS	74	Standard query 0x80d1 A www.google.com
6	3.999372	172.16.0.8	4.2.2.1 ❷	DNS	74	Standard query 0x80d1 A www.google.com
7	3.999393	172.16.0.8	4.2.2.2	DNS	74	Standard query 0x80d1 A www.google.com
8	7.999627	172.16.0.8	4.2.2.1	DNS	74	Standard query 0x80d1 A www.google.com
❸ 9	7.999648	172.16.0.8	4.2.2.2	DNS	74	Standard query 0x80d1 A www.google.com

图 10-16　直到通信结束，重复的 DNS 查询才停止

基于前面看到的数据包，我们可以开始查明问题的根源了。首先，我们看见一个 ARP 请求成功地抵达网络上我们认为的默认网关，由此我们知道网关设备在线并且能连接。我们也知道用户的计算机确实在网络上传输数据包，所以我们可以假设本机的协议栈没有问题。显然当进行 DNS 请求时，问题就发生了。

就这个网络来说，DNS 请求是由 Internet 上的外部服务器（4.2.2.2 或 4.2.2.1）解析的。这意味着，要使解析顺利进行的话，负责将数据包路由到 Internet 的路由器必须成功将 DNS 查询转发到服务器，而且服务器必须响应。否则，就无法用 HTTP 请求 Web 页面。

我们知道其他用户上网都没有问题，这说明网络路由器和远程 DNS 服务器也许不是问题的原因所在。剩下唯一可能的问题来源是用户自己的计算机。

进一步检查这台故障计算机后，我们发现它不接受 DHCP 分配的地址，而是手动配置了地址信息，并且默认网关地址设置错了。被设置为默认网关的地址并不是一台路由器，它不能将 DNS 查询数据包转发到网络之外。

3. 学到的知识

在这个情景中，问题出自一台配置错误的客户端。虽然这个问题相当简单，但它却严重影响了用户。对于缺少网络知识或者不能像我们这样可以快速分析数据包的人而言，排除这么简单的配置错误将花费相当多的时间。你可以看到，数据包分析并不局限于大型和复杂的问题。

注意，由于我们不知道网络上默认网关的 IP 地址，因此 Wireshark 不能准确地识别问题，但它可以告诉我们去哪里找，从而节省了宝贵时间。如果我们先与 ISP 联系或者尝试用其他手段排除远程 DNS 服务器的因素，而不是检查网关路由器，那么我们就能将注意力集中到计算机本身、实际也就是问题的原因上。

注意　如果我们能更熟悉这个特定网络的 IP 地址分配方案，就可以更快地分析出结果。如果我们注意到 ARP 请求被发送到与网关路由器不同的 IP 地址上，就能立刻知道问题所在。网络出现问题经常是由这些简单的配置错误造成的，通过分析少量的数据包，通常都能快速解决。

10.3.2 意外重定向

在这个情景中，我们又遇到一位不能在工作站上网的用户。然而，不像之前那个用户，她可以访问 Internet，只是不能访问 Google 主页。每次她想访问 Google 的网站时，都被重定向到一个浏览器页面“该页无法显示”。这个问题只影响她一个人。

与之前的情景一样，这是一个只有一些简单交换机和一个简单路由器网关的小型网络。

1. 侦听线路

我们一边监听流量，一边让用户尝试浏览 Google 主页，得到 nowebaccess2.pcap 文件。

2. 分析

如图 10-17 所示，捕获记录文件以一个 ARP 请求和响应开始。在数据包 1 中，用户计算机的 MAC 地址是 00:25:b3:bf:91:ee，IP 地址是 172.16.0.8，它向网段上的所有计算机发送一个 ARP 广播数据包，试图获得主机 172.16.0.102 的 MAC 地址。我们目前还不认识这个地址。

No.	Time	Source	Destination	Protocol	Length	Info
1	0.000000	00:25:b3:bf:91:ee	ff:ff:ff:ff:ff:ff	ARP	42	Who has 172.16.0.102? Tell 172.16.0.8
2	0.000334	00:21:70:c0:56:f0	00:25:b3:bf:91:ee	ARP	60	172.16.0.102 is at 00:21:70:c0:56:f0

图 10-17　对网络上另一个设备的 ARP 请求和响应

在数据包 2 中，用户的计算机了解到 IP 地址 172.16.0.102 的 MAC 地址是 00:21:70:c0:56:f0。根据之前的情形，我们猜测这是网关路由器的地址，通过这个地址数据包可以被再次转发到外部 DNS 服务器。然而，如图 10-18 所示，下一个数据包并不是 DNS 请求，而是从 172.16.0.8 到 172.16.0.102 的 TCP 数据包。它设置了 SYN 标志，表明这是两台主机间建立 TCP 连接时握手的第一个数据包❶。

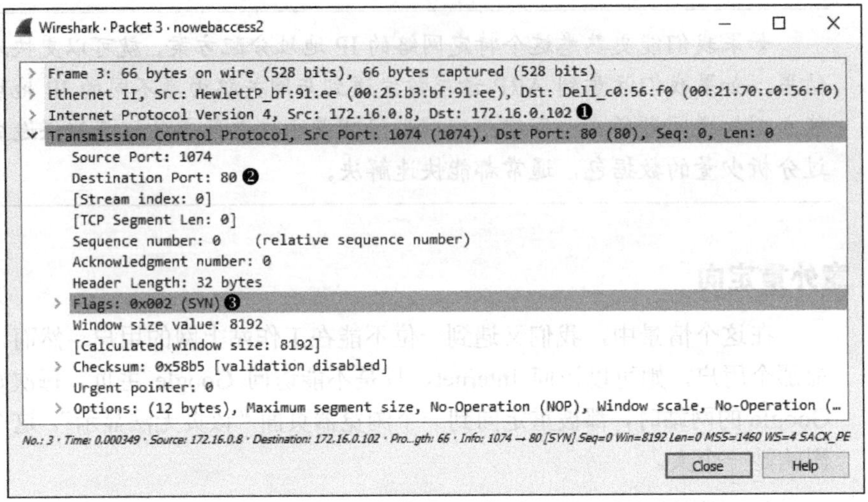

图 10-18　从一台内网主机发往另一台内网主机的 TCP SYN 数据包

显然，试图连接到 172.16.0.102❸的 80 端口❷的 TCP 连接通常与 HTTP 流量有关。如图 10-19 所示，当主机 172.16.0.102 发送回带有 RST 和 ACK 标志❶的 TCP 数据包（数据包 4）时，连接请求就中断了。

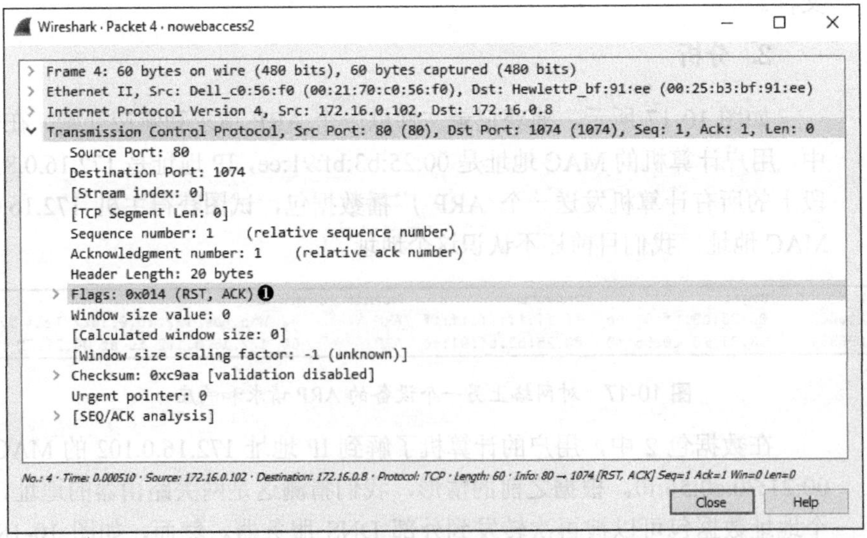

图 10-19　响应 TCP SYN 的 TCP RST 数据包

第 6 章介绍过，带有 RST 标志的数据包是用来结束 TCP 连接的。在这个场景中，主机 172.16.0.8 尝试与主机 172.16.0.102 的 80 端口建立 TCP 连接。不幸的是，由于那台主机没有配置好服务在 80 端口的监听请求，因此只能发送 TCP RST 数据包结束连接。这个过程又重复了两次。如图 10-20 所示，在通信最终结束前，用户计算机发送了一个 SYN 数据包并得到 RST 响应。

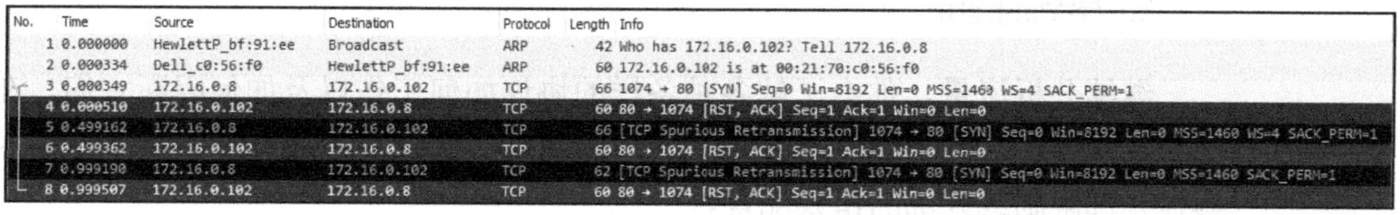
No. Time Source Destination Protocol Length Info
1 0.000000 HewlettP_bf:91:ee Broadcast ARP 42 Who has 172.16.0.102? Tell 172.16.0.8
2 0.000334 Dell_c0:56:f0 HewlettP_bf:91:ee ARP 60 172.16.0.102 is at 00:21:70:c0:56:f0
3 0.000349 172.16.0.8 172.16.0.102 TCP 66 1074 → 80 [SYN] Seq=0 Win=8192 Len=0 MSS=1460 WS=4 SACK_PERM=1
4 0.000510 172.16.0.102 172.16.0.8 TCP 60 80 → 1074 [RST, ACK] Seq=1 Ack=1 Win=0 Len=0
5 0.499162 172.16.0.8 172.16.0.102 TCP 66 [TCP Spurious Retransmission] 1074 → 80 [SYN] Seq=0 Win=8192 Len=0 MSS=1460 WS=4 SACK_PERM=1
6 0.499362 172.16.0.102 172.16.0.8 TCP 60 80 → 1074 [RST, ACK] Seq=1 Ack=1 Win=0 Len=0
7 0.999190 172.16.0.8 172.16.0.102 TCP 62 [TCP Spurious Retransmission] 1074 → 80 [SYN] Seq=0 Win=8192 Len=0 MSS=1460 SACK_PERM=1
8 0.999507 172.16.0.102 172.16.0.8 TCP 60 80 → 1074 [RST, ACK] Seq=1 Ack=1 Win=0 Len=0

图 10-20　TCP SYN 和 RST 数据包一共出现了 3 次

此时，用户在浏览器上看到了“该页无法显示”。

在查看其他工作正常的网络设备的配置信息后，数据包 1 和 2 中的 ARP 请求和响应引起了我们的注意。因为 ARP 请求并不是指向网关路由器的真实 MAC 地址，而是其他未知设备。在 ARP 请求和响应之后，我们期望看到向 DNS 服务器的请求，以得到 Google 的 IP 地址，但最终并没有看到。阻止 DNS 查询的两个条件如下。

- 发起连接的设备在 DNS 缓存中已经有域名—IP 地址的对应项。
- 发起连接的设备在 hosts 文件中已经有域名—IP 地址的对应项。

进一步检查这台计算机后，我们发现它的 hosts 文件有一个 Google 表项，对应一个内网 IP 地址 172.16.0.102。这个错误表项就是用户问题的根源。

计算机通常都把 hosts 文件当作域名—IP 地址配对的可信来源，并且会在查询外部来源之前检索它。在这个场景中，用户计算机检查它的 hosts 文件，发现有一个 Google 的表项，就认为 Google 在这个本地网段。接着，它向这个主机发送 ARP 请求，并得到响应，然后尝试向 172.16.0.102 的 80 端口发起 TCP 连接。然而，由于该系统并没有配置成 Web 服务器，因此它不可能接受这个连接请求。

将这个 hosts 文件的表项移除后，用户的计算机就能正常访问 Google 了。

注意　在 Windows 系统上查看 hosts 文件，请打开 C:\Windows\System32\drivers\hosts。在 Linux 上则应查看/etc/hosts。

实际上，这个场景非常普遍。恶意软件在几年前就使用这个方法，把用户

重定向到存放恶意代码的网站。试想，如果黑客修改了你的 hosts 文件，每次你登录网上银行，实际上访问的却是一个伪造的网站，专门偷你账户里的钱，这该有多恐怖！

3. 学到的知识

继续分析流量，你会了解各种各样的协议如何工作以及如何阻断它们。在这个场景中，主机没有发送 DNS 请求是因为客户端被错误配置了，而不是因为其他外部限制或外部的错误配置。

在数据包层面上考查这个问题，我们可以迅速发现未知的 IP 地址，也能迅速发现 DNS 这个通信过程的关键部分消失了。通过这些信息，我们可以指出客户端才是问题的来源。

10.3.3 上游问题

与前两个场景一样，在这个场景中，有一位用户抱怨它的工作站无法上网。后来，他发现只是无法访问 Google 这个网站。进一步调查之后，我们发现这个问题影响到了机构的每一个人——谁也无法访问 Google。

这个网络的配置和前两个场景一样，仍然是用一些简单交换机和一个路由器将网络连接到 Internet。

1. 侦听线路

为了解决这个问题，我们首先访问 Google 以生成流量。这是一个全网问题——意味着它也影响你的计算机，而且可能是感染恶意软件导致的——所以你不应该直接在你的设备上嗅探。当你在现实中遇到类似这样的问题时，网络分流器就是较好的解决方案，因为它允许你在短暂中断服务后完全被动地获取流量。通过网络分流器获得的流量被保存在 nowebaccess3.pcap 文件中。

2. 分析

这个数据包的捕获以 DNS 流量开始，而不是我们之前看到的 ARP 流量。因为捕获的第一个数据包发往一个外部地址，并且数据包 2 包含来自那个地址的响应，所以我们可以假设 ARP 过程已经完成了，并且网关路由器的 MAC-IP 地址映射已经存在于主机的 ARP 缓存中。

如图 10-21 所示，捕获中的第一个数据包从主机 172.16.0.8 发往地址 4.2.2.1❶，并且它是一个 DNS 数据包❷。查看该数据包的内容，我们发现这是一个查询

Google 的 A 记录请求❸。

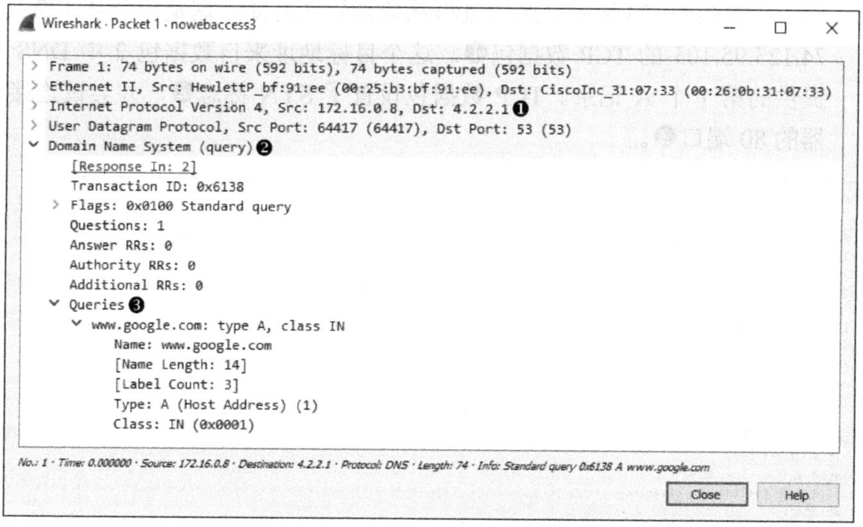

图 10-21　查询 Google 的 A 记录

如图 10-22 所示，来自 4.2.2.1 的响应是捕获文件的第 2 个数据包。查看 Packet Details 面板，我们发现响应这个请求的域名服务器提供了多个回答❶。此时看起来通信一切正常。

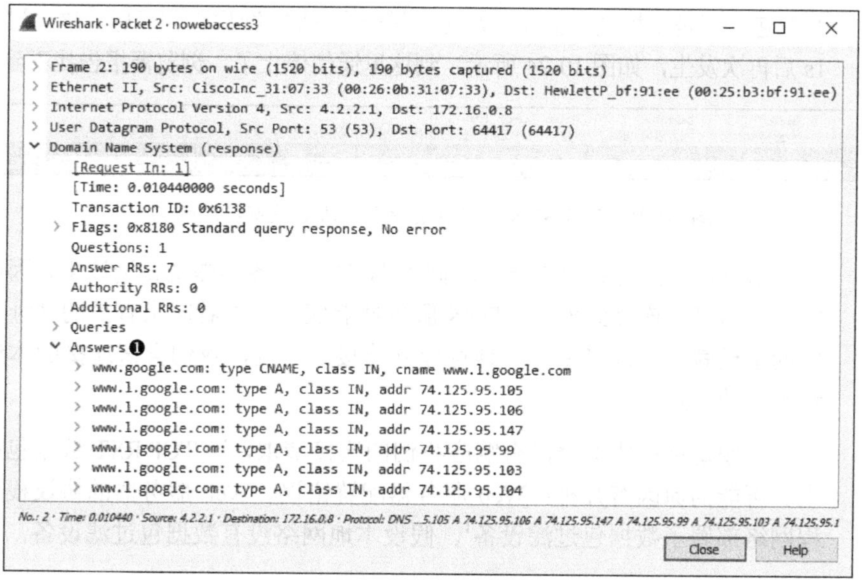

图 10-22　包含多个 A 记录的 DNS 响应

现在用户的计算机已经得到 Web 服务器的 IP 地址，它可以尝试与服务器通信了。如图 10-23 所示，通信过程从数据包 3 开始，这是一个从 172.16.0.8 发往 74.125.95.105 的 TCP 数据包❶。这个目标地址来自数据包 2 中 DNS 查询响应提供的第 1 个 A 记录。TCP 数据包设置了 SYN 标志❷，并尝试连接远程服务器的 80 端口❸。

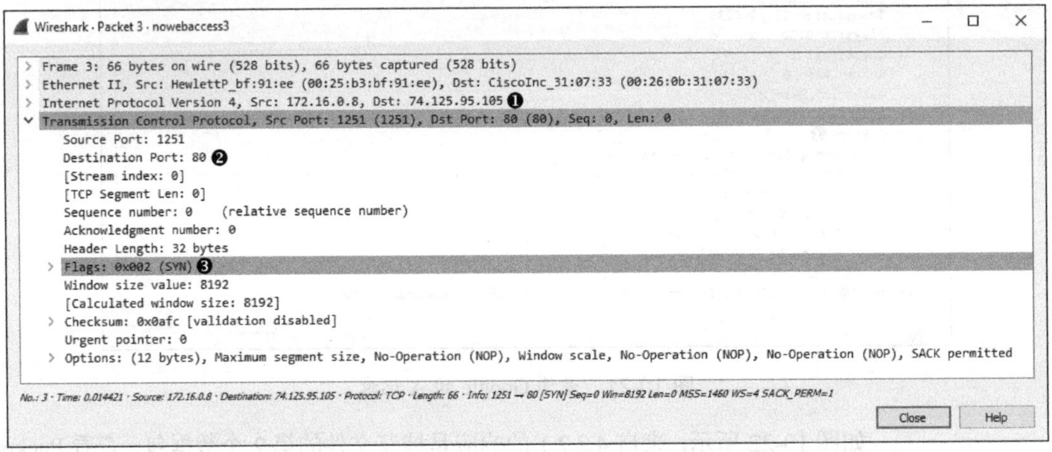

图 10-23 尝试连接 80 端口的 SYN 数据包

因为这是一个 TCP 握手过程，所以我们知道应该在响应中看到 TCP SYN/ACK 数据包，但是主机过一会儿又发送了另一个 SYN 数据包到目标。这个过程大概在 1s 后再次发生，如图 10-24 所示，到这里通信停止了，浏览器报告找不到网站。

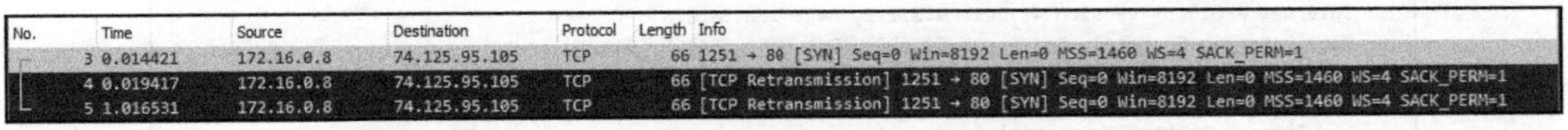

No. Time Source Destination Protocol Length Info
3 0.014421 172.16.0.8 74.125.95.105 TCP 66 1251 → 80 [SYN] Seq=0 Win=8192 Len=0 MSS=1460 WS=4 SACK_PERM=1
4 0.019417 172.16.0.8 74.125.95.105 TCP 66 [TCP Retransmission] 1251 → 80 [SYN] Seq=0 Win=8192 Len=0 MSS=1460 WS=4 SACK_PERM=1
5 1.016531 172.16.0.8 74.125.95.105 TCP 66 [TCP Retransmission] 1251 → 80 [SYN] Seq=0 Win=8192 Len=0 MSS=1460 WS=4 SACK_PERM=1

图 10-24 TCP SYN 数据包尝试了 3 次都没有收到响应

这时，我们想到由于能成功向外部 DNS 服务器提交查询请求，因此网络内的工作站可以连接到外网。DNS 服务器响应了一些看起来有效的地址，然后我们的主机就尝试向其中一个地址建立连接。而且，我们尝试连接的本地工作站看起来功能正常。

问题是远程服务器没有响应我们的连接请求，连 TCP RST 数据包都没发过来。可能的原因有几种：Web 服务器配置错误、Web 服务器的协议栈崩溃、远程网络部署了数据包过滤设备[1]。假设本地网络没有数据包过滤设备，那么所有

[1] 比如防火墙。——译者注

可能的解决方法都在远程网络上，这超出了我们的控制范围。在这个案例中，Web 服务器不能正常工作，我们的所有尝试都失败了。一旦 Google 修复故障[1]，通信就可以继续了。

3. 学到的知识

这个场景中的问题不是我们能修复的。我们的分析表明，问题不在于我们网络上的主机、路由器，也不在于提供域名解析服务的外部 DNS 服务器。问题在我们的网络设施之外。

有时候发现这不是我们的问题不仅能缓解压力，也能在管理层来敲门时挽回颜面。我与很多运营商、设备厂商和软件公司打过交道，他们都说不是自己那边的问题，但你已经看到，数据包是不会说谎的。

10.4 打印机故障

我们的技术支持管理员遇到了一个打印机的难题。销售部门的用户报告说大批量的打印机出故障了。当用户发送大量打印作业给它时，它会打印几页然后停止工作。他们改动了很多驱动配置选项，但没有任何效果。技术支持的员工们希望你去确认这不是网络问题。

10.4.1 侦听线路

这个问题的焦点在于打印机，因此我们希望尽可能将嗅探器放到离打印机最近的地方。虽然我们不能在打印机上安装 Wireshark，但网络上使用了高级三层交换机，所以我们可以使用端口镜像功能。我们将打印机连接的端口镜像到一个空端口，然后将一台装有 Wireshark 的笔记本电脑连接到该端口。安装完成后，我们让一位用户发送大量打印作业给打印机，而我们会监视端口输出内容，最后得到捕获记录文件 inconsistent_printer.pcap。

10.4.2 分析

如图 10-25 所示，捕获文件的开头是发送打印作业的主机（172.16.0.8）与打印机（172.16.0.253）的 TCP 握手。握手之后，一个大小为 1460 字节的 TCP 数据包发送到打印机❶。数据大小既可以在 Packet List 面板 Info 列的右边看到，

[1] 某些情况下并非 Google 的故障，而是访问路径中存在某种防火墙。——译者注

也可以在 Packet Details 面板的 TCP 头部信息的底部看到。

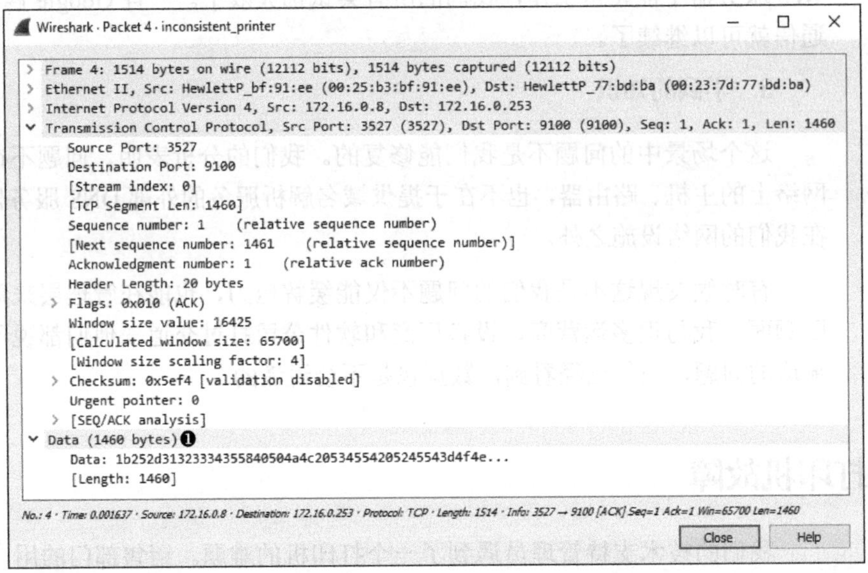

图 10-25 通过 TCP 传输到打印机的数据

数据包 4 后面是另一个包含 1460 字节的数据包❶，如图 10-26 所示。这个数据被打印机❷确认了。

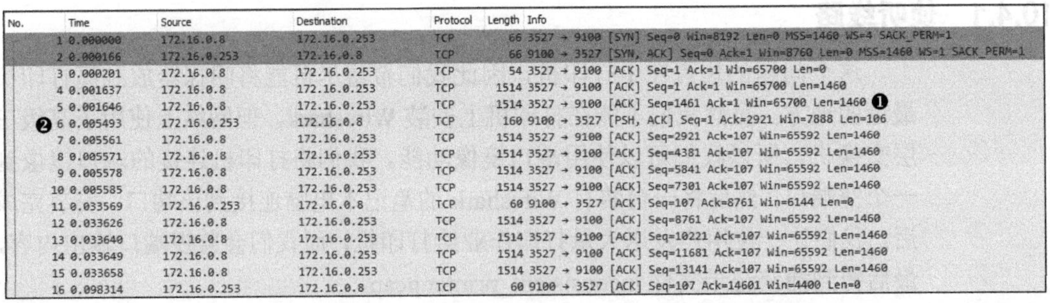

No.	Time	Source	Destination	Protocol	Length	Info
1	0.000000	172.16.0.8	172.16.0.253	TCP	66	3527 → 9100 [SYN] Seq=0 Win=8192 Len=0 MSS=1460 WS=4 SACK_PERM=1
2	0.000166	172.16.0.253	172.16.0.8	TCP	66	9100 → 3527 [SYN, ACK] Seq=0 Ack=1 Win=8760 Len=0 MSS=1460 WS=1 SACK_PERM=1
3	0.000201	172.16.0.8	172.16.0.253	TCP	54	3527 → 9100 [ACK] Seq=1 Ack=1 Win=65700 Len=0
4	0.001637	172.16.0.8	172.16.0.253	TCP	1514	3527 → 9100 [ACK] Seq=1 Ack=1 Win=65700 Len=1460
5	0.001646	172.16.0.8	172.16.0.253	TCP	1514	3527 → 9100 [ACK] Seq=1461 Ack=1 Win=65700 Len=1460 ❶
❷ 6	0.005493	172.16.0.253	172.16.0.8	TCP	160	9100 → 3527 [PSH, ACK] Seq=1 Ack=2921 Win=7888 Len=106
7	0.005561	172.16.0.8	172.16.0.253	TCP	1514	3527 → 9100 [ACK] Seq=2921 Ack=107 Win=65592 Len=1460
8	0.005571	172.16.0.8	172.16.0.253	TCP	1514	3527 → 9100 [ACK] Seq=4381 Ack=107 Win=65592 Len=1460
9	0.005578	172.16.0.8	172.16.0.253	TCP	1514	3527 → 9100 [ACK] Seq=5841 Ack=107 Win=65592 Len=1460
10	0.005585	172.16.0.8	172.16.0.253	TCP	1514	3527 → 9100 [ACK] Seq=7301 Ack=107 Win=65592 Len=1460
11	0.033569	172.16.0.253	172.16.0.8	TCP	60	9100 → 3527 [ACK] Seq=107 Ack=8761 Win=6144 Len=0
12	0.033626	172.16.0.8	172.16.0.253	TCP	1514	3527 → 9100 [ACK] Seq=8761 Ack=107 Win=65592 Len=1460
13	0.033640	172.16.0.8	172.16.0.253	TCP	1514	3527 → 9100 [ACK] Seq=10221 Ack=107 Win=65592 Len=1460
14	0.033649	172.16.0.8	172.16.0.253	TCP	1514	3527 → 9100 [ACK] Seq=11681 Ack=107 Win=65592 Len=1460
15	0.033658	172.16.0.8	172.16.0.253	TCP	1514	3527 → 9100 [ACK] Seq=13141 Ack=107 Win=65592 Len=1460
16	0.098314	172.16.0.253	172.16.0.8	TCP	60	9100 → 3527 [ACK] Seq=107 Ack=14601 Win=4400 Len=0

图 10-26 正常的数据传输和 TCP 确认

在捕获文件的最后两个数据包之前，数据流一直正常。数据包 121 是一个 TCP 重传数据包，也是故障的第一个标志，如图 10-27 所示。

当一个设备发送 TCP 数据包给远程设备，而远程设备没有确认此次传输时，就发送一个 TCP 重传数据包。一旦到达重传门限，发送设备就假设远程设备没有收到数据，从而立刻重传数据包。在通信停止之前，这个过程重复了多次。

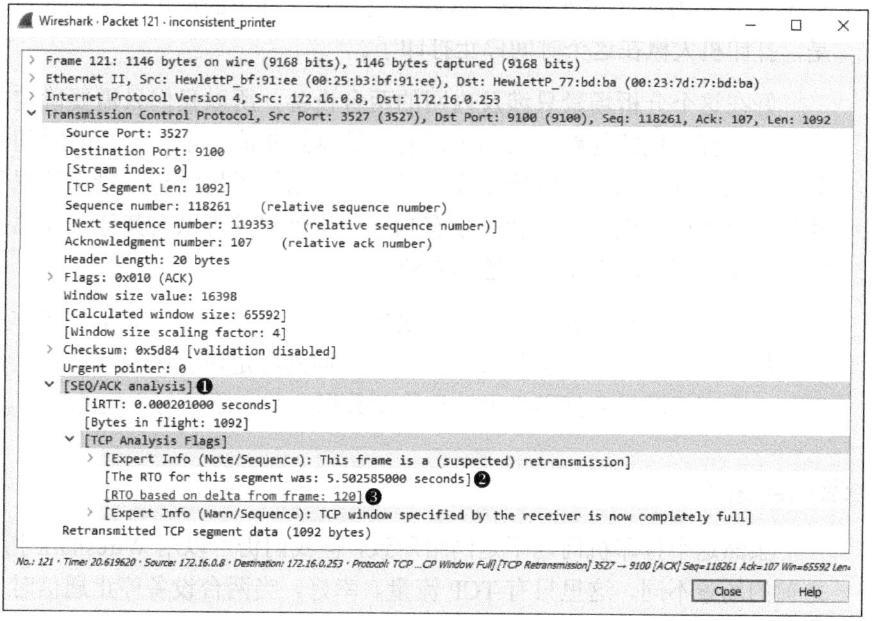

图 10-27　这些 TCP 重传数据包是故障的一个标志

在这个场景中，因为打印机没有确认传输的数据，所以客户工作站就向打印机发送重传数据包。如果展开 TCP 头部的 SEQ/ACK analysis 部分以及下方的额外信息，如图 10-27 所示❶，你就可以从细节中看到为什么这是重传。根据 Wireshark 加工的细节，数据包 121 是数据包 120 的重传❸。另外，重传数据包的重传超时（RTO）在 5.5s ❷左右。

当分析数据包间隔时间时，你可以更改时间显示格式以适应特定情形。在这个案例中，我们想看一看之前的数据包在发送多久后发生了重传，于是选择 View->Time Display Format 并改成 Seconds Since Previous Captured Packet 这个选项。然后，如图 10-28 所示，你可以清楚地看见初始数据包（数据包 120）发送 5.5s 后发生了数据包 121 的重传❶。

图 10-28　查看数据包间隔时间有利于解决问题

下一个数据包是数据包 120 的另一个重传。这个数据包的 RTO 是 11.10s，包括上一个数据包的 5.5s RTO。Packet List 面板的 Time 列告诉我们，在上一次重传 5.6s 后发生了这次重传。这好像是捕获文件中的最后一个数据包，巧合的是，打印机大概在这个时间停止打印了。

好在这个分析场景只涉及内网的两台设备，所以我们只需要确定是客户工作站还是打印机的问题。我们可以看见数据正常流动了相当长的时间，然而在某一时刻，打印机停止响应工作站了。工作站尽了最大努力投递数据包，重传就是一个明证，但打印机就是没有响应。这个问题可以在其他工作站上重现，所以我们猜测打印机才是问题的来源。

进一步分析后，我们发现打印机的内存出故障了。当大量打印作业发送到打印机时，它只打印一定的页数，一旦访问到特定内存区域就停止工作。由此可见，内存问题导致打印机无法接收新数据，并中断了与主机的通信。

10.4.3 学到的知识

虽然这个打印机问题不是网络所致，但我们仍可以用 Wireshark 指出它。跟之前的场景不同，这里只有 TCP 流量。幸好，当两台设备停止通信时，TCP 给我们留下了有用的信息。

在这个案例中，当通信意外停止时，我们靠 TCP 内置的重传功能指出了问题的确切位置。继续学习下面的场景时，我们会经常依赖于这样的功能来解决更复杂的问题。

10.5 分公司之困

在这个场景中，一家公司在总部之外新开设了几家分公司。通过部署一台 Windows 域控制器服务器和一台备用域控制器，公司的所有 IT 设施几乎都放置在总部。域控制器负责处理 DNS 和分公司用户的认证请求。

域控制器是一个代理 DNS 服务器，它接收来自总部的上游 DNS 服务器的资源记录信息。

当部署团队将新设施延伸到分公司时，发现没有人能访问网络上的内部 Web 应用服务器。这些服务器位于总部办公室，通过广域网（Wide Area Network，WAN）访问。问题影响到分公司的所有用户，并只限于这些内部服务器。所有用户都可以访问 Internet 以及分公司内的其他资源。

图 10-29 显示了在这个场景中要考虑的组件，包括了多个站点。

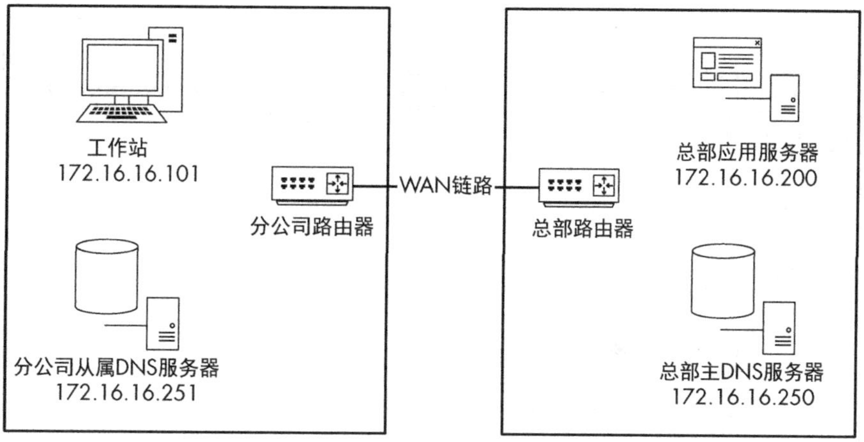

图 10-29 分公司之困问题的相关组件

10.5.1 侦听线路

由于问题出在总部和分公司间的通信过程中，因此我们可以在多个地点收集数据来跟踪问题。问题可能出在分公司的客户端上，所以我们使用端口镜像功能查看其中一台计算机在线路上看到了什么数据包。收集完这个信息后，我们可以使用它推测出其他收集地点以帮助解决问题。从其中一个客户端捕获的初始数据包保存在 stranded_clientside.pcap 文件中。

10.5.2 分析

如图 10-30 所示，当工作站 172.16.16.101 尝试访问托管在总部应用服务器 172.16.16.200 的应用程序时，产生了捕获文件的第 1 个数据包。这个捕获只有两个数据包。第 1 个数据包是发送到 172.16.16.251❶的 DNS 请求，查询应用服务器❸的 A 记录❷。这是总部 172.16.16.200 服务器的 DNS 域名。

如图 10-31 所示，这个数据包的响应是服务器故障❶，表明 DNS 查询被阻止了。注意到这个数据包只是一个错误（服务器故障），并没有响应查询结果❷。

现在我们知道该通信故障与 DNS 有关。因为分公司的 DNS 查询由 DNS 服务器 172.16.16.251 解析，我们前往下一站。

为了从分公司的 DNS 服务器捕获合适的流量，我们将嗅探器留在原地，只改变端口镜像设置。现在服务器的流量就被镜像到我们的嗅探器了。捕获结果在 stranded_branchdns.pcap 文件中。

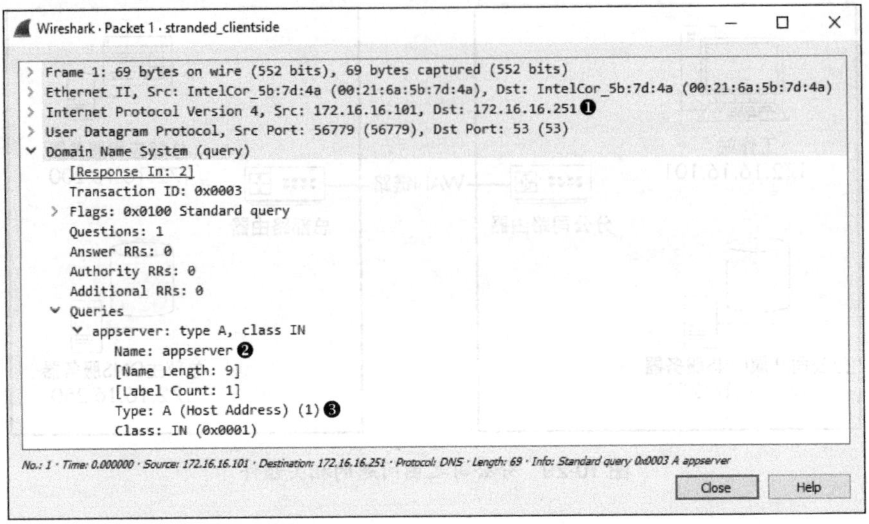

图 10-30　通信从查询应用服务器 A 记录的 DNS 请求开始

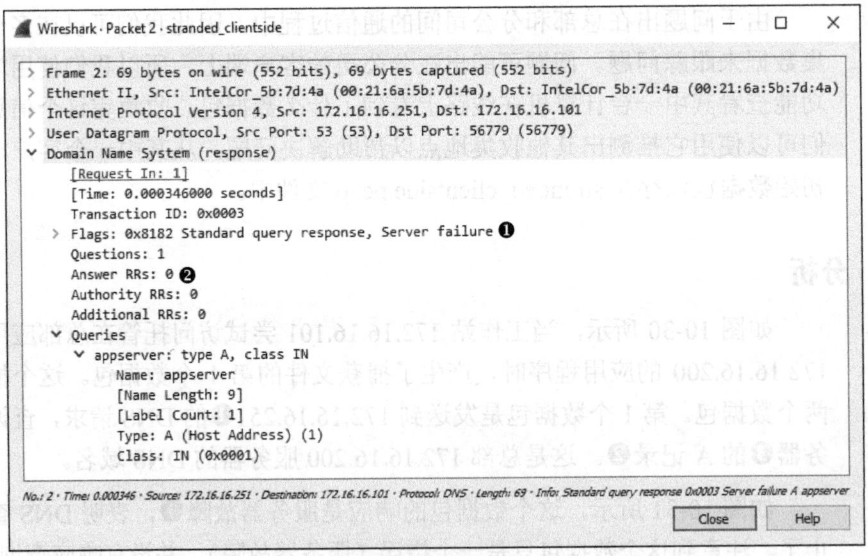

图 10-31　查询响应表明这是上游的问题

如图 10-32 所示，这个捕获的开头是我们之前看到的查询和响应，但还有一个额外的数据包。额外的数据包看起来很奇怪，因为它尝试与中心办公室的首选 DNS 服务器（172.16.16.250）❶的标准 DNS 服务端口 53❷进行通信，但它却不是我们过去看见的 UDP 类型❸。

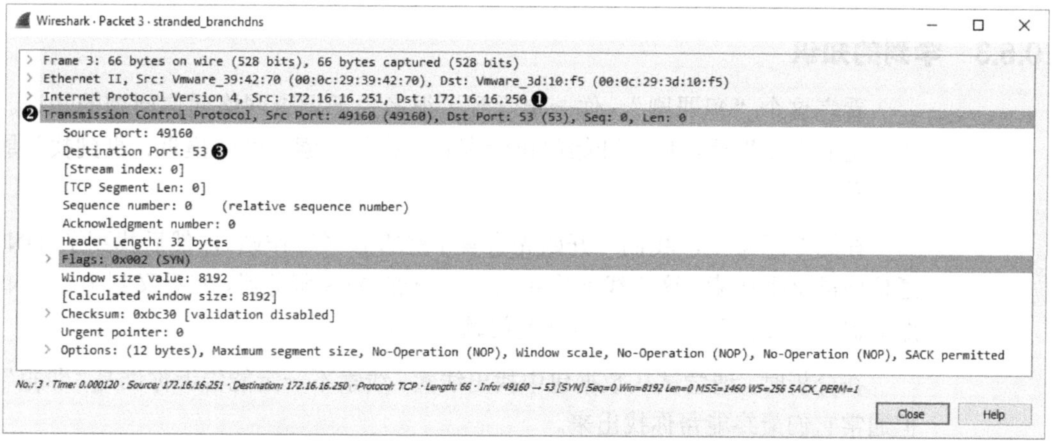

图 10-32　这个 SYN 数据包使用了 53 端口，但不是 UDP

为了找出这个数据包的用途，回顾我们在第 9 章对 DNS 的讨论。DNS 通常使用 UDP，但当响应超过一定大小时要使用 TCP。在那种情况下，我们会看见一些触发 TCP 流量的 UDP 流量。另外，TCP 也用于 DNS 的区域传送过程，它使资源记录在 DNS 服务器之间传输，这里就是该种情况。

分公司的 DNS 服务器是总部 DNS 服务器的从属服务器，意味着分公司的 DNS 服务器依赖于从总部服务器获得资源记录。分公司用户试图访问的应用服务器放置在总部，意味着总部 DNS 服务器是它的权威 DNS 服务器。要使分公司服务器能解析用户对应用服务器的 DNS 请求，总部 DNS 服务器必须把 DNS 资源记录传输给分公司 DNS 服务器，这可能是捕获文件中 SYN 数据包的来源。

SYN 数据包没有得到响应，这告诉我们总部和分公司 DNS 服务器之间失败的区域传送导致了 DNS 故障。现在我们可以进一步找出区域传送失败的原因。办公室之间的路由器或中心办公室的 DNS 服务器可能是罪魁祸首。为了找出问题，我们可以嗅探中心办公室 DNS 服务器的流量，查看 SYN 数据包是不是到达了服务器。

我没有给出中心办公室 DNS 服务器的流量捕获文件，因为根本就没有。SYN 数据包从来没有到达服务器。派遣技术人员查看连接两个办公室的路由器配置后，我们发现中心办公室的路由器被配置成只允许 53 端口的 UDP 流量进入，而 53 端口的 TCP 流量则被阻止了。这个简单的配置错误阻止了服务器间的区域传送，从而导致分支办公室的客户端无法解析对中心办公室设备的查询。

10.5.3 学到的知识

看完这个“犯罪剧”，你一定学到了很多关于调查网络通信问题的知识。当“犯罪”发生后，侦探开始问讯受害者。找到线索，顺藤摸瓜，直到找到罪魁祸首。

在这个场景中，我们一开始先查看了受害者（工作站），然后找到了 DNS 通信问题这个线索。这个线索将我们带到分支 DNS 服务器，然后又到中心 DNS 服务器，最终找到路由器，也就是问题的来源。

在分析时，请尝试从数据包中找出线索。线索不一定能告诉你谁是“罪犯”，但通常它们最终能帮你找出来。

10.6 生气的开发者

在 IT 界，开发者和系统管理员经常争吵。开发者总是将程序故障归咎于糟糕的网络设置和设备。系统管理员则倾向于把网络错误和网络缓慢归咎于糟糕的代码。

在这个场景中，程序员开发了一个应用程序，用于跟踪多个商店的销售并将报告发回中心数据库。为了节约正常工作时间的带宽，它没有被设计成实时应用程序。而是等报告数据累积一天后，才在晚上以逗号分隔值（comma-separated value，CSV）文件的形式传回，插入中心数据库中。

然而，这个新开发的应用程序工作情况不太正常。服务器接收到了各个商店传回的文件，但插入数据库的数据是错误的。一些地区的数据丢失了，有的数据还存在错误，而且文件的某些部分还丢失了。系统管理员很烦恼，因为程序员抱怨这是网络的问题。程序员一口咬定文件在从商店传到中心数据库时被损坏了。我们就要证明他是错的。

10.6.1 侦听线路

为了收集所需数据，我们可以在其中一个商店或中心办公室捕获数据包。故障影响到了所有商店，因此如果这确实是网络导致的问题，那肯定是在中心办公室那边——它是所有商店通信的汇聚点。

因为网络交换机支持端口镜像，所以我们用端口镜像功能嗅探服务器的流量。我们只捕获单个商店上传 CSV 文件到收集服务器的流量。结果保存在 tickedoffdeveloper.pcap 文件中。

10.6.2 分析

除了网络上的基本信息流量之外，我们完全不了解程序员开发的应用程序。捕获文件看起来是以一些 FTP 流量开始的，因此我们将调查这是不是传输 CSV 文件采用的机制。简洁、干净的通信最适合查看通信流量图了。选择 Statistics -> Flow Graph，然后单击“OK”。图 10-33 显示了结果图像。

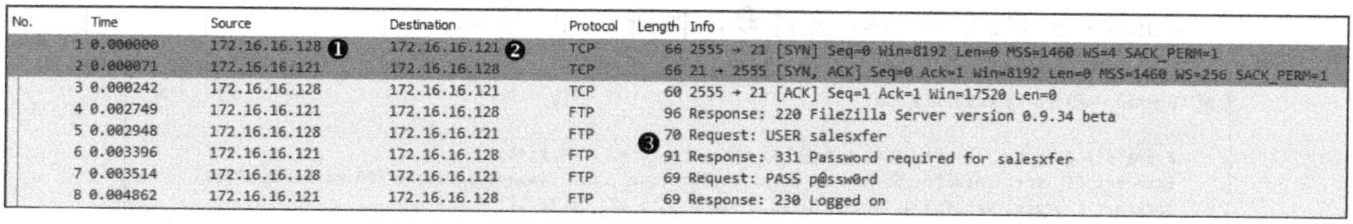

No.	Time	Source	Destination	Protocol	Length	Info
1	0.000000	172.16.16.128 ❶	172.16.16.121 ❷	TCP	66	2555 → 21 [SYN] Seq=0 Win=8192 Len=0 MSS=1460 WS=4 SACK_PERM=1
2	0.000071	172.16.16.121	172.16.16.128	TCP	66	21 → 2555 [SYN, ACK] Seq=0 Ack=1 Win=8192 Len=0 MSS=1460 WS=256 SACK_PERM=1
3	0.000242	172.16.16.128	172.16.16.121	TCP	60	2555 → 21 [ACK] Seq=1 Ack=1 Win=17520 Len=0
4	0.002749	172.16.16.121	172.16.16.128	FTP	96	Response: 220 FileZilla Server version 0.9.34 beta
5	0.002948	172.16.16.128	172.16.16.121	FTP	❸ 70	Request: USER salesxfer
6	0.003396	172.16.16.121	172.16.16.128	FTP	91	Response: 331 Password required for salesxfer
7	0.003514	172.16.16.128	172.16.16.121	FTP	69	Request: PASS p@ssw0rd
8	0.004862	172.16.16.121	172.16.16.128	FTP	69	Response: 230 Logged on

图 10-33 流量图提供了 FTP 通信的快速视图

首先观察一下包列表（见图 10-34），我们会看到一个 172.16.16.128❶与 172.16.16.121❷之间的基本 FTP 连接。由于 172.16.16.128 发起连接，因此我们猜测它是客户端，172.16.16.121 则是汇总与处理数据的服务器。流量图确认这些流量只用到了 FTP 协议，在握手竞争之后，我们开始看到来自客户端的 FTP 请求和来自服务器的响应❸。

我们知道这里会有一些数据传输，因此我们用 FTP 的知识，定位开始传输数据的位置。FTP 连接和数据传输是由客户端发起的，因此我们应该寻找用于上传数据到 FTP 服务器的 FTP STOR 命令。简单的方法是生成一个过滤器。

这个捕获文件里到处都是 FTP 请求命令，因此我们不需要面对表达式生成器中的数百个协议和选项，只要在 Packet List 面板中直接生成过滤器就行了。为此，我们首先需要选择一个出现有 FTP 请求命令的数据包。我们选择了数据包 5，这是最接近列表顶部的一个。然后展开 Packet Details 面板的 FTP section 和 USER section。右击 Request Command：USER 域，并选择 Prepare as Filter。最后，选择 Selected。

这将生成一个筛选含有 FTP USER 请求命令的数据包的过滤器，并出现在过滤器对话框中。接着，如图 10-34 所示，编辑过滤器，将单词 USER 替换成 STOR ❶。

现在按回车键应用这个过滤器，你会看见捕获文件里只有一个 STOR 命令，在数据包 64 ❷中。

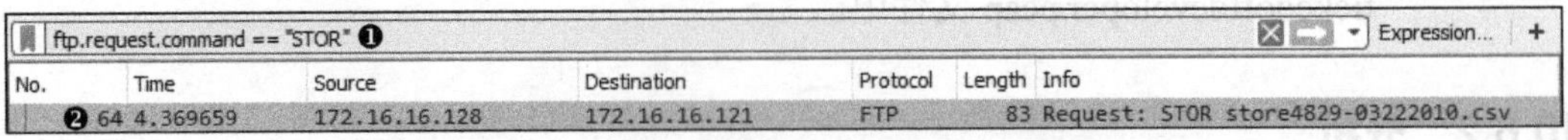

图 10-34 这个过滤器有助于识别数据从哪里开始传输

既然我们已经知道数据从哪里开始传输了，就可以单击 Packet List 面板上方的 Clear 按钮清除过滤器。

查看从数据包 64 开始的捕获文件，我们看见这个数据包指定传输 store4829-03222010.csv 文件❶，如图 10-35 所示。

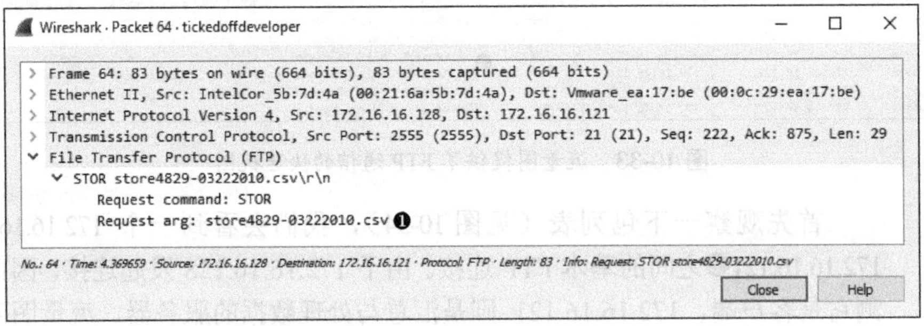

图 10-35 使用 FTP 传输 CSV 文件

STOR 命令后面的数据包使用了不同的端口，但它们被识别成 FTP 数据传输的一部分。我们已经验证数据在传输了，但我们仍然没有证明程序员是错的。为此，我们需要从捕获的数据包中提取传输文件，以展示文件在网络中传输后并没有被损坏。

当文件以未加密格式在网络中传输时，它会被分解成多个段，并在目的地被重新组装。在这个场景中，我们在数据包到达目的地并且尚未被组装之时捕获它们。数据就在那儿了，我们只需要将文件提取为数据流来重新组装它。为此，选择 FTP 数据流的任一个数据包（比如数据包 66），并单击 Follow TCP Stream。结果显示在 TCP 流中，如图 10-36 所示。

由于数据在 FTP 中以明文传输，所以我们能看到它，但却不能仅由此断定文件是完整的。为了重组数据，以便将其提取为原始格式，我们单击 Save As 按钮并指定数据包 64 显示的文件名，如图 10-37 所示。然后单击 Save。

保存操作的结果应该是一个 CSV 文件，这是对商店系统传过来的文件的字节层次的复制。我们通过比较原始文件和提取文件的 MD5 哈希值来验证该文件。MD5 哈希值应该是一样的，如图 10-37 所示。

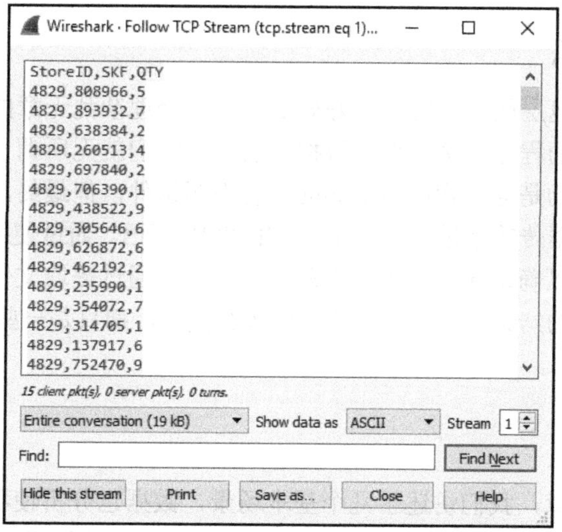

图 10-36　TCP 流显示传输的数据将数据流保存为原始文件名

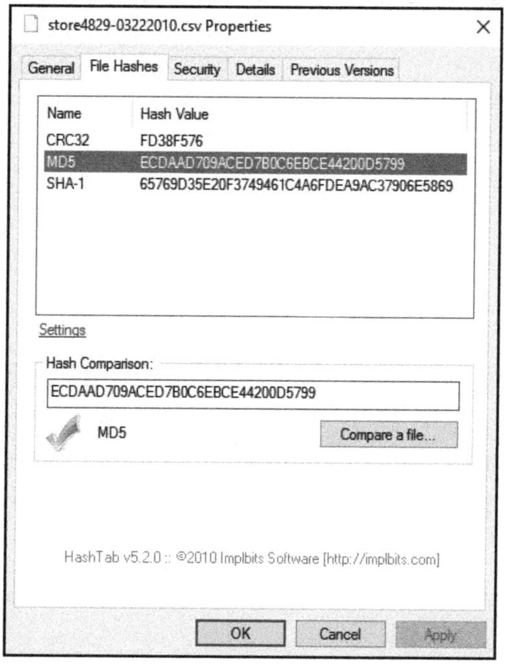

图 10-37　原始文件和提取文件的 MD5 哈希值相等

通过比较文件，我们可以证明网络并不是应用程序数据库出错的原因。文件从商店传输到收集服务器时是完整的，所以肯定是应用程序处理文件时出错了。

10.6.3 学到的知识

数据包层面分析的一个好处是你不必处理杂乱无章的应用程序。糟糕的程序远比好的程序要多，但在数据包层面，它们就无所谓了。在这个案例中，程序员关心的是应用程序所依赖的所有不明组件，但最终，他那耗费数百行代码写成的数据传输不过就是 FTP、TCP 和 IP 而已。通过使用我们了解的基本协议知识，可以确认通信过程毫无差错，甚至能通过提取文件证明网络正常。记住这个关键的结论：无论手里的问题多么复杂，都只是一些数据包而已。

10.7 结语

在本章，我们讲述了几个基本场景，数据包分析使我们更好地理解了通信故障。通过分析常见协议，我们可以及时查出并解决网络问题。你在现实网络中可能不会遇到跟这里完全相同的场景，但本章讨论的分析技术应该能给你一些有益启发。

第11章

让网络不再卡

作为一名网络管理员，你将花费很多时间用于修复运行缓慢的计算机和服务。但是人们抱怨网络缓慢，并不意味着就是网络的问题。

在开始处理网络缓慢的问题之前，你首先要确定网络是否真的很慢。你将在本章中学到这些技巧。

首先，我们会讨论TCP的错误恢复和流量控制机制。然后，我们会探索如何检测网络缓慢的根源。最后，我们会讨论用基线测试网络以及网络上运行的设备与服务的方法。读完本章后，你在识别、诊断和解决慢速网络方面，应该会有非常大的进步。

注意 很多技术都可以用来排除网络缓慢故障。本章内容主要集中在TCP，因为在大多数时间你只需要面对它。TCP允许你执行被动地回溯分析，而不用生成额外的流量（比如ICMP）。

11.1 TCP的错误恢复特性

TCP的错误恢复特性是我们定位、诊断并最终修复网络高延迟的最好工具。在计算机网络中，“延迟”是数据包传输与接收时间差的衡量参数。

延迟可以被测量为单程延迟（从单个来源到一个目的地）或往返延迟（从来源到达目的地并返回来源）。当设备间通信很快，并且数据包从一个端点到另一端点所花时间很少时，就说通信是低时延的。相反，当数据包在来源和目的地间传输要花费大量时间时，就说通信是高时延的。高时延是所有珍视自己声誉（以及工作）的网络管理员们的头号敌人。

在第6章中，我们讨论了TCP如何使用序号和确认号来保证可靠地传递数据包。在本章，我们将再次关注序号和确认号，观察当高时延导致这些号码乱序抵达（或根本没有接收到）时，TCP是如何响应的。

11.1.1 TCP重传

重传数据包是TCP最基本的错误恢复特性之一，它被设计用来对付数据包丢失。

数据包丢失可能有很多原因，包括出故障的应用程序、流量负载沉重的路由器或者临时性的服务中断。数据包层次上的移动速度非常快，而且数据包丢失通常是暂时的，因此TCP能否检测到数据包丢失并从中恢复显得至关重要。

决定是否有必要重传数据包的主要机制叫作重传计时器。这个计时器负责维护一个叫重传超时（Retransmission timeout，RTO）的值。每当使用TCP传输一个数据包时，就启动重传计时器。当收到这个数据包的ACK时，计时器就会停止。从发送数据包到接收ACK确认之间的时间被称为往返时间（Round-trip time，RTT）。将若干个这样的时间平均下来，可算出最终的RTO值。

在最终算出RTO值之前，传输操作系统将一直依赖于默认配置的RTT值。此项设定用于主机间的初始通信，并基于接收到的数据包RTT进行调整，以形成真正的RTO。

一旦RTO值确定下来，重传定时器就被用于每个传输的数据包，以确定数据包是否丢失。图11-1阐述了TCP重传过程。

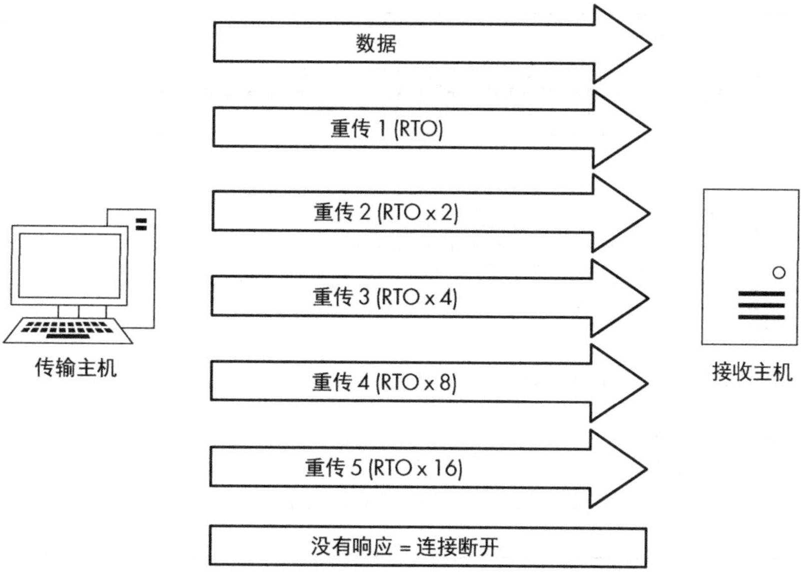

图 11-1 TCP 重传过程的概念视图

当数据包被发送出去，但接收方没有发送 TCP ACK 数据包时，传输主机就假设原来的数据包丢失了，并重传它。重传之后，RTO 值翻倍。如果在到达那个值之前一直没有接收到 ACK 数据包，则将发生另一次重传。如果下一次重传还是没有收到 ACK，那么 RTO 值将翻倍。每次重传，RTO 值都将翻倍，这个过程会持续到收到一个 ACK 数据包，或者发送方达到配置的最大重传次数为止。

最大重传次数取决于传输操作系统上的配置。默认情况下，Windows 主机最多重传 5 次，大部分 Linux 主机则默认重传 15 次。这个选项在两个操作系统中都是可配置的。

要看 TCP 重传的例子，请打开 tcp_retransmissions.pcap 文件，它包含了 6 个数据包。第一个数据包如图 11-2 所示。

这是一个 TCP PSH/ACK 数据包❶，包含 648 字节的数据❷，从 10.3.30.1 发送到 10.3.71.7❸。这是一个典型的数据包。

在正常条件下，你会期待在发送第一个数据包之后，很快就能看到响应的 TCP ACK 数据包。然而，在这个例子中，下一个数据包是一次重传。通过在 Packet List 面板中查看这个数据包，你就能得出这个结论。Info 列明确表明了[TCP Retransmission]，并且这个数据包以黑底红字出现。图 11-3 显示了 Packet List 面板中列出的重传例子。

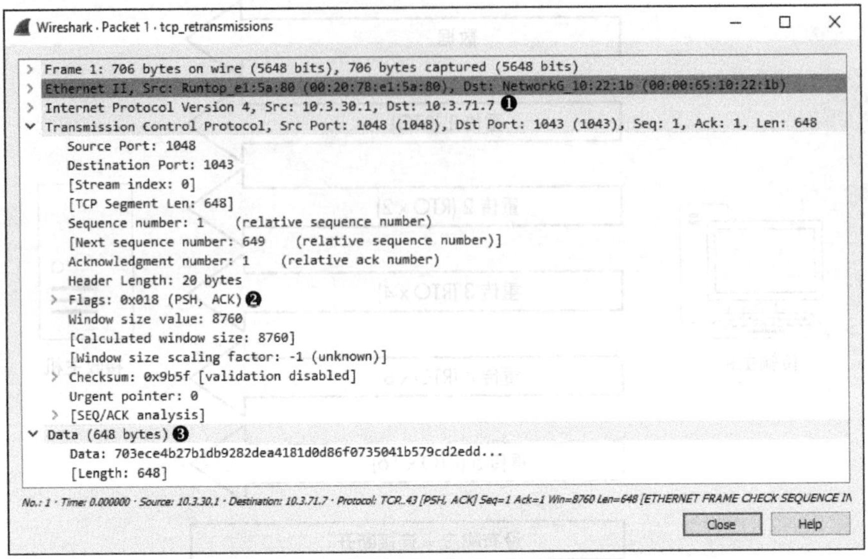

图 11-2 包含数据的简单 TCP 数据包

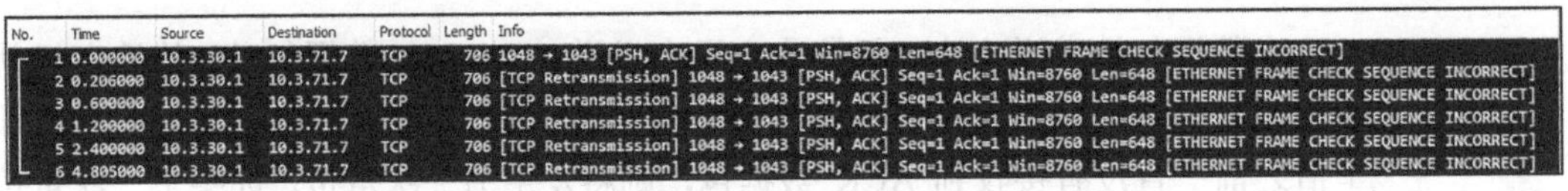
No. Time Source Destination Protocol Length Info
1 0.000000 10.3.30.1 10.3.71.7 TCP 706 1048 → 1043 [PSH, ACK] Seq=1 Ack=1 Win=8760 Len=648 [ETHERNET FRAME CHECK SEQUENCE INCORRECT]
2 0.206000 10.3.30.1 10.3.71.7 TCP 706 [TCP Retransmission] 1048 → 1043 [PSH, ACK] Seq=1 Ack=1 Win=8760 Len=648 [ETHERNET FRAME CHECK SEQUENCE INCORRECT]
3 0.600000 10.3.30.1 10.3.71.7 TCP 706 [TCP Retransmission] 1048 → 1043 [PSH, ACK] Seq=1 Ack=1 Win=8760 Len=648 [ETHERNET FRAME CHECK SEQUENCE INCORRECT]
4 1.200000 10.3.30.1 10.3.71.7 TCP 706 [TCP Retransmission] 1048 → 1043 [PSH, ACK] Seq=1 Ack=1 Win=8760 Len=648 [ETHERNET FRAME CHECK SEQUENCE INCORRECT]
5 2.400000 10.3.30.1 10.3.71.7 TCP 706 [TCP Retransmission] 1048 → 1043 [PSH, ACK] Seq=1 Ack=1 Win=8760 Len=648 [ETHERNET FRAME CHECK SEQUENCE INCORRECT]
6 4.805000 10.3.30.1 10.3.71.7 TCP 706 [TCP Retransmission] 1048 → 1043 [PSH, ACK] Seq=1 Ack=1 Win=8760 Len=648 [ETHERNET FRAME CHECK SEQUENCE INCORRECT]

图 11-3 Packet List 面板中的重传

如图 11-4 所示，你也可以通过查看 Packet Details 和 Packet Bytes 面板确定它是否是重传数据包。

注意，除了 IP identification 和 Checksum 域之外，这个数据包与最初的数据包完全一致。为了验证这个结论，可在 Packet Bytes 面板中比较这个重传数据包和最初的数据包❶。

在 Packet Details 面板中，注意到重传数据包的 SEQ/ACK Analysis 标题下有一些额外的信息❷。这个有用的信息是由 Wireshark 提供的，实际上并不包含在数据包里。SEQ/ACK analysis 告诉我们这确实是一个重传❸，RTO 值 0.206s ❹是基于与数据包 1❺的时间差值算出来的。

查看剩下的数据包应该是类似的结果，唯一的不同在于 IP identification、Checksum 域以及 RTO 值。为了显示每个数据包之间的时间间隔，如图 11-5 所示，可以查看 Packet List 面板的 Time 列。在这里，你看到每一次重传后 RTO 值翻倍，时间呈指数增长。

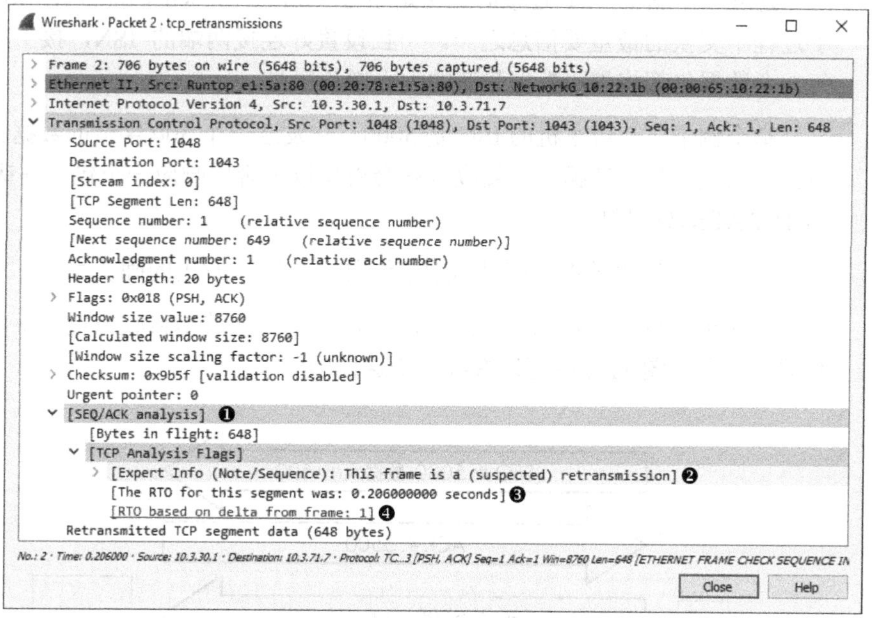

图 11-4　一个重传数据包

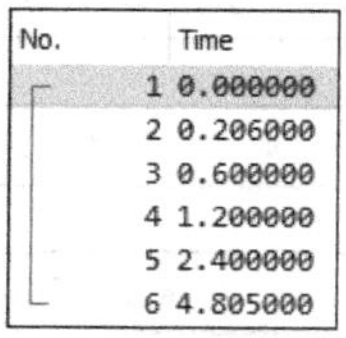

图 11-5　Time 列显示了 RTO 值的增长

传输设备使用 TCP 的重传特性来检测数据包丢失并从中恢复。下一步，我们将查看 TCP 的重复确认特性，它被接收方用于检测数据包丢失并从中恢复。

11.1.2　TCP 重复确认和快速重传

当接收方收到乱序数据包时，就发送重复的 TCP ACK 数据包。TCP 在其头部使用序号和确认号域，以确保数据被可靠接收并以发送顺序重组。

注意　“TCP 数据包”的准确术语其实应该是“TCP 区段”，但大多数人倾向于把它们称为“数据包”。

建立一个新的 TCP 连接时，初始序号（Initial sequence number，ISN）是握手过程中交换的最重要信息之一。一旦设置好连接两端的 ISN，接下来传输的每一个数据包都将按照数据载荷的大小增长序号。

举个例子，一台主机的 ISN 是 5000，它发送一个 500 字节的数据包给接收方。一旦接收到此数据包，接收方就会根据以下规则响应一个包含确认号 5500 的 TCP ACK 数据包：

接收数据的序号+接收数据的字节数=发出的确认号

在这个运算中，返回到发送方的确认号实际上就是接收方期待下次接收的数据包序号。图 11-6 中可以看到一个这样的例子。

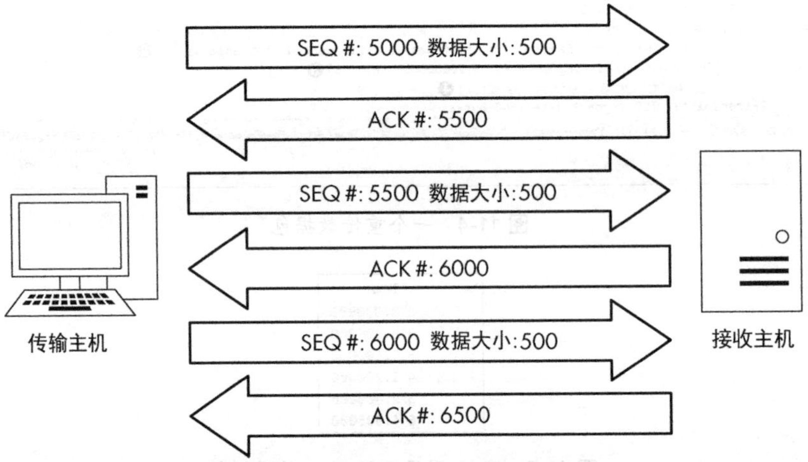

图 11-6　TCP 序号和确认号

序列号使数据接收方检测数据包丢失成为可能。当接收方追踪正在接收的序号时，如遇到不合顺序的序号，它就知道数据包丢失了。

当接收方收到一个预料之外的序号时，它会假设有一个数据包在传输中丢失了。为了正确重组数据，接收方必须要得到丢失的数据包，因此它重新发送一个包含丢失数据包的序号的 ACK 数据包，以通知发送方重传该数据包。

当传输主机收到 3 个来自接收方的重复 ACK 时，它就假设这个数据包确实在传输中丢失了，并立刻发送一个快速重传。一旦触发快速重传，其他所有正在传输的数据包都要靠边，直到把快速重传数据包发送出去为止。图 11-7 描述了这个过程。

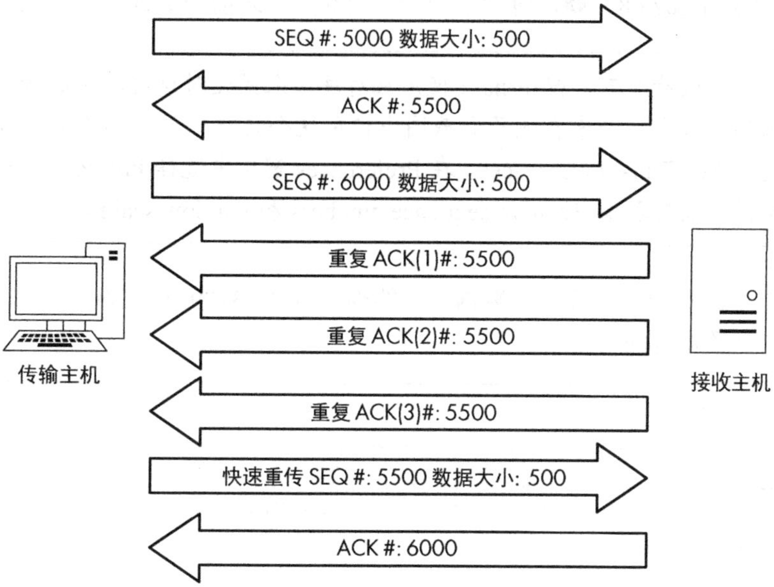

图 11-7 来自接收方的重复 ACK 导致快速重传

你将在 tcp_dupack.pcap 文件中发现重复 ACK 和快速重传的例子。捕获记录中的第一个数据包，如图 11-8 所示。

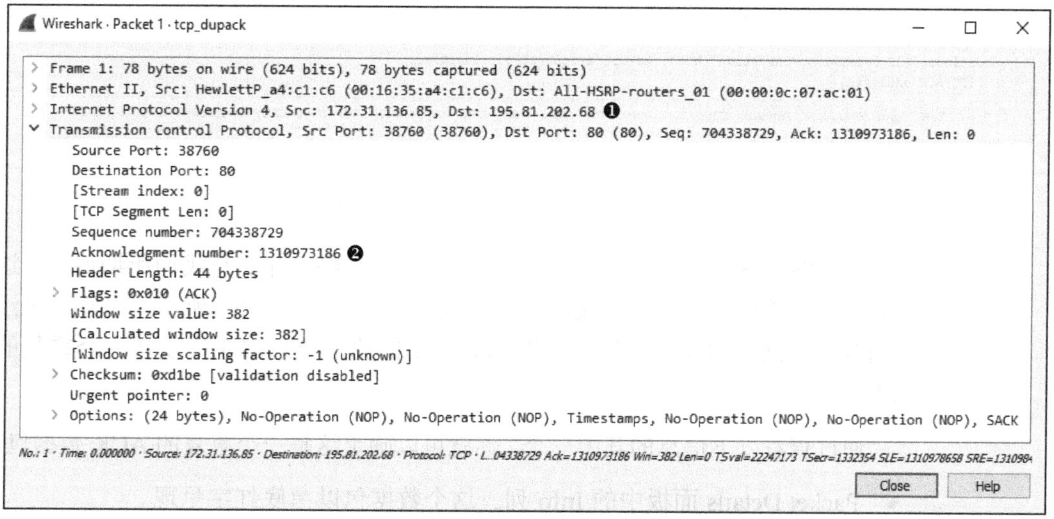

图 11-8 ACK 显示了下一个期待的序号

在网络中这个 TCP ACK 数据包从数据接收方（172.31.136.85）去往发送方

（195.81.202.68）❶，包含了一个对捕获文件之前的数据包的确认。

注意 默认情况下，Wireshark 使用相对序号来简化对这些数字的分析，但在接下来的几节中，并未在例子和截图中使用这个特性。使用如下方法可关闭此项功能，选择 Edit->Preferences，在 Preferences 窗口中选择 Protocols，然后选择 TCP 区段，最后取消 Relative sequence numbers 和 window scaling 旁边的复选框。

如图 11-9 所示，此数据包中的确认号是 1310973186❷，这应该是接收的下一个数据包的序号。

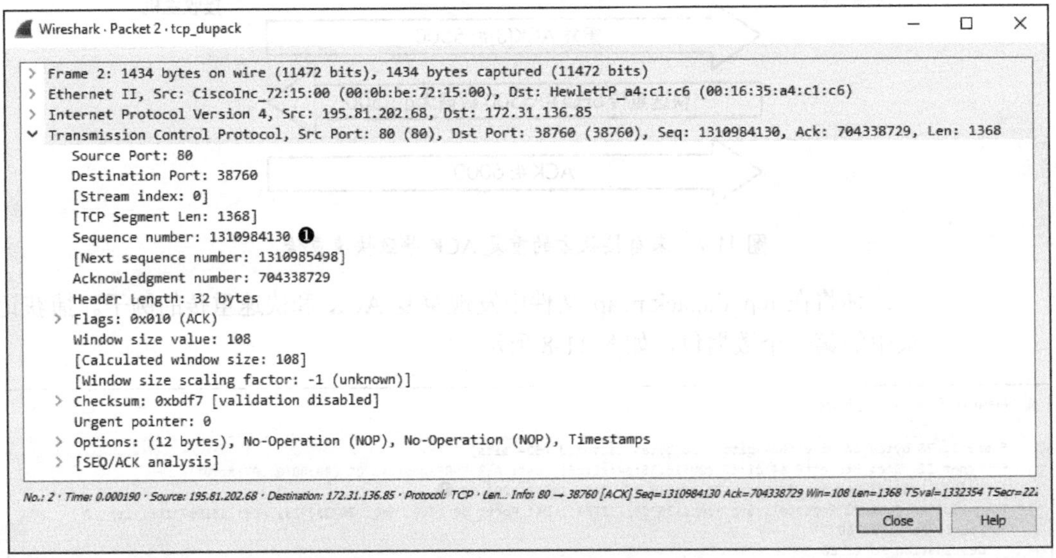

图 11-9 此数据包的序号与预料的不同

很遗憾，下一个数据包的序号是 1310984130 ❶，并非是我们所期待的。这表明期待的数据包在传输中莫名其妙地丢失了。如图 11-10 所示，接收主机注意到这个数据包的序号不符，就在捕获记录的第三个数据包中发送一个重复的 ACK。

通过查看以下信息的其中一个，你就可以确定这是一个重复的 ACK 数据包。

- Packet Details 面板中的 Info 列。这个数据包以黑底红字呈现。
- SEQ/ACK Analysis heading 下的 Packet Details 面板。若展开此标题，你会发现这个数据包被列为数据包 1 的重复 ACK。

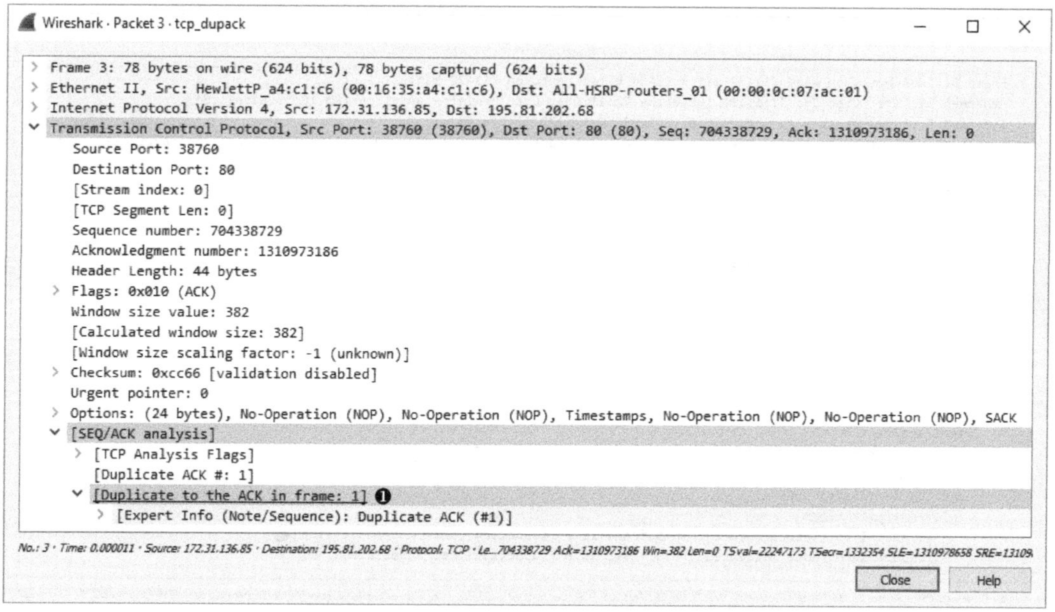

图 11-10　第一个重复 ACK 数据包

如图 11-11 所示，接下来的几个数据包继续这个过程。

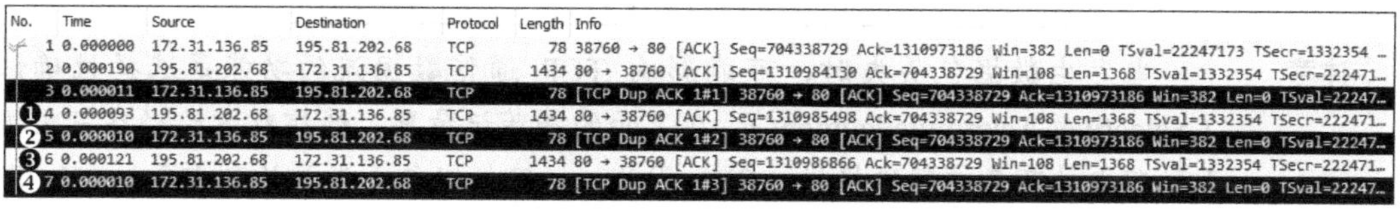

图 11-11　由于乱序数据包的影响，生成了额外的重复 ACK

捕获文件的第 4 个数据包是发送主机以错误序号发送的另一个数据区块❶。因此，接收主机发送第二个重复 ACK❷。接收方又收到一个包含错误序号的数据包❸。这导致它传输第三个、也是最后一个重复 ACK❹。

发送方收到来自接收方的第三个重复 ACK 之后，就强制停止所有的数据包传输，并重新发送丢失的数据包。图 11-12 显示了丢失数据包的快速重传。

在 Packet List 面板的 Info 列中再次出现了重传数据包。正如前面的例子，数据包被清楚地标记为黑底红字。这个数据包的 SEQ/ACK 分析部分告诉我们这有可能是一次快速重传❶（再次注意，数据包的快速重传标记信息并非数据包本身的值，而是 Wireshark 的功能）。捕获记录的最后一个数据包是确认收到快速重传的 ACK 数据包。

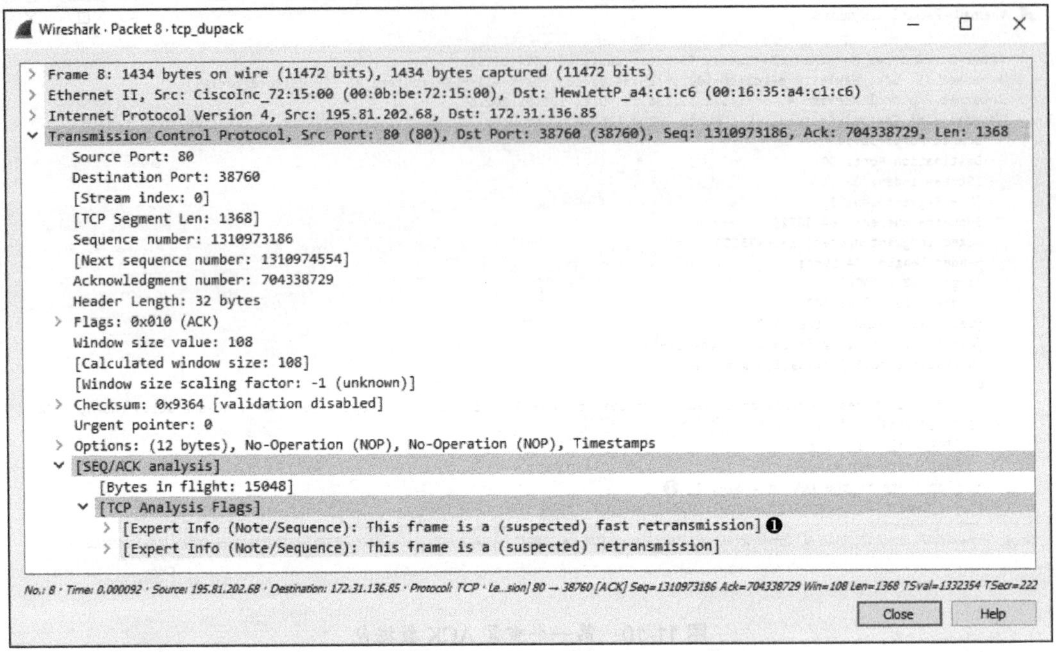

图 11-12　重复 ACK 引发了丢失数据包的快速重传

注意　当发生数据包丢失时，可能影响 TCP 通信数据流的功能是选择性确认（Selective Acknowledgement）。在上面的捕获记录里，通信双方已经在三次握手过程中协商开启了选择性 ACK。因此，一旦数据包丢失并收到重复 ACK，即使在丢失数据包之后还是成功接收了其他数据包，也只需要重传丢失的数据包。如果不启用选择性 ACK，那就必须重新传输丢失数据包之后的每一个数据包。选择性 ACK 使得数据丢失的恢复更加高效。由于大部分现代 TCP/IP 协议栈的实现都支持选择性 ACK，因此你会发现这个功能通常都会被启用。

11.2　TCP 流控制

重传和重复 ACK 都是 TCP 反应性的功能，被设计用来从数据包丢失中恢复。如果 TCP 没有包含某些形式的用于预防数据包丢失的前瞻性功能，那么它将是一个糟糕的协议，但幸好它做到了。

TCP 实现了滑动窗口机制，用于检测何时发生了数据包丢失，并调整数据传输速率加以避免。滑动窗口机制利用数据接收方的接收窗口来控制数据流。

接收窗口是数据接收方指定的值，存储在 TCP 头部（以字节为单位），它告诉发送设备自己希望在 TCP 缓冲空间中存储多少数据。这个缓冲空间是数据在可以向上传递到等待处理数据的应用层协议之前的临时存储空间。因此，发送方一次只能发送窗口大小域指定的数据量。为了传输更多的数据，接收方必须发送确认，以告知之前的数据已经接收到了。它也必须要处理占用 TCP 缓冲空间的数据，以清空缓冲区。图 11-13 阐明了接收窗口是如何工作的。

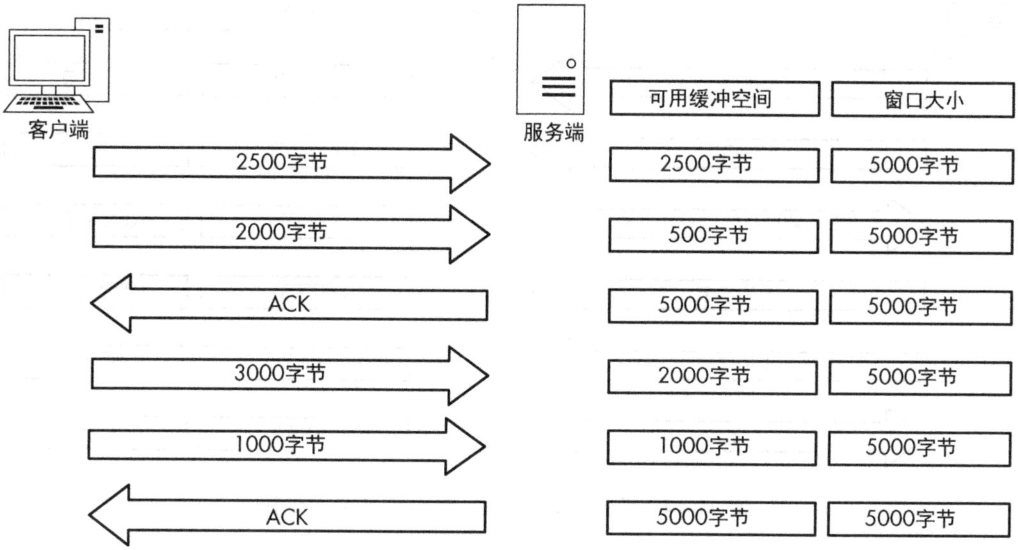

图 11-13 接收窗口使得接收方不被数据淹没

在图 11-13 中，客户端正在向接收窗口大小为 5000 字节的服务器发送数据。客户端发送了 2500 字节，将服务器的可用缓冲空间减少到 2500 字节，然后再发送 2000 字节，进而将可用缓冲区减少到 500 字节。然后服务器送出这些数据的确认，它处理缓冲区的数据，得到可用的空缓冲区。这个过程不断重复，客户端又发送了 3000 字节和另外 1000 字节，将服务器的可用缓冲区减少到 1000 字节。客户端再次确认这些数据，并处理缓冲区的内容。

11.2.1 调整窗口大小

调整窗口大小的过程相当明确，但有时候它也不尽如人意。每当接收到数据时，TCP 栈就生成并发送一个确认作为响应，但是接收方不可能总是迅速地处理缓冲区的数据。

当一台繁忙的服务器处理来自多个客户端的数据包时，服务器可能会因缓慢地清空缓冲区，而腾不出空间来接收新数据。如果没有流量控制，这将导致数据包丢失和数据损坏。幸好，当服务器太繁忙，以致不能以宣告的接收窗口的速率处理数据时，它可以调整接收窗口的大小。它通过减小向发送方返回的ACK数据包的TCP头部窗口大小值达到这个目的。图11-14展示了这样的例子。

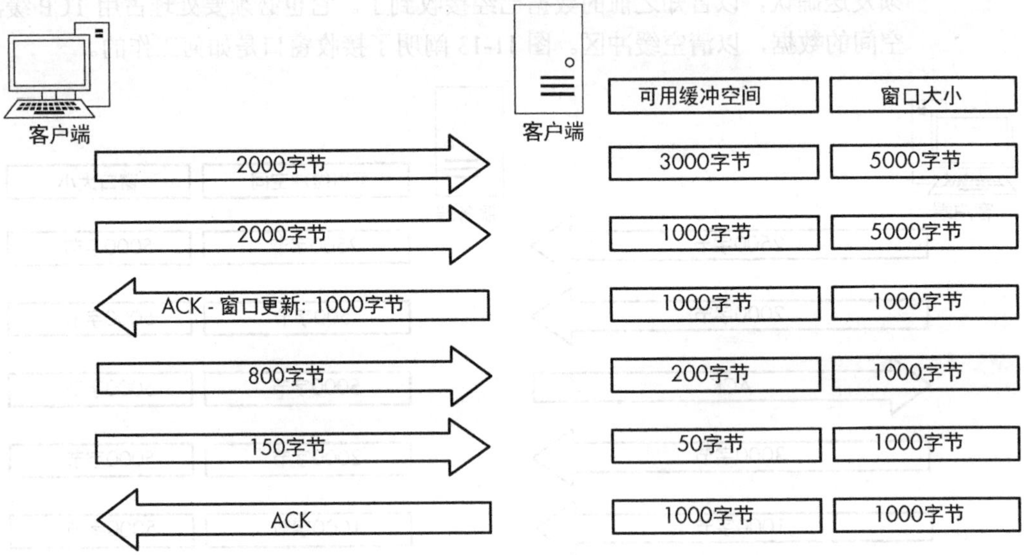

图 11-14 服务器变繁忙时，可以调整窗口大小

在图11-14中，服务器一开始声明的窗口大小是5000字节。客户端发送了2000字节，紧接着再发送2000字节，只留下1000字节的可用缓冲空间。服务器意识到它的缓冲区很快就要被塞满了。它知道如果按此速率传输数据，那数据包很快就会丢失。为了校正这个问题，服务器向客户端发送一个确认，包含更新的窗口大小为1000字节。因而，客户端会发送较少的数据，服务端可以按照能接受的速率处理缓冲区的内容，从而允许数据恒定流动。

窗口重设过程是双向工作的。当服务器能更快地处理数据时，它可以发送一个ACK数据包，指明更大的窗口大小。

11.2.2 用零窗口通知停止数据流

某些情况下，服务器可能无法处理客户端发送的数据。这可能是因为内存不足、缺少处理能力或者其他问题。这可能导致数据包中止、通信过程停止，但接收窗口能够将负面影响最小化。

当出现这种情况时，服务器可以发送一个数据包，指明窗口大小是零。当客户端收到这个数据包时，它会停止所有数据传输，但仍通过传输"保活数据包（keep-alive packets）"保持与服务器的连接。客户端周期性地发送保活数据包，以检查服务器接收窗口的状态。一旦服务器能再次处理数据，它就会响应一个非零的窗口大小，这时通信恢复。图 11-15 显示了零窗口通知的例子。

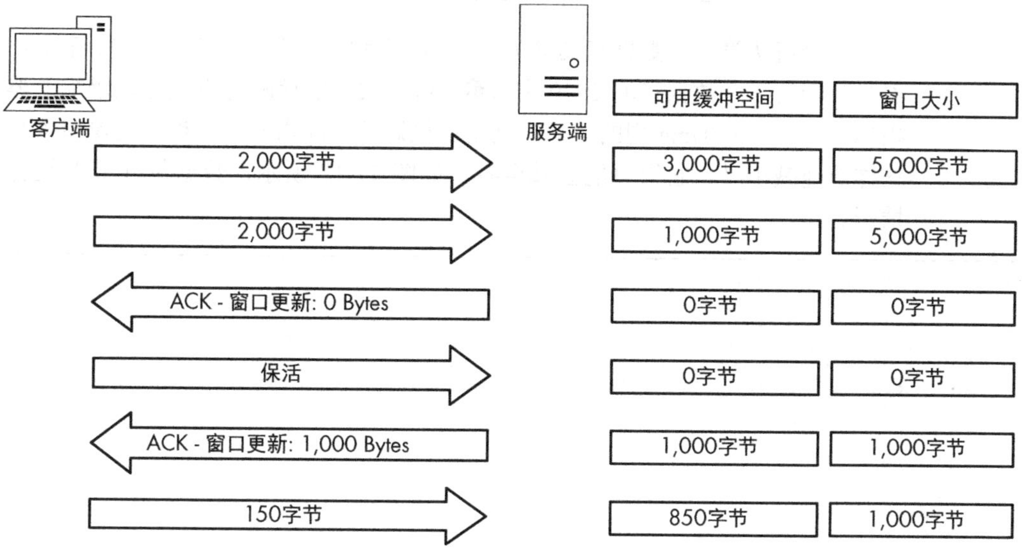

图 11-15 当窗口大小设为 0 字节时，数据传输就停止了

在图 11-15 中，服务器开始用 5000 字节的窗口接收数据。在从客户端接收到 4000 字节的数据后，服务器开始承受沉重的处理负担，不能再处理来自客户端的任何数据。这时服务器发送一个数据包，将窗口大小域设为 0。客户端暂停数据传输，并发送一个保活数据包。收到保活数据包之后，服务器响应一个数据包，通知客户端它现在可以接收数据了，而且它现在的窗口大小是 1000 字节。客户端继续发送数据。

11.2.3 TCP 滑动窗口实战

看完 TCP 滑动窗口的理论之后，我们将在捕获文件 tcp_zerowindowrecovery.pcap 中探究它。

在这个文件中，我们从 192.168.0.20 发送给 192.168.0.30 的几个 TCP ACK

数据包开始。我们主要对 Windows Size 域感兴趣，可以在 Packet List 面板的 Info 列以及 Packet Details 面板的 TCP 头部看到它。从图 11-16 可以立即发现，在前面的 3 个数据包中，这个域的值不断减小。

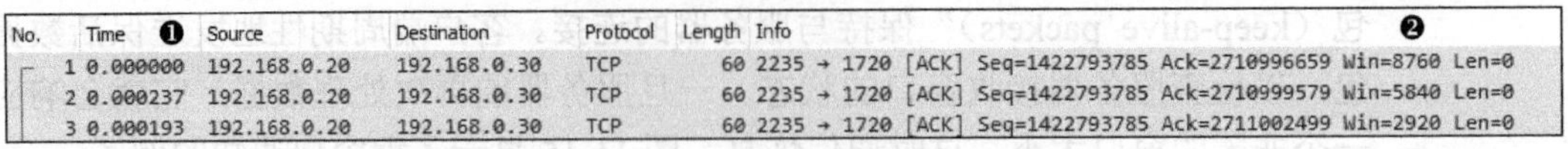
No. Time ❶ Source Destination Protocol Length Info ❷
1 0.000000 192.168.0.20 192.168.0.30 TCP 60 2235 → 1720 [ACK] Seq=1422793785 Ack=2710996659 Win=8760 Len=0
2 0.000237 192.168.0.20 192.168.0.30 TCP 60 2235 → 1720 [ACK] Seq=1422793785 Ack=2710999579 Win=5840 Len=0
3 0.000193 192.168.0.20 192.168.0.30 TCP 60 2235 → 1720 [ACK] Seq=1422793785 Ack=2711002499 Win=2920 Len=0

图 11-16　这些数据包的窗口大小在递减

这个值从第一个数据包的 8760 字节减少到第二个数据包的 5840 字节，接着又减为第三个数据包的 2920 字节❶。窗口大小值递减是主机延迟增加的典型指标。注意一下 Time 列的信息，这是在极短的时间内发生的❷。当窗口大小像这样快速减小时，它很可能会减至零，如图 11-17 所示，数据包 4 正是这样的情形。

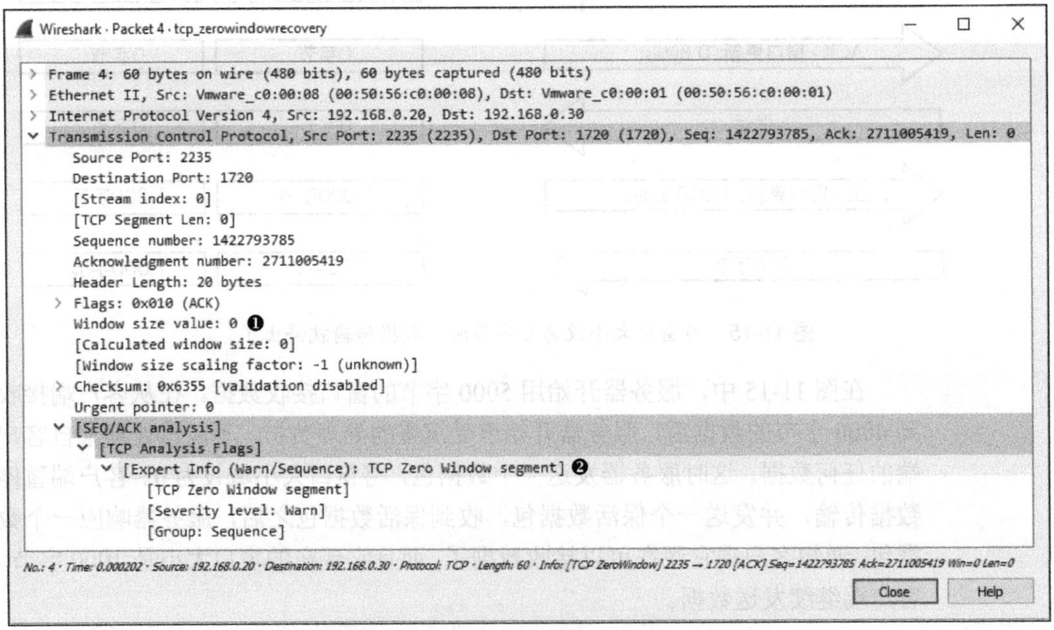

图 11-17　零窗口数据包说明了主机不能再接收任何数据

第 4 个数据包也是从 192.168.0.20 发往 192.168.0.30 的，但它的目的是告诉 192.168.0.30 它不能再接收任何数据。在 TCP 头部就可以看到这个数值 0❶，而且 Wireshark 也在 Packet List 面板的 Info 列以及 TCP 头部 SEQ/ACK Analysis 部分，告诉我们这是一个零窗口数据包❷。

一旦收到零窗口数据包，192.168.0.30 这个设备就不再发送任何数据，直到它从 192.168.0.20 收到一个窗口更新，通知它窗口大小已经增长了为止。幸好，在这个捕获文件里，导致零窗口的问题是暂时的。因此，如图 11-18 所示，发送的下一个数据包就是窗口更新。

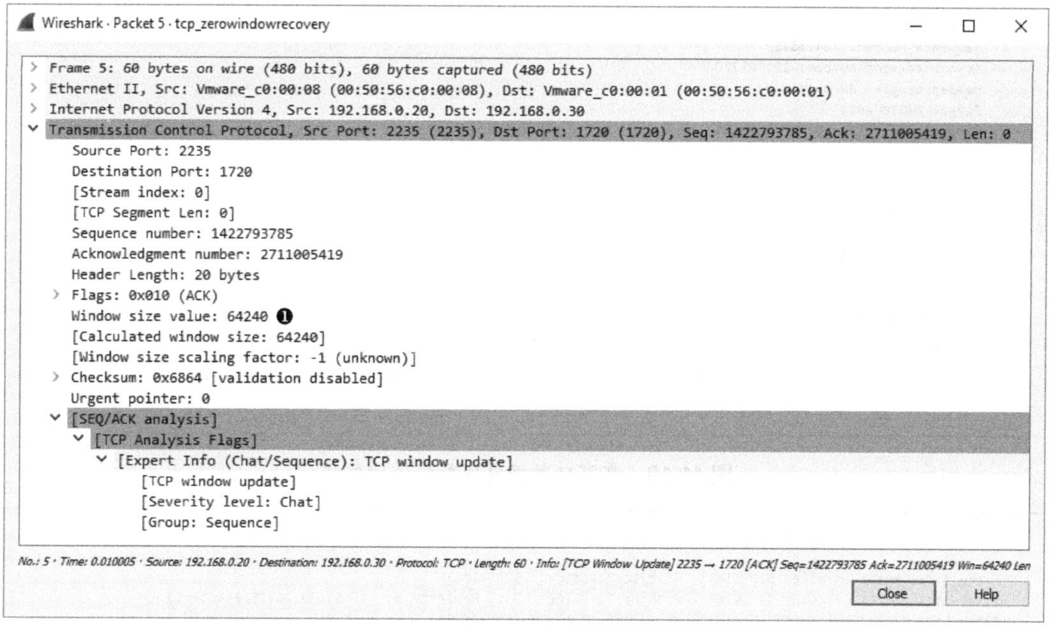

图 11-18 TCP 窗口更新数据包告诉其他主机它又可以传输数据了

在这个例子中，窗口大小增长到了非常健康的 64240 字节❶。Wireshark 再一次在 SEQ/ACK Analysis 标题下面告诉我们，这是一个窗口更新。

一旦收到这个更新数据包，192.168.0.30 主机就可以再次发送数据，如数据包 6 和 7 所示。这个过程非常迅速。就算它只是多持续一点点时间，也可能会引起网络“打嗝”，导致数据传输变慢或失败。

最后再看滑动窗口，查看一下 tcp_zerowindowdead.pcap 文件。捕获记录中的第一个数据包是从 195.81.202.68 发送到 172.31.136.85 的正常 HTTP 流量。如图 11-19 所示，紧接着就是一个从 172.31.136.85 返回的零窗口数据包。

这看起来跟图 11-17 里的零窗口数据包非常相似，但结果却很不相同。在图 11-20 中，我们并没有看到 172.31.136.85 主机发送使通信恢复的窗口更新，而是看到一个保活数据包。

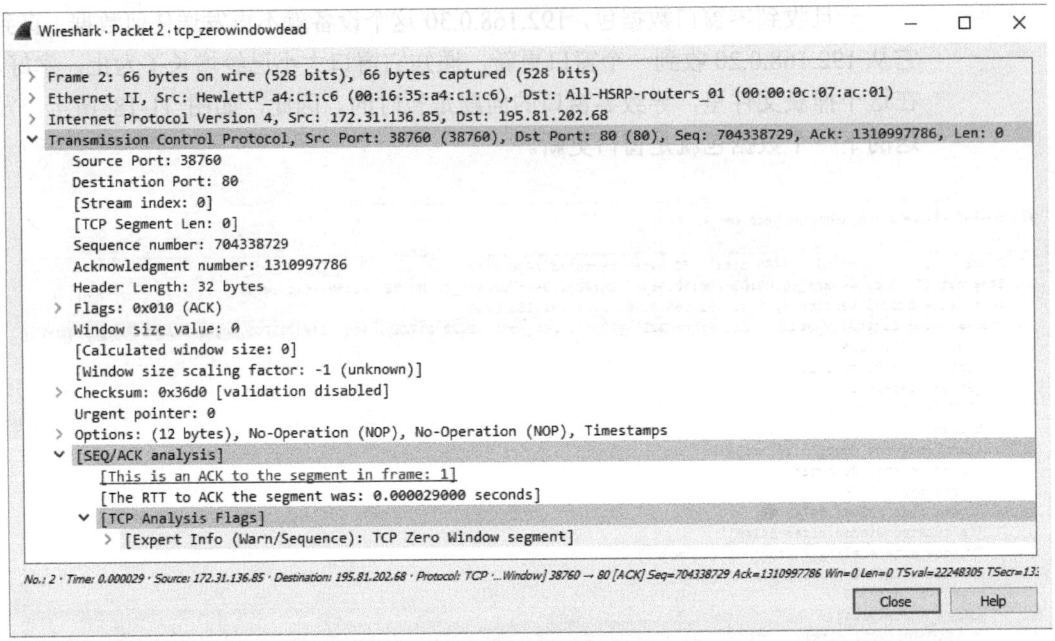
Wireshark · Packet 2 · tcp_zerowindowdead
Frame 2: 66 bytes on wire (528 bits), 66 bytes captured (528 bits)
Ethernet II, Src: HewlettP_a4:c1:c6 (00:16:35:a4:c1:c6), Dst: All-HSRP-routers_01 (00:00:0c:07:ac:01)
Internet Protocol Version 4, Src: 172.31.136.85, Dst: 195.81.202.68
Transmission Control Protocol, Src Port: 38760 (38760), Dst Port: 80 (80), Seq: 704338729, Ack: 1310997786, Len: 0
Source Port: 38760
Destination Port: 80
[Stream index: 0]
[TCP Segment Len: 0]
Sequence number: 704338729
Acknowledgment number: 1310997786
Header Length: 32 bytes
Flags: 0x010 (ACK)
Window size value: 0
[Calculated window size: 0]
[Window size scaling factor: -1 (unknown)]
Checksum: 0x36d0 [validation disabled]
Urgent pointer: 0
Options: (12 bytes), No-Operation (NOP), No-Operation (NOP), Timestamps
[SEQ/ACK analysis]
[This is an ACK to the segment in frame: 1]
[The RTT to ACK the segment was: 0.000029000 seconds]
[TCP Analysis Flags]
[Expert Info (Warn/Sequence): TCP Zero Window segment]
Close
Help

图 11-19　零窗口数据包使数据传输暂停

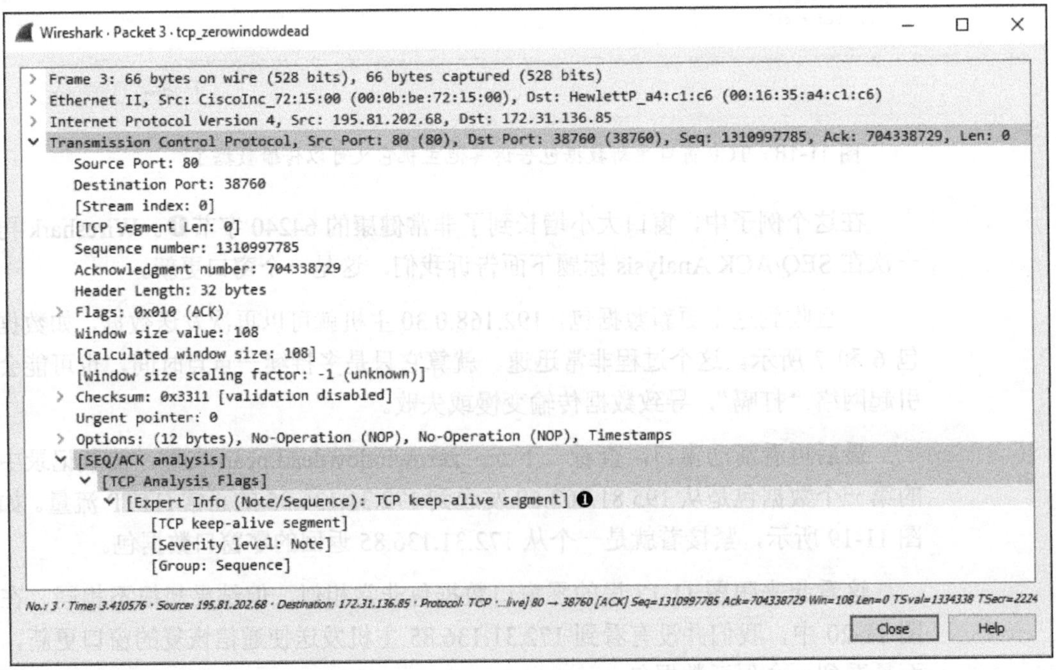
Wireshark · Packet 3 · tcp_zerowindowdead
Frame 3: 66 bytes on wire (528 bits), 66 bytes captured (528 bits)
Ethernet II, Src: CiscoInc_72:15:00 (00:0b:be:72:15:00), Dst: HewlettP_a4:c1:c6 (00:16:35:a4:c1:c6)
Internet Protocol Version 4, Src: 195.81.202.68, Dst: 172.31.136.85
Transmission Control Protocol, Src Port: 80 (80), Dst Port: 38760 (38760), Seq: 1310997785, Ack: 704338729, Len: 0
Source Port: 80
Destination Port: 38760
[Stream index: 0]
[TCP Segment Len: 0]
Sequence number: 1310997785
Acknowledgment number: 704338729
Header Length: 32 bytes
Flags: 0x010 (ACK)
Window size value: 108
[Calculated window size: 108]
[Window size scaling factor: -1 (unknown)]
Checksum: 0x3311 [validation disabled]
Urgent pointer: 0
Options: (12 bytes), No-Operation (NOP), No-Operation (NOP), Timestamps
[SEQ/ACK analysis]
[TCP Analysis Flags]
[Expert Info (Note/Sequence): TCP keep-alive segment]
[TCP keep-alive segment]
[Severity level: Note]
[Group: Sequence]
Close
Help

图 11-20　保活数据包保证零窗口主机仍然在线

Wireshark 在 Packet Details 面板中 TCP 头部的 SEQ/ACK Analysis 标题下，将这个数据包标记为保活数据包❶。我们从 Time 列可得知，在收到上一个数据包 3.4s 后，出现了这个数据包。如图 11-21 所示，这个过程又持续了几次：一台主机发送零窗口数据包，另一台则发送保活数据包。

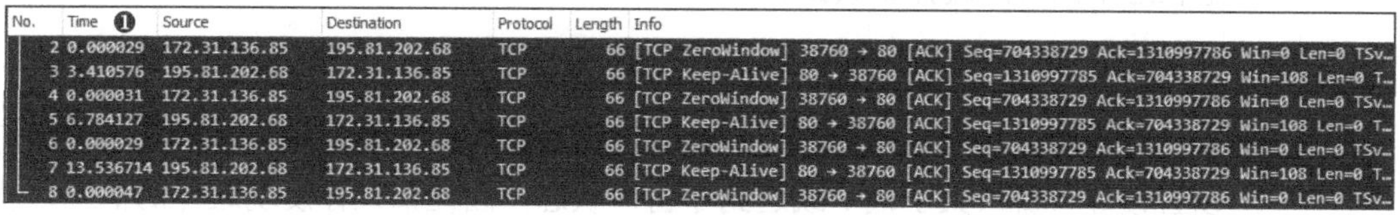

No.	Time ❶	Source	Destination	Protocol	Length	Info
2	0.000029	172.31.136.85	195.81.202.68	TCP	66	[TCP ZeroWindow] 38760 → 80 [ACK] Seq=704338729 Ack=1310997786 Win=0 Len=0 TSv…
3	3.410576	195.81.202.68	172.31.136.85	TCP	66	[TCP Keep-Alive] 80 → 38760 [ACK] Seq=1310997785 Ack=704338729 Win=108 Len=0 T…
4	0.000031	172.31.136.85	195.81.202.68	TCP	66	[TCP ZeroWindow] 38760 → 80 [ACK] Seq=704338729 Ack=1310997786 Win=0 Len=0 TSv…
5	6.784127	195.81.202.68	172.31.136.85	TCP	66	[TCP Keep-Alive] 80 → 38760 [ACK] Seq=1310997785 Ack=704338729 Win=108 Len=0 T…
6	0.000029	172.31.136.85	195.81.202.68	TCP	66	[TCP ZeroWindow] 38760 → 80 [ACK] Seq=704338729 Ack=1310997786 Win=0 Len=0 TSv…
7	13.536714	195.81.202.68	172.31.136.85	TCP	66	[TCP Keep-Alive] 80 → 38760 [ACK] Seq=1310997785 Ack=704338729 Win=108 Len=0 T…
8	0.000047	172.31.136.85	195.81.202.68	TCP	66	[TCP ZeroWindow] 38760 → 80 [ACK] Seq=704338729 Ack=1310997786 Win=0 Len=0 TSv…

图 11-21　零窗口和保活数据包不断出现

这些保活数据包以 3.4s、6.8s、13.5s 的间隔出现❶。这个过程可能会持续相当长的时间，这取决于通信设备采用了哪个操作系统。在这个例子中，你可以发现，随着 Time 列数值的增长，连接暂停了将近 25s。想象一下，尝试向域控制器认证或者从网上下载文件时，25s 的延迟真是难以接受！

11.3　从 TCP 错误控制和流量控制中学到的

让我们具体看一下重传、重复 ACK 和滑动窗口机制。下面是处理延迟问题的一些注意事项。

1. 重传数据包

发生重传是因为客户端检测到服务器没有接收到它发送的数据。因此，能否看到重传取决于你在分析通信的哪一端。如果你从服务器那端捕获数据，并且它确实没有接收到客户端发送、重传的数据包，那你将被蒙在鼓里，因为你看不到重传的数据包。如果你怀疑服务器那端受到了数据包丢失的影响，（可能的话）你应该考虑在客户端那边捕获流量以观察是否有重传数据包。

2. 重复 ACK 数据包

我倾向于把重复 ACK 看作重传的表面对立词（pseudo-opposite），因为当服务器检测到来自客户端的数据包丢失时就发送它。在多数情况下，你可以在通信两端捕获到重复 ACK 的流量。记住，当接收到乱序数据包时才触发重复 ACK。例如，如果服务器只接收到了第 1 个和第 3 个数据包，就会发送一个重复 ACK

以引发第 2 个数据包的快速重传。由于你已经接收到第 1 个和第 3 个数据包，那不管什么情况导致第 2 个数据包丢失，都可能只是暂时的，因此在大部分情况下，你可以成功发送并接收重复 ACK。当然，有时候这个情况也未必成立。因此，当你在服务器端怀疑有数据包丢失却没有看到任何重复 ACK 时，可以考虑在通信的客户端捕获数据包。

3. 零窗口和保活数据包

滑动窗口与服务器接收、处理数据的故障直接相关。服务器的某些问题可以直接导致窗口大小减少或达到零窗口状态，因此如果你发现这样的情况，就应该集中调查那里。通常你会在网络通信的两端看见窗口更新数据包。

11.4 定位高延迟的原因

有时候，数据包丢失并不是延迟的原因。也许你会发现，当两台主机间通信很慢时，并没有 TCP 重传或重复 ACK 这样的常见特征。在这些情况下，你需要采用其他技术来定位高延迟的原因。

在这里，最有效的办法之一是查看初始连接握手以及接下来的两个数据包。例如，考虑客户端和 Web 服务器之间的一个简单连接，客户端尝试浏览托管在服务器上的一个站点。我们关注通信序列里的前 6 个数据包，包括 TCP 握手、初始 HTTP GET 请求、对这个 GET 请求的确认，以及从服务器发往客户端的第一个数据包。

注意 为了跟紧本章节，请确保你已经在 Wireshark 中设置了恰当的时间显示格式。在 Wireshark 中选择 View -> Time Display Format -> Seconds Since Previous Displayed Packet。

11.4.1 正常通信

我们将在本章的稍后部分详细讨论网络基线。目前，只知道你需要一个正常通信的基线，并与高延迟的情况作比较。在这些例子中，我们将使用 latency1.pcap 文件。由于我们已经讨论过了 TCP 握手和 HTTP 通信的细节，因此在这里我们将跳过它们。实际上，我们根本不需要再看 Packet Details 面板。如图 11-22 所示，我们只关心 Time 列。

No.	Time	Source	Destination	Protocol	Length	Info
1	0.000000	172.16.16.128	74.125.95.104	TCP	66	1606 → 80 [SYN] Seq=2082691767 Win=8192 Len=0 MSS=1460 WS=4 SACK_PERM=1
2	0.030107	74.125.95.104	172.16.16.128	TCP	66	80 → 1606 [SYN, ACK] Seq=2775577373 Ack=2082691768 Win=5720 Len=0 MSS=1406 SACK_PERM=1 WS=64
3	0.000075	172.16.16.128	74.125.95.104	TCP	54	1606 → 80 [ACK] Seq=2082691768 Ack=2775577374 Win=16872 Len=0
4	0.000066	172.16.16.128	74.125.95.104	HTTP	681	GET / HTTP/1.1
5	0.048778	74.125.95.104	172.16.16.128	TCP	60	80 → 1606 [ACK] Seq=2775577374 Ack=2082692395 Win=6976 Len=0
6	0.022176	74.125.95.104	172.16.16.128	TCP	1460	[TCP segment of a reassembled PDU]

图 11-22　这些流量发生得相当快，被认为是正常的

这个通信序列是相当快的，全过程花了不到 0.1s。

接下来我们查看的几个捕获文件将包含相同的流量模式，只是在数据包时序上有些许不同。

11.4.2　慢速通信——线路延迟

现在我们转向捕获文件 latency2.pcap。如图 11-23 所示，注意，除了时间值之外，所有数据包都和上一个文件中的相同。

No.	Time	Source	Destination	Protocol	Length	Info
1	0.000000	172.16.16.128	74.125.95.104	TCP	66	1606 → 80 [SYN] Seq=2082691767 Win=8192 Len=0 MSS=1460 WS=4 SACK_PERM=1
2	0.878530	74.125.95.104	172.16.16.128	TCP	66	80 → 1606 [SYN, ACK] Seq=2775577373 Ack=2082691768 Win=5720 Len=0 MSS=1406 SACK_PERM=1 WS=64
3	0.016604	172.16.16.128	74.125.95.104	TCP	54	1606 → 80 [ACK] Seq=2082691768 Ack=2775577374 Win=16872 Len=0
4	0.000335	172.16.16.128	74.125.95.104	HTTP	681	GET / HTTP/1.1
5	1.155228	74.125.95.104	172.16.16.128	TCP	60	80 → 1606 [ACK] Seq=2775577374 Ack=2082692395 Win=6976 Len=0
6	0.015866	74.125.95.104	172.16.16.128	TCP	1460	[TCP segment of a reassembled PDU]

图 11-23　数据包 2 和 5 有很高的延迟

当我们开始逐个查看这 6 个数据包时，会很快遇到延迟的第一个标志。客户端（172.16.16.128）发送初始 SYN 数据包，开始 TCP 握手。在收到服务端（74.125.95.104）返回的 SYN/ACK 数据包之前有 0.87s 的延迟。这是我们受到线路延迟影响的第一个迹象，这是客户端和服务器之间的设备导致的。

由于数据包传输的特性，我们可以确定这是线路延迟的问题。当服务器收到一个 SYN 数据包时，由于不涉及任何传输层以上的处理，因此发送一个响应只需要非常小的处理量。即使服务器正承受巨大的流量负载，通常它也会迅速地向 SYN 数据包响应一个 SYN/ACK。这排除了服务器导致高延迟的可能性。

客户端的可能性也被排除了，因为它在此时除了接收 SYN/ACK 数据包以外什么也没干。排除了客户端和服务器的原因，那么网络缓慢的原因应该在捕获记录的前两个数据包里。

继续看，我们发现完成三次握手的 ACK 数据包传输很快，客户端发送的

HTTP GET 请求也同样如此。产生这两个数据包的处理过程是收到 SYN/ACK 后在客户端本地发生的，所以只要客户端没有沉重的处理负载，这两个数据包应该立刻就能发出去。

在数据包 5，我们看到它的时间值也高得令人难以置信。看来，我们发送初始 HTTP GET 请求之后，经过 1.15s 才收到从服务器返回的 ACK 数据包。收到 HTTP GET 请求后，服务器在发送数据之前先发送了一个 TCP ACK，同样这也不需要服务器耗费太多处理资源。这是线路延迟的另一个标志。

每次遇上线路延迟，你几乎都会在通信过程中初始握手的 SYN/ACK 以及其他 ACK 数据包中看到这样的情景。虽然这个信息并没有告诉你网络高延迟的确切原因，但它起码告诉你不是客户端或服务器的问题，所以你能意识到延迟是因为中间的一些设备出了问题。此刻，你可以开始检查受影响主机之间的防火墙、路由器、代理服务器等设备，以确定问题所在。

11.4.3 通信缓慢——客户端延迟

我们查看的下一个延迟情景包含在 latency3.pcap 文件中，如图 11-24 所示。

No.	Time	Source	Destination	Protocol	Length	Info
1	0.000000	172.16.16.128	74.125.95.104	TCP	66	1606 → 80 [SYN] Seq=2082691767 Win=8192 Len=0 MSS=1460 WS=4 SACK_PERM=1
2	0.023790	74.125.95.104	172.16.16.128	TCP	66	80 → 1606 [SYN, ACK] Seq=2775577373 Ack=2082691768 Win=5720 Len=0 MSS=1406 SACK_PERM=1 WS=64
3	0.014894	172.16.16.128	74.125.95.104	TCP	54	1606 → 80 [ACK] Seq=2082691768 Ack=2775577374 Win=16872 Len=0
4	1.345023	172.16.16.128	74.125.95.104	HTTP	681	GET / HTTP/1.1
5	0.046121	74.125.95.104	172.16.16.128	TCP	60	80 → 1606 [ACK] Seq=2775577374 Ack=2082692395 Win=6976 Len=0
6	0.016182	74.125.95.104	172.16.16.128	TCP	1460	[TCP segment of a reassembled PDU]

图 11-24　这个捕获记录中的缓慢数据包是初始 HTTP GET 请求数据包

刚开始这个捕获记录很正常，迅速完成了 TCP 握手，没有任何延迟。但握手完成之后，数据包 4 的 HTTP GET 请求出现了问题。该数据包继上一个数据包有 1.34s 的延迟。

我们应该查看数据包 3 和 4 之间到底发生了什么，以找到延迟的原因。数据包 3 是 TCP 握手过程中客户端发往服务器的最后一个 ACK，数据包 4 则是客户端发往服务器的 GET 请求。它们的共同点在于都是客户端发送的，与服务器无关。发送完 ACK 之后本应该很快就发送 GET 请求，因为所有动作都是以客户端为中心的。

不幸的是，ACK 并没有快速切换到 GET 请求。创建和传输 GET 数据包确实需要应用层的处理，而这个处理过程的延迟表明客户端无法及时执行该动作。这意味着通信高延迟的根源在于客户端。

11.4.4 通信缓慢——服务器延迟

我们查看的最后一个延迟情景使用了 latency4.pcap 文件，如图 11-25 所示。这是服务器延迟的一个例子。

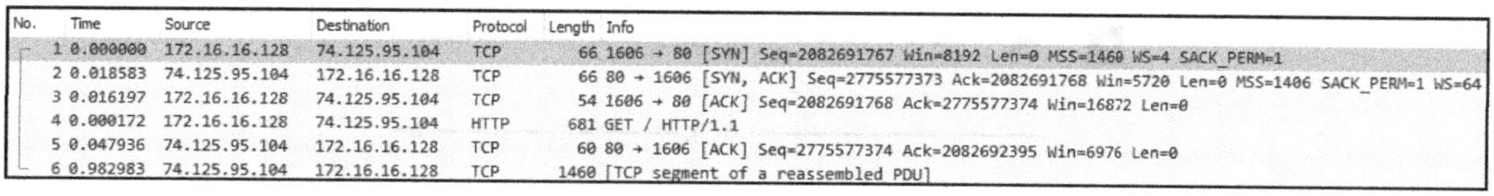

No.	Time	Source	Destination	Protocol	Length	Info
1	0.000000	172.16.16.128	74.125.95.104	TCP	66	1606 → 80 [SYN] Seq=2082691767 Win=8192 Len=0 MSS=1460 WS=4 SACK_PERM=1
2	0.018583	74.125.95.104	172.16.16.128	TCP	66	80 → 1606 [SYN, ACK] Seq=2775577373 Ack=2082691768 Win=5720 Len=0 MSS=1406 SACK_PERM=1 WS=64
3	0.016197	172.16.16.128	74.125.95.104	TCP	54	1606 → 80 [ACK] Seq=2082691768 Ack=2775577374 Win=16872 Len=0
4	0.000172	172.16.16.128	74.125.95.104	HTTP	681	GET / HTTP/1.1
5	0.047936	74.125.95.104	172.16.16.128	TCP	60	80 → 1606 [ACK] Seq=2775577374 Ack=2082692395 Win=6976 Len=0
6	0.982983	74.125.95.104	172.16.16.128	TCP	1460	[TCP segment of a reassembled PDU]

图 11-25　直到最后一个数据包才表现出高延迟

在这个捕获记录中，两台主机间的 TCP 握手过程很快就顺利完成了，这是个很好的开端。下一对数据包带来了更好的消息，初始 GET 请求和响应的 ACK 数据包也很快传输完毕。直到最后一个数据包，我们才发现了高延迟的迹象。

第 6 个数据包是服务器响应客户端 GET 请求的第一个 HTTP 数据包，但它竟然在服务器为 GET 请求发送 TCP ACK 之后延迟了 0.98s。数据包 5 到 6 的切换情况与我们在上一个情景中看见的握手 ACK 与 GET 请求之间的切换很相似。然而，在这个例子中，服务器才是我们关注的焦点。

数据包 5 是服务器响应客户端 GET 请求的 ACK。一旦发送这个数据包，服务器就应该立即开始发送数据。这个数据包中的数据访问、打包和传输是由 HTTP 协议完成的，由于这是一个应用层协议，因此需要服务器作一些处理。延迟收到这个数据包表明服务器不能及时处理这个数据，最终把延迟的根源指向了它。

11.4.5 延迟定位框架

我们使用 6 个数据包成功地定位了从客户端到服务器的网络高延迟的原因。这些场景看起来也许有点复杂，但图 11-26 应该能帮你更快地解决延迟问题。这些原则几乎可应用于任何基于 TCP 的通信。

注意　我们还没有讨论 UDP 延迟。因为 UDP 的设计目标是快速但不可靠，所以它没有内置任何延迟检测并从中恢复的功能。相反，它依赖于应用层协议（和 ICMP）来解决数据可靠传输的问题。

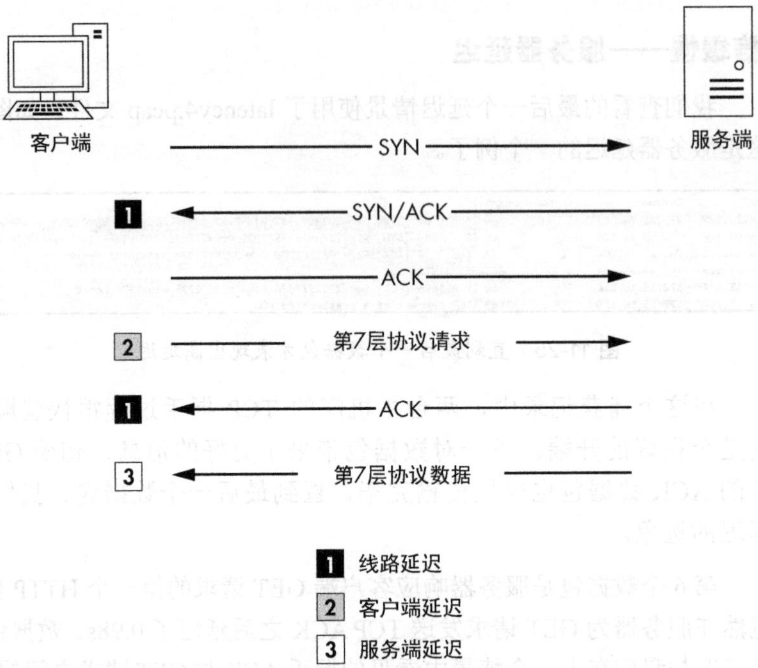

图 11-26　你可以用这张图解决自己的延迟问题

11.5　网络基线

当所有的努力都失败时，网络基线将成为检修网络缓慢故障最关键的数据之一。对我们的目的而言，网络基线包含来自网络不同端点的流量样本，包括大量我们认可的“正常”网络流量。网络基线的作用是在网络或设备工作不正常时作为比较的基准。

例如，考虑一个场景，网络上几个客户反映登录某个本地 Web 应用服务器时反应迟钝。如果你捕获这些流量并与网络基线对照，就会发现 Web 服务器一切正常，但嵌入到 Web 应用中的外部内容引发了额外的外部 DNS 请求，而这些请求比正常速度慢两倍。

也许不靠网络基线的帮助，你也能注意到异常的外部 DNS 服务器，但当你处理微妙的变化时，就不一定了。10 个 DNS 请求都比正常情况多耗费 0.1s，这跟一个 DNS 请求比正常多耗费 1s 一样糟糕，但没有网络基线的话，检测前者要难得多。

由于网络各不相同，因此网络基线的组件将有很大差异。接下来的几节提供了网络基线组件的几个例子。你也许会发现所有这些条目都能应用到你的网络基础设施，或只是很少一部分能适用。不管怎样，你应该把你的基线中的每一个组件置入这 3 个基本基线目录中：站点、主机和应用程序。

11.5.1 站点基线

站点基线的目的是获得网络上每个物理站点的整体流量快照。理想情况下，这将是 WAN 内的每一个段。

这个基线应该包含以下几个组件。

1. 使用的协议

在网络边缘（路由器/防火墙）捕获网段上所有设备的流量时，请使用协议分层统计窗口（**Statistics->Protocol Hierarchy**）来查看所有设备的流量。然后，你可以对照查看是否缺少本应出现的协议，或者网络上是否出现了新的协议。你也可以在协议的基础上，用它来发现高于正常数量的特定类型的流量。

2. 广播流量

这包含网段上的一切广播流量。在站点内任一点监听都可以捕获所有广播流量，通过它可以了解正常情况下谁将大量广播流量发送到网络中，这样你将很快确定是否出现了过多（或过少）的广播流量。

3. 身份验证序列

这包括任意客户端到所有服务的身份验证过程的流量，比如动态目录、Web 应用程序，以及特定组织的软件。身份验证通常是服务运行缓慢的一个方面。通过基线你可以确定身份验证是否是通信缓慢的原因。

4. 数据传输率

这通常包括在网络上测量这个站点到其他站点的大量数据传输。你可以使用 Wireshark 的捕获概述和绘图功能来确定传输速率和连接的一致性。这可能是你的一个很重要的站点基线。每当在网段上建立或拆除连接速度很慢时，你就可以运行与基线同样的数据传输并比较结果。这会告诉你连接是否真的很慢，甚至可能帮助你查找缓慢的原因。

11.5.2 主机基线

使用主机基线并不意味着你必须要在网络上测试每台主机。主机基线只需要在高流量或关键任务服务器上执行。基本上，一旦某台服务器运行缓慢，便会招来管理层愤怒的电话，你应当在那台主机上建立基线。

主机基线包含以下几个组件。

1. 使用的协议

当捕获这台主机的流量时，这个基线提供了使用协议分层统计窗口的好机会。然后，你可以对照看一看是否缺少本应出现的协议，或者主机上是否出现了新的协议。你也可以在协议的基础上，用它来发现高于正常数量的特定类型的流量。

2. 空闲/繁忙流量

这个基线只是简单包含了高峰和非高峰时段正常操作流量的总体捕获记录。了解到一天之中不同时段的连接数量及其占用的带宽大小，有助于你确定缓慢是用户负载还是其他原因造成的。

3. 启动/关闭

为了获取这个基线，你需要在主机启动和关闭时创建一个流量捕获记录。一旦计算机不能启动、不能关闭，或这两个过程异常缓慢，你就可以使用它确认问题是否跟网络有关。

4. 身份验证序列

这个基线要求在主机上捕获所有服务的身份验证过程的流量。身份验证通常是服务运行缓慢的一个方面。通过基线你可以确认身份验证是否是通信缓慢的原因。

5. 关联/依赖

这个基线需要持续更长时间的捕获，以确定这台主机依赖于哪些主机（以及哪些主机依赖于这台主机）。你可以通过会话窗口（**Statistics->Conversations**）查看这些关联和依赖。Web 服务器依赖于 SQL 服务器便是这样的例子。有时我们会意识不到主机间的一些潜在依赖关系，这时主机基线便能派上用场。通过这个，你可以确定主机不能正常运转，是因为配置错误还是因为所依赖主机的高延迟。

11.5.3 应用程序基线

最后一个网络基线类别是应用程序基线。这个基线应该用于所有基于网络的关键业务应用程序。

应用程序基线包含以下几个组件。

1. 使用的协议

我们在这个基线中再次使用了 Wireshark 的协议分层统计窗口，但这次是在运行应用程序的主机上捕获流量。然后，你可以通过比较这个列表，发现依赖于这些协议的应用程序是否正常运转。

2. 启动/关闭

这个基线需要捕获应用程序启动和关闭时生成的流量。一旦应用程序不能启动、不能关闭，或这两个过程都异常缓慢，你就可以使用它确定原因。

3. 关联/依赖

这个基线需要持续更久的捕获，以通过会话窗口确定这个应用程序依赖的其他主机和应用程序。有时我们会意识不到应用程序间的一些潜在依赖关系，这时应用程序基线便能派上用场。通过这个，你可以确定应用程序不能正常运转，是因为配置错误还是因为所依赖应用程序的高延迟。

4. 数据传输率

你可以在应用程序服务器正常运转期间，使用 Wireshark 的捕获概述和绘图功能确定数据传输率和连接一致性。每当有人报告应用程序缓慢时，你就可以使用这个基线来确定当前问题是否是高利用率或高用户负载造成的。

11.5.4 基线的其他注意事项

下面是创建网络基线的一些额外注意事项。

- 创建每个基线都至少要经过 3 次：低流量期间一次（早晨）、高流量期间一次（下午三点左右）、无流量期间一次（深夜）。
- 有可能的话，尽量避免直接在需要创建基线的主机上捕获流量。因为在高流量期间，这可能会增加设备负载和影响性能，并可能因数据包丢失导致基线无效。

- 你的基线可能包含一些与网络有关的私密信息，一定要保护好它。将它存储在安全的地方，只有合适的人才有访问权限。但同时别放得太偏，以免需要时找不到。可以考虑将它存放在U盘或者加密分区里。
- 让所有.pcap 文件与你的基线关联，为更常见的参考值写一份“小抄”，比如关联关系或数据传输率。

11.6 小结

本章内容聚焦于如何解决慢速网络的问题。我们讲述了TCP的一些有用的可靠性检测和恢复功能，演示了如何定位网络通信高延迟的原因，并讨论了网络基线的重要性以及它的一些组件。使用这里讨论的技术，再加上Wireshark的绘图和分析功能（在第5章讨论过），当你再接到电话抱怨网速很慢时，应该能应付自如。

第12章 安全领域的数据包分析

虽然本书主要集中于如何使用数据包分析技术解决网络故障，但在现实世界中，很多数据包分析工作都是为了解决安全问题。当入侵分析师检查来自可疑入侵者的网络流量，或取证人员调查恶意软件在主机上的感染程度时，就会用到数据包分析的方法。面向安全的数据包分析是一个很大的话题，都可以另写一本书了，本章只是带你尝尝鲜。

在本章，我们将扮演一位安全从业者，学习在网络层分析“肉鸡”[1]系统的各个方面。我们将涉及网络侦察、恶意的流量重定向，以及系统漏洞利用。接着，我们将扮演一位入侵分析师，剖析来自入侵检测系统的警报流量。即使你不是安全从业者，通过阅读本章，你也可以获得一些对网络安全的关键洞察。

[1] 被攻击者控制的机器。——译者注

12.1 网络侦察

攻击者采取的第一步行动是深入研究目标系统。这一步又叫“网络踩点”，通常使用各式各样的公开资源来完成，比如目标公司的主页或者 Google。这个研究完成后，攻击者通常开始扫描目标 IP 地址（或者域名）的开放端口或运行服务。

通过扫描，攻击者可以确定目标是否在线并且可达。例如，想象一下，一位银行大盗盯上了位于缅因街 123 号的目标——本市规模很大的银行。他花费数星期时间精心策划此次抢劫，却在抵达目的地后才发现银行已经搬迁到了万安街 555 号。还可以想象一个更糟糕的场景，劫匪计划在正常上班时间步行进入银行，以便对金库下手，刚到银行门口却发现今天歇业。确保目标在线并且可达是我们必须要解决的一个问题。

扫描的另一个重要收获是，它告诉了攻击者目标开放了哪些端口。回到我们刚才类比的银行劫匪，想一想，如果劫匪出现在银行门口，却对整幢楼的布局一无所知，会怎么样？他无法进入大楼，因为他不知道物理防御的弱点在哪里。

在本节中，我们会讨论如何用一些典型的扫描技术识别主机和它们开放的端口号，以及网络上的漏洞。

注意 到目前为止，本书说的“连接两端”都是指发送者和接收者，或者客户端和服务器。而本章提到的“连接两端”却是指攻击者或受害者。

12.1.1 SYN 扫描

首先对系统作 TCP SYN 扫描，又称为隐秘扫描或半开扫描。SYN 扫描是一种常见的扫描类型，有以下几个原因。

- 快速可靠。
- 在所有平台上都很准确，与 TCP 协议栈的实现无关。
- 比其他扫描技术更安静，不容易被发现。

TCP SYN 扫描依赖于三步握手过程，可以确定目标主机的哪些端口是开/

的。攻击者发送 TCP SYN 数据包到受害者的一定范围的端口上，就像要在这些端口上建立用于正常通信的连接似的。如图 12-1 所示，一旦受害者收到这个数据包，就可能会做出某些响应。

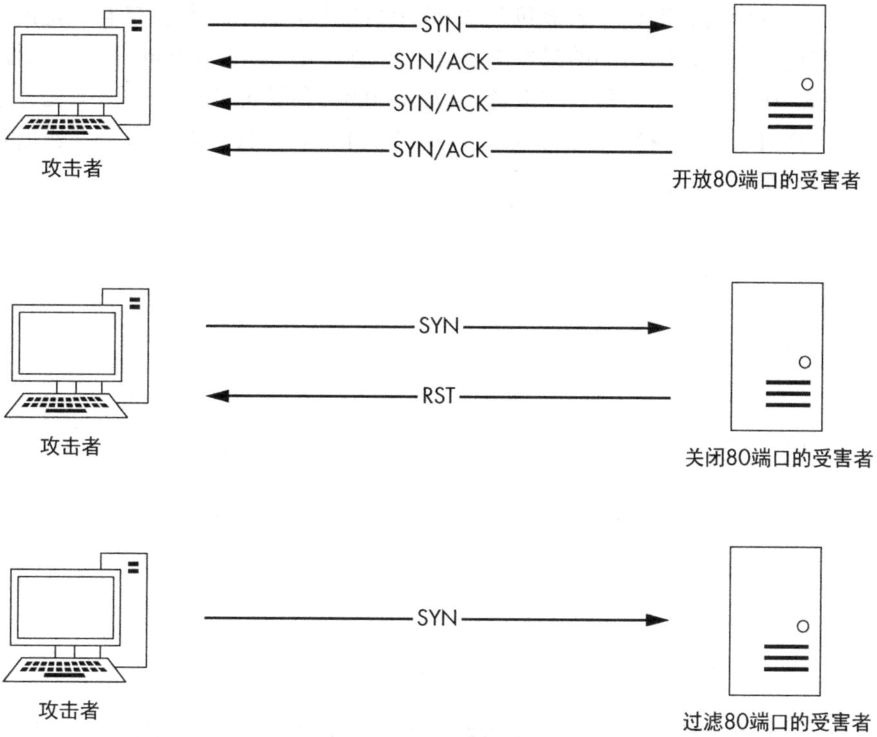

图 12-1　一次 TCP SYN 扫描的结果

如果受害者机器上某个服务正在监听的端口收到了 SYN 数据包，那么它将向攻击者回复一个 TCP SYN/ACK 数据包，也就是 TCP 握手的第二部分。这样攻击者就能知道这个端口是开放的，并且有一个服务在上面监听。正常情况下会发送一个 TCP ACK 包以完成连接握手，但此刻攻击者并不想这样，因为他还不想与主机通信。所以，攻击者并不打算完成 TCP 握手。

如果没有服务在被扫描的端口上监听，那么攻击者就收不到 SYN/ACK。按照受害者操作系统的不同配置，攻击者可能会收到响应的 RST 数据包，表示端口关闭了，或者，攻击者看不到任何响应。这意味着端口被某个中间设备过滤了，或许是防火墙，或许是主机本身。另一方面，也有可能是因为响应数据包在传输过程中丢失了。这个结果通常表明端口是关闭的，但说服力并不强。

捕获文件 synscan.pcp 提供了用 Nmap 工具进行 SYN 扫描的绝佳例子。Nmap 是 Fyodor 创立的一款稳定的网络扫描程序。它可以执行你能想到的任何一种扫描方式。

我们捕获的样本大概包含 2000 个数据包，说明这种扫描有一定的规模。确定这个扫描范围大小的最好办法之一就是查看 Conversations 窗口，如图 12-2 所示。在这里，你会看到攻击者（172.16.0.8）和受害者（63.13.134.52）之间只有一个 IPv4 会话❶。你也会看到，那里有 1994 个 TCP 会话❷——通信基本上是每一个端口对应一个新会话。

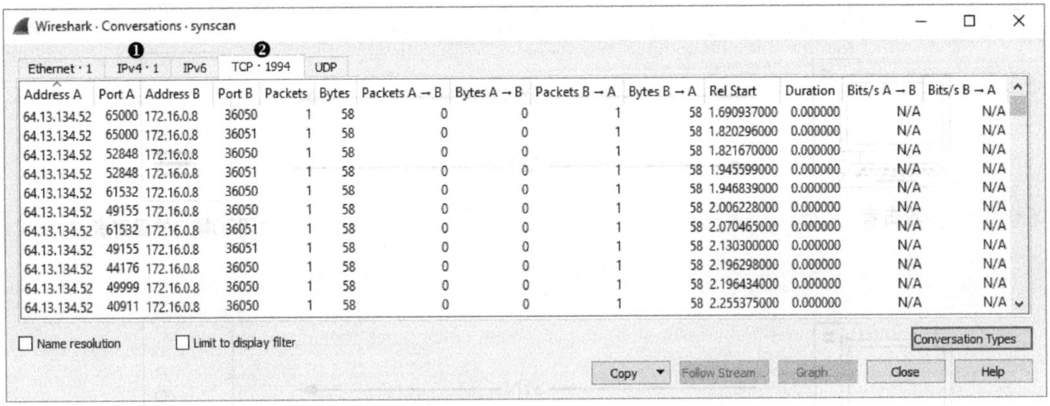

Address A	Port A	Address B	Port B	Packets	Bytes	Packets A → B	Bytes A → B	Packets B → A	Bytes B → A	Rel Start	Duration	Bits/s A → B	Bits/s B → A
64.13.134.52	65000	172.16.0.8	36050	1	58	0	0	1	58	1.690937000	0.000000	N/A	N/A
64.13.134.52	65000	172.16.0.8	36051	1	58	0	0	1	58	1.820296000	0.000000	N/A	N/A
64.13.134.52	52848	172.16.0.8	36050	1	58	0	0	1	58	1.821670000	0.000000	N/A	N/A
64.13.134.52	52848	172.16.0.8	36051	1	58	0	0	1	58	1.945599000	0.000000	N/A	N/A
64.13.134.52	61532	172.16.0.8	36050	1	58	0	0	1	58	1.946839000	0.000000	N/A	N/A
64.13.134.52	49155	172.16.0.8	36050	1	58	0	0	1	58	2.006228000	0.000000	N/A	N/A
64.13.134.52	61532	172.16.0.8	36051	1	58	0	0	1	58	2.070465000	0.000000	N/A	N/A
64.13.134.52	49155	172.16.0.8	36051	1	58	0	0	1	58	2.130300000	0.000000	N/A	N/A
64.13.134.52	44176	172.16.0.8	36050	1	58	0	0	1	58	2.196298000	0.000000	N/A	N/A
64.13.134.52	49999	172.16.0.8	36050	1	58	0	0	1	58	2.196434000	0.000000	N/A	N/A
64.13.134.52	40911	172.16.0.8	36050	1	58	0	0	1	58	2.255375000	0.000000	N/A	N/A

图 12-2　Conversations 窗口显示了正在进行的 TCP 通信

扫描是在极短时间内完成的，因此在捕获文件上滚动鼠标并不是寻找 SYN 数据包响应的好办法。在接收到响应之前，已经发送了更多的 SYN 数据包。幸好，我们可以创建过滤器，来帮助我们寻找正确的流量。

1. 在 SYN 扫描中使用过滤器

举一个筛选的例子。让我们看一看第 1 个数据包——发送到受害者 443 端口（HTTPS）的 SYN 数据包。为了查看是否有对这个数据包的响应，我们可以创建一个过滤器，以显示所有源端口或目标端口为 443 的流量。下面是如何快速设置的方法。

（1）在捕获文件中选择第一个数据包。

（2）在 Packet Details 面板中展开 TCP 头部。

（3）右键单击 Destination Port 字段，选择 Prepare as Filter，单击 Selected。

（4）这将在 filter 对话框放置一个过滤器，针对所有目标端口为 443 的数据包。现在，由于我们也需要源端口为 443 的数据包，所以点击屏幕顶端的 filter 栏，并删除过滤器的 dst 部分。

结果过滤器给出了两个数据包，都是攻击者发给受害者的 TCP SYN 数据包，如图 12-3 所示。

No.	Time	Source	Destination	Protocol	Info
1	0.000000	172.16.0.8	64.13.134.52	TCP	36050 → 443 [SYN] Seq=3713172248 Win=3072 Len=0 MSS=1460
32	0.000065	172.16.0.8	64.13.134.52	TCP	36051 → 443 [SYN] Seq=3713237785 Win=2048 Len=0 MSS=1460

图 12-3　两次尝试用 SYN 数据包建立连接

两个数据包都没有得到响应，有可能是因为响应数据包被受害者主机或中间设备过滤了，或者端口是关闭的。但最终来说，对 443 端口的扫描结果是不确定的。

我们可以用同样的技术来分析其他数据包，看一看有没有不同的结果。首先，单击过滤器旁边的 Clear 按钮，清空之前创建的过滤器。然后选择列表中的第 9 个数据包。这是目标端口为 53 的 SYN 数据包，通常与 DNS 有关。使用前面提到的方法，创建一个基于目标端口的过滤器，并删除 dst 部分，这样它就应用到所有与 TCP 53 端口有关的流量了。当使用这个过滤器时，你会看见 5 个数据包，如图 12-4 所示。

No.	Time	Source	Destination	Protocol	Info
9	0.000052	172.16.0.8	64.13.134.52	TCP	36050 → 53 [SYN] Seq=3713172248 Win=3072 Len=0 MSS=1460
11	0.061832	64.13.134.52	172.16.0.8	TCP	53 → 36050 [SYN, ACK] Seq=1117405124 Ack=3713172249 Win=5840 Len=0 MSS=1380
529	0.057126	64.13.134.52	172.16.0.8	TCP	[TCP Retransmission] 53 → 36050 [SYN, ACK] Seq=1117405124 Ack=3713172249 Win=5840 Len=0 MSS=1380
2006	3.930109	64.13.134.52	172.16.0.8	TCP	[TCP Retransmission] 53 → 36050 [SYN, ACK] Seq=1117405124 Ack=3713172249 Win=5840 Len=0 MSS=1380
2009	10.029025	64.13.134.52	172.16.0.8	TCP	[TCP Retransmission] 53 → 36050 [SYN, ACK] Seq=1117405124 Ack=3713172249 Win=5840 Len=0 MSS=1380

图 12-4　表明端口是开放的 5 个数据包

第 1 个是我们在捕获之初选择的 SYN 数据包。第 2 个则是来自受害者的响应。这是一个 TCP SYN/ACK 数据包——实施三次握手时期待的响应。在正常情况下，下一个数据包应该是发送初始 SYN 的主机发送的 ACK。然而，在这个例子中，攻击者并不想建立连接，因而没有发送响应。受害者重传了 3 次 SYN/ACK 包才放弃。由于尝试与主机的 53 端口通信时收到了 SYN/ACK 响应，因此我们可以确定有一个服务在监听该端口。

让我们在数据包 13 上再次重复此过程。这是一个目标端口为 113 的 SYN 数据包，通常与 Ident 协议有关，此协议常用于 IRC 的身份识别和验证服务。如果你在这个数据包上使用同一类型的过滤器，就会发现 4 个数据包，如图 12-5 所示。

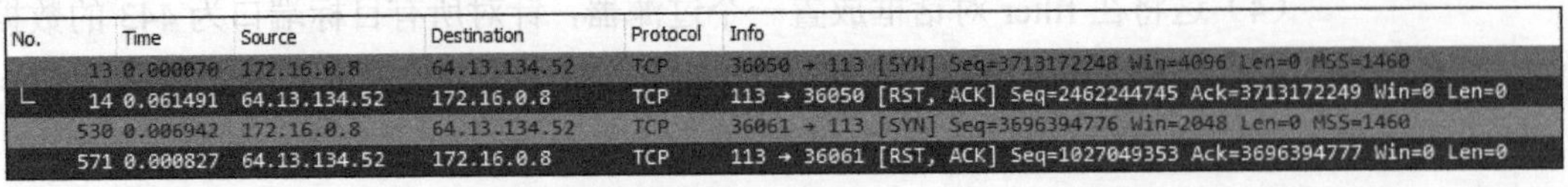

No.	Time	Source	Destination	Protocol	Info
13	0.000070	172.16.0.8	64.13.134.52	TCP	36050 → 113 [SYN] Seq=3713172248 Win=4096 Len=0 MSS=1460
└ 14	0.061491	64.13.134.52	172.16.0.8	TCP	113 → 36050 [RST, ACK] Seq=2462244745 Ack=3713172249 Win=0 Len=0
530	0.006942	172.16.0.8	64.13.134.52	TCP	36061 → 113 [SYN] Seq=3696394776 Win=2048 Len=0 MSS=1460
571	0.000827	64.13.134.52	172.16.0.8	TCP	113 → 36061 [RST, ACK] Seq=1027049353 Ack=3696394777 Win=0 Len=0

图 12-5　SYN 之后紧随一个 RST，表明端口是关闭的

第 1 个数据包是初始 SYN，紧接着是来自受害者的 RST。这是受害者目标端口不接受连接的迹象，表明很可能没有服务运行在上面。

2. 识别开放和关闭的端口

理解了 SYN 扫描能引起的不同响应类型后，自然而然会想到去找一个方法——如何快速识别哪些端口是开放的还是关闭的。答案再次落到了 Conversations 窗口内。在这个窗口中，你可以通过数据包数量排序 TCP 会话，单击 Packets 列直到箭头向下就可以让最高值靠前，如图 12-6 所示。

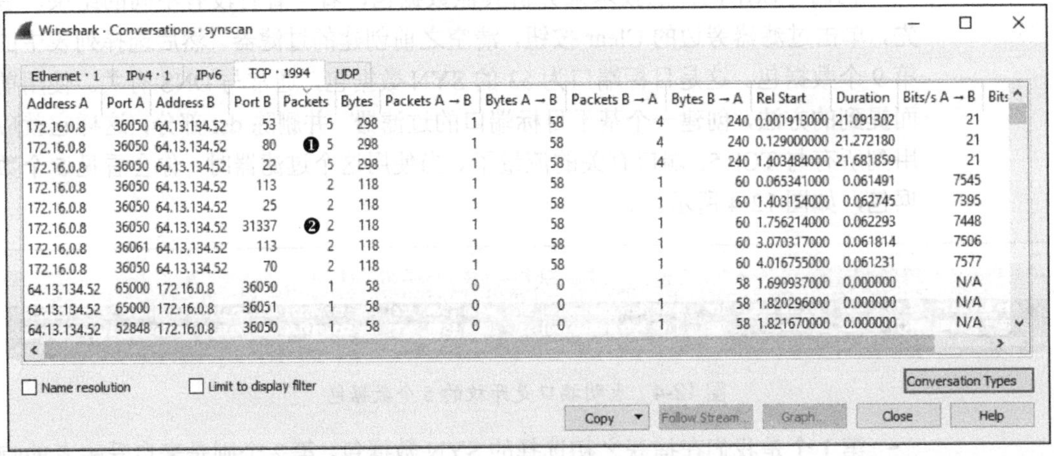

Address A	Port A	Address B	Port B	Packets	Bytes	Packets A → B	Bytes A → B	Packets B → A	Bytes B → A	Rel Start	Duration	Bits/s A → B
172.16.0.8	36050	64.13.134.52	53	5	298	1	58	4	240	0.001913000	21.091302	21
172.16.0.8	36050	64.13.134.52	80	❶ 5	298	1	58	4	240	0.129000000	21.272180	21
172.16.0.8	36050	64.13.134.52	22	5	298	1	58	4	240	1.403484000	21.681859	21
172.16.0.8	36050	64.13.134.52	113	2	118	1	58	1	60	0.065341000	0.061491	7545
172.16.0.8	36050	64.13.134.52	25	2	118	1	58	1	60	1.403154000	0.062745	7395
172.16.0.8	36050	64.13.134.52	31337	❷ 2	118	1	58	1	60	1.756214000	0.062293	7448
172.16.0.8	36061	64.13.134.52	113	2	118	1	58	1	60	3.070317000	0.061814	7506
172.16.0.8	36050	64.13.134.52	70	2	118	1	58	1	60	4.016755000	0.061231	7577
64.13.134.52	65000	172.16.0.8	36050	1	58	0	0	1	58	1.690937000	0.000000	N/A
64.13.134.52	65000	172.16.0.8	36051	1	58	0	0	1	58	1.820296000	0.000000	N/A
64.13.134.52	52848	172.16.0.8	36050	1	58	0	0	1	58	1.821670000	0.000000	N/A

图 12-6　用 Conversations 窗口寻找开放端口

3 个被扫描的端口在各自会话中包含 5 个数据包❶。我们知道 53、80 和 22 端口是开放的，因为这 5 个数据包表示初始 SYN、来自受害者的 SYN/ACK 及其 3 次重传。

有 5 个端口的通信只包含 2 个数据包❷。第 1 个是初始 SYN，第 2 个是来自受害者的 RST。这表明 113、25、31337、113 和 70 端口是关闭的。

Conversations 窗口剩下的项只包含 1 个数据包，意味着受害者主机并没有响应初始 SYN 包。剩下的这些端口很可能是关闭的，但我们不能确定。

12.1.2 操作系统指纹

了解目标的操作系统对攻击者有极大价值。了解到目标使用的操作系统，将确保攻击者实施具有针对性的攻击手段。同时这个信息也有助于攻击者成功进入系统后，在目标文件系统找到关键文件和目录。

“操作系统指纹术”是指在没有物理接触的情况下，用来确定机器运行的操作系统的一组技术。操作系统指纹术分为两种类型：被动式和主动式。

1. 被动式指纹技术

被动式指纹技术通过分析目标发送的数据包的某些字段来确定目标使用的操作系统。这项技术之所以称为“被动”，是因为你只监听目标主机发送的数据包，但并不主动向目标发送任何流量。对黑客来说，这是理想的操作系统指纹技术，因为它非常隐蔽。

也就是说，我们只需要基于目标主机发送的数据包，就能确定它用的是哪一种操作系统了？嗯，这其实非常容易。由于 RFC 文件定义的协议并未规定全部技术参数的值，这完全是有可能的。虽然 TCP、UDP 和 IP 头部的各个字段都有特定含义，但并没有定义这些字段的默认值。这意味着不同操作系统实现的 TCP/IP 协议栈都必须为这些字段定义它自己的默认值。表 12-1 列出了一些与操作系统实现有关的常见字段及其默认值。

表 12-1 常见的被动式指纹值

协议头部	字段	默认值	操作系统
IP	初始 TTL	64	Nmap、BSD、Mac OS 10、Linux
		128	Novell、Windows
		255	Cisco IOS、Palm OS、Solaris
IP	不分片标志	Set	BSD、Mac OS 10、Linux、Novell、Windows、Palm OS、Solaris
		Not set	Nmap、Cisco IOS
TCP	最长段大小	0	Nmap
		1440	Windows、Novell
		1460	BSD、Mac OS 10、Linux、Solaris
TCP	窗口大小	1024-4096	Nmap
		65535	BSD、Mac OS 10
		2920-5840	Linux
		16384	Novell

续表

协议头部	字段	默认值	操作系统
		4128	Cisco IOS
		24820	Solaris
		可变	Windows
TCP	SackOK	设置	Linux、Windows、OpenBSD
		不设置	Nmap、FreeBSD、Mac OS 10、Novell、Cisco IOS、Solaris

捕获文件 passiveosfingerprinting.pcap 中的数据包是这项技术的绝佳例子。该文件含有两个数据包。它们都是目标端口为 80 的 TCP SYN 数据包，但来自不同的主机。仅仅使用这些数据包中的值，并参考表 12-1，我们就能确定每台主机使用的操作系统架构。每一个数据包的细节如图 12-7 所示。

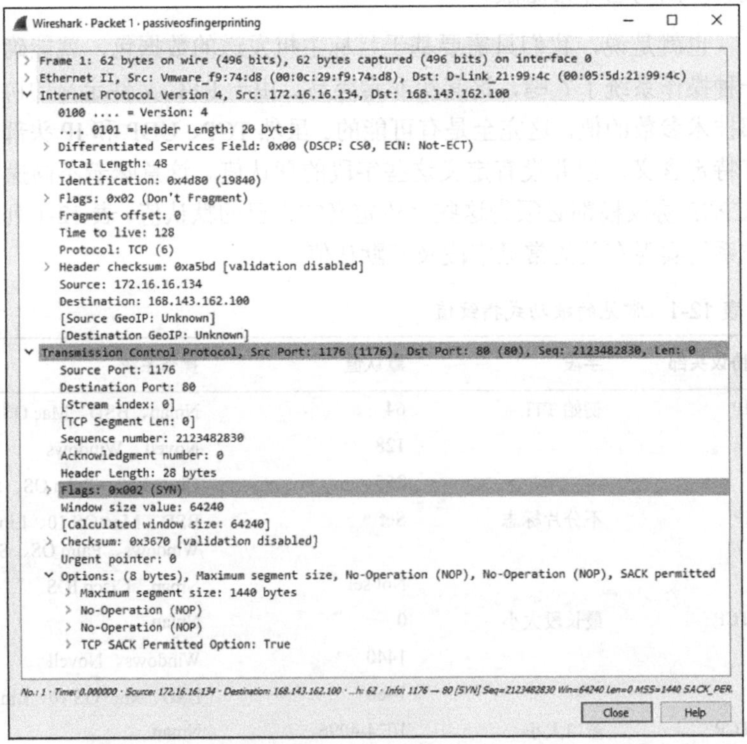

图 12-7 这些数据包可以告诉我们它们来自哪种操作系统

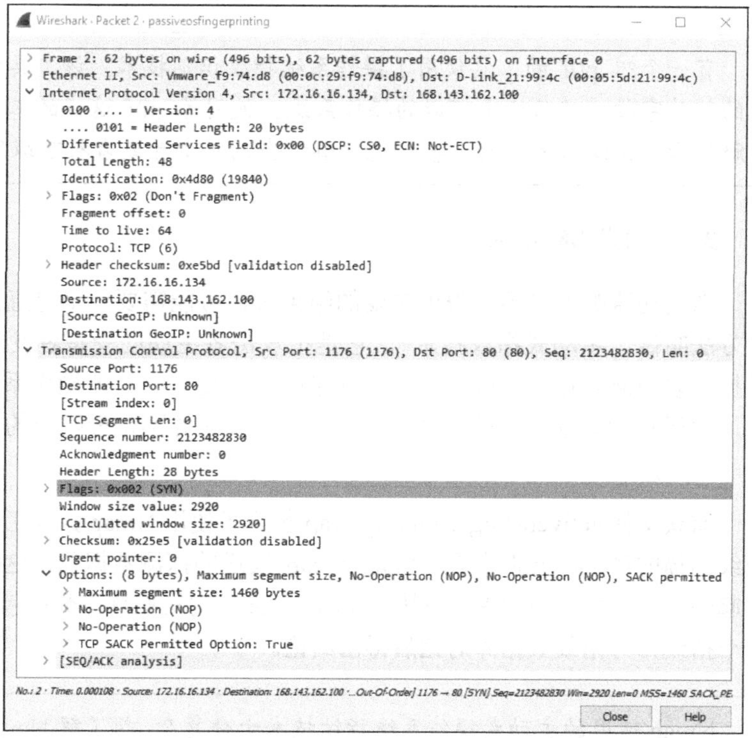

图 12-7　这些数据包可以告诉我们它们来自哪种操作系统（续）

参考表 12-1，我们将这些数据包的相关字段分类，创建了表 12-2。

表 12-2　操作系统指纹术的数据包分类

协议头部	字段	数据包 1 的值	数据包 2 的值
IP	初始 TTL	128	64
IP	不分片标志	设置	设置
TCP	最长段大小	1440 Bytes	1460 Bytes
TCP	窗口大小	64240 Bytes	2920 Bytes
TCP	SackOK	设置	设置

基于这些值，我们可以得出结论：发送数据包 1 的设备运行 Windows 的可能性最大，而发送数据包 2 的设备运行 Linux 的可能性最大。

要记住，表 12-2 列出的被动式操作系统指纹技术的常见识别字段并不完整。很多实现上的“怪癖”可能会导致真实值与期望值的偏差。所以，你不能完全依赖被动式操作系统指纹技术得到的结果。

注意　有一个叫 p0f 的工具使用了操作系统指纹识别技术。该工具分析捕获数据包的相关字段，然后输出可能的操作系统。使用像 p0f 这样的工具，你不仅能了解到操作系统架构，有时甚至能了解适当的版本号或者补丁级别。

2. 主动式指纹技术

当被动监听流量不能得出想要的结果时，可能需要一个更直接的方法。这种方法叫做“主动式指纹技术”。它是指攻击者主动向受害者发送特意构造的数据包以引起响应，然后从响应数据包中获知受害者机器操作系统的技术。当然，由于这种方法要与受害者直接通信，因此它并不是最隐蔽的，但它可以做到非常高效。

捕获文件 activeosfingerprinting.pcap 包含了使用 Nmap 扫描工具发起主动式指纹扫描的例子。文件中有一些是 Nmap 发送的探测数据包，这些探测数据包引起的响应可用于识别操作系统。Nmap 记录下对这些探测数据包的响应并创建一个指纹，与指纹数据库对比后得出结论。

注意　Nmap 使用的主动式操作系统指纹技术十分复杂。想了解 Nmap 如何执行主动式操作系统指纹技术，请阅读 Nmap 的权威指南——*Nmap Network Scanning*。这是 Nmap 扫描器作者 Gordon “Fyodor” Lyon 的著作。

12.2 流量操纵

12.2.1 ARP 缓存污染攻击

在第 7 章中，我们讨论了 ARP 协议是如何将网络中的 IP 地址映射成 MAC 地址的，在第 2 章中，我们讨论了将 ARP 缓存污染攻击作为监听主机流量的方法。ARP 缓存污染攻击是网络工程师高效实用的工具。然而，若有恶意企图，它也是一个非常致命的中间人攻击（man-in-the-middle，MITM）方法。

在 MITM 攻击中，攻击者重定向两台主机间的流量，试图在传输过程中拦截或修改。MITM 攻击有多种形式，包括会话劫持、DNS 欺骗，以及 SSL 劫持。

ARP 缓存污染攻击之所以有效，是因为特意构造的 ARP 数据包使两台主机相信它们在互相通信，而实际上它们却是与一个在中间转发数据包的第三方通信。

文件 arppoison.pcap 包含了 ARP 缓存污染攻击的一个例子。当打开它时，第一眼你会发现这些流量看起来很正常。然而，如果你跟进这些数据包，就会发现我们的受害者 172.16.0.107 在浏览 Google 并执行搜索。搜索的结果导致了一些 HTTP 流量，并夹杂一些 DNS 查询。

我们知道 ARP 缓存污染攻击是发生在第二层的技术，所以如果只是在 Packet List 面板里随意浏览，恐怕很难发现任何异常。因此，我们在 Packet List 面板里增加几列，过程如下。

（1）选择 **Edit->Preferences**。

（2）单击 Preferences 窗口左边的 **Columns**。

（3）单击 **Add**。

（4）输入 `Source MAC` 并按回车键。

（5）在 **Field type** 下拉列表里，选择 **Hw src addr (resolved)**。

（6）单击新增加的项，拖动它到 **Source** 列后面。

（7）单击 **Add**。

（8）输入 `Dest MAC` 并按回车键。

（9）在 **Field type** 下拉列表里，选择 **Hw dest addr (resolved)**。

（10）单击新增加的项，拖动它到 **Destination** 列后面。

（11）单击 **OK** 使改动生效。

当完成这些步骤时，你的屏幕应该跟图 12-8 一样。你现在应该有额外的两列，分别显示了数据包的来源 MAC 地址和目标 MAC 地址。

如果你还打开了 MAC 地址解析，应该会看到通信设备的 MAC 地址表明它是 Dell 或 Cisco 硬件。这是很重要的，因为当我们滚动整个捕获记录时，这些信息在数据包 54 就开始改变了。我们看到了一些奇怪的 ARP 流量，在 Dell 主机（受害者）和新出现的 HP 主机（攻击者）之间交互，如图 12-9 所示。

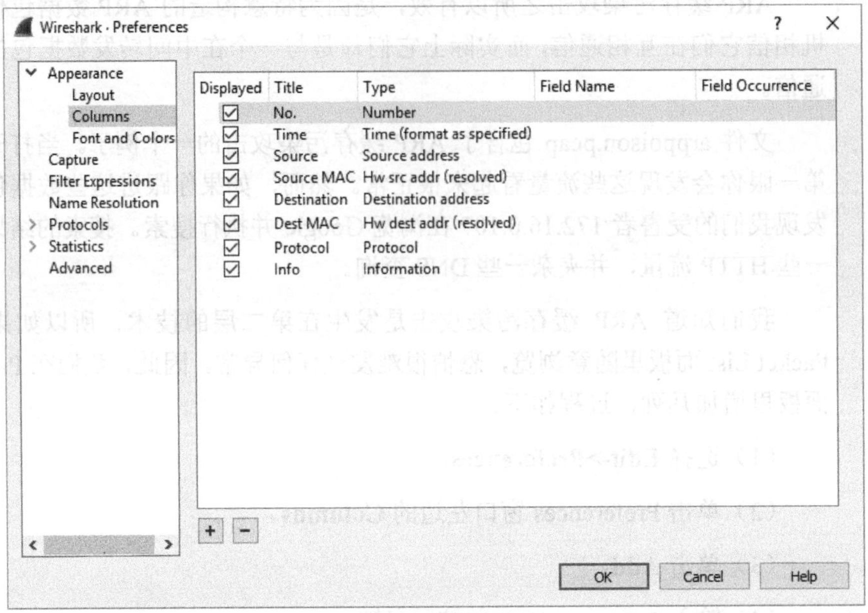

图 12-8　Column 配置屏幕，包含了新增的来源和目标硬件地址列

No. | Time | Source | Source MAC | Destination | Dest MAC | Protocol | Info
54 4.171500 HewlettP_bf:91:ee HewlettP_bf:91:ee Dell_c0:56:f0 ❶ Dell_c0:56:f0 ARP Who has 172.16.0.107? Tell 172.16.0.1
❷ 55 0.000053 Dell_c0:56:f0 Dell_c0:56:f0 HewlettP_bf:91:ee HewlettP_bf:91:ee ARP 172.16.0.107 is at 00:21:70:c0:56:f0
56 0.000013 HewlettP_bf:91:ee HewlettP_bf:91:ee Dell_c0:56:f0 Dell_c0:56:f0 ARP ❸ 172.16.0.1 is at 00:25:b3:bf:91:ee

图 12-9　Dell 设备和 HP 设备间奇怪的 ARP 流量

在进一步深入之前，注意一下这次通信中涉及的端点，由表 12-3 列出。

表 12-3　监视的端点

角色	设备类型	IP 地址	MAC 地址
受害者	Dell	172.16.0.107	00:21:70:c0:56:f0
路由器	Cisco	172.16.0.1	00:26:0b:21:07:33
攻击者	HP	未知	00:25:b3:bf:91:ee

是什么使流量变得奇怪呢？回忆一下我们在第 6 章对 ARP 的讨论，ARP 数据包有两种类型：请求和响应。请求数据包在网络上广播给所有主机，用以发现包含特定 IP 地址的机器的 MAC 地址。接着，响应信息作为单播数据包发给请求的设备。在这个背景下，我们从通信序列中发现了一些奇怪的事情，参见图 12-9。

首先，数据包 54 是 MAC 地址为 00:25:b3:bf:91:ee 的攻击者发送的 ARP 请求，它作为单播数据包直接发送给 MAC 地址为 00:21:70:c0:56:f0 的受害者❶。这种类型的请求本应该广播给网络上所有主机，但它却只是直接发给了受害者。我们又注意到虽然这个数据包是攻击者发送的，并且在 ARP 头部包含了攻击者的 MAC 地址，但它却列出了路由器的 IP 地址，而不是它自己的。

紧随这个数据包的是受害者发给攻击者的响应，包含它的 MAC 地址信息❷。最诡异的事情出现在数据包 56 里：攻击者给受害者发送了一个包含未请求 ARP 响应的数据包，告诉它 172.16.0.1 对应的 MAC 地址是 00:25:b3:bf:91:ee❸。问题是 172.16.0.1 对应的 MAC 地址不是 00:25:b3:bf:91:ee 而应该是 00:26:0b:31:07:33。因为在之前的数据包捕获中我们看到过路由器 172.16.0.1 与受害者的通信，所以我们知道事实本应如此。由于 ARP 协议内在的不安全性（它的 ARP 表接收未请求的更新），因此现在受害者会将本应发送到路由器的流量发送给攻击者。

注意 因为这些数据包是从受害者机器上捕获的，所以你实际上没有看到事情的全貌。要使攻击生效，攻击者必须给路由器发送同样序列的数据包，骗它认为攻击者就是受害者。但我们需要在路由器（或攻击者）捕获才能看到这些数据包。

一旦两头都上当，受害者和路由器间的通信就会流经攻击者，如图 12-10 所示。

数据包 57 可以确认攻击取得成功。当你用神秘的 ARP 通信之前发送的数据包（比如数据包 40，参见图 12-11）与它比较时，就会发现远程服务器（Google）的 IP 地址是一样的❶，但目标 MAC 地址却变化了❷。MAC 地址的变化告诉我们，现在的流量抵达路由器之前将被路由到攻击者。

这个攻击如此狡猾，以至它很难被检测。要想发现它，你通常需要专门配置 IDS 的帮助，或者在设备上运行能检测 ARP 表项突然变化的软件。因为你很可能会想利用 ARP 缓存污染攻击来捕获网络上的数据包以便分析，所以了解如何使用这种技术也是很重要的。

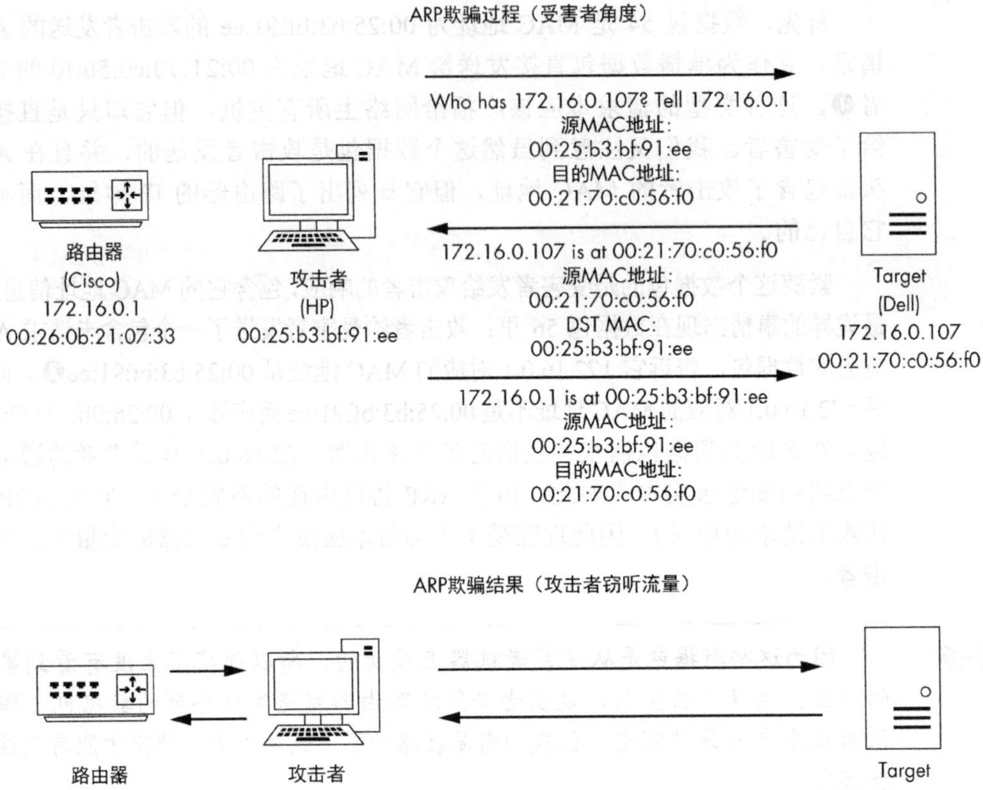

ARP欺骗过程（受害者角度）
Who has 172.16.0.107? Tell 172.16.0.1
源MAC地址:
00:25:b3:bf:91:ee
目的MAC地址:
00:21:70:c0:56:f0
172.16.0.107 is at 00:21:70:c0:56:f0
源MAC地址:
00:21:70:c0:56:f0
DST MAC:
00:25:b3:bf:91:ee
172.16.0.1 is at 00:25:b3:bf:91:ee
源MAC地址:
00:25:b3:bf:91:ee
目的MAC地址:
00:21:70:c0:56:f0
路由器
(Cisco)
172.16.0.1
00:26:0b:21:07:33
攻击者
(HP)
00:25:b3:bf:91:ee
Target
(Dell)
172.16.0.107
00:21:70:c0:56:f0
ARP欺骗结果（攻击者窃听流量）
路由器
攻击者
Target

图 12-10　ARP 缓存污染导致 MITM 攻击

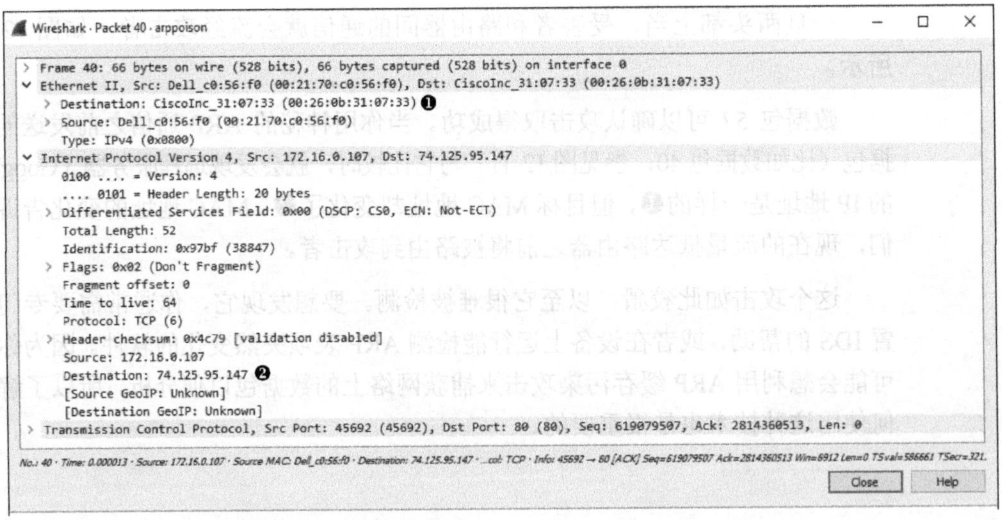

Wireshark · Packet 40 · arppoison
Frame 40: 66 bytes on wire (528 bits), 66 bytes captured (528 bits) on interface 0
Ethernet II, Src: Dell_c0:56:f0 (00:21:70:c0:56:f0), Dst: CiscoInc_31:07:33 (00:26:0b:31:07:33)
Destination: CiscoInc_31:07:33 (00:26:0b:31:07:33) ❶
Source: Dell_c0:56:f0 (00:21:70:c0:56:f0)
Type: IPv4 (0x0800)
Internet Protocol Version 4, Src: 172.16.0.107, Dst: 74.125.95.147
0100 .... = Version: 4
.... 0101 = Header Length: 20 bytes
Differentiated Services Field: 0x00 (DSCP: CS0, ECN: Not-ECT)
Total Length: 52
Identification: 0x97bf (38847)
Flags: 0x02 (Don't Fragment)
Fragment offset: 0
Time to live: 64
Protocol: TCP (6)
Header checksum: 0x4c79 [validation disabled]
Source: 172.16.0.107
Destination: 74.125.95.147 ❷
[Source GeoIP: Unknown]
[Destination GeoIP: Unknown]
Transmission Control Protocol, Src Port: 45692 (45692), Dst Port: 80 (80), Seq: 619079507, Ack: 2814360513, Len: 0
Close
Help

图 12-11　目标 MAC 地址的变化说明这次攻击是成功的

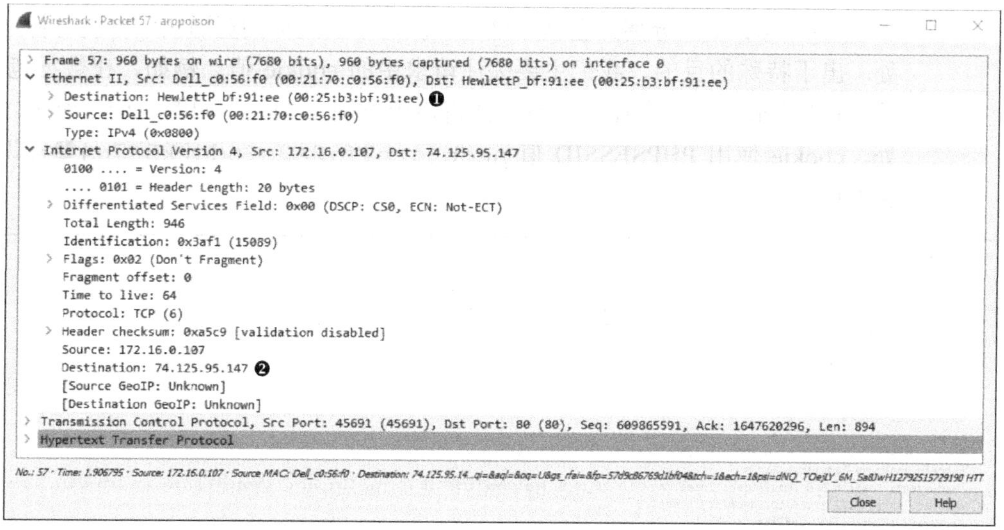

图 12-11 目标 MAC 地址的变化说明这次攻击是成功的（续）

12.2.2 会话劫持

现在你了解了如何恶意使用 ARP 缓存投毒。我现在将演示一种利用 ARP 缓存投毒的技术：会话劫持。在会话劫持中，攻击者窃取一个 HTTP 会话 cookie，然后伪装为另一个用户；我们将很快对 HTTP cookie 进行学习。为了达到这个目的，攻击者使用 ARP 缓存投毒截获一次目标通信，并找到相关的会话 cookie 信息。随后，攻击者能够使用窃取的 cookie，以对应用户的身份访问目标 Web 应用。

这个场景的通信数据在 sessionhijacking.pcapng 中。抓包文件包含目标（172.16.16.164）与 Web 应用（172.16.16.181）之间的传输数据包。用户在不知情的情况下成为攻击受害者，他们的通信过程被攻击者（172.16.16.154）主动监听。这些数据包在 Web 服务器上被抓取，这与会话劫持发生时，防御者的角度一致。

注意　本例中访问的 Web 应用是 Damn Vulnerable Web Application（DVWA）。此应用预留了很多可被多种攻击方式利用的漏洞，经常被作为教学工具使用。

抓取的通信过程基本由两个会话组成。第一个会话在目标用户和 Web 服务器之间进行，使用过滤器 `ip.addr == 172.16.16.164 && ip.addr ==`

172.16.16.181 分离此会话。这是一次正常的网页浏览通信，并没有特别之处。出于特殊的目的，我们主要关注请求中的 cookie 值。例如，在数据包 14 的 GET 请求中，你会在数据包详情窗口中发现 cookie，如图 12-12 所示。此处，cookie 使用 PHPSESSID 值 ncobrqrb7fj2a2sinddtk567q4❶标识会话 ID。

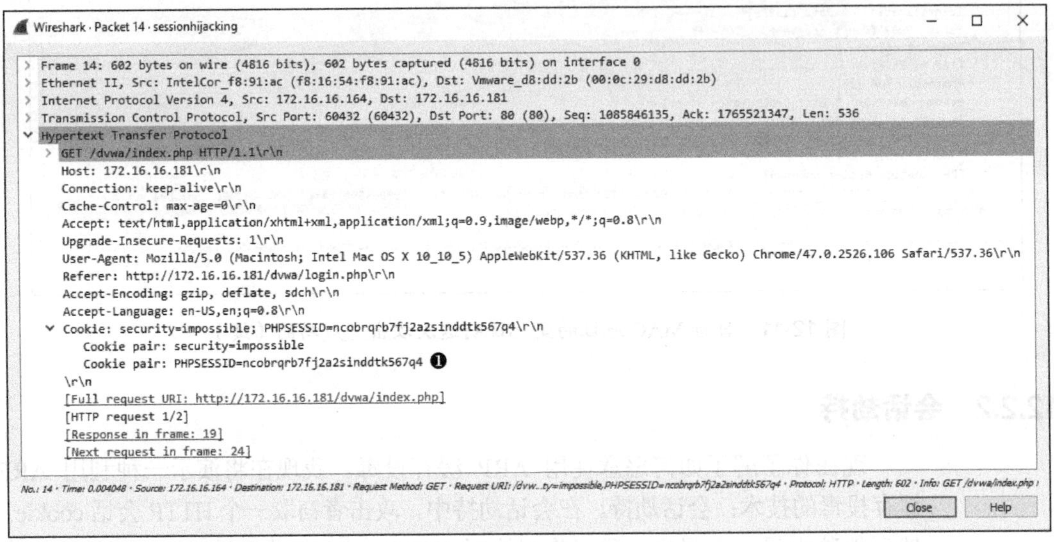

图 12-12　查看目标用户的会话 cookie

网站使用 cookie 维护每个用户的会话信息。当一个新用户访问网站时，用户将使用一个会话 ID 用于身份识别（本例中为 PHPSESSID）。在用户验证过程中，很多应用在用户使用会话 ID 完成验证后，在数据库中创建相应的记录，将会话 ID 作为已验证的会话凭证。任何使用这一 ID 的用户都能够使用此次验证记录接入应用。当然，开发者愿意相信，只有一个用户能够使用某一个特定的 ID，因为生成方式保证 ID 是独一无二的。然而，这种处理会话 ID 的方式是不安全的，因为恶意用户能够窃取其他用户的 ID，然后伪造身份。目前有一些方法可以用于防止会话劫持的发生，但是很多网站，包括 DVWA，仍然能够被会话劫持。

受害者没有意识到他们的通信正在被监听，或是发现他们的会话 cookie 被攻击者截取，如图 12-12 所示。现在，攻击者只需要使用窃取的 cookie 值即可与 Web 服务器通信。可以通过某些代理服务器完成这项工作，不过，使用浏览器插件会更简单，如 Chrome 的 Cookie 管理器。利用这个插件，攻击者可以将 PHPSESSID 设置为从以上通信获取的值，如图 12-13 所示。

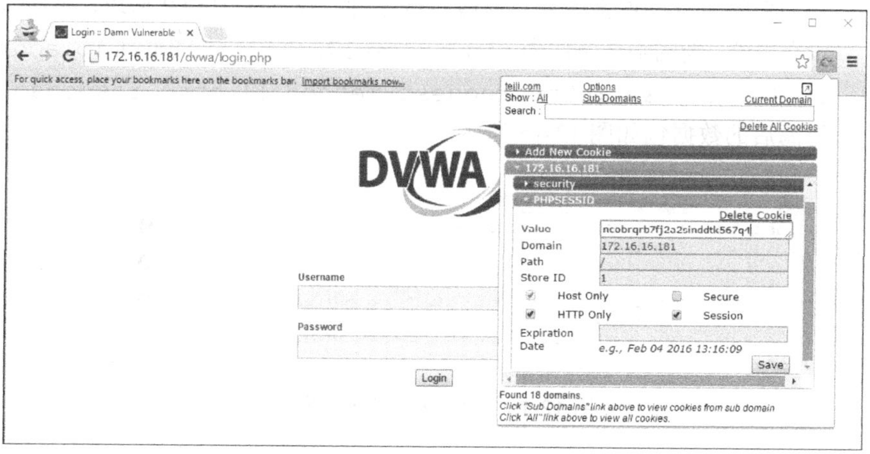

图 12-13　使用 Cookie 管理器插件盗用受害者身份

如果你清除了之前设置的筛选条件，并浏览数据包，就会看到攻击者的 IP 地址与 Web 服务器的通信。你可以将筛选条件设为 `ip.addr == 172.16.16.154 && ip.addr ==172.16.16.181` 来限定查看范围。

在进一步研究之前，让我们添加一个栏目，用于在数据包列表面板中显示 cookie 值。如果在 ARP 缓存投毒的过程中添加了一些栏目，请先将它们删除。之后，按照在 ARP 缓存投毒章节提到的操作步骤新增栏目，栏目的字段名为 `http.cookie_pair`。添加完成后，将此栏目放在目的地址栏之后。界面看起来如图 12-14 所示。

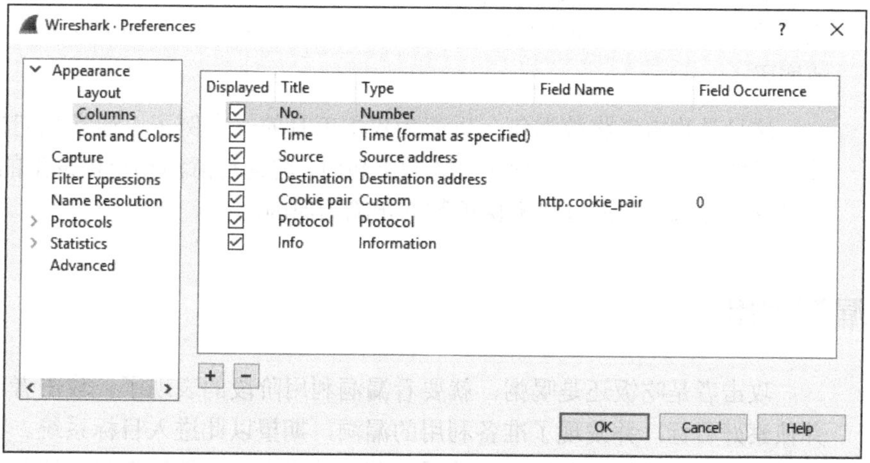

图 12-14　设置用于研究会话劫持的栏目

新的栏目设置完成后，修改筛选条件，仅显示 HTTP 请求，此处 TCP 通信没有用处。新的筛选条件为 (`ip.addr==172.16.16.154 && ip.addr==172.16.16.181) && (http.request.method || http.response.code)`。过滤后的数据包如图 12-15 所示。

No.	Time	Source	Destination	Cookie pair	Protocol	Info
77	16.563004	172.16.16.154	172.16.16.181	security=low,PHPSESSID=lup70ajeuodkrhrvbmsjtgrd71	HTTP	❶GET /dvwa/ HTTP/1.1
79	16.565584	172.16.16.181	172.16.16.154		HTTP	HTTP/1.1 302 Found❷
80	16.570187	172.16.16.154	172.16.16.181	security=low,PHPSESSID=lup70ajeuodkrhrvbmsjtgrd71	HTTP	❸GET /dvwa/login.php HTTP/1.1
81	16.575123	172.16.16.181	172.16.16.154		HTTP	HTTP/1.1 200 OK (text/html)❹
115	60.040166	172.16.16.154	172.16.16.181	security=low,PHPSESSID=ncobrqrb7fj2a2sinddtk567q4	HTTP	❺GET /dvwa/ HTTP/1.1
118	60.042241	172.16.16.181	172.16.16.154		HTTP	HTTP/1.1 200 OK (text/html)❻
120	64.292056	172.16.16.154	172.16.16.181	security=low,PHPSESSID=ncobrqrb7fj2a2sinddtk567q4	HTTP	❼GET /dvwa/setup.php HTTP/1.1
122	64.293401	172.16.16.181	172.16.16.154		HTTP	HTTP/1.1 200 OK (text/html)❽

图 12-15　攻击者伪装为受害者

现在，我们查看攻击者和服务器之间的通信。在前 4 个数据包中，攻击者请求/dvwa/目录❶，接收到的响应状态码为 302；Web 服务器响应 302 表示请求重定向至其他 URL。此时，攻击者被重定向至登录页面/dvwa/login.php❷。攻击者的计算机请求登录页面❸，并返回为请求成功❹。两次请求均使用会话 ID lup70ajeuodkrhrvbmsjtgrd71。

随后，再次请求/dvwa/目录，我们注意到现在会话 ID❺发生了变化。会话 ID 现在是 ncobrqrb7fj2a2sinddtk567q4，与之前受害者使用的相同。这表明，攻击者操纵会话，使用了窃取的 ID。此时我们并没有被重定向至登录页面，请求返回了 HTTP 200 状态码，页面内容与登录后的受害者看到的一致❻。攻击者使用了受害者的 ID dvwa/setup.php❼，页面内容同样返回成功❽。攻击者和验证成功的受害者一样访问 DVWA 网站。这一过程中我们并不知道受害者的用户名或密码。

这只是攻击者将数据包分析变为攻击工具的一个例子。通常我们认为，当攻击者能够看到与通信过程相关的数据包时，将为恶意活动提供发生的可能性。这是安全专家提倡通过加密保护数据传输的原因之一。

12.3　漏洞利用

攻击者是吃饭还是喝粥，就要看漏洞利用阶段的表现了。攻击者已经研究并侦察好目标，并发现了准备利用的漏洞，期望以此进入目标系统。在本章剩下的篇幅里，我们将关注在一些漏洞利用技术中捕获的数据包。这些漏洞包括近期的 Microsoft 漏洞、通过 ARP 缓存污染攻击重定向流量，以及盗窃数据的远程访问特洛伊木马。

12.3.1 极光行动

2010 年 1 月，极光行动利用了一个当时未知的 IE 浏览器漏洞。这个漏洞允许攻击者取得 Google 及其他公司的目标机器的 root 级别的远程控制权限。

用户只需要用包含该漏洞的 IE 浏览器访问一个网站，就能执行这个恶意代码。然后，攻击者就能立刻获得用户机器的管理员权限。攻击者使用了“网络钓鱼”引诱受害者。所谓“网络钓鱼”（Spear phishing）是指攻击者向受害者发送一封电子邮件，诱导受害者单击邮件中的链接，从而将其引导至一个恶意网站。通常，网络钓鱼信息看起来都像来自可信的源，因此它们经常能成功。

在极光行动的案例中，我们从用户单击钓鱼邮件中链接的那一刻开始讲起。这些数据包包含在文件 aurora.pcap 中。

这个捕获文件以受害者（192.168.100.206）和攻击者（192.168.100.202）之间的三次握手开始。初始化连接的目标是 80 端口，这使我们相信它是 HTTP 流量。第四个数据包证实了我们的假设，它是一个对/info 的 HTTP GET 请求❶，如图 12-16 所示。

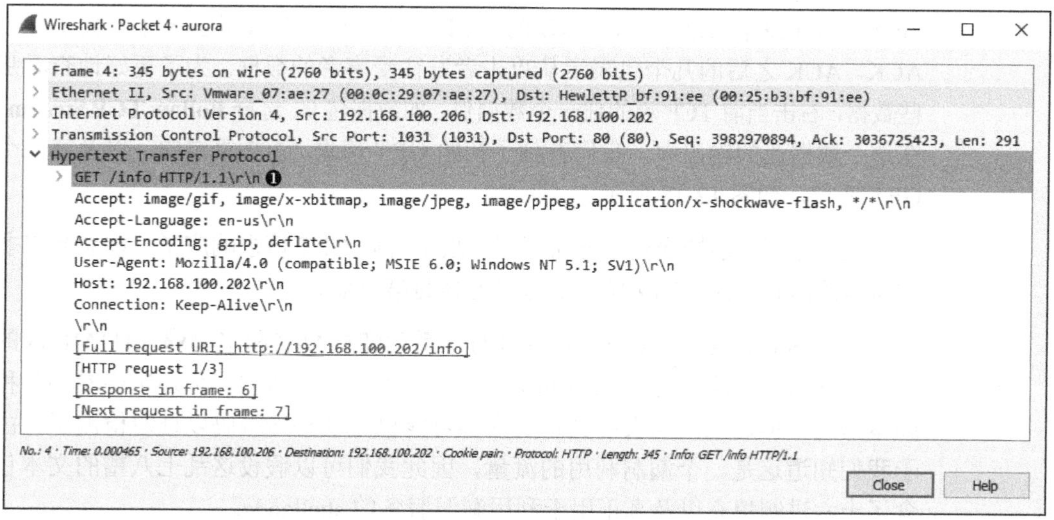

图 12-16 受害者做了一次针对/info 的 GET 请求

攻击者的机器确认收到了 GET 请求，并在数据包 6 中返回了一个 302（Moved Temporarily）码。这个状态码通常用于将浏览器重定向到另一个页面，在这个案例中正是如此。与 302 返回码❶一起来的还有一个 Location 字段，它指明重定向位置是/info?rFfWELUjLJHpP❷，如图 12-17 所示。

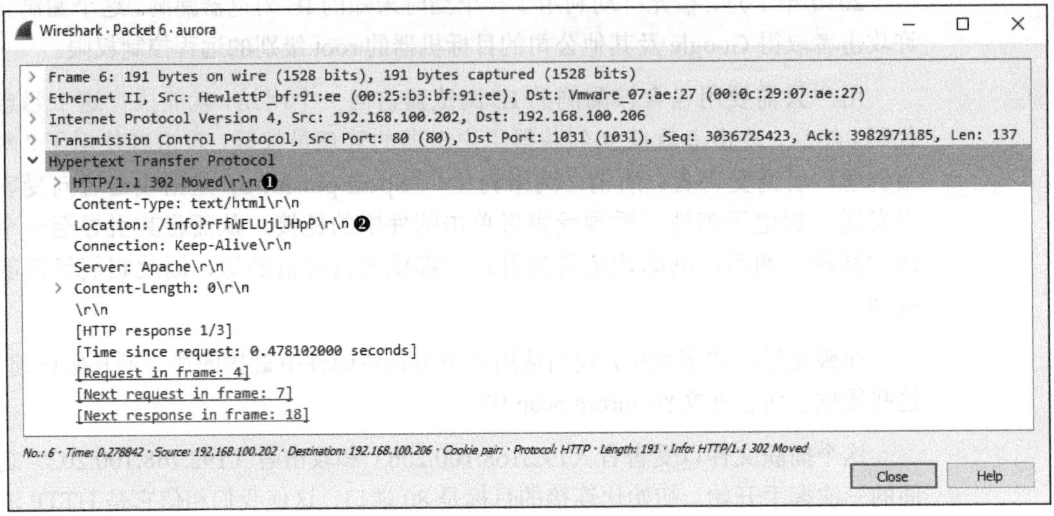

图 12-17　客户端浏览器被这个数据包重定向

收到 HTTP 302 数据包后，客户端在数据包 7 中初始化了另一个针对/info?rFfWELUjLJHpP 这个 URL 的 GET 请求，然后在数据包 8 中收到了一个 ACK。ACK 之后的几个包表示从攻击者发往受害者的数据。为了更好地查看那些数据，右击当前 TCP 流的任一个数据包，如数据包 9，选择 **Follow TCP Stream**。在这个数据流的输出中，我们看到了初始 GET 请求、302 重定向，以及第二个 GET 请求，如图 12-18 所示。

在此之后，事情变得十分奇怪了。攻击者向 GET 请求响应了一些看起来非常奇怪的内容。图 12-19 显示了这些内容的第一部分。

这些内容好像是<script>标签内的一系列随机数字和字母❶。HTML 内的<script>标签表示使用了一种高级脚本语言。在这个标签内，你通常会看到各种脚本语句。但这些乱码表明真正的内容可能已经被特殊编码以逃避检测了。由于我们知道这是一个漏洞利用的流量，因此我们可以假设这乱七八糟的文本包含了十六进制填充以及真正用于利用漏洞服务的 shellcode。

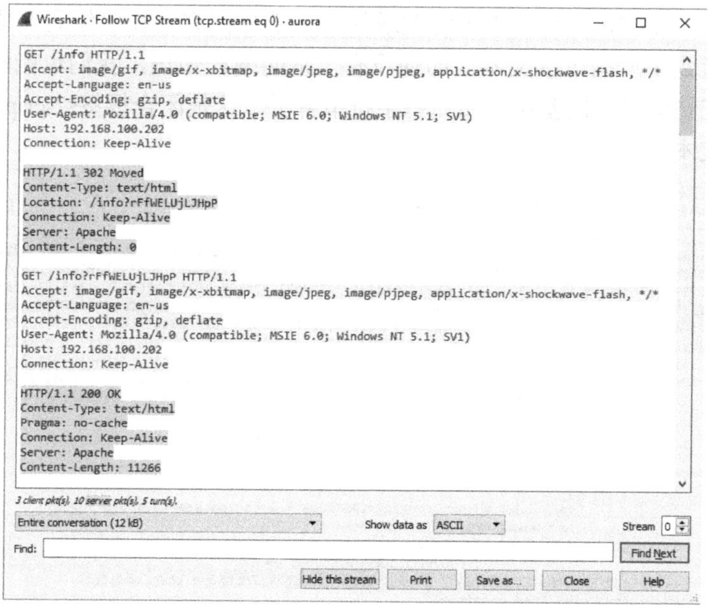

图 12-18　发送到客户端的数据流

图 12-19　<script>标签内的杂乱内容看起来像是被编码了

图 12-20 显示了攻击者发送的第二部分内容。在已编码文本之后，我们最终看到了一些可读文本。即便没有丰富的编程知识，我们也能看出这些文本像是在一些变量的基础上做一些字符串解析。这是闭合标签</script>之前的最后一些文本比特。

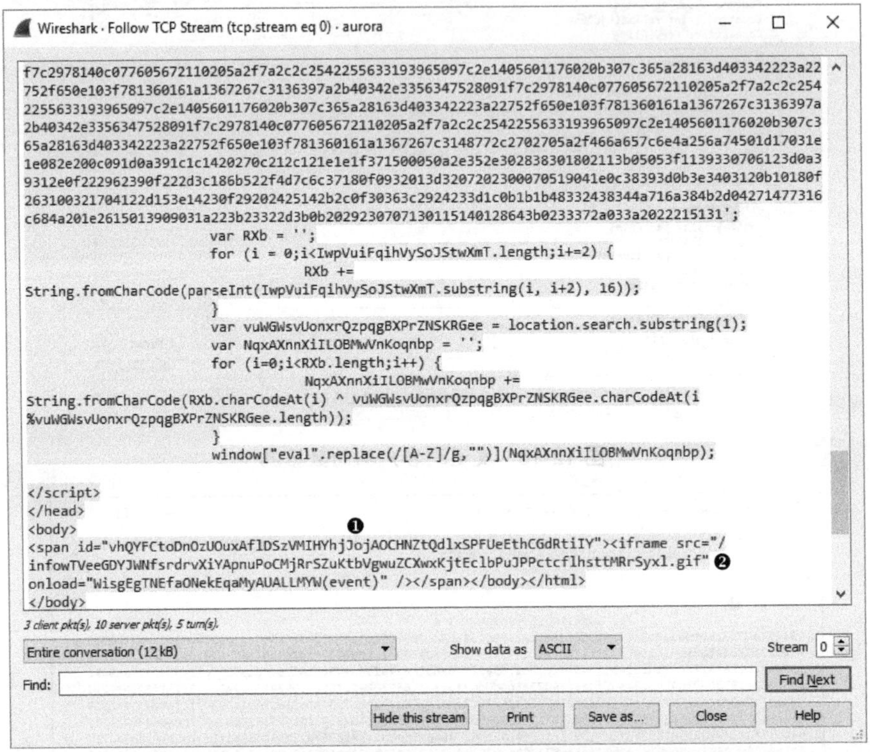

图 12-20 服务器发送的这部分内容包含了可读文本和可疑的 iframe

攻击者发给客户端的最后一段数据包含两个部分。第 1 部分是<span id="vhQYFCtoDnOzUOuxAflDSzVMIHYhjJojAOCHNZtQdlxSPFUeEthCGdRtiIY">❶。第 2 部分包含在<span></span>标签内，是<iframe src="/infowTVeeGDYJWNfsrdrvXiYApnuPoCMjRrSZuKtbVgwuZCXwxKjtEclbPuJPPctcflhsttMRrSyxl.gif"onload="WisgEgTNEfaONekEqaMyAUALLMYW(event)" />❷。这些内容也有可能是恶意行为的标志，因为这些文本出奇的长、包含不可读的随机字符串和可能被混淆过的文本。

<span>标签内包含了一个 iframe，这是攻击者惯用的手法，用于在 HTML 页面中嵌入额外内容。<iframe>标签创建了一个内联帧，并不被用户察觉。在这

个案例中，<iframe>标签引用了一个名字古怪的 GIF 文件。如图 12-21 所示，当受害者的浏览器发现对这个文件的引用时，它在数据包 21 中发送了一个 GET 请求❶，紧接着 GIF 文件就被传送过来了❷。这个 GIF 文件有可能被用来以某种方式，触发已经下载到受害者机器上的漏洞利用代码。

No. Time Source Destination Protocol Info
21 1.288241 192.168.100.206 192.168.100.202 HTTP ❶GET /infowTVeeGDYJWNfsrdrvXiYApnuPoCMjRrSZuKtbVgwuZCXwxKjtEclbPuJPPctcflhsttMRrSyxl.gif HTTP/1.1
22 1.488200 192.168.100.202 192.168.100.206 TCP 80 → 1031 [ACK] Seq=3036736951 Ack=3982971911 Win=64518 Len=0
23 1.489366 192.168.100.202 192.168.100.206 HTTP ❷HTTP/1.1 200 OK (GIF89a) (GIF89a) (image/gif)
24 1.650958 192.168.100.206 192.168.100.202 TCP 1031 → 80 [ACK] Seq=3982971911 Ack=3036737098 Win=64093 Len=0

图 12-21　受害者请求并下载 iframe 中指明的 GIF 文件

当受害者向攻击者的 4321 端口初始化连接时，文件中最奇怪的一部分出现了，请看数据包 25。从 Packet Details 面板中查看第二个通信流并不能得出太多信息，因此我们再次查看 TCP 通信流以更清楚地了解传输的数据。图 12-22 显示了 Follow TCP Stream 窗口的输出。

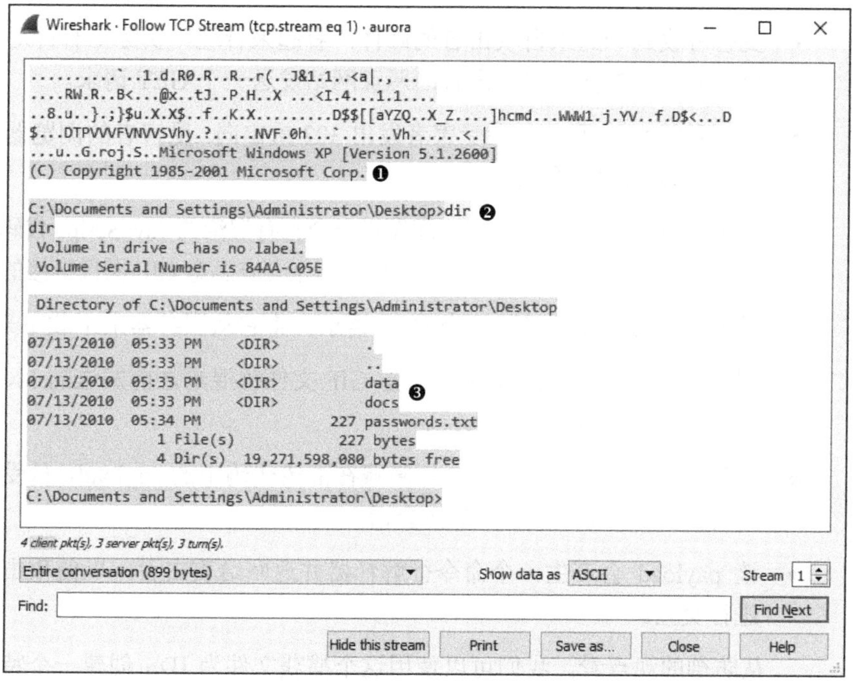

图 12-22　攻击者通过这个连接与命令窗口交互

在这里，我们看到了应该立即引发警报的东西：一个 Windows 的命令行解释器❶。这个 shell 是由受害者发给服务器的，这表明攻击者成功利用了漏洞：一旦漏洞利用程序启动，客户端就给攻击者发送回一个命令行解释器。在这个捕获中，我们甚至能看到攻击者与受害者的交互：输入 dir 命令❷以列出受害者机器的目录内容❸。

攻击者进入这个命令行解释器后，对受害者机器就有了无限制的管理权限，他几乎能做任何想做的事情。受害者只不过是轻点了一下鼠标，几秒钟之内就把计算机的完全控制权限交给了攻击者。

像这样的漏洞利用程序在线路上传输信息时通常都编码成不可识别的字符，以避免被网络 IDS（入侵检测系统）发现。就其本身而言，没有对这个漏洞利用程序的事先了解，也没有该程序的代码样本，在没有进一步分析之前很难说清受害者系统上到底发生了什么。幸好，我们可以从数据包捕获中识别出恶意代码的一些蛛丝马迹。这包括<script>标签里的一些混淆文本、奇怪的 iframe，以及明文表示的命令行解释器。

我们在这里总结一下极光漏洞利用程序是如何工作的。

- 受害者收到一封来自攻击者的邮件，看起来合理，实际上有针对性，单击里面的一个链接，向攻击者的恶意网站发送一个 GET 请求。
- 攻击者的 Web 服务器向受害者发出 302 重定向，受害者的浏览器向重定向 URL 自动发起一个 GET 请求。
- 攻击者的 Web 服务器向客户端发送一个含有混淆的 JavaScript 代码（包括一个漏洞利用程序）的 Web 页面，以及一个含有恶意 GIF 图像链接的 iframe。
- 受害者向恶意图像发起一个 GET 请求，将它从服务器上下载下来。
- 利用 IE 浏览器的漏洞，使用恶意 GIF 文件解混淆之前发送的 JavaScript 代码，并在受害者机器上执行。
- 一旦漏洞被成功利用，就执行隐藏在混淆代码中的 payload，从受害者向攻击者的 4321 端口打开一个新会话。
- 该 payload 会产生一个命令行解释器并返回给攻击者，以便攻击者与目标进行交互。

从防御的观点看，我们可以使用这个捕获文件为 IDS 创建一个特征，也许能有助于检测这种攻击。举个例子，我们可以过滤捕获文件的非混淆部分，比如<script>标签里混淆文本末尾的明文代码。另外一个思路是为所有包含 302 重定向到特定 URL 的 HTTP 流量写一个特征。为能在生产环境中使用这个特征，还需要一些额外的调整，但这已经是个很好的开端。

注意　对尝试防御网络未知威胁的人而言，基于恶意流量样本创建流量特征是非常关键的一步。这里描述的捕获是提升编写特征技能的好方法。

12.3.2　远程访问特洛伊木马

到目前为止，我们已经利用先验知识查看了一些安全事件。这是学习攻击形态的好办法，但却不太符合实际。在真实世界里，守护网络安全的人不可能查看网络中的每一个数据包。他们会使用各式各样的 IDS 设备，基于预定义的攻击特征，来提醒他们留意网络流量里的异常情况，并实施进一步检查。

在下一个案例中，我们将像分析真正的网络威胁一样，从一个简单的警报开始。在这个例子中，我们的 IDS 生成了这个警报：

```
[**] [1:132456789:2] CyberEYE RAT Session Establishment [**]
[Classification:A Network Trojan was detected] [Priority:1]
07/18-12:45:04.656854 172.16.0.111:4433 -> 172.16.0.114:6641
TCP TTL:128 TOS:0x0 ID:6526 IpLen:20 DgmLen:54 DF
***AP*** Seq:0x53BAEB5E  Ack:0x18874922  Win:0xFAF0 TcpLen:20
```

下一步我们将查看触发此次警报的特征规则：

```
alert tcp any any -> $HOME_NET any (msg:"CyberEYE RAT Session Establishment";
content:"|41 4E 41 42 49 4C 47 49 7C|"; classtype:trojan-activity;
sid:132456789; rev:2;)
```

这个规则是这样定义的：当它发现一个进入内网的数据包含有十六进制内容 41 4E 41 42 49 4C 47 49 7C 时，就产生警报。这个内容转换成可读 ASCII 码是 ANA BILGI。当检测到这个字符串响起警报时，可能预示着 CyberEYE 远程访问木马（Remote-access Trojan，RAT）的出现。RAT 是秘密运行在受害者计算机上的恶意应用程序，它向攻击者建立连接，使攻击者能远程管理受害者的机器。

注意　CyberEYE 是来自土耳其的工具，用于产生 RAT 程序和管理“肉鸡”。有趣的是，这里看到的 Snort 规则有一个敏感字符串“ANA BILGI”，它其实是土耳其文字，表示“基本信息”的意思。

现在我们将在 ratinfected.pcap 文件中查看与警报有关的流量。Snort 通常只捕获触发警报的单个数据包，但幸好我们有主机间的完整通信序列。让我们搜索 Snort 规则中提到的十六进制字符串，直接跳到关键部分。

（1）选择 **Edit->Find Packet**。

（2）选择 **Hex Value** 单选按钮。

（3）在文本框输入 **41 4E 41 42 49 4C 47 49 7C**。

（4）单击 **Find**。

如图 12-23 所示，你最先在数据包 4 的数据部分发现了以上字符串❶。

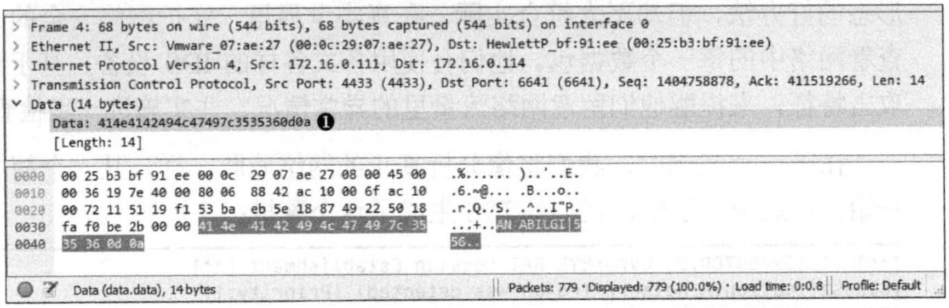

图 12-23　最先在数据包 4 中发现了 Snort 警报中的字符串内容

若多次选择 **Edit->Find Next**，你会看见这个字符串也在数据包 5、10、32、156、280、405、531 和 652 出现了。虽然这个捕获文件里的所有通信都是在攻击者（172.16.0.111）和受害者（172.16.0.114）之间产生的，但看起来这个字符串出现在了不同的会话中。数据包 4 和 5 使用 4433 端口和 6641 端口通信，而其他大部分实例出现在 4433 端口和其他随机选择的临时端口之间。通过查看 Conversations 窗口的 TCP 标签，我们可以确认存在多个会话，如图 12-24 所示。

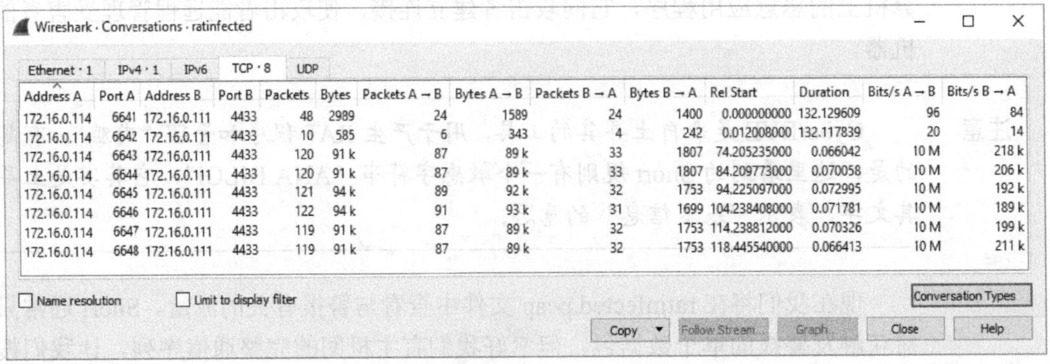

Wireshark · Conversations · ratinfected
Ethernet · 1
IPv4 · 1
IPv6
TCP · 8
UDP
Address A | Port A | Address B | Port B | Packets | Bytes | Packets A → B | Bytes A → B | Packets B → A | Bytes B → A | Rel Start | Duration | Bits/s A → B | Bits/s B → A
172.16.0.114 | 6641 | 172.16.0.111 | 4433 | 48 | 2989 | 24 | 1589 | 24 | 1400 | 0.000000000 | 132.129609 | 96 | 84
172.16.0.114 | 6642 | 172.16.0.111 | 4433 | 10 | 585 | 6 | 343 | 4 | 242 | 0.012008000 | 132.117839 | 20 | 14
172.16.0.114 | 6643 | 172.16.0.111 | 4433 | 120 | 91 k | 87 | 89 k | 33 | 1807 | 74.205235000 | 0.066042 | 10 M | 218 k
172.16.0.114 | 6644 | 172.16.0.111 | 4433 | 120 | 91 k | 87 | 89 k | 33 | 1807 | 84.209773000 | 0.070058 | 10 M | 206 k
172.16.0.114 | 6645 | 172.16.0.111 | 4433 | 121 | 94 k | 89 | 92 k | 32 | 1753 | 94.225097000 | 0.072995 | 10 M | 192 k
172.16.0.114 | 6646 | 172.16.0.111 | 4433 | 122 | 94 k | 91 | 93 k | 31 | 1699 | 104.238408000 | 0.071781 | 10 M | 189 k
172.16.0.114 | 6647 | 172.16.0.111 | 4433 | 119 | 91 k | 87 | 89 k | 32 | 1753 | 114.238812000 | 0.070326 | 10 M | 199 k
172.16.0.114 | 6648 | 172.16.0.111 | 4433 | 119 | 91 k | 87 | 89 k | 32 | 1753 | 118.445540000 | 0.066413 | 10 M | 211 k
Name resolution
Limit to display filter
Conversation Types
Copy
Follow Stream...
Graph...
Close
Help

图 12-24　攻击者和受害者之间存在 3 个独立的会话

我们可以给捕获文件里的不同会话刷上不同颜色，将他们从视觉上分开。

（1）在 Packet List 面板上面的过滤器栏里，输入过滤器`(tcp.flags.syn == 1) && (tcp.flags.ack == 0)`。然后单击 **Apply**。这将筛选出流量中每一个会话的初始 SYN 数据包。

（2）右击第一个数据包，选择 **Colorize Conversation**。

（3）选择 **TCP**，然后选择一种颜色。

（4）为剩下的 SYN 数据包重复这个过程，分别选择不同的颜色。

（5）完成之后，选择 **Clear** 移除过滤器。

为每个会话着色后，我们可以看一看他们之间有什么关联，这将帮助我们更好地跟踪两台主机之间的通信过程。第一个会话（ports 6641/4433）是两端通信的开端，从这开始不会错了。右击会话里的任一个数据包，选择 **Follow TCP Stream** 可以看到被传输的数据，如图 12-25 所示。

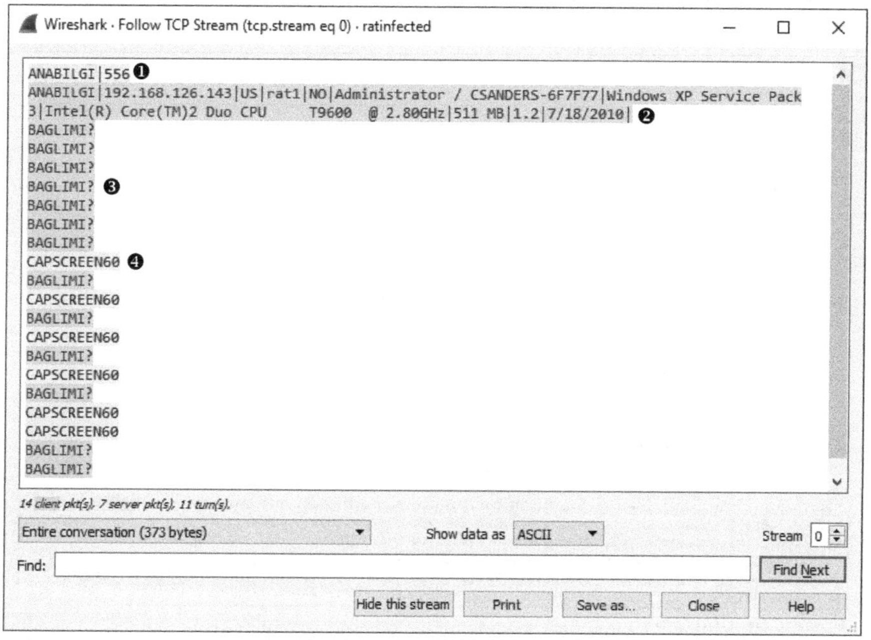

图 12-25　第一个会话产生了有趣的结果

很快，我们看到攻击者给受害者发送文本字符串“ANABILGI|556”❶。结果，受害者响应了一些基本系统信息，包括计算机名称（CSANDERS-6F7F77）和

使用的操作系统（Windows XP Service Pack 3）❷，并开始给攻击者发送回一些重复的字符串“BAGLIMI?”❸。攻击者返回的消息只有字符串“CAPSCREEN60”❹，出现了 6 次。

攻击者返回的字符串“CAPSCREEN60”很有意思，看一看它要带我们去哪里。我们再次使用 search 对话框在数据包中搜索这个文本字符串，指明 **String** 选项。

我们搜索到数据包 27 首次出现了这个字符串。这个信息的有趣之处在于，客户端一收到攻击者发送的这个字符串，就确认接收这个数据包，并在数据包 29 发起了一个新会话。

现在，如果我们跟随这个新会话（见图 12-26）的 TCP 流输出，就能看到熟悉的字符串“ANABILGI|12”，跟在后面的是字符串“SH|556”，最后是字符串“CAPSCREEN|C:\WINDOWS\jpgevhook.dat|84972”❶。注意到字符串“CAPSCREEN”之后指明的文件路径后面跟着不可读的文本。这里最吸引人的是不可读文本有一个前导字符串“JFIF”❷，Google 搜索一下知道，JPG 文件的开头部分通常就包含它。

图 12-26 似乎攻击者发起了对一个 JPG 文件的请求

到这里，我们可以负责任地说，攻击者发起新会话是为了传输这个 JPG 图像。但更重要的是，我们开始从流量中推断出一个命令结构。看起来，攻击者发送“CAPSCREEN”命令就可以发起 JPG 图像的传输。实际上，不管什么时候发送“CAPSCREEN”命令，结果都是一样的。为了验证这个结论，可以查看每个会话的流，或使用下面介绍的 Wireshark 的 IO 绘图功能。

（1）选择 **Statistics->IO Graphs**。

（2）在 5 个过滤器栏中分别插入 `tcp.stream eq 2`、`tcp.stream eq 3`、`tcp.stream eq 4`、`tcp.stream eq 5` 和 `tcp.stream eq 6`。

（3）单击 **Graph 1**、**Graph 2**、**Graph 3**、**Graph 4** 和 **Graph 5** 按钮分别启用各个过滤器的数据点。

（4）将 y 轴的单位改成 **Bytes/Tick**。

图 12-27 显示了结果图像。

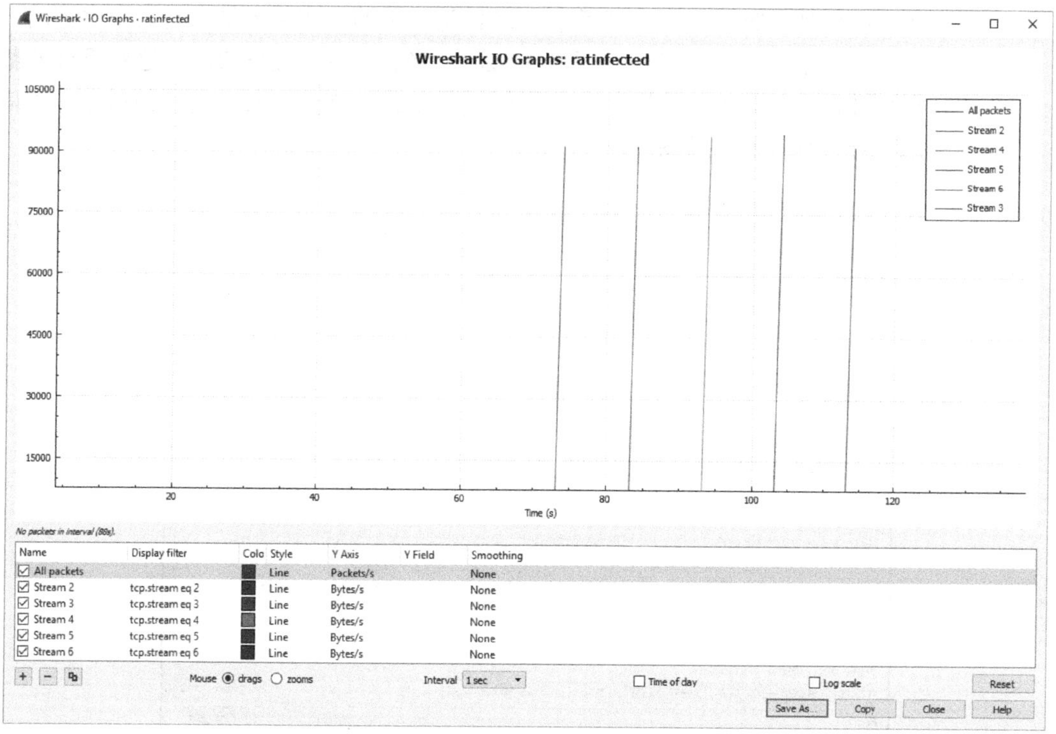

图 12-27　图像显示同样的活动重复了多次

从图 12-27 来看，似乎每个会话都包含同样大小的数据，并出现了同样多的时间。现在我们可以总结，这个活动重复了好几次。

对于传输的 JPG 图片内容，你可能已经有了些想法，所以让我们看一看是否能查看这些 JPG 文件。执行以下步骤可以从 Wireshark 中提取 JPG 数据。

（1）首先，对特定数据包的 TCP 流进行重组，如之前图 12-25 所示的文本。

（2）然后通信被分离出来，我们只能看到受害者发送给攻击者的流数据。选择下拉菜单旁边的箭头，那里写着 `Entire Conversation (85033 bytes)`。确保选择合适的流量方向，就是 `172.16.0.114:6643 --> 172.16.0.111:4433 (85020 bytes)`。

（3）在 **Show data as** 下拉列表中选择 **RAW**。

（4）选择 **Save As** 按钮保存数据，确保扩展名是.jpg。

你现在试一下，一定会发现它无法打开。因为我们还需要再做一步。不像在第 8 章从 FTP 流量中提取完整文件那样，这里的流量在真实数据之外还增加了一些额外内容。在这个例子中，TCP 流的前两行实际上是木马命令序列的一部分，而不属于 JPG 数据（见图 12-28）。当我们保存数据流时，这些额外的数据也被保存了下来。结果，文件浏览器查找 JPG 文件头时遇到了预料之外的信息，导致它不能打开图片。

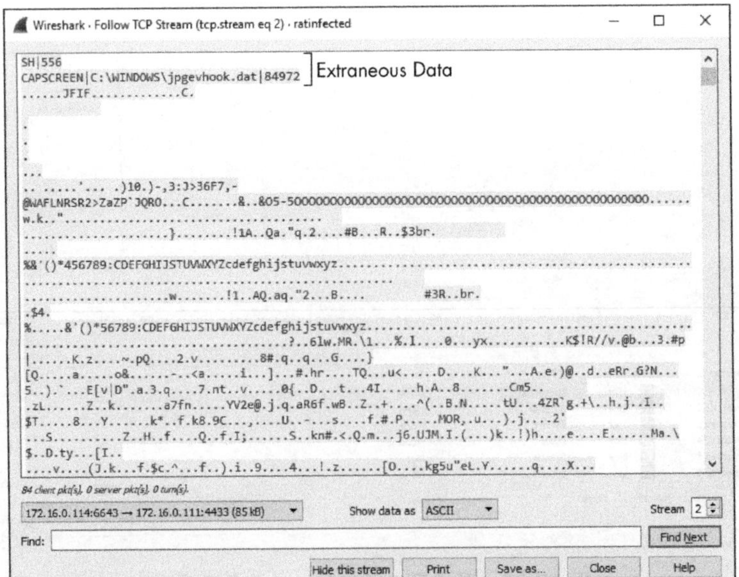

图 12-28 特洛伊木马增加的额外数据导致文件无法正确打开

用十六进制编辑器修复这个问题很简单。这个过程叫“文件修复”（File carving）。在图 12-29 中，我已经用 WinHex 选定 JPG 文件前面的一些字节。你可以使用任何十六进制编辑器删除这些字节并保存图片文件。

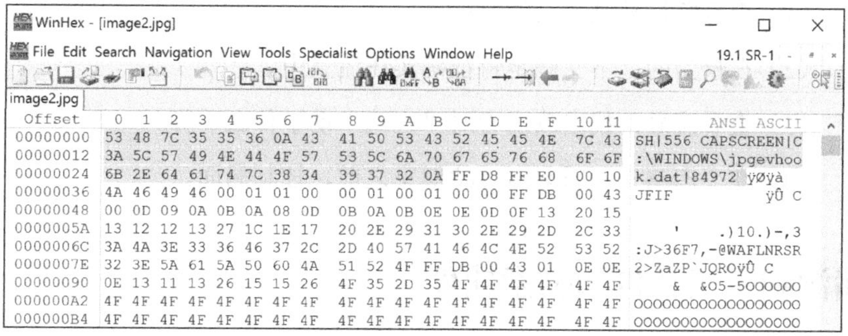

图 12-29 移除 JPG 文件中的附加字节

移除不需要的数据后，文件应该能够打开了。很显然，木马将受害者的桌面进行截屏，并发送回给攻击者（见图 12-30）。

图 12-30 发送的 JPG 文件是受害者计算机的屏幕截图

这些通信序列完成之后，通信就随着 TCP 拆除包而结束了。

这个场景展示的思考过程，就是一位入侵分析师分析 IDS 警报流量时，应遵循的典型步骤。

（1）查看警报及触发它的特征。

（2）在恰当的上下文确定特征确实在流量中。

（3）查看流量，找出攻击者对“肉鸡”动了什么手脚。

（4）在“肉鸡”泄露更多敏感信息之前，控制局面。

12.4 漏洞利用工具包和勒索软件

在最后一个场景中，我们将研究 IDS 的一次告警。我们将查看从被感染的系统中采集到的实时数据包，并尝试对攻击行为进行溯源。我们将在本例中使用可能会从身边设备中发现的真实恶意软件。

Snort 的 Sguil 控制台进行了一次 IDS 告警，如图 12-31 所示。Sguil 是用于对一个或多个感应器发出的告警进行管理、查看和研究的工具。它提供一个几乎是最友好的用户界面，是在安全研究人员中很流行的工具。

在 Sguil 中有很多关于这次告警的信息。顶部的窗口❶显示了告警的概要信息。包括在告警发生时的源和目的 IP 地址、端口，协议，根据匹配的 IDS 标识产生的事件消息。在本例中，本地系统 192.168.122.145 正在与位于 184.170.149.44 的未知外部系统进行通信，外部系统使用的端口为 80，此端口通常与 HTTP 通信联系起来。这个外部系统被认为是恶意主机，告警显示，该系统与一个识别恶意通信的标识有关，并且关于此系统，我们了解的信息很少。这次通信匹配到的标识代表了由 CyptoWall 恶意软件族发起的签到流量，这意味着一个该恶意软件的变体被安装在内部系统中。

Sguil 控制台提供了匹配规则的语法❷和单个数据包中与规则相匹配的数据❸。我们注意到，数据信息被拆分为协议头和数据部分，与 Wireshark 中的数据包信息展现形式类似。不幸的是，Sguil 仅提供单个被匹配的数据包的信息，但是我们需要更深入的研究。下一步，在 Wireshark 中检查与这次告警相关的通信，尝试定位告警流量，并查看出现的问题。这些流量在 cryptowall4_c2.pcapng 中。

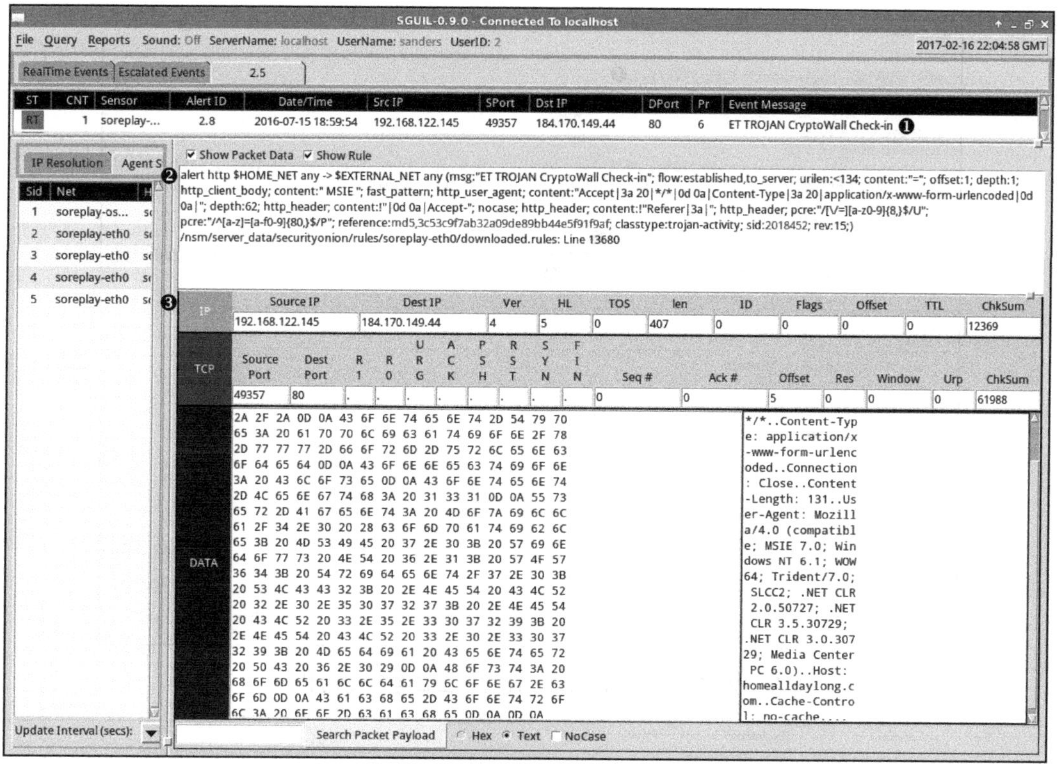

图 12-31　IDS 告警表明一次 CryptoWall 4 感染

这个抓包文件包含了告警时间前后的通信过程，数据并不是太复杂。第一次会话出现在数据包 1～16 中，我们可以跟踪会话的 TCP 流（见图 12-32）以便于查看。在抓包文件的开头，本地系统建立了到恶意主机 80 端口的 TCP 连接，之后向一个 URL ❶发起了一次 POST 请求，请求包含少量带有文字与数字的数据❷。在连接正常断开前，恶意主机回复了一个由文字和数字组成的字符串❹和 HTTP 200 OK 响应码。

如果浏览抓包文件的剩余部分，你会发现以上的序列在这些服务器之间重复出现，每次传输的数据量有差异。设置筛选条件为 `http.request.method == "POST"`，看到出现了 3 次类似 URL 结构的连接（见图 12-33）。

请求页面部分（76N1Lm.php）保持一致，但是余下的内容（被发至该页面的参数和数据）有变动。这个重复的通信序列和请求结构，与恶意软件的命令和控制（C2）行为一致，并符合此 IDS 告警标识的匹配规则。你可以在流行的 Cyrpto 研究网站 Crypto Tracker 上看到一个类似的例子，从而进一步核实。

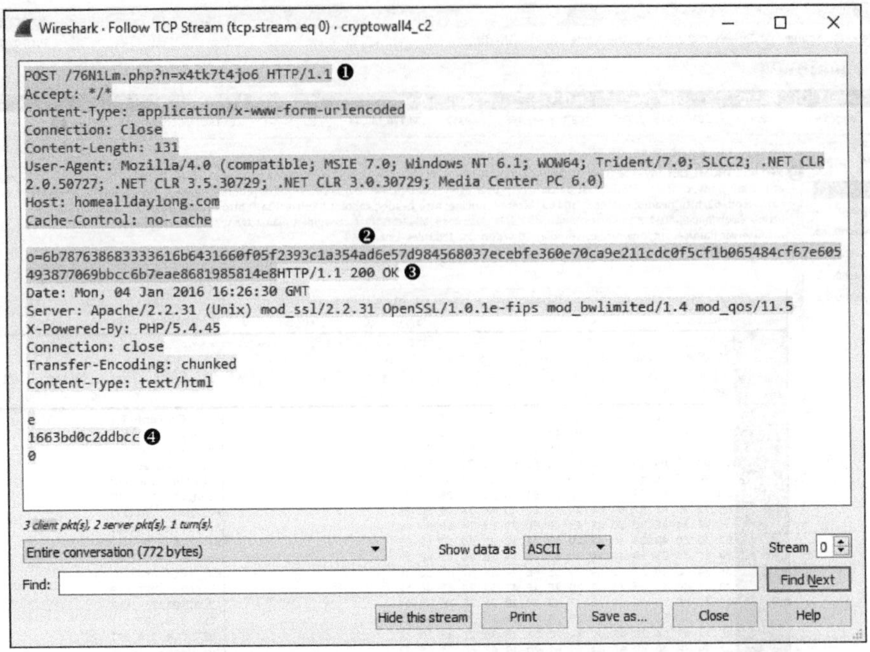

图 12-32 少量信息通过 HTTP 在服务器之间传输

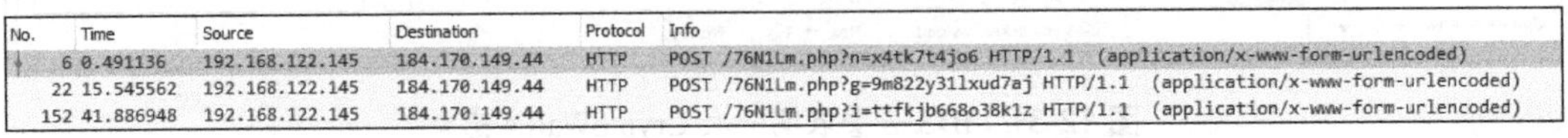
No. Time Source Destination Protocol Info
6 0.491136 192.168.122.145 184.170.149.44 HTTP POST /76N1Lm.php?n=x4tk7t4jo6 HTTP/1.1 (application/x-www-form-urlencoded)
22 15.545562 192.168.122.145 184.170.149.44 HTTP POST /76N1Lm.php?g=9m822y31lxud7aj HTTP/1.1 (application/x-www-form-urlencoded)
152 41.886948 192.168.122.145 184.170.149.44 HTTP POST /76N1Lm.php?i=ttfkjb668o38k1z HTTP/1.1 (application/x-www-form-urlencoded)

图 12-33 URL 结构显示，不同的数据被发送至同一个页面

既然已经确定发生了基于恶意软件的 C2 通信，我们就应该采取补救措施，并定位被感染的机器。当问题涉及例如 CryptoLocker 的恶意软件时，这样的措施尤为重要，因为这类恶意软件会试图加密用户数据，除非用户支付高额赎金，否则攻击者不会提供解密密钥——这类恶意软件被称为勒索软件。被勒索软件感染的补救措施不在本书的讨论范围内；在现实场景中，这是安全分析人员的后续研究内容。

通常，下一个需要考虑的问题是，内部系统最初是如何被恶意软件感染的。如果答案能够被确定，那么你可能会发现其他设备因为类似的原因被另外的恶意软件感染；或者能够开发防护工具、制定检测机制，避免可能发生的感染。

告警数据包仅显示了被感染后的 C2 序列。在采用了安全监控和持续抓包的网络中，很多感应器被设置为存储几小时或几天内的流量数据，用于取证分析。毕竟，不是每一个机构都使用了能够实时告警的设备。数据包的临时存储让我们能够查看，在前面看到的 C2 序列开始之前，被感染主机发出的数据。这些流量数据在 ek_to_cryptowall4.pcapng 中。

在这个抓包文件中有更多的数据包，新增数据包都是 HTTP 通信数据。我们已经了解了 HTTP 是如何工作的，现在让我们切入正题，设置过滤条件为 http.request，仅查看 HTTP 请求。筛选结果显示了 11 次由内部主机发起的 HTTP 请求（见图 12-34）。

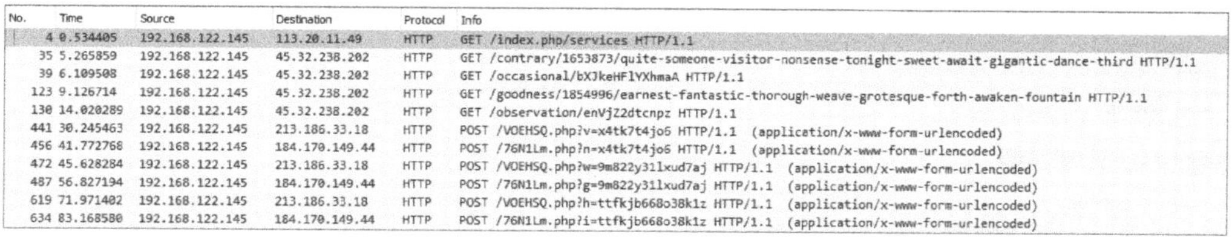

No. Time Source Destination Protocol Info
4 0.534405 192.168.122.145 113.20.11.49 HTTP GET /index.php/services HTTP/1.1
35 5.265859 192.168.122.145 45.32.238.202 HTTP GET /contrary/1653873/quite-someone-visitor-nonsense-tonight-sweet-await-gigantic-dance-third HTTP/1.1
39 6.109508 192.168.122.145 45.32.238.202 HTTP GET /occasional/bXJkeHFlYXhmaA HTTP/1.1
123 9.126714 192.168.122.145 45.32.238.202 HTTP GET /goodness/1854996/earnest-fantastic-thorough-weave-grotesque-forth-awaken-fountain HTTP/1.1
130 14.020289 192.168.122.145 45.32.238.202 HTTP GET /observation/enVjZ2dtcnpz HTTP/1.1
441 30.245463 192.168.122.145 213.186.33.18 HTTP POST /VOEHSQ.php?v=x4tk7t4jo6 HTTP/1.1 (application/x-www-form-urlencoded)
456 41.772768 192.168.122.145 184.170.149.44 HTTP POST /76N1Lm.php?n=x4tk7t4jo6 HTTP/1.1 (application/x-www-form-urlencoded)
472 45.628284 192.168.122.145 213.186.33.18 HTTP POST /VOEHSQ.php?w=9m822y31lxud7aj HTTP/1.1 (application/x-www-form-urlencoded)
487 56.827194 192.168.122.145 184.170.149.44 HTTP POST /76N1Lm.php?g=9m822y31lxud7aj HTTP/1.1 (application/x-www-form-urlencoded)
619 71.971402 192.168.122.145 213.186.33.18 HTTP POST /VOEHSQ.php?h=ttfkjb668o38k1z HTTP/1.1 (application/x-www-form-urlencoded)
634 83.168580 192.168.122.145 184.170.149.44 HTTP POST /76N1Lm.php?i=ttfkjb668o38k1z HTTP/1.1 (application/x-www-form-urlencoded)

图 12-34 11 个由内部主机发起的 HTTP 请求

第一个请求由内部主机 192.168.122.145 发往未知外部主机 113.20.11.49。查看数据包的 HTTP 部分（见图 12-35），我们发现用户请求了一个页面❶，页面入口为 Bing 搜索这个网址的结果❷。到目前为止，看起来一切正常。

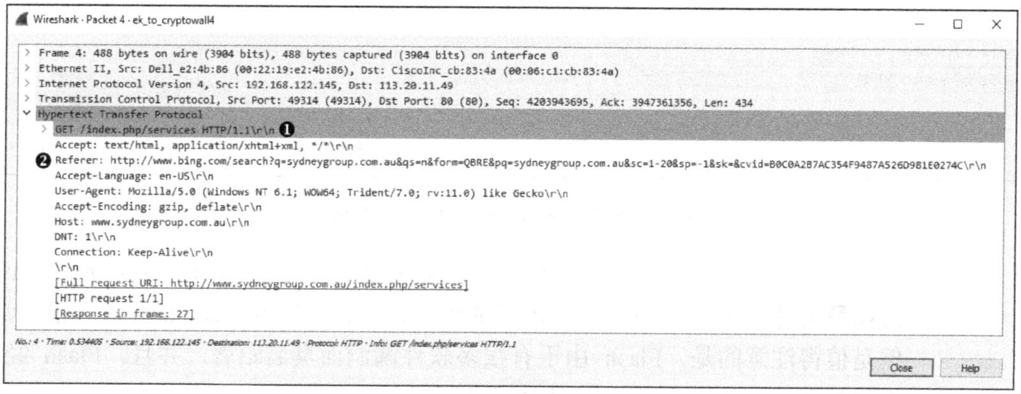

图 12-35 一次发往未知外部主机的 HTTP 请求

接下来，内部主机在数据包 35、39、123 和 130 中发送了 4 个向另一个未知外部主机 45.32.238.202 的请求。在之前章节的例子中我们了解到，当浏览器访问的页面包含外部内容引用或第三方服务器上的广告时，从网站服务器以外的主机获取内容是很常见的。虽然请求的 URL 看起来有些杂乱，但是这个请求本身并不令人担忧。

从数据包 39 中的 GET 请求开始，数据开始值得注意。跟踪这次交互的 TCP 流（见图 12-36），你会发现内部主机请求了名为 bXJkeHFlYXhmaA 的文件❶。这个文件名比较奇怪，并且没有文件扩展名。

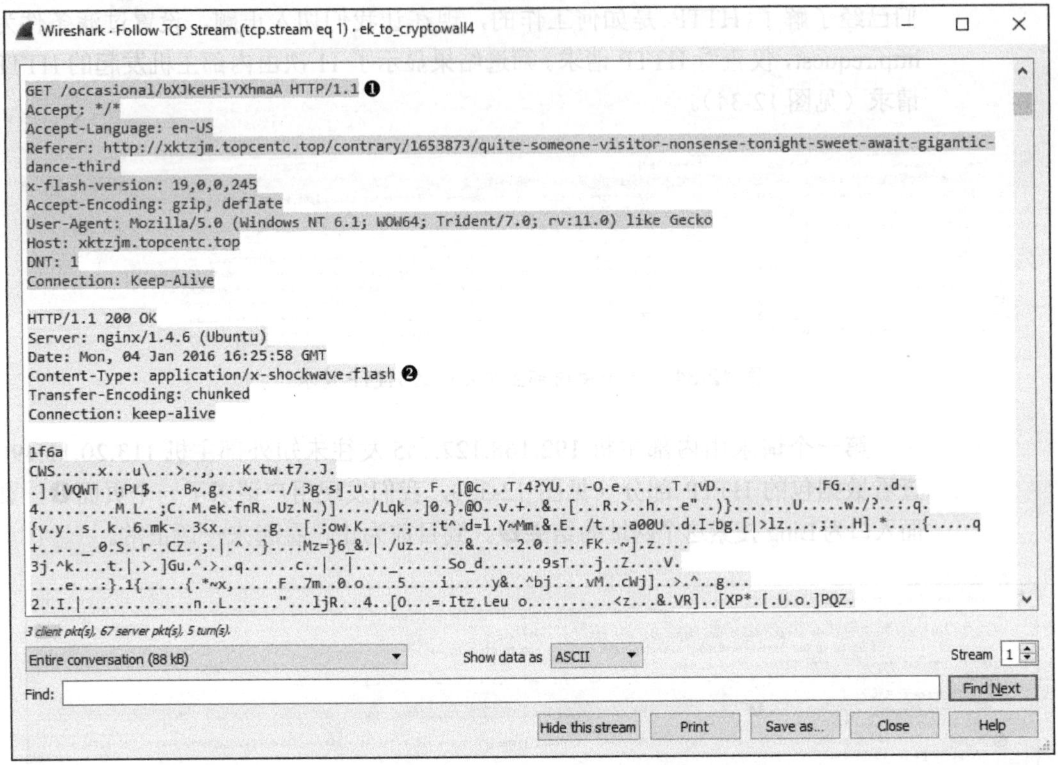

图 12-36　一个名称奇怪的 Flash 文件被下载

在更细致的检查中，我们看到 Web 服务器将文件内容识别为 x-shockwave-flash❷类型。Flash 是浏览器上流行的流媒体插件。设备下载 Flash 内容很正常，但是值得注意的是，Flash 由于有很多软件漏洞而臭名昭著，并且，Flash 经常不修补漏洞。随后，Flash 文件被成功下载。

Flash 文件被下载后，在数据包 130 中有一个类似的请求——请求一个名称奇怪的文件。跟踪这个 TCP 流（见图 12-37），你会看到请求的文件名为 enVjZ2dtcnpz❶。这个文件的类型没有被扩展名标明或被服务器识别。这个请求完成后，客户端下载了一个大小为 358400 字节的无法阅读的数据文件❷。

该文件下载完毕后不到 20s，你会看到在图 12-34 中出现过的一系列 HTTP 请求。从数据包 441 开始，内部服务器向两个不同的服务器发送相同的 C2 格式

HTTP POST 请求。我们可能发现了感染的源头。下载的两个文件是问题的原因。数据包 39 中请求的第一个文件是一个 Flash 漏洞利用程序，在数据包 130 中请求的第二个文件是恶意软件。

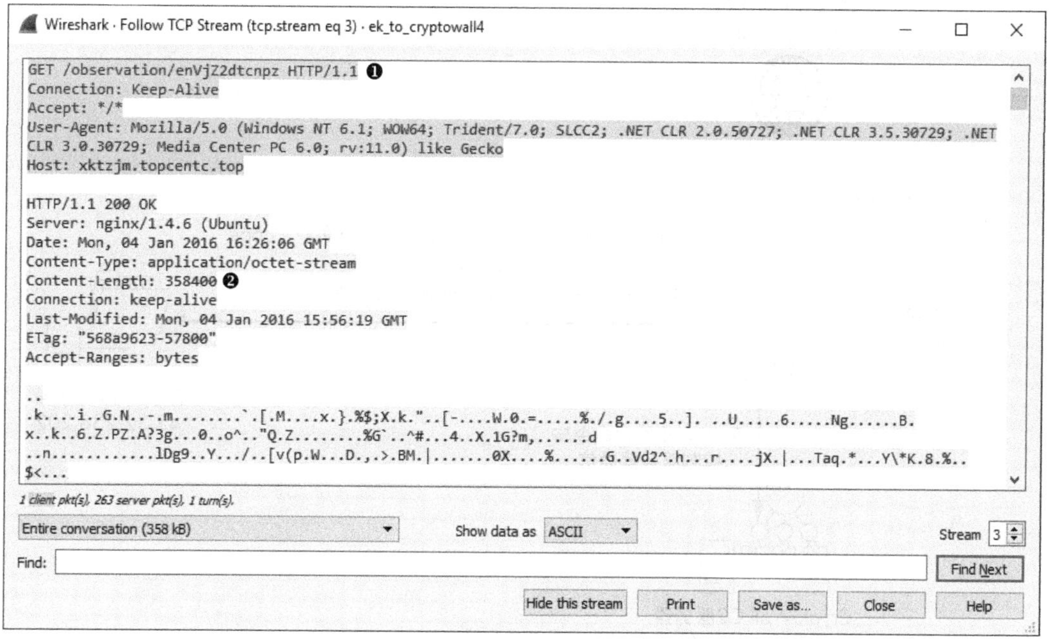

图 12-37　另一个名称奇怪的文件被下载，其文件名未被识别

注意　你可以使用恶意软件分析技术，对流量数据中包含的文件进行解码和分析。如果你对恶意软件逆向工程感兴趣，我推荐 MIchael Sikorski 和 Andrew Honig 的《恶意代码分析实战》(2012)，另一本 No Starch Press 的书，也是我个人最喜欢的书之一。

这个场景代表了最常见的恶意软件感染技术之一。用户在浏览网页时，误入了一个被漏洞利用工具包插入了恶意重定向代码的网站。这些漏洞利用程序感染正规网站，并具备采集客户端指纹信息的功能，以确定客户端存在的漏洞。被感染的页面被称为漏洞利用工具着陆页，它的目的是，根据工具包确定的用户系统存在的漏洞，将用户客户端重定向至另一个含有对应漏洞利用程序的站点。

你刚才看到的数据包来源于 Angler 漏洞利用工具包，其可能是 2015 年和 2016 年最常见的工具包。当用户访问一个被 Angler 感染的网站时，此工具包会辨别用户系统是否存在一个特定的 Flash 漏洞。随后，用户下载一个 Flash 软件，用户系统被感染，用户下载第二个载荷——CryptoWall 恶意软件并安装。整个过程如图 12-38 所示。

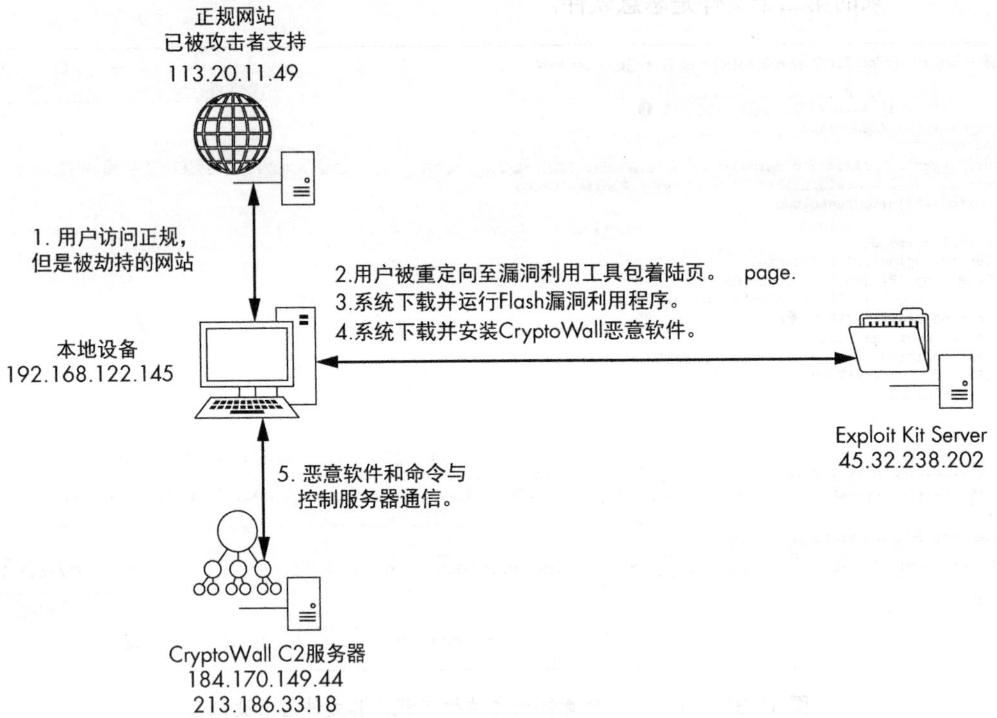

图 12-38 漏洞利用工具包感染过程

12.5 小结

在本章，我们讲解了如何在安全相关的场景中解析数据包捕获、分析常见攻击技术以及响应 IDS 警报等内容。这些内容足可以写一本书。而我们只是学习了一些常用的扫描和枚举类型、一种常见的中间人攻击技术、两个如何利用系统漏洞的例子，以及一旦发生这些情况会有什么后果而已。

第13章

无线网络数据包分析

与传统有线网络相比，无线网络稍微有些不同。虽然我们仍然在处理 TCP、IP 等常见的通信协议，但是当移到 OSI 模型最底层时，游戏便发生了一点变化。在这里，由于无线网络和物理层的本质属性，数据链路层变得尤为重要。这给我们捕获和访问数据增加了新的限制。

考虑到这些额外因素，你应该不会惊讶于这一整章都将讨论无线网络中的数据包捕获和分析。本章我们将讨论为什么无线网络在数据包分析中比较特殊，以及如何克服这些困难。当然，我们会通过捕获无线网络的实际例子来进行说明。

13.1 物理因素

在无线网络中捕获和分析传输数据，首先考虑的是物理传输介质。到目前为止，我们都没有考虑物理层，因为我们一直在物理的线缆上通信。现在我们通过不可见的无线电波通信，数据包就从我们身边飞过。

13.1.1 一次嗅探一个信道

当从无线局域网（Wireless Local Area Network，WLAN）捕获流量时，最特殊的莫过于无线频谱是共享介质。不像有线网络的每个客户端都有它自己的网线连接到交换机，无线通信的介质是客户端共享的空域。单个 WLAN 只占用 802.11 频谱的一部分。这允许同一个物理空间的多个系统在频谱不同的部分进行操作。

注意 无线网络的基础是美国电子和电气工程师协会（Institute of Electrical and Electronics Engineers，IEEE）开发的 802.11 标准。整章涉及的“无线网络”“WLAN”等术语均指 802.11 标准中的网络。

空间上的分离是通过将频谱划分为不同信道实现的。一个信道只是 802.11 无线频谱的一部分。在美国，有 11 个信道可用（有些国家允许使用更多的信道）。这是很重要的，因为 WLAN 同时只能操作一个信道，就意味着我们只能同时嗅探一个信道，如图 13-1 所示。所以，如果你要处理信道 6 的 WLAN，就必须将系统配置成捕获信道 6 的流量。

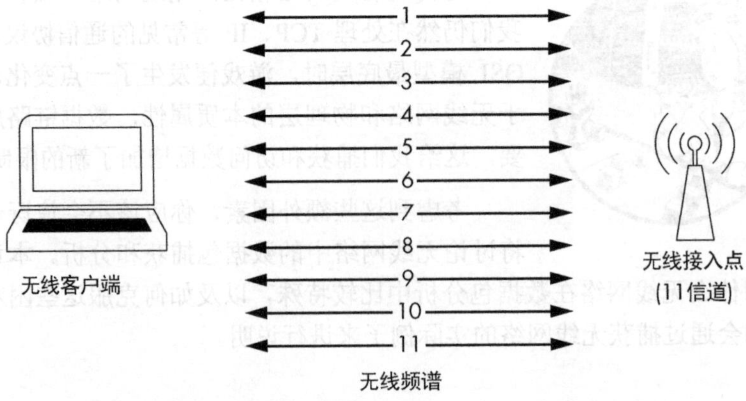

图 13-1　嗅探无线网络很麻烦，因为同一时间只能处理一个信道

注意　传统的无线嗅探只能同时处理一个信道，但有一个例外：某些无线扫描应用程序使用“跳频”技术，可以迅速改变监听信道以收集更多数据。其中一个很流行的工具是 Kismet 可以每秒跳跃 10 个信道，从而高效地嗅探多个信道。

13.1.2 无线信号干扰

当有其他因素干扰信号时，无线通信不能保证空气中传输的数据是完整的。无线网络有一定的抗干扰特性，但并不完全可靠。因此，当从无线网络捕获数据包时，你必须注意周边环境，确保没有大的干扰源，比如大型反射面、大块坚硬物体、微波炉、2.4GHz 无绳电话、厚墙面，以及高密度表面等。这些可能导致数据包丢失、重复数据包或数据包损坏。

同时你还要考虑信道间干扰。虽然同一时刻只能嗅探一个信道，但还是有些小小的忠告：无线频谱被分为多个不同的传输信道，但因为频谱空间有限，所以信道间有些许重叠，如图 13-2 所示。这意味着，如果信道 4 和信道 5 上都有流量，那么当你在其中一个信道上嗅探时，会捕获到另一个信道上的数据包。通常，同一地域上的多个网络被设置成使用 1、6 和 11 这 3 个不重叠信道，所以你可能不会遇到这个问题，但以防万一，你还是要了解这是怎么回事。

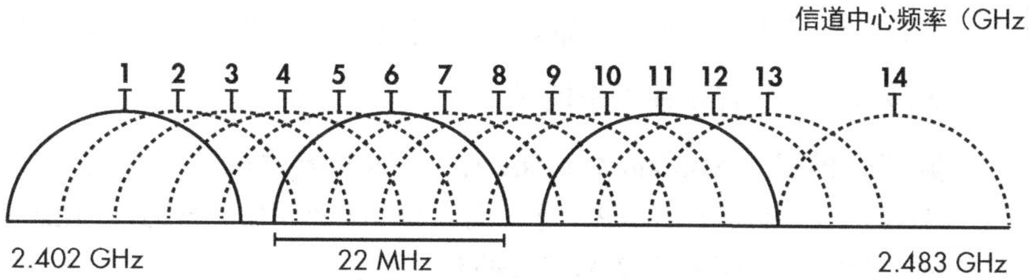

图 13-2　由于频谱空间有限，信道之间有重叠

13.1.3 检测和分析信号干扰

无线信号干扰的问题不是在 Wireshark 上观察数据包就能解决的。如果你致力于维护 WLAN，那么就应该定期检测信号干扰。这可以用频谱分析器来完成，它可以显示频谱上的数据或干扰。

商业的频谱分析器价格昂贵，价格甚至高达数千美元，但对于日常使用则有更好的方案。MetaGeek 开发了一个叫 Wi-Spy 的产品，这是一个 USB 硬件设备，用于监测整个 802.11 频谱上的干扰。与 MetaGeek 的 Chanalyzer 软件搭配后，这个硬件可以输出图形化频谱，有助于解决无线网络的问题。Chanalyzer 的示例输出如图 13-3 所示。

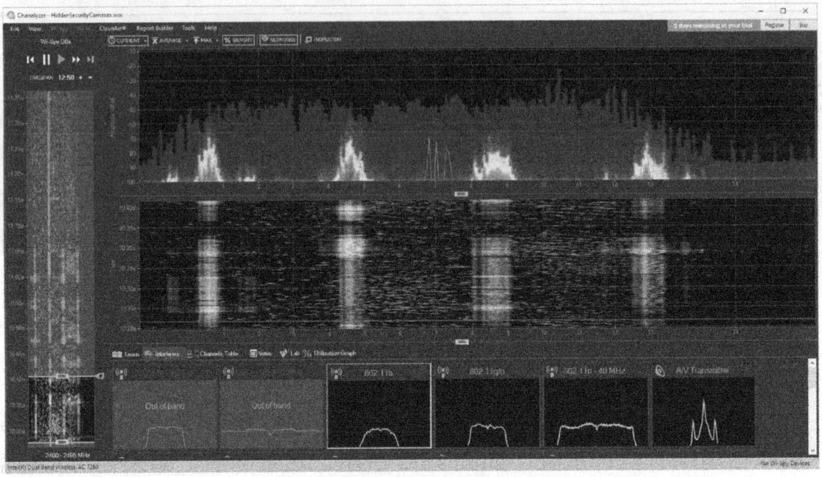

图 13-3　这个 Chanalyzer 显示同一地点有多个 WLAN 在工作

13.2　无线网卡模式

在开始嗅探无线数据包之前，我们需要了解无线网卡的不同工作模式。

无线网卡一共有 4 种工作模式。

被管理模式（Managed mode）：当你的无线客户端直接与无线接入点（Wireless Access Point，WAP）连接时，就可以使用这个模式。在这个模式中，无线网卡的驱动程序依赖 WAP 管理整个通信过程。

Ad-hoc 模式：当你的网络由互相直连的设备组成时，就可以使用这个模式。在这个模式中，无线通信双方共同承担 WAP 的职责。

主模式（Master mode）：一些高端无线网卡还支持主模式。这个模式允许无线网卡使用特制的驱动程序和软件工作，作为其他设备的 WAP。

监听模式（Monitor mode）：就我们的用途而言，这是一个重要的模式。当你希望无线客户端停止收发数据，专心监听空气中的数据包时，就可以使用监听模式。要使 Wireshark 捕获无线数据包，你的无线网卡和配套驱动程序必须支持监听模式（也叫 RFMON 模式）。

大部分用户只使用无线网卡的被管理模式或 Ad-hoc 模式。图 13-4 展示了各种模式如何工作。

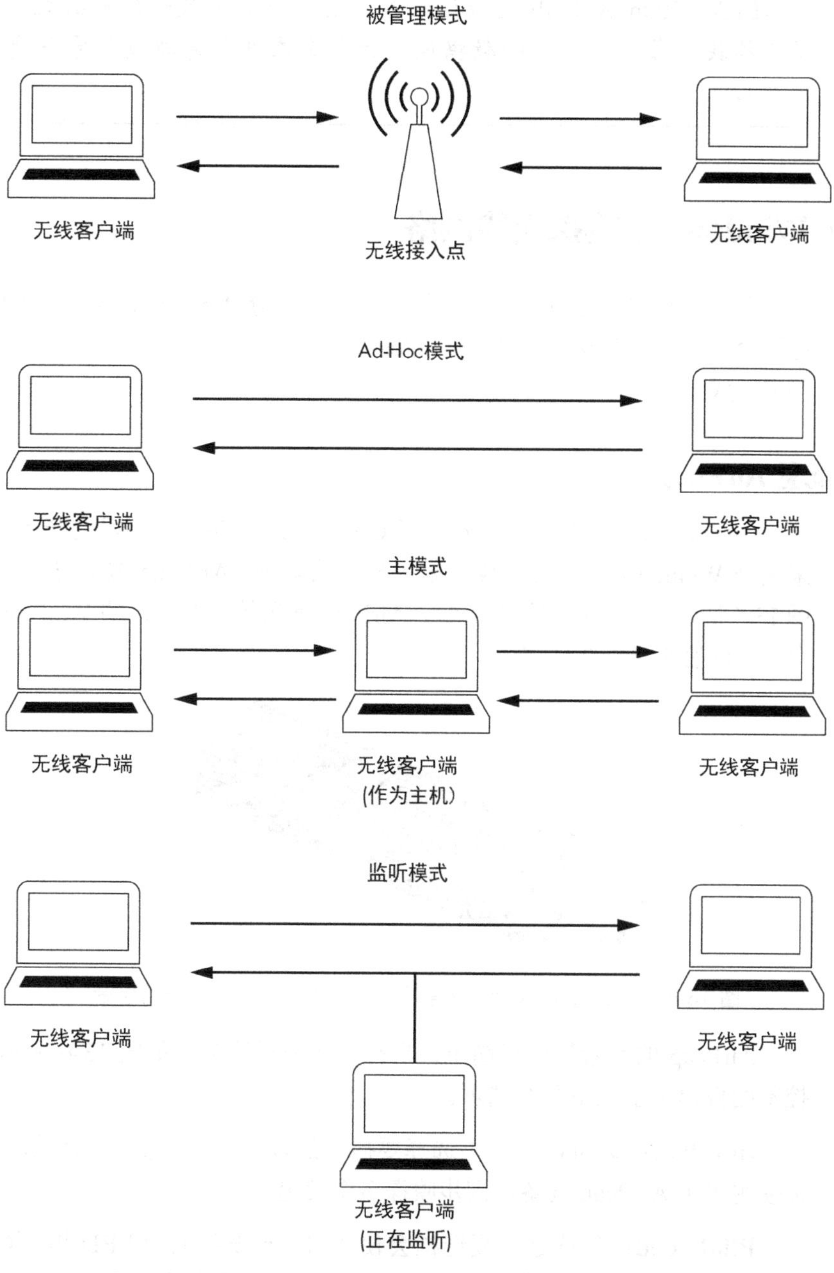

图 13-4　不同的无线网卡模式

注意 经常有人问我推荐哪款无线网卡做数据包分析。我强烈推荐自己使用的 ALFA 1000mW USB 无线适配器。这是市场上最好的产品之一，它能确保你捕获到每一个可能的数据包。大部分在线计算机硬件零售商都销售此款产品。

13.3 在 Windows 上嗅探无线网络

即使你有支持监听模式的无线网卡，大部分基于 Windows 的无线网卡驱动也不允许你切换到这个模式（WinPcap 也不支持这么做）。你需要一些额外的硬件来完成工作。

13.3.1 配置 AirPcap

AirPcap（现在是 Riverbed 旗下 CACE Technologies 公司的产品）被设计用来突破 Windows 强加给无线数据包分析的限制。AirPcap 像 U 盘一样小巧，如图 13-5 所示，用于捕获无线流量。AirPcap 使用第 3 章讨论的 WinPcap 驱动和一个特制的客户端配置工具。

图 13-5 AirPcap 的设计非常紧凑，适合与笔记本电脑一同携带

AirPcap 的配置程序很简单，只有一些配置选项。如图 13-6 所示，AirPcap 控制面板提供了以下几个选项。

Interface：你可以在这里选择要捕获的设备。一些高级的分析场景会要求你使用多个 AirPcap 设备，同步嗅探多个信道。

Blink Led：勾选这个复选框会使 AirPcap 设备上的 LED 指示灯闪烁。当存在多个 AirPcap 设备时，这可用来识别正在使用的适配器。

Channel：在这个下拉菜单里，你可以选择希望 AirPcap 监听的信道。

Include 802.11 FCS in Frames：默认情况下，一些系统会抛弃无线数据包的最后 4 个校验和比特。这个被称为帧校验序列（Frame Check Sequence，FCS）的校验和用来确保数据包在传输过程中没有被破坏。除非你有特别的理由，否则请勾选这个复选框（包含 FCS 校验和）。

Capture Type：这里有两个选项——802.11 Only 和 802.11 + Radio。802.11 Only 选项包含标准的 802.11 数据包头。802.11 + Radio 选项包含这个包头以及前端的 radiotap 头部，因而包含额外信息，比如数据率、频率、信号等级和噪声等级。选择 802.11 + Radio 以观察所有可用的数据信息。

FCS Filter：即便你没有选择 Include 802.11 FCS in Frames，这个选项也可以过滤 FCS 认为已经被损坏的数据包。使用 Valid Frames 选项可以只显示 FCS 认为成功接收的那些数据包。

WEP Configuration：这个区域（在 AirPcap Control Panel 的 Keys 选项卡可见）允许你输入所嗅探网络的 WEP 密码。为了能解密 WEP 加密的数据，你需要在这里填入正确的 WEP 密码。WEP 密码将在 13.9 节中讨论。

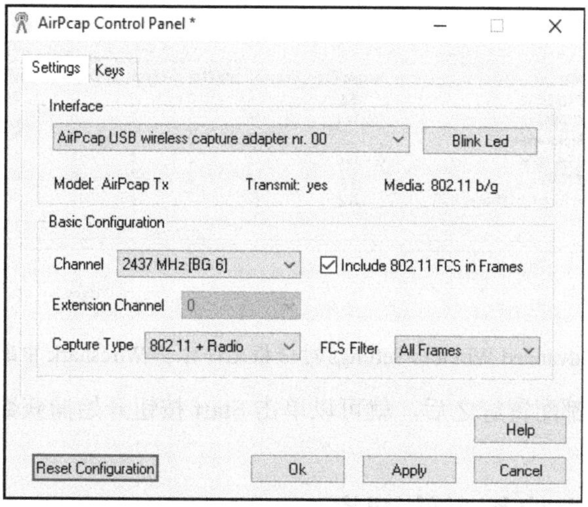

图 13-6　AirPcap 配置程序

13.3.2　使用 AirPcap 捕获流量

安装并配置好 AirPcap 后，你应该对捕获过程很熟悉了。只需要启动 Wireshark 并选择 **Capture->Options**。接着，在 **Interface** 下拉框中选择 AirPcap

设备❶，如图 13-7 所示。

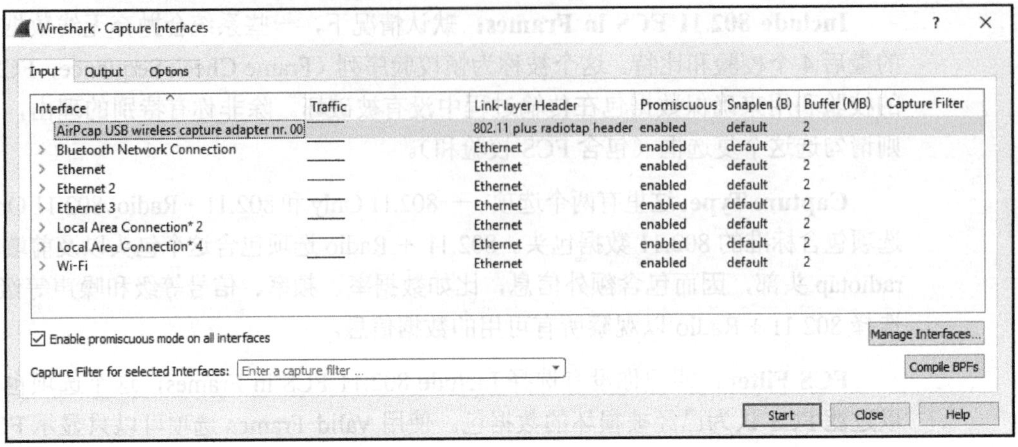

图 13-7 选择 AirPcap 设备作为你的捕获接口

除了 Wireless Settings 按钮外，屏幕上的一切都很熟悉。单击这个按钮会给出与 AirPcap 配置程序一样的选项，如图 13-8 所示。AirPcap 是完全嵌入 Wireshark 的，因此所有配置都可以在 Wireshark 中修改。

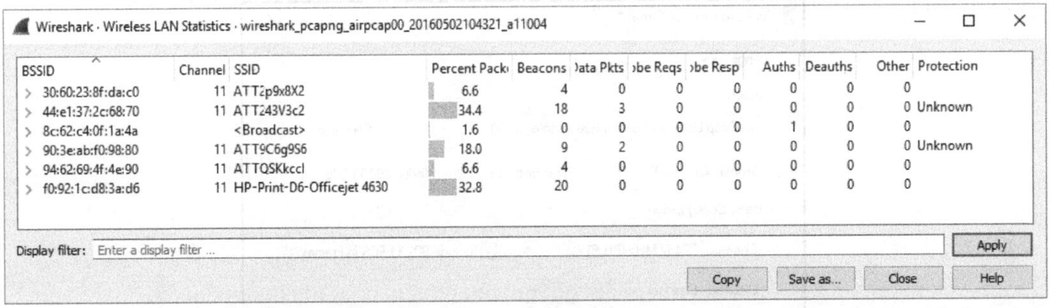

图 13-8 Advanced Wireless Settings 对话框允许你在 Wireshark 中配置 AirPcap

一切都配置好之后，就可以单击 Start 按钮开始捕获数据包了。

13.4 在 Linux 上嗅探无线网络

在 Linux 系统嗅探只需要简单地启用无线网卡的监听模式，然后启动 Wireshark 即可。然而，不同型号的无线网卡启用监听模式的流程各不相同，所以在这里我不能给出明确提示。实际上，有些无线网卡并不要求你启用监听模式。你最好 Google 一下你的网卡型号，确定是否需要启用它，以及如何启用。

在 Linux 系统中，通过内置的无线扩展程序启用监听模式是常用的办法之一。你可以用 iwconfig 命令打开无线扩展程序。如果你在控制台上键入 iwconfig，应该会看到这样的结果：

```
$ iwconfig
eth0  no wireless extensions
lo0   no wireless extensions
eth1  IEEE 802.11g     ESSID:"Tesla Wireless Network"
      Mode:Managed  Frequency:2.462 GHz  Access Point:00:02:2D:8B:70:2E
      Bit Rate:54 Mb/s  Tx-Power-20 dBm  Sensitivity=8/0
      Retry Limit:7  RTS thr: off  Fragment thr: off
      Power Management: off
      Link Quality=75/100  Signal level=-71 dBm  Noise level=-86 dBm
      Rx invalid nwid:0  Rx invalid crypt:0  Rx invalid frag:0
      Tx excessive retries:0  Invalid misc:0  Missed beacon:2
```

iwconfig 命令的输出显示 eth1 接口可以进行无线配置。这是显然的，因为它显示了与 802.11g 协议有关的数据，反观 eth0 和 lo0，它们只返回了“no wireless extensions”。

这个命令提供了许多无线配置信息，仔细看一下，有无线扩展服务设置 ID（Extended Service Set ID，ESSID）、频率等。我们注意到“eth1”下面一行显示，模式已经被设置为“被管理”，这也就是我们想改动的地方。

要将 eth1 改成监听模式，你必须以 root 用户身份登录。可以直接登录或用切换用户（su）命令，如下所示：

```
$ su
Password:<enter root password here>
```

在你成为 root 用户后，就可以键入命令来配置无线网卡选项了。输入以下命令可以将 eth1 配置成监听模式：

```
# iwconfig eth1 mode monitor
```

网卡进入监听模式后，再次运行 iwconfig 命令应该能反映出变化。输入以下命令，以确保 eth1 接口可以工作：

```
# iwconfig eth1 up
```

我们也将使用 iwconfig 命令改变监听信道，输入以下命令，改变 eth1 接口的信道为信道 3：

```
# iwconfig eth1 channel 3
```

注意 你可以在捕获数据包的过程中随意修改信道，所以随便改吧，没问题！也可以将 iwconfig 命令脚本化以简化过程。

完成这些配置后，请启动 Wireshark 开始你的数据包捕获之旅！

13.5 802.11 数据包结构

无线数据包与有线数据包的主要不同在于额外的 802.11 头部。这是一个第 2 层的头部，包含与数据包和传输介质有关的额外信息。802.11 分组有 3 种类型。

管理：这些分组用于在主机之间建立 2 层连接。管理分组还有一些重要的子类型，包括认证（authentication）、关联（association）和信号（beacon）分组。

控制：控制分组允许管理分组和数据分组的发送，并与拥塞管理有关。常见的子类型包括请求发送（request-to-send）和准予发送（clear-to-send）分组。

数据：这些分组含有真正的数据，也是唯一可以从无线网络转发到有线网络的数据包。

一个无线数据包的类型和子类型决定了它的结构，因此各种数据包结构可能不计其数。我们将考察其中一种结构，请看 80211beacon.pcap 文件里的单个数据包。这个文件包含一种叫 beacon 的管理数据包的例子，如图 13-9 所示。

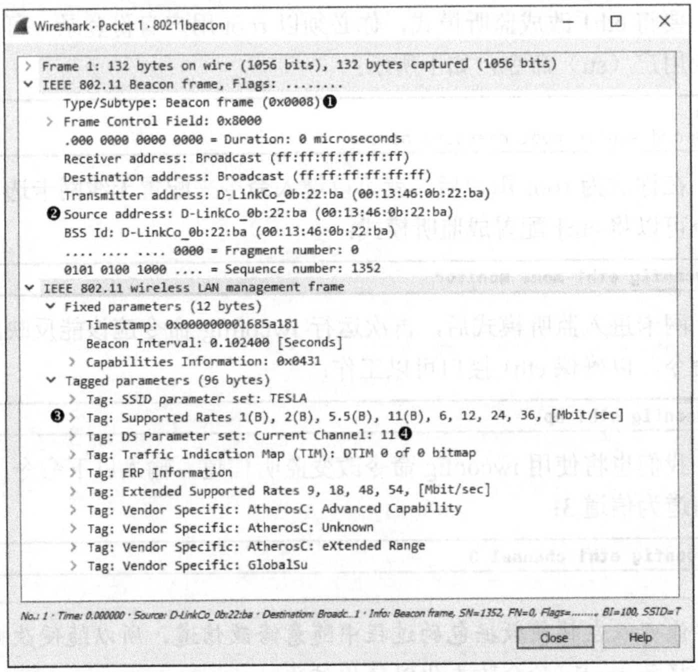

图 13-9 这是一个 802.11 beacon 数据包

beacon 是你能找到的最有信息量的无线数据包之一。它作为一个广播数据包由 WAP 发送，穿过无线信道通知所有无线客户端存在这个可用的 WAP，并定义了连接它必须设置的一些参数。在我们的示例文件中，你可以看到这个数据包在 802.11 头部的 Type/Subtype 域被定义为 beacon❶。

在 802.11 管理帧头部发现了其他信息，包括以下几点。

Timestamp：发送数据包的时间戳。

Beacon Interval：beacon 数据包重传间隔。

Capability Information：WAP 的硬件容量信息。

SSID Parameter Set：WAP 广播的 SSID（网络名称）。

Supported Rates：WAP 支持的数据传输率。

DS Parameter：WAP 广播使用的信道。

这个头部也包含了来源和目的地址以及厂商信息。

在这些知识的基础上，我们可以了解到示例文件中发送 beacon 的 WAP 的很多信息。显然这是一台 D-Link 设备❷，使用 802.11b 标准（B）❸，在信道 11 上工作❹。

虽然 802.11 管理数据包的具体内容和用途不一样，但总体结构跟这个例子相差不大。

13.6 在 Packet List 面板增加无线专用列

如你所见，Wireshark 通常在 Packet List 面板显示 6 个不同的列。分析无线数据包之前，让我们在 Packet List 面板增加 3 个新列。

- RSSI（for Received Signal Strength Indication）列，显示捕获数据包的射频信号强度。
- TX Rate（for Transmission Rate）列，显示捕获数据包的数据率。
- Frequency/Channel 列，显示捕获数据包的频率和信道。

当处理无线连接时，这些提示信息将会非常受用。例如，即使你的无线客户端软件告诉你信号强度很棒，捕获数据包并检查这些列时，也许会得到与该声明不符的数字。

按照以下步骤，在 Packet List 面板增加这些列。

（1）选择 **Edit->Preferences**。

（2）到 **Columns** 部分，并单击 **Add**。

（3）在 Title 域键入 **RSSI**，并在域类型下拉列表中选择 **IEEE 802.11 RSSI**。

（4）为 TX Rate 和 Frequency/Channel 列重复此过程，为它们取个恰当的 Title，并在 Field type 下拉列表选择 **IEEE 802.11 TX Rate** 和 **Channel/Frequency**。添加三列之后，Preferences 窗口应该像图 13-10 一样。

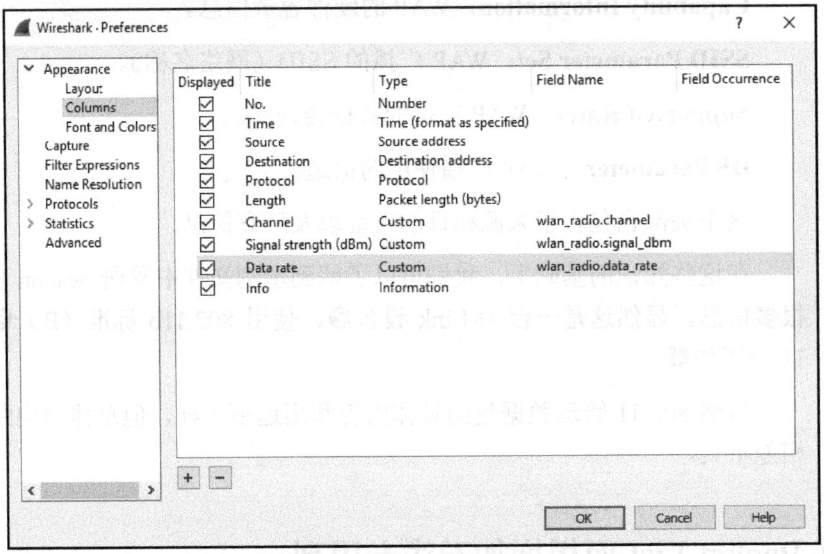

图 13-10　在 Packet List 面板增加与无线相关的列

（5）单击 **OK** 使改动生效。

（6）重启 Wireshark 以显示新列。

13.7　无线专用过滤器

我们在第 4 章讨论过了使用捕获和显示过滤器的好处。在有线网络中筛选流量要容易得多，因为每个设备有它自己的专用线缆。然而，在无线网络中，所有无线客户端产生的流量都同时存在于共享信道中，这意味着捕获任意一个信道，都将包含几十个客户端的流量。本节要讨论的焦点就是数据包过滤器，它可帮你找到特定流量。

13.7.1 筛选特定 BSS ID 的流量

网络上每一个 WAP 都有它自己的识别名，叫作“基础服务设备识别码”（Basic Service Set Identifier，BSS ID）。接入点发送的每一个管理分组和数据分组都包含这个名称。

一旦你明确了想要查看的 BSS ID 名称，那么你需要做的就只是找到那个 WAP 发送的数据包而已。Wireshark 在 Packet List 面板的 Info 列里显示了 WAP，因此找到这个信息易如反掌。

为了找到感兴趣的 WAP 所传输的数据包，你需要在 802.11 头部中找它的 BSS ID 域。过滤器就基于这个地址来编写。找到 BSS ID MAC 地址后，你可以使用这个过滤器：

```
wlan.bssid == 00:11:22:33:44:55
```

这样你就只能看见流经该特定 WAP 的流量了。

13.7.2 筛选特定的无线数据包类型

在本章前面，我们曾讨论过你可能在网络上看见的无线数据包类型。你通常需要基于这些类型和子类型来筛选数据包。对于特定类型，可以用过滤器 wlan.fc.type 来实现；对于特定类型或子类型的组合，可以用过滤器 wc.fc.type_subtype 来实现。例如，为了过滤一个 NULL 数据分组（在十六进制中是类型 2，子类型 4），你可以使用 wlan.fc.type_subtype eq 0x24 这个过滤器。表 13-1 提供了 802.11 分组类型和子类型的简要参考。

表 13-1　无线类型/子类型和相关过滤器语法

帧类型/子类型	过滤器语法
Management frame	wlan.fc.type == 0
Control frame	wlan.fc.type == 1
Data frame	wlan.fc.type == 2
Association request	wlan.fc.type_subtype == 0x00
Association response	wlan.fc.type_subtype == 0x01
Reassociation request	wlan.fc.type_subtype == 0x02
Reassociation response	wlan.fc.type_subtype == 0x03
Probe request	wlan.fc.type_subtype == 0x04
Probe response	wlan.fc.type_subtype == 0x05
Beacon	wlan.fc.type_subtype == 0x08

续表

帧类型/子类型	过滤器语法
Disassociate	wlan.fc.type_subtype == 0x0A
Authentication	wlan.fc.type_subtype == 0x0B
Deauthentication	wlan.fc.type_subtype == 0x0C
Action frame	wlan.fc.type_subtype == 0x0D
Block ACK requests	wlan.fc.type_subtype == 0x18
Block ACK	wlan.fc.type_subtype == 0x19
Power save poll	wlan.fc.type_subtype == 0x1A
Request to send	wlan.fc.type_subtype == 0x1B
Clear to send	wlan.fc.type_subtype == 0x1C
ACK	wlan.fc.type_subtype == 0x1D
Contention free period end	wlan.fc.type_subtype == 0x1E
NULL data	wlan.fc.type_subtype == 0x24
QoS data	wlan.fc.type_subtype == 0x28
Null QoS data	wlan.fc.type_subtype == 0x2C

13.7.3 筛选特定频率

如果你在查看来自多个信道的流量，那么基于信道的筛选就非常有用。例如，如果你本来只期待在信道 1 和 6 出现流量，那么可以输入一个过滤器显示信道 11 的流量。如果发现有流量，那么你就知道一定是哪里弄错了——或许是配置错误，或许有钓鱼无线设备。使用这个过滤器语法，可以筛选特定频率：

```
wlan_radio.channel == 11
```

这将显示信道 11 的所有流量。你可以将 2462 值替换成想筛选的信道对应的频率。表 13-2 列出了信道和频率的对应表格。

表 13-2　802.11 无线信道和频率

信道	频率/MHz
1	2412
2	2417
3	2422
4	2427
5	2432
6	2437
7	2442
8	2447

续表

信道	频率/MHz
9	2452
10	2457
11	2462

另外还有数百个实用的无线网络流量过滤器，你可以在 Wireshark wiki 上查看它们。

13.8 保存无线分析配置

在进行无线数据包分析时，预配置工作很麻烦——包括添加特定的栏目，编辑过滤器设置。为了避免每次都对栏目和过滤器进行重新配置，你可以将设置保存为配置文件，以便于在有线和无线分析配置之间切换。

在保存配置文件之前，先根据需要设置栏目和过滤器。之后，在屏幕右下角的当前配置列表上右击，并单击 **New**。将配置文件命名为 **Wireless**，最后单击 **OK**。

13.9 无线网络安全

部署和管理无线网络时最大的担忧就是传输数据的安全性。数据在空气中飞过，任何人都能得到它，因此数据加密是至关重要的。否则，任何人拿到 Wireshark 和 AirPcap 就都能看到数据了。

注意　当使用其他层次的加密技术时，比如 SSL 或 SSH，通信仍将在该层对数据进行加密，别人使用数据包嗅探器也读不到用户的通信内容。

最初推荐用在无线网络中加密传输数据的技术依据“有线等效加密”（Wired Equivalent Privacy，WEP）标准。WEP 在前几年很成功，直到后来发现了它在密钥管理方面的几个漏洞。为了加强安全，几个新标准又相继被设计出来，包括无线上网保护接入（Wi-Fi Protected Access，WPA）和 WPA2 标准。虽然 WPA 和更安全的版本 WPA2 仍然不可靠，但一般认为它们比 WEP 强多了。

在这一节，我们来看一些 WEP 和 WPA 流量，以及认证失败的例子。

13.9.1 成功的 WEP 认证

80211-WEPauth.pcap 文件包含了成功连接 WEP 无线网络的例子。这个网络使用 WEP 安全机制。你必须向 WAP 提供一个密码，以通过认证并解密它发来的数据。你可以把 WEP 密码当成无线网络密码。

如图 13-11 所示，这个捕获文件以数据包 4 所示的从 WAP（00:11:88:6b:68:30）发送到无线客户端（00:14:a5:30:b0:af）的质询开始❶。这个质询的目的是确认无线客户端是否有正确的 WEP 密码。展开 802.11 头部和 tagged parameters，你可以看到这个质询。

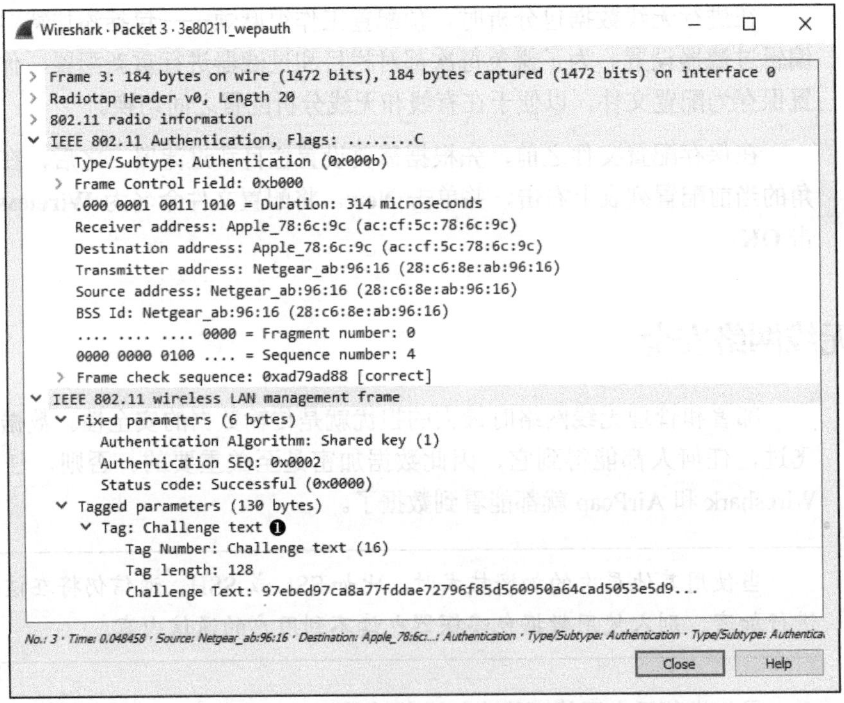

图 13-11　WAP 给无线客户端发送质询文本

在数据包 5 中，这个质询被确认。然后无线客户端将用 WEP 密码解密的质询文本返回给 WAP❶，如图 13-12 所示。

在数据包 7 中，这个数据包被再次确认，并且 WAP 在数据包 8 中响应了无线客户端，如图 13-13 所示。响应里包含了一个说明认证成功的通知❶。

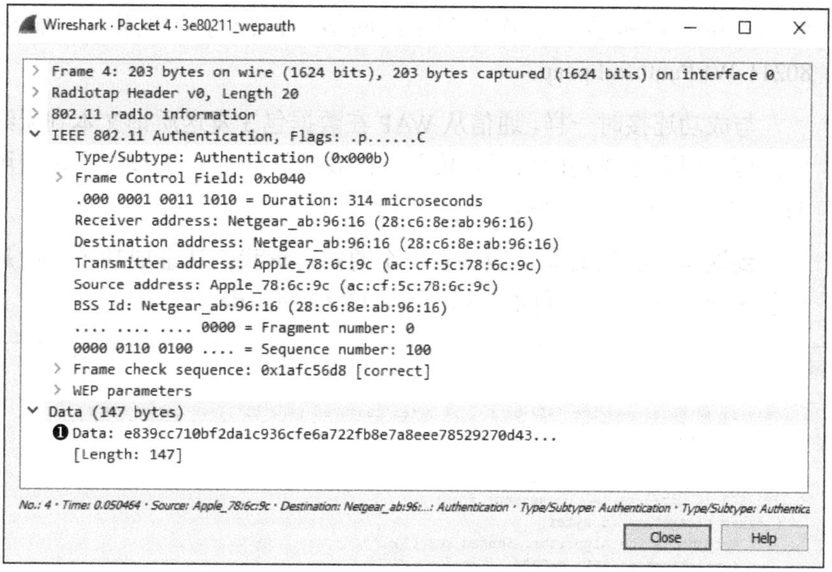

图 13-12　无线客户端向 WAP 发送已解密的质询文本

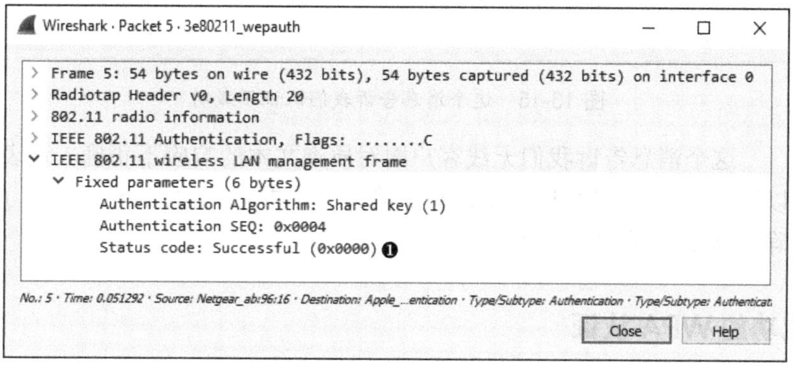

图 13-13　WAP 通知客户端认证成功了

成功认证后，客户端可以发送关联（association）请求、接收确认并完成连接过程，如图 13-14 所示。

No.	Time	Source	Destination	Protocol	Length	Channel	Signal strength (dBm)	Data rate	Info
6	0.052565	Apple_78:6c:9c	Netgear_ab:96:16	802.11	110	1	-40	1	Association Request, SN=101, FN=0, Flags=........C, SSID=DENVEROFFICE
7	0.053902	Netgear_ab:96:16	Apple_78:6c:9c	802.11	119	1	-17	1	Association Response, SN=6, FN=0, Flags=........C

图 13-14　认证过程后紧跟一个简单的双数据包关联请求和响应

13.9.2　失败的 WEP 认证

在下一个例子中，一位用户输入他的 WEP 密码连接到 WAP，几秒后，无线客户端程序报告无法连接到无线网络，但没有给出原因。捕获的文件是 80211-WEPauthfail.pcap。

与成功连接时一样，通信从 WAP 在数据包 3 发送质询文本到无线客户端开始。这个消息被成功确认了。接着，在数据包 4 中，无线客户端使用用户提供的 WEP 密码发送了响应。

到这里，我们会想，应该有一个通知告诉我们认证成功了。但是我们在数据包 5 却看到了不一样的情况，如图 13-15 所示❶。

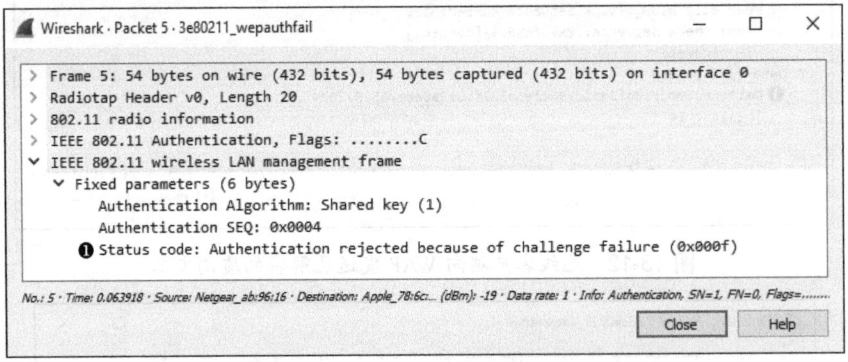

图 13-15　这个消息告诉我们认证不成功

这个消息告诉我们无线客户端对质询文本的响应不正确。这表明客户端用以解密质询文本的 WEP 密码肯定输错了。结果，连接过程就失败了。必须用正确的 WEP 密码重试才行。

13.9.3　成功的 WPA 认证

WPA 使用了与 WEP 完全不同的认证机制，但它仍然依赖于用户在无线客户端输入的密码来连接到网络。80211-WPAauth.pcap 文件中有一个成功的 WPA 认证的例子。

该文件的第 1 个数据包是 WAP 发送的 beacon 广播。我们展开这个数据包的 802.11 头部，沿着 tagged parameters 往下看，展开 Vendor Specific 标题，如图 13-16 所示，能看到无线接入点的 WPA❶属性部分。这让我们了解到 WAP 支持的 WPA 版本与实现（如果有的话）。

无线客户端（00:0f:b5:88:ac:82）收到这个 beacon 广播后，就向无线接入点（00:14:6c:7e:40:80）发送一个探测请求，并得到了响应。无线客户端和无线接入点在数据包 4 到 7 之间的交互，是认证与关联的请求及响应。

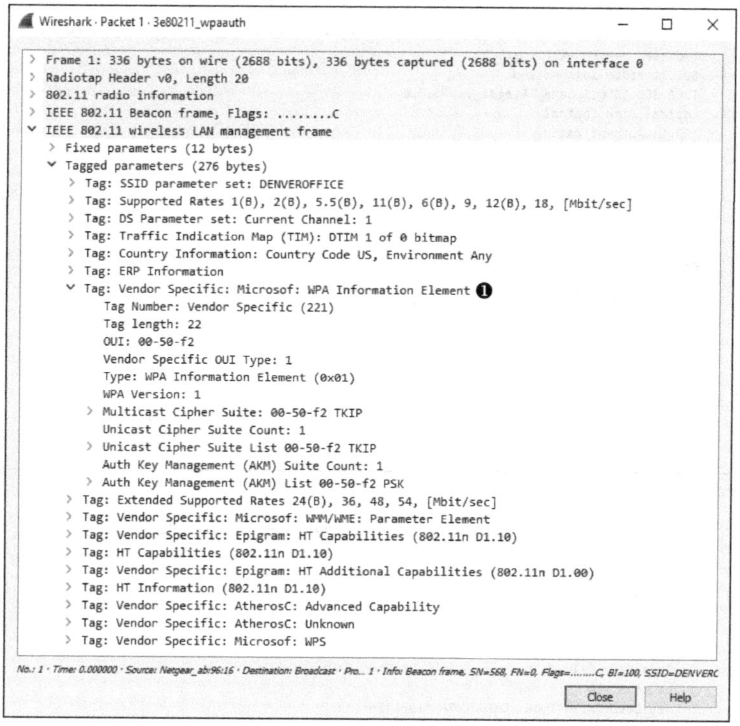

图 13-16　这个 beacon 让我们知道无线接入点支持 WPA 认证

现在把目光转移到数据包 8 上。这是 WPA 开始握手的地方，一直持续到数据包 11。这个握手过程就是 WPA 质询响应的过程，如图 13-17 所示。

No.	Time	Source	Destination	Protocol	Length	Channel	Signal strength (dBm)	Data rate	Info
8	0.…	Netgear_ab:96:16	Apple_78:6c:9c	EAPOL	157	1	-18	24	Key (Message 1 of 4)
9	0.…	Apple_78:6c:9c	Netgear_ab:96:16	EAPOL	183	1	-42	1	Key (Message 2 of 4)
10	0.…	Netgear_ab:96:16	Apple_78:6c:9c	EAPOL	181	1	-18	36	Key (Message 3 of 4)
11	0.…	Apple_78:6c:9c	Netgear_ab:96:16	EAPOL	157	1	-42	1	Key (Message 4 of 4)

图 13-17　这些数据包是 WPA 握手的一部分

这里有两个质询与响应。每个数据包都可在基于 802.1x Authentication 头部下的 Replay Counter 域找到匹配对象，如图 13-18 所示。注意到前两个握手数据包的 Replay Counter 值是 1❶，而后两个握手数据包的值是 2❷。

WPA 握手完成并认证成功后，数据就开始在无线客户端和 WAP 之间传输了。

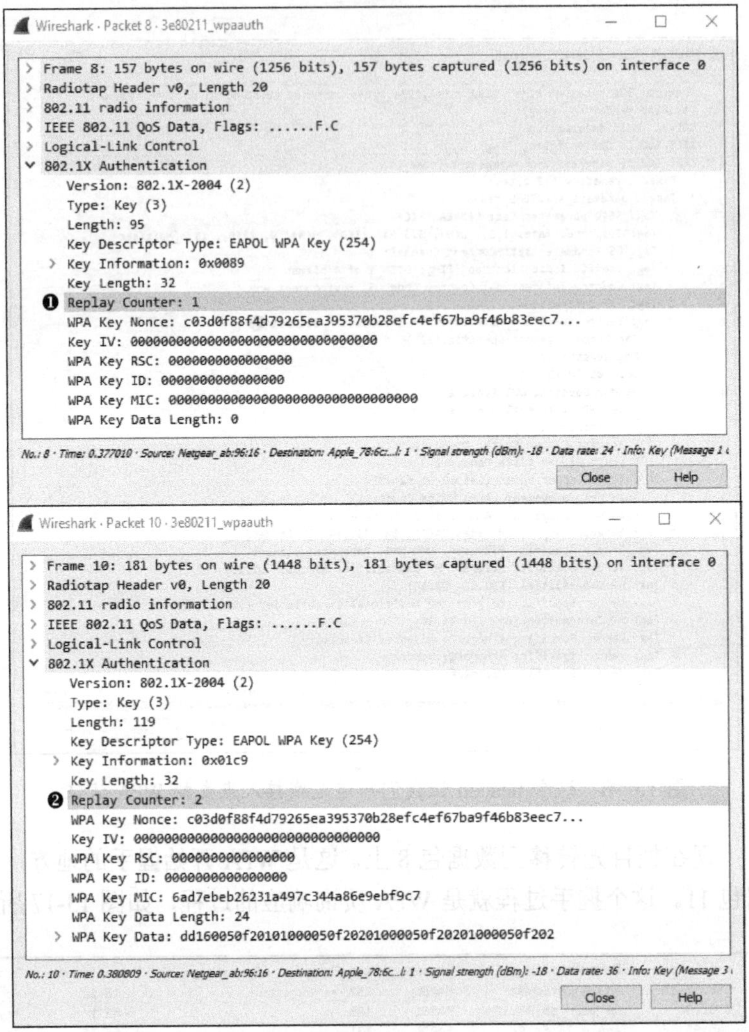

图 13-18 Replay Counter 域帮助我们匹配质询和响应

13.9.4 失败的 WPA 认证

与 WEP 一样，用户输入 WPA 密码后，无线客户端程序报告无法连接到无线网络，但没有指出问题在哪里，我们来看一看发生了什么。捕获的结果保存在 80211-WPAauthfail.pcap 文件中。

像刚才成功的 WPA 认证那样，捕获文件以同样的方式开始。这包括探测、认证和关联请求。WPA 握手从数据包 8 开始，但在这个例子中，我们看到了 8 个握手数据包，而不是之前在成功认证环节中看到的 4 个。

数据包 8 和 9 表示 WPA 握手的前两个数据包。然而在这个例子中，客户端发送回 WAP 的质询文本有误。结果，这个序列在数据包 10 和 11、12 和 13、14 和 15 中多次重复，如图 13-19 所示。使用 Replay Counter 可以配对每个请求和响应。

No.	Time	Source	Destination	Protocol	Length	Channel	Signal strength (dBm)	Data rate	Info
8	0.073773	Netgear_ab:96:16	Apple_78:6c:9c	EAPOL	157	1	-18	24	Key (Message 1 of 4)
9	0.076510	Apple_78:6c:9c	Netgear_ab:96:16	EAPOL	183	1	-30	1	Key (Message 2 of 4)
10	1.074290	Netgear_ab:96:16	Apple_78:6c:9c	EAPOL	157	1	-19	24	Key (Message 1 of 4)
11	1.076573	Apple_78:6c:9c	Netgear_ab:96:16	EAPOL	183	1	-32	1	Key (Message 2 of 4)
12	2.075292	Netgear_ab:96:16	Apple_78:6c:9c	EAPOL	157	1	-18	36	Key (Message 1 of 4)
13	2.077610	Apple_78:6c:9c	Netgear_ab:96:16	EAPOL	183	1	-29	1	Key (Message 2 of 4)
14	3.077211	Netgear_ab:96:16	Apple_78:6c:9c	EAPOL	157	1	-18	48	Key (Message 1 of 4)
15	3.079537	Apple_78:6c:9c	Netgear_ab:96:16	EAPOL	183	1	-32	1	Key (Message 2 of 4)

图 13-19 这里的额外 EAPOL 数据包表明 WPA 认证失败了

握手过程重试 4 次后，通信中止了。如图 13-20 所示，数据包 16 表明无线客户端没有通过认证❶。

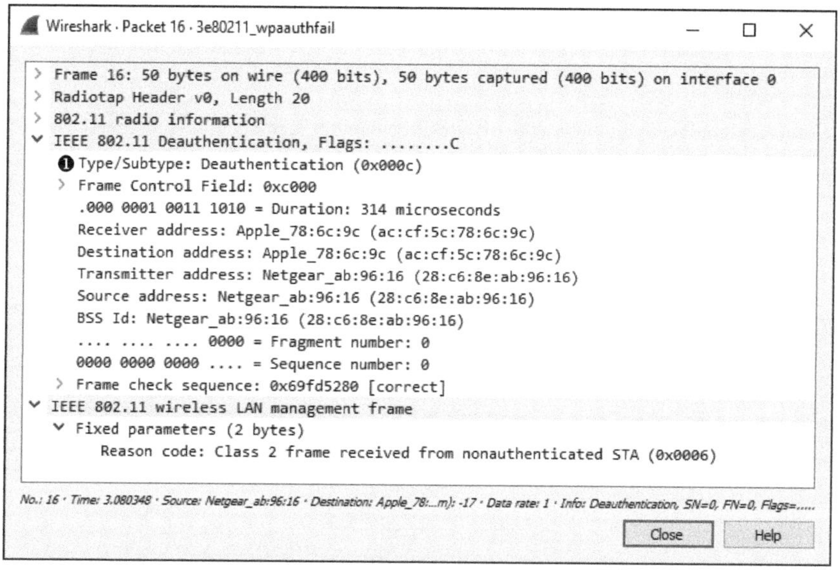

图 13-20 WPA 握手失败后，客户端认证失败

13.10 小结

虽然无线网络仍然被普遍认为是不安全的，但它在各个组织环境的部署却丝毫没有减缓。随着人们将焦点转移到无线通信，掌握类似有线网络那样的捕获、分析方法，并用于无线网络数据包变得尤为重要。当然，本章讲授的概念和技巧并不全面，但它们能帮助你使用数据包分析技术解决无线网络问题，让你赢在起跑线上。

附录 A

延伸阅读

数据包分析工具不只有 Wireshark，还有一大堆趁手的工具，可以在解决网络缓慢、网络安全等常规问题及分析无线网络问题时大显威力。本章列出了一些有用的数据包分析工具，以及其他数据包分析的学习资源。

A.1 数据包分析工具

除了 Wireshark 之外，还有一些实用的数据包分析工具。在这里，我会介绍一些我认为最有用的。

1. Tcpdump 和 Windump

虽然 Wireshark 很流行，但它可能没有 Tcpdump 用得广泛。考虑到一些人群对数据包捕获和分析的实际需求，Tcpdump 是完全基于文本的。

虽然 Tcpdump 缺少图形特性，但它处理海量数据时非常靠谱。因为你可以用管道将它的输出重定向输入给其他命令，比如 Linux 的 sed 和 awk。随着对数据包分析的深入钻研，你会发现 Wireshark 和 Tcpdump 都很有用。

Windump 只是 Tcpdump 在 Windows 平台的发行版而已。

2. Cain & Abel

第 2 章已经讨论过，Cain & Abel 是 Windows 平台上最好的 ARP 缓存中毒攻击工具之一。Cain & Abel 实际上是一个非常健壮的工具套件，你一定能发现其他用途。

3. Scapy

Scapy 是一个非常强大的 Python 库，允许使用基于命令行脚本的方法创建、修改数据包。简单地说，Scapy 是一款强大、灵活的数据包操纵程序。

4. Netdude

如果你不需要像 Scapy 那样高级的工具，那么 Netdude 是 Linux 下的一个较好的替代品。虽然 Netdude 功能有限，但它提供了图形用户界面，因而出于研究目的，需要创建、修改数据包时，它显得极其方便。图 A-1 演示了使用 Netdude 的一个例子。

5. Colasoft Packet Builder

如果你是 Windows 用户，并且想要与 Netdude 类似的 GUI，那么你可以考虑使用 Colasoft Packet Builder，一款超棒的免费工具。Colasoft 还提供了一个简便的用于数据包创建和修改的 GUI。

6. CloudShark

CloudShark（由 QA Café 开发）是我很喜爱的一个工具，可以用它在线分享数据包捕获记录。如图 A-2 所示，CloudShark 网站可以在浏览器里以 Wireshark 的方式显示网络捕获文件。你可以上传捕获文件，并将链接发送给同事，以便共同分析。

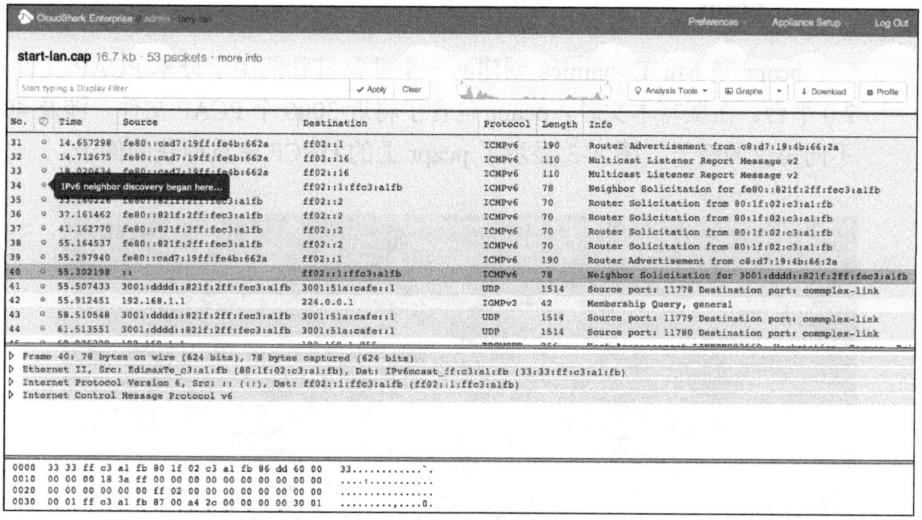

图 A-1 在 Netdude 上修改数据包

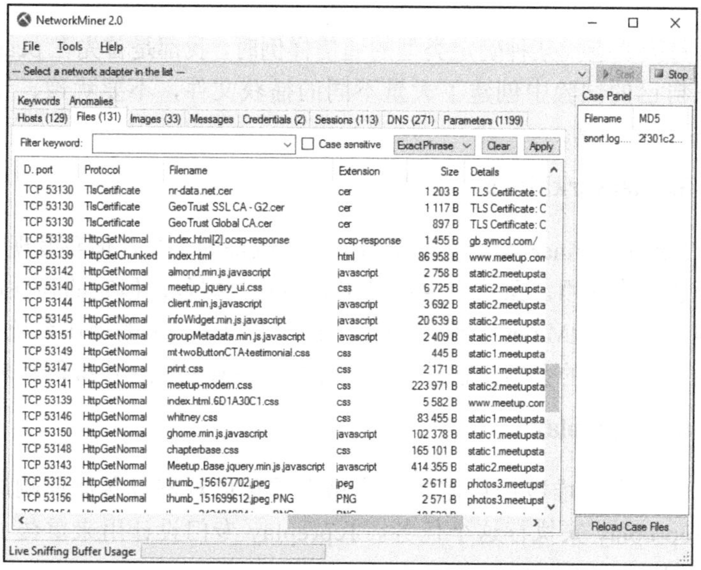

图 A-2 用 CloudShark 查看一个捕获文件示例

关于 CloudShark，我最赞赏的是它不需要注册，并能通过 URL 直接链接获取。这意味着，当我在博客上发布一个 PCAP 文件的链接时，其他人只需要单击就能查看数据包，而不需要在下载文件后，再用 Wireshark 打开。

7. pcapr

pcapr 是 Mu Dynamics 创建的一个非常健壮的用于分享 PCAP 文件的 Web 2.0 平台。在撰写本文时，pcapr 包含了将近 3000 个 PCAP 文件，涉及 400 多种不同协议的例子。图 A-3 显示了 pcapr 上的 DHCP 流量捕获的例子。

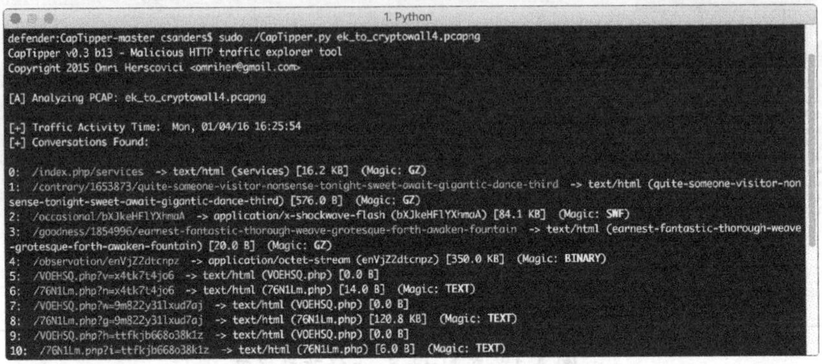

图 A-3　在 pcapr 上查看 DHCP 流量捕获

每次要查找某种确定类型的通信样例时，我都是首先在 pcapr 上搜索。如果你在自己的试验中创建了大量不同的捕获文件，不要犹豫，请将它们上传到 pcapr 社区分享。

8. NetworkMiner

NetworkMiner 是一款主要用于网络取证的工具，但我发现它在其他一些情形下也非常实用。虽然它也可以用来捕获数据包，但它的强项在于如何解析数据包。NetworkMiner 会检测 PCAP 文件中网络各端的操作系统类型，并将文件解析成主机间的会话。它甚至允许你直接从捕获记录中提取传输的文件。

9. Tcpreplay

每当有一堆数据包需要在线路上重传以观察设备如何响应它们时，我就用 Tcpreplay 来执行这个任务。Tcpreplay 专门设计用来重传 PCAP 文件里的数据包。

10. ngrep

如果你熟悉 Linux，毫无疑问，你肯定用过 grep 搜索数据。ngrep 与它非常相似，允许你在 PCAP 数据上执行特定搜索。当捕获和显示过滤器都无法实现我的目标或者实现太复杂时，我就使用 ngrep。

11. Libpcap

如果你计划开发一款应用程序，来进行一些确实高级的数据包解析，或是创建处理数据包，那么你要对 Libpcap 非常熟悉。简言之，Libpcap 是一个用于网络流量捕获的可移植的 C/C++库。Wireshark、Tcpdump，以及其他大部分数据包分析工具都在一定层次上依赖于 Libpcap。

12. Hping

Hping 是你武器库中应有的“瑞士军刀”之一。Hping 是一个命令行的数据包操纵和传输工具。它支持各种各样的协议，反应非常快且直观。

13. Domain Dossier

如果你需要查询域名或 IP 地址的注册信息，那么 Domain Dossier 正合你意。它快速、简单、有效。

14. Perl 和 Python

Perl 和 Python 虽然不是工具，但却是值得留意的脚本语言。当你熟练于数据包分析时，你会遇到没有自动化工具满足要求的情况。在那些情况下，首选 Perl 和 Python 语言编写工具，它们可以带你在数据包上做些有趣的事情。对于大部分应用程序，我通常使用 Python，但这只是个人选择。

A.2 数据包分析资源

从 Wireshark 的主页到教程、博客，有很多可用的数据包分析资源。我将在此列出我最喜欢的一些。

1. Wireshark 主页

与 Wireshark 有关的首要资源就是它的主页。主页包括软件文档、一个非常有用的包含了捕获文件样例的 wiki，以及 Wireshark 邮件列表的注册信息。

2. SANS 安全入侵检测深入课程

作为一名 SANS 导师，我可能会有点偏袒，但我真不认为这个星球上有比《SANS SEC 503：深度入侵检测》更好的数据包分析课程。这个课程集中于数据包分析的安全方面。即便你不集中于安全，该课程之前提供的对数据包分析和对 Tcpdump 的介绍也是我所见最好的。

该课程由我的两位数据包分析英雄 Mike Poor 和 Judy Novak 讲授。它每年提供好几次直播。若你的旅行经费有限，没关系，该课程也通过基于 Web 的按需格式在线讲授。

3. Chris Sanders 的博客

我没有太多时间写博客，但偶尔也会在我的博客上写一些有关数据包分析的文章。如果没有别的，我的博客就作为链接到我写的其他文章和书籍的门户，另外它也提供了我的联系方式。

4. Brad Duncan 的恶意软件流量分析网站

我最喜欢的安全相关数据包捕获资源是 Brad Duncan 的恶意软件流量分析（MTA）网站。Brad 每周多次发布包含感染链的数据包捕获资源，这些捕获资源包含相关的恶意软件二进制文件以及正在发生的事件的描述。如果你想获得解析恶意软件感染的经验并了解当前的恶意软件技术，请先下载其中一些捕获资源并尝试理解它们，你可以访问该网站，以便在发布更新时收到提醒。

5. IANA

互联网编号分配机构（Internet Assigned Numbers Authority，IANA）负责监督为北美分配 IP 地址和协议号码。它的网站提供了一些有价值的参考工具，比如查找端口号、查看有关顶级域名的信息，以及浏览合作以网站查阅 RFC 文档。

6.《TCP/IP 详解》(Addison-Wesley)

对生活在数据包层次的人而言，Richard Stevens 博士撰写的系列书籍是书架上的主要书目，已被多数人奉为 TCP/IP 圣经。这是我最喜欢的 TCP/IP 书籍，也是我写作本书时经常参考的文献。

7.《TCP/IP 指南》(No Starch 出版社)

在 TCP/IP 领域里，我最喜欢的另一本书是 Charles M. Kozierok 写的。这本巨著厚达 1000 多页，内容非常详细，并且为视觉型学习者准备了大量很优秀的图表。

附录 B

分析数据包结构

在本附录中，我们将讨论数据包的表现形式。我们将查看被解析为十六进制形式的数据包，另外，我们将介绍如何使用数据包结构图查看和表示数据包。

由于有大量的软件为你解析数据包，因此在数据包嗅探和分析时，你不需要理解本附录中的内容。但是，如果你投入一些时间学习数据包原始数据及其结构，会更好地理解 Wireshark 之类的工具展示给你的内容。在分析数据时，数据抽象程度越低越好。

B.1 数据包表现形式

数据包能够以很多表现形式被解析。数据包原始数据可以表现为二进制数据——二进制的 0、1 序列，如：

```
0110000001010011010111000000101011000001000000000000010000000000000001000110000010
11010101101110000000000000000000000000000000000000001000000100000000000001011
011010000000000000001000000110000000000000000000000001000000010000000001000000000010
```

二进制数码是数据信息在最底层的表现形式，1 表示高电平信号，0 表示低电平信号。每一个数字是一位，八位是一字节。然而，人们很难阅读和理解二进制数据，所以我们通常将二进制数据转换为十六进制——由字母和数字组成的十六进制数据，如：

```
4500 0034 40f2 4000 8006 535c ac10 1080
4a7d 5f68 0646 0050 7c23 5ab7 0000 0000
8002 2000 0b30 0000 0204 05b4 0103 0302
0101 0402
```

十六进制（通常简写为 hex）是使用数字 0～9 和字母 A～F 表示数值的计数系统。十六进制是常用的数据包表示形式，因为其形式简洁，并且很容易被转换为更基础的二进制。在十六进制中，两个字符表示一个字节，即八位。字节中的每个字符是一个半字节（4 位），左侧的值是高位（半）字节，右侧的值是低位（半）字节。在示例数据包中，第一个字节为 45，其中，高位字节是 4，低位字节是 5。

数据包中，字节的地址（或位置）使用偏移量表示法表达，从 0 开始。因此，数据包中的第一个字节（45）位于 0x00，第二个字节（00）位于 0x01，第三个字节（00）位于 0x02，依此类推。0x 说明使用的是十六进制表示法。在表示一个长度大于一字节的地址时，地址占用的字节数在一个冒号之后使用数值表示。例如，在表示示例数据包的前 4 字节的地址时，使用 0x00:4 表示。在我们后续使用数据包结构图剖析“驾驭一个神秘的数据包”中的未知协议时，此处的说明非常重要。

注意 据我观察，人们在分析数据包时普遍的错误是忘了从 0 开始计算地址。的确很难习惯从 0 开始计算，因为大部分人学习的都是从 1 开始计数。我已经分析数据包很多年了，但是仍然会犯这样的错。我能给出的最好的建议是，不要害怕掰手指数数。你也许会觉得这样看起来很愚蠢，但是这其实没什么丢人的，尤其是在能帮你得出正确答案的情况下。

在更高的层级，一个与 Wireshark 类似的工具使用协议分析器将数据包使用完全解析的形式展示出来，我们后续将介绍此工具。本例中的数据包被 Wireshark 解析后，如图 B-1 所示。

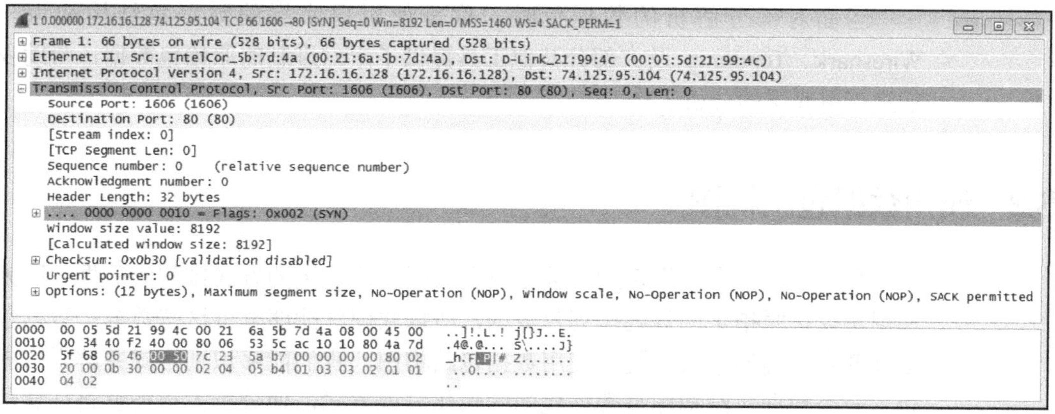

图 B-1 Wireshark 解析后的数据包

Wireshark 显示数据包信息，并为各字段添加标签。原始数据包并不包含标签，但是其中的数据按照协议标准规定的明确格式排列。完全解析数据包意味着将数据按照协议标准分析为带有标签的、可阅读的文本。

Wireshark 及类似的工具能够完全解析数据包，因为它们的内置协议分析器对协议各字段的地址、长度和值进行了定义。例如，图 B-1 中的数据包按照传输控制协议（TCP）标准分成多个部分，包括带有标签的字段和值。其中一个标签是源端口（Source Port），值为十进制的 1606。这使你在分析数据包时能够轻易找到指定信息。当你能够使用此类工具时，它们会成为你完成分析工作的一个高效的方式。

Wireshark 有成百上千个协议分析器，但是你仍有可能遇到 Wireshark 无法解析的协议；厂商定制的未广泛使用的协议和定制的恶意软件协议经常会是这种情况。当这样的事情发生时，数据包中只有部分内容能够被解析。这也是 Wireshark 默认在界面下方提供原始的十六进制包数据的原因（如图 B-1 所示）。

更普遍的情况是，如 Tcpdump 的命令行程序不提供太多的协议分析器，而是显示大量原始十六进制数据。对于一些更复杂的应用层协议而言，这种情况尤为常见，因为这类协议很难解析。因此，当我们使用 Tcpdump 时，看到被部分解析的数据包是常态。一个使用 Tcpdump 分析数据包的例子如图 B-2 所示。

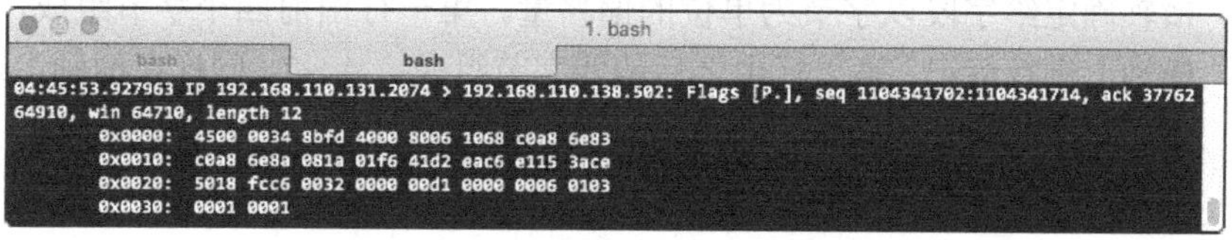

图 B-2 Tcpdump 中部分解析的数据包

当面对部分解析的数据包时，你需使用更底层的数据包结构知识。Wireshark、Tcpdump 及大部分其他工具提供了十六进制的原始包数据，帮助我们进行更底层的分析工作。

B.2 使用数据包结构图

我们在第 1 章中学习到，数据包是按照协议规定的方式排列的数据。因为通用协议按照指定的规则排列包数据，所以软硬件能够解析这些数据；数据包必须遵守明确的格式规则。使用数据包结构图，我们能够识别格式并解析数据包。一个数据包结构图是数据包的图形化表现方式，使分析人员能够将任意给定协议的数据包从原始十六进制字节映射至具体字段。结构图从协议的 RFC 文档中提取，显示了协议中各字段的长度和排列顺序。

让我们查看第 6 章中的 IPv4 的数据包结构图（见图 B-3）。

互联网协议 4 (IPv4)							
偏移位	八位组	0		1	2		3
八位组	位	0–3	4–7	8–15	16–18	19–23	24–31
0	0	版本号	首部长度	服务类型	总长度		
4	32	标识符			标识	分片偏移	
8	64	存活时间		协议	首部校验和		
12	96	源IP地址					
16	128	目的IP地址					
20	160	选项					
24+	192+	数据					

图 B-3 IPv4 的数据包结构图

在这个结构图中横轴表示 0～31 的二进制位。换算成字节，为 0～3。纵轴也按照位和字节进行标记，每行为一个 32 位（或 4 字节）片段。我们使用数轴来计算字段地址的偏移量，根据纵轴确定字段位于哪个 4 字节片段，然后根据横轴确定给字段以字节为单位的偏移量。第一行由前四个字节组成，0～3，在横轴上进行标记。第二行由之后的四字节组成， 4～7，同样在横轴上进行计数。我们从字节 4 开始计数，对应的横轴刻度为 0；下一个字节是字节 5，对应的横轴刻度为 1；以此类推。

例如，我们查看 IPv4 的结构图，0x01 字节是服务类型字段。计算方式：在纵轴上看，服务类型字段位于第一行，对应纵轴刻度为 0，所以从 0 开始计数；在横轴上看，该字段位于刻度 1；所以该字段位于，从 0 开始且偏移量为 1 字节的位置，即位于 0x01 字节。

再查看另一个例子，0x08 字节是存活时间字段。计算方式：在纵轴上看，存活时间字段位于第三行，对应纵轴刻度为 8，所以从 8 开始计数；在横轴上看，该字段位于刻度 0；所以该字段位于，从 8 开始，偏移量为 0 字节的位置，即位于 0x08 字节。

有些字段，如源 IP 字段，长度为多个字节，我们在图中看到，位于 0x12:4。其他一些字段只占用了半字节，如 0x00 字节的高位字节为版本字段，低位字节为 IP 头长度字段。0x06 字节的粒度更细，每一位都表示一个字段。当字段的值为单个二进制数值时，它通常是一个标记（flag）。如 IPv4 头中的翻转（Reversed）、不分片（Don't Fragment）和多个分片（More Fragments）字段。标记的值为一个一位的二进制数值，1（true）或 0（false），所以当标记值为 1，表示标记生效。标记生效的具体含义根据协议和字段而定。

让我们在图 B-4 中查看另一个例子（这个结构图在第 6 章出现过）。

传输控制协议(TCP)						
偏移位	八位组	0		1	2	3
八位组	位	0–3	4–7	8–15	16–23	24–31
0	0	源端口			目标端口	
4	32	序号				
8	64	确认号				
12	96	Data Offset	Reserved	标志	窗口大小	
16	128	校验和			紧急指针	
20+	160+	选项				

图 B-4　TCP 的数据包结构图

这个图片展示了 TCP 协议头。根据这张图，我们能够在不知道 TCP 用途的情况下，回答很多与 TCP 数据包有关的问题。假设一个 TCP 数据包的协议头如下方的十六进制数据所示：

```
0646 0050 7c23 5ab7 0000 0000 8002 2000
0b30 0000 0204 05b4 0103 0302 0101 0402
```

使用包结构图，我们能够定位和解析特定的字段。如我们能够发现以下信息。

- 源端口号位于 0x00:2 字节（0x00 至 0x01），十六进制值为 0646（十进制：1606）。
- 目的端口号位于 0x02:2 字节（0x02 至 0x03），十六进制值为 0050（十进制：80）。
- 数据偏移量字段表示协议头长度，位于 0x12 字节的高位字节，十六进制值为 8。

让我们将这些知识用来分析这个神秘的数据包。

B.3 分析一个神秘的数据包

在图 B-2 中，我们看到了一个被部分解析的数据包。我们通过被解析的部分数据来确定，这是一个 TCP/IP 数据包，该数据包在同一网络内的两个设备间传输，然而除此之外，我们对该数据的其他信息并不了解。以下是这个数据包的完整十六进制数据：

```
4500 0034 8bfd 4000 8006 1068 c0a8 6e83
c0a8 6e8a 081a 01f6 41d2 eac6 e115 3ace
5018 fcc6 0032 0000 00d1 0000 0006 0103
0001 0001
```

数据包大小为 52 字节。IP 协议的数据包结构图告诉我们，IP 协议头的标准长度为 20 字节；根据 0x00 字节的低位字节表示的头文件长度，我们确认了这一信息。根据 TCP 的包结构图，我们同样了解到，在没有附加选项的情况下，TCP 协议头的长度也是 20 字节（此处没有列出 TCP 结构图，但是我们在第 6 章中对 TCP 选项进行了深入讨论）。这意味着，数据包的前 40 个字节是 TCP 和 IP 协议头数据，这些数据已经被解析。现在，还剩下 12 字节未被解析。

```
00d1 0000 0006 0103 0001 0001
```

如果没有分析数据包结构的知识，你现在可能会一筹莫展，但是你已经知道了如何将数据包结构图应用于未解析数据。在本例中，已经解析的 TCP 数据包表明，数据的目的端口号是 502。在识别未解析数据时，查看通信使用的端口并不一定会奏效，但这是一个好的切入点。Google 搜索结果显示，502 端口是基于 TCP 的 Modbus 协议的常用端口，该协议用于工业控制系统（ICS）网络。我们将十六进制包数据与 Modbus 数据包结构图进行比较，来核实和分析本例的数据包，如图 B-5 所示。

基于TCP的Modbus					
偏移位	八位组	0	1	2	3
八位组	位	0–7	8–15	16–23	24–31
0	0	事件标识		协议标识	
4	32	长度		单元标识	功能码
8+	64+	编码			

图 B-5 基于 TCP 的 Modbus 的数据包结构图

这个数据包结构图根据 Modbus 的应用指导文档制作。图 B-5 结构图表明，位于 0x04:2（相对头部起始位置的偏移量）的长度字段包含一个 7 字节的头部。按照这个偏移量，我们在对应的位置上发现其十六进制值为 0006（对应的十进制值为 6），这表明，紧随这个字段之后有 6 字节，实际也是如此。看起来这的确是基于 TCP 的 Modbus 数据。

将完整的十六进制数据和 Modbus 结构图比较，以下是提取出的信息。

- 事件标识字段位于 0x00:2 字节（0x00～0x01），十六进制值为 00d1。该字段用于将应答和请求进行配对。
- 协议标识字段位于 0x02:2 字节（0x02～0x03），十六进制值为 0000。这表明协议为 Modbus。
- 长度字段位于 0x04:2 字节（0x04～0x05），十六进制值为 0006。这定义了数据部分长度。
- 单元标识字段位于 0x06 字节，十六进制值为 01。表示此数据包用于系统内路由。
- 功能码字段位于 0x07 字段，十六进制值为 03。这表示调用读取保持寄存器（Read Holding Registers）功能，用于从一个系统读取一个数值。
- 根据功能码 3，需要再输入两个数据字段。在 0x08:4 字节发现了参考编号（Reference Number）和单词计数（Word Count），这两个字段的十六进制值均为 0001。

这个神秘的数据包能够按照 Modbus 协议的标准被完全解读。如果你正在对产生这个数据包的系统进行故障处理，以上解析出来的内容应该是你向前推进所需要的信息。就算你不会遇到 Modbus 数据，对于如何使用包结构图处理一个未知的协议和未被解析的数据包，这也是一个很好例子。

了解你正在分析的数据的抽象方式，总是一种最好的分析思路。这能帮助你做出更合理和明智的决定，使你能在更多样化的场景中处理数据包。在很多情景下，我只能使用命令行工具，如 Tcpdump，进行数据包分析。因为大部分这样的工具缺少很多应用层协议的分析器，所以手动对数据包中的原始数据进行分析的能力极其重要。

注意 我的一位同事曾经负责在一个高安全级别的环境中进行应急响应。他很清楚他需要检查所负责系统的数据，但是不能接入存储这些数据的特定系统。在他们的工作时间内，他们能做的只有将数据包从特定的会话中打印出来。幸亏掌握了数据包组成和数据包结构分析的基础知识，他能够从打印出的数据中获得他需要的信息。当然，这个分析过程相当缓慢。这是一个极端的场景，但是，这是能证明通用的、与工具无关的知识很重要的例子。

由于以上陈述的原因，花费时间将数据包拆分，以获得使用多种方式分析数据包的经验，对我们很有帮助。我在这方面下了很多功夫：我打印了一些常用协议的数据包结构图并进行封塑，然后将这些图片放在书桌旁。我还在笔记本电脑和平板中保存了电子版本，以便外出时快速查阅。

B.4 小结

在本附录中，我们学习了如何解析多种格式的数据包，以及如何使用数据包结构图对未解析的数据进行分析。利用这些知识，你应该能够理解如何在不依赖于特定工具的情况下查看并分析数据包。